铝合金铸造、挤压生产管棒型材

肖立隆　肖蕊曦　编著

北　京
冶 金 工 业 出 版 社
2013

内 容 提 要

本书系统地介绍了铝合金管棒型材的生产过程和质量控制。全书分为熔炼铸造篇、挤压篇、管材轧制与拉伸篇和热处理与精整篇，各篇内容密切结合生产实际，以各环节的新工艺、新技术、新方法贯穿全书。本书可与《电解铝液铸轧生产板带箔材》（冶金工业出版社，2011）配套使用。

本书可供铝加工领域的技术人员、生产人员和管理人员阅读，也可供高等院校相关专业师生参考。

图书在版编目(CIP)数据

铝合金铸造、挤压生产管棒型材/肖立隆，肖菡曦编著．—北京：冶金工业出版社，2013．10

ISBN 978-7-5024-6392-2

Ⅰ．①铝… Ⅱ．①肖… ②肖… Ⅲ．①铝合金—管材—生产工艺 ②铝合金—棒材—生产工艺 Ⅳ．①TG146．2

中国版本图书馆 CIP 数据核字(2013)第 232939 号

出 版 人 谭学余
地　　址 北京北河沿大街嵩祝院北巷 39 号，邮编 100009
电　　话 (010) 64027926 电子信箱 yjcbs@ cnmip. com. cn
责任编辑 刘小峰 曾 媛 美术编辑 彭子赫 版式设计 孙跃红
责任校对 李 娜 责任印制 李玉山
ISBN 978-7-5024-6392-2
冶金工业出版社出版发行；各地新华书店经销；三河市双峰印刷装订有限公司印刷
2013 年 10 月第 1 版，2013 年 10 月第 1 次印刷
787mm×1092mm 1/16；16. 75 印张；406 千字；255 页
56. 00 元
冶金工业出版社投稿电话：(010)64027932 投稿信箱：tougao@cnmip. com. cn
冶金工业出版社发行部 电话：(010)64044283 传真：(010)64027893
冶金书店 地址：北京东四西大街 46 号(100010) 电话：(010)65289081(兼传真)
（本书如有印装质量问题，本社发行部负责退换）

前　言

铝及铝合金管、棒、型材，在国内大都采用铝锭与中间合金重熔，通过一系列处理后，将重熔铝液铸造成空心铸锭（生产管材用）或实心铸锭（生产棒、型材用），再将铸锭进行均匀化退火后中断，然后加热，挤压成所需要的材料。特别是硬铝与超硬铝合金材料，一直沿用这种工艺生产。目前有直接采用电解铝液铸造1XXX系列，3003、6063、6061等软铝合金铸锭进行挤压生产的，这方面的技术已日臻成熟，但大多数硬铝与超硬铝、高镁铝等合金材料，因其含镁、铜、锌等化学元素较高，合金相结构比较复杂，且这些材料多用于关键结构件，对组织、性能要求较高，尚未有采用电解铝液进行合金化处理、铸造成铸锭、进行挤压生产的报道。其实，无论是生产板、带、箔材，还是生产管、棒、型挤压材，无论是铸轧还是铸造，对铝熔体的要求，基本上是相同的，如要求熔体具有尽可能少的气体含量和夹杂量，具有尽可能多的活性结晶核心和良好的变质处理效果，铸轧、铸造时能获得细小、均匀的等轴晶组织，所以在合金熔炼时对熔体的处理方法总的说来也是相同的。但是铸造与铸轧毕竟是两种不同的工艺，结晶过程中其冷却强度和结晶速度存在着明显差异，各自具有不同的特点，其处理的要求也会不尽相同。

采用电解铝液直接铸轧、铸造，充分利用其积蓄的大量热能，不仅具有可观的经济效益，而且节约能源，减少温室气体排放，同时省却铝锭重熔工序，降低原材料烧损，减少资源消耗。当前中国每年铝锭产量已达1200万吨，据估算，如将其中的500万吨电解铝液作为原材料，直接生产铝加工材，除年可创经济效益35亿元外，还能减少热量的直接排放损失6.8×10^{12} kJ，减少影响大气环境的正熵流1.422×10^{10} kJ/K，也即减少人类赖以生存的与之相当的负熵流的无谓消耗；减少燃料消耗，节约普通燃油22.2万吨，减少二氧化碳气体排放78万吨；同时，年可减少约12万吨的铝锭损耗，相当于节约一个大型铝厂生产所消耗的能源和不可再生的矿产资源。其节能减排的效果极其显著，意义非常深远。因此，该生产技术符合国家节约、高效、可持续发展的产业政策，随着利用电解铝液比重的提高，其创造的价值也会随之增加，具有极其广阔、光明的发展前景。

本书对铝合金熔炼铸造中的特点进行了一些比较和分析。对于挤压工艺与拉制工艺，则根据近年来的生产实践中存在的问题和出现的新工艺、新技术、新方法，做了一些介绍和探讨，供铝加工界的同仁们研究和参考，希望能为促进我国铝加工技术的提高和发展做出贡献。

本书得到湖南科技大学自然科学基金（E51375）的资助，得到中南大学、湖南科技大学领导和实验工作人员的大力支持与协助，在此深表感谢。

由于编著者水平所限，书中不足之处在所难免，恳请指正。

编著者

2013 年 6 月

目　录

熔炼铸造篇

挤　压　篇

管材轧制与拉伸篇

热处理与精整篇

电解铝液在冶炼过程中，长时间处于高温条件下，吸收了大量气体，同时产生大量的氧化夹杂物，熔体质量远低于铝锭重熔铝液的质量。关于这些问题已经在《电解铝液铸轧生产板带箔材》（冶金工业出版社，2011）一书中做了比较详细的阐述，这里对铸造中出现的问题将会给予重点说明。

1 合金熔炼

无论是采用铸轧生产板、带、箔材，还是采用铸造、挤压生产管、棒、型材，都会产生一定的几何废料和技术废品。这些废料在合金熔炼时都要按一定比例配入炉料中。这样做既能节省资源，节约成本，也能为改善电解铝液或重熔铝液性能，提高熔体的结晶核心数量和活性创造条件，为生产合格乃至优质铝材奠定基础。

1.1 挤压材合金的分类

挤压材合金品种繁多,用途和性能各异。按材质的力学性能可分为软合金和硬合金,按热处理性能可分为热处理可强化合金和热处理不可强化合金,按主要用途可分为防锈铝合金和结构件铝合金,按所含化学成分可分为铝锰系、铝镁系、铝铜系、铝镁硅系合金等。但这些分类都有一定的局限性,不够严谨。因此,要对其进行严格的科学分类是比较困难的。为了方便探讨合金的熔铸性能和其后续的挤压加工性能,我们将其粗略地分为软铝合金(含工业纯铝、3A21、5A02、6063、6061、6A02 等),硬铝合金(含 2A11、2A12、2A70 等),超硬铝合金(含 7A03、7A04、7A09 等),防锈铝合金(含 5A01、5A03、5A05、5A12、5A13 等)。

软铝合金化学成分比较单一,或组元含量较低,防锈铝合金主要添加元素为镁或锰,虽然成分单一,但有的含量较高,使得铸造难度和加工难度增加。硬铝合金和超硬铝合金添加元素较多,且含量较高,熔铸时会形成复杂的相组成物,通过后续的工艺处理,可显著提高材料的力学性能,因此相对于软铝合金而言,也明显地增加了铸造难度和加工难度。

1.2 熔炼时的加料顺序

如上所说，生产都要配比一定量的废料。即使在采用铝锭重熔铝液铸造生产时，不加入一定比例的废料，其铸造工艺难度相对增大，铸造晶粒度在同等变质条件下容易粗化，铸造时易产生裂纹等缺陷。为了提高产品质量，提高金属的实收率和成品率，必须根据各金属元素的物理化学特性及其在铝中的固溶度，查阅铝与所加入元素的状态图，合理安排加料顺序。

采用中间合金配料时，一般加料顺序如下。

1.2.1 加装废料

将废料平铺于炉底，小块料置于下层，大块料置于上层。这样能借助于炉子的余热，烘干废料表面的吸着水，去除表面黏附的油脂，尽量降低因废料带来的不利影响。

1.2.2 加装中间合金

铝合金中含铁、硅、锰、铬、镍等合金元素时，因其熔化温度较高（表1-1），远高于铝的熔点；而在铝中的固溶度又比较小（表1-2，图1-1~图1-5），因此，在铝的熔炼温度下，这些添加元素既不能熔化，又不能充分溶解。为保证化学成分合格、均匀，一般将其制成一定比例含量的中间合金，于装炉时加入，置于废料之上。但是随着铝加工技术的进步，有人将这些元素先制成粉末，再将粉末与熔剂和黏结剂按一定比例混合，制成饼状添加剂，在调整化学成分时加入。

表1-1 铁、硅、锰、铬、镍的熔点

元 素	Fe	Si	Mn	Cr	Ni
熔点/℃	1535	1440	1101	1800	1465

表1-2 铁、硅、锰、铬、镍在铝中的最大固溶度

元 素	Fe	Si	Mn	Cr	Ni
温度/℃	655	580	660	660	640
固溶度（质量分数）/%	0.052	1.65	1.82	0.77	0.05

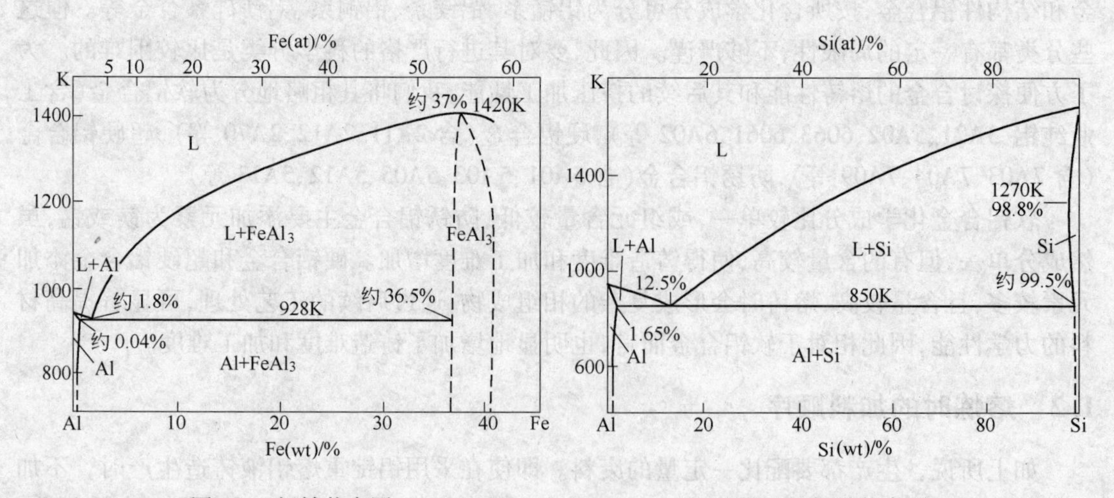

图1-1 铝铁状态图　　图1-2 铝硅状态图

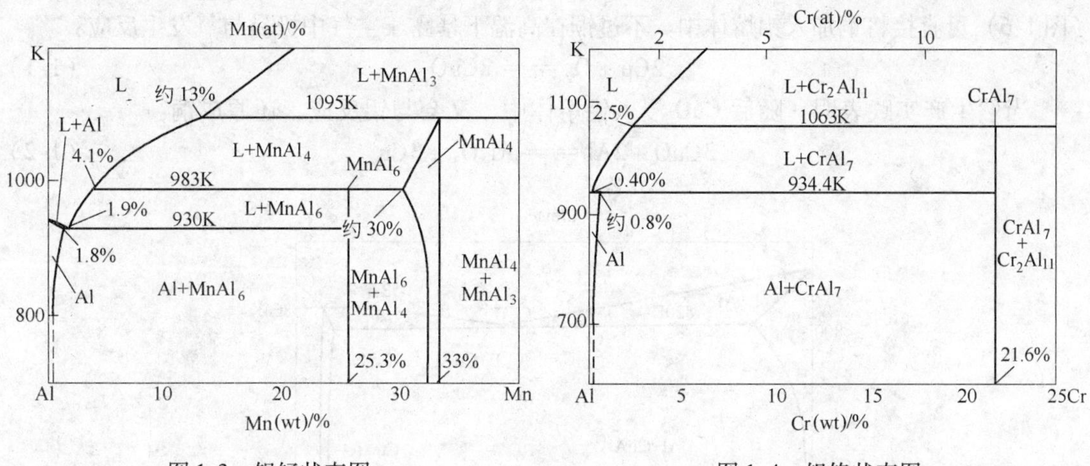

图 1-3 铝锰状态图

图 1-4 铝铬状态图

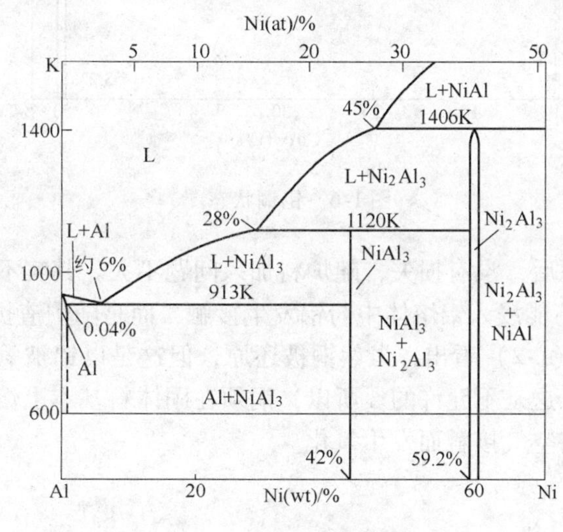

图 1-5 铝镍状态图

1.2.3 注入高温电解铝液（或装入重熔铝锭）

注入铝液时，使废料和中间合金浸没于铝液之下；若用铝锭重熔，则将铝锭铺盖于废料之上，升温时铝锭先行熔化。

注入的高温电解铝液或铝锭先行熔化的熔体使废料迅速升温。根据热平衡计算,其熔融状态决定于废料或固体料的加入量。加入量少时,固体料完全熔化,熔体温度降低;加入量达到一定比例时,高温铝液的余热不足以使固体料熔化,这时高温熔体凝固,释放出结晶潜热,使固体料加热升温。因此随着固体料加入量的变化,整个炉料的状态也发生变化。固体料加入少,炉料高于凝固点而成液态;固体料加入多时,炉料可能转变成半熔融状态或全凝固状态,但固体料的温度提高了。当炉料温度低时,需要继续加热升温至正常熔炼温度[1]。

1.2.4 铜的加入

合金含铜时,虽然铜的熔点较高(1083℃),但其在铝中的固溶度较大,550℃时仍为 5.67%

(图1-6),可直接将铜加入铝熔体中。不过铜在高温下暴露于空气中极易与氧发生反应:

$$2Cu + O_2 \longrightarrow 2CuO \tag{1-1}$$

当然生产实践表明，随后 CuO 浸入铝熔体中，又会与铝反应，还原成铜:

$$3CuO + 2Al \longrightarrow Al_2O_3 + 3Cu \tag{1-2}$$

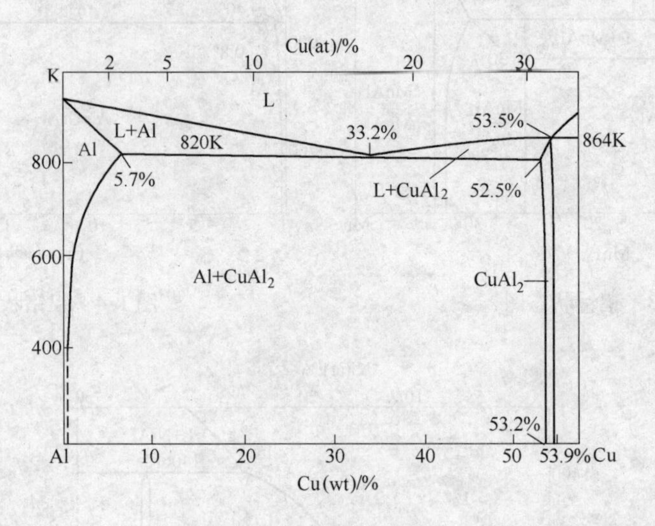

图1-6 铝铜状态图

表面上看，铜还原后，没有损失，随炉料加入问题不大。其实不然，原因是:(1) 如果 CuO 混入炉渣中，不能浸入铝熔体中与铝发生接触，而是随炉渣扒出，该部分氧化的铜即损耗了。(2) 从式 (1-2) 看出，虽然铜被还原，但这是以铝被氧化为代价的。铜还原了，部分铝又损耗了，这是不允许的。所以，铜须在固体料基本上熔化后加入，并将铜浸没于熔体中，防止其与空气接触而发生氧化。

1.2.5 锌的加入

锌的熔点和沸点都很低，熔点为419.4℃ (图1-7)，沸点为906℃。锌在各温度的饱和蒸气压较高 (表1-3)。一般情况下，该系合金熔炼温度为700~750℃，在700℃，锌的蒸气压为7982.0Pa。而在该温度下的固溶度达80%以上。蒸气压高表明锌容易挥发损耗，固溶度大表明制造铝锌合金不易发生成分偏析。所以生产超硬铝合金时，调整好成分后如果停留时间长，锌含量会降低，可能超出标准值，需及时补料，但不会因锌、铝的密度差异大而产生区域偏析。因此，在炉料基本熔化好后将锌锭加入，以减少其在炉中的停留时间，降低损耗。

表1-3 锌在各温度下的饱和蒸气压

温度/℃	419.4	500	700	900	906
蒸气压/Pa	18.5	169.3	7982.0	96018.8	101325

1.2.6 铅的加入

有些合金为了提高材料的耐磨性能，需添加一定比例的铅。铅的熔点为327.4℃，沸

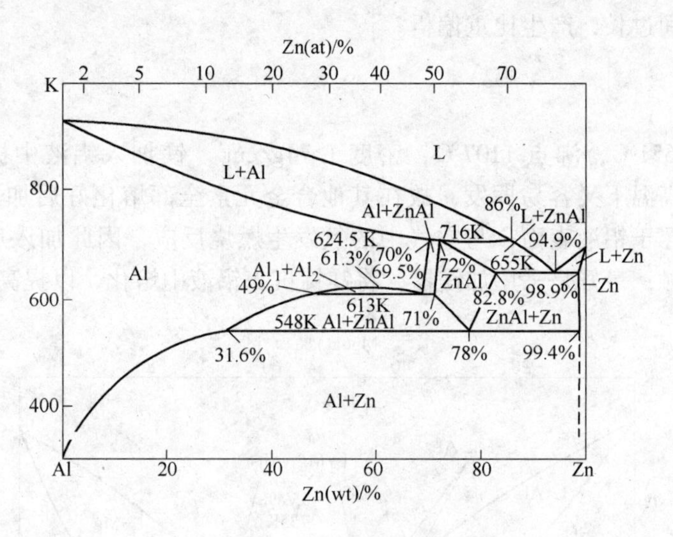

图 1-7　铝锌状态图

点为 1525℃，其 1130℃时的蒸气压为 1333. 2Pa；铅的密度 20℃时为 11. 34g/cm^3，熔体状态时为 10. 688g/cm^3 （327. 4℃）至 10. 078g/cm^3 （850℃）。铝与铅的熔点相差 332. 6℃；密度比为 2. 7/11. 34 =1/4. 2 （固态）、2. 3/10. 688 =1/4. 6 （液态）。铅在铝中的固溶度很小，658℃时为 0. 17%，固态条件下的固溶度更低，327℃时小于 0. 05% （图 1-8）。

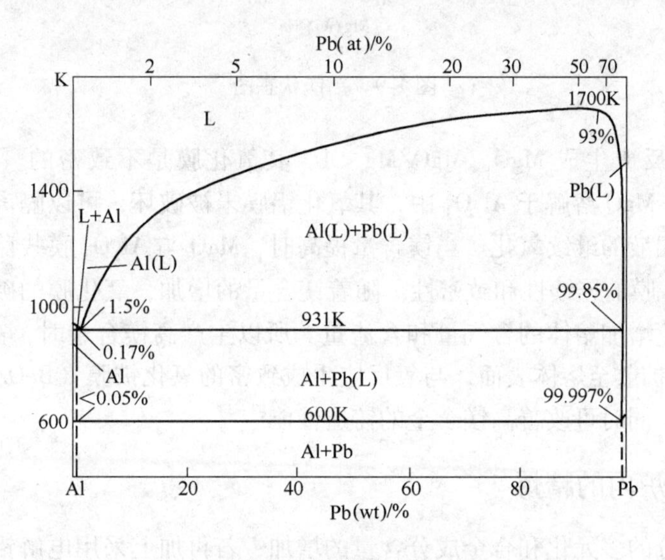

图 1-8　铝铅状态图

从以上资料看出，铅在铝中极易熔化，且挥发性小。但铅比铝重得多，在液态下不互溶，因此铅在铝液中很难均匀分布，极易偏析，发生沉底现象。实践证明，将铅块加入铝液中，含 1% 左右铅的合金，80% 以上的铅会沉底，有极少部分甚至渗入炉底的砖缝中。采用人工连续搅拌 3h，也难使铅成分均匀分布。因此铅不能以块状加入，而需先将铅熔化，制成铅粒，然后将铅粒均匀地撒入铝液中。铅粒在下沉的过程中，尚未沉底之前即已熔化，再加以充分搅拌，铅便可以比较均匀地分布在铝熔体中。铅加入后，应抓紧后续作业，防止停留时间过长，产生比重偏析。

1.2.7 镁的加入

镁的熔点为651℃，沸点1107℃，密度1.74g/cm³。镁加入铝液中极易熔化和溶解，镁的沸点低，在高温下又容易挥发，故在其他合金元素全部熔化好后加入（图1-9）。镁的密度小，会漂浮于铝液表面，与空气中的氧发生燃烧反应，因此加入后即撒入覆盖剂，防止镁与空气接触；最好是采用加镁器，将镁锭沉入铝液中熔化，以提高镁的实收率。

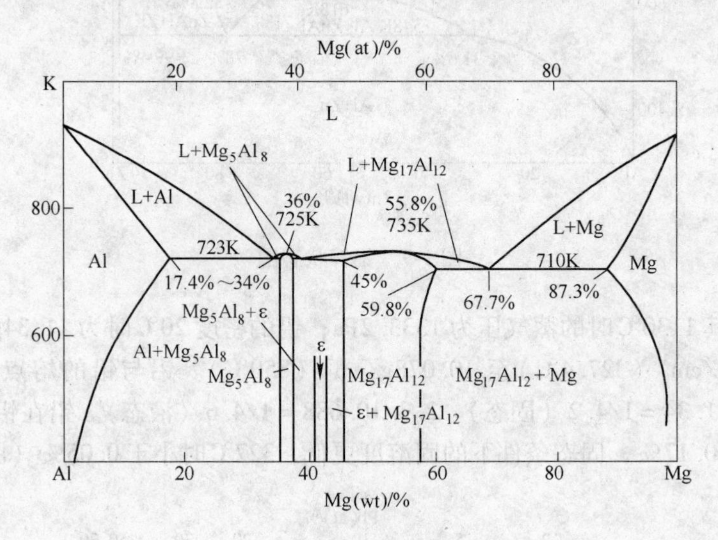

图1-9 铝镁状态图

镁与氧发生反应生成MgO。MgO/Mg < 1，其氧化膜是不致密的。但含镁量较低时（<1%），生成的MgO溶解于Al_2O_3中，其氧化铝膜未被破坏，可以隔离空气与铝熔体接触，防止或减轻铝液的继续氧化。当镁含量提高时，MgO与Al_2O_3膜共存，MgO膜是疏松的，破坏了Al_2O_3膜的连续性和致密性。随着镁含量的增加，氧化膜的破坏随之加重，会失去膜的保护性，增加熔体的含气量和含渣量。所以生产高镁合金时，需加入0.003%～0.005%的铍。铍扩散至熔体表面，与氧反应生成致密的氧化铍膜（BeO/Be > 1），减少合金的烧损和污染，同时可改善高镁合金的铸造性能[2~3]。

1.3 合金熔炼炉内的精炼

随着合金成分的多元化和合金成分含量的增加，若再加上采用电解铝液取代重熔铝锭铝液生产，其夹杂颗粒物和气体含量比电解铝液铸轧软合金系列高得多。其主要原因是：

（1）硬铝、超硬铝、防锈铝中均含有一定量的镁。镁的化学活性比铝更强，如上所述，在高温下与空气接触时，会先于铝生成氧化镁。氧化镁为非致密膜，破坏了原氧化铝膜的保护性能，加速了熔体的氧化与吸气。

（2）硬铝、超硬铝、高镁防锈铝的挤压材成品率较低，一般情况下配比废料较高。废料表面均为氧化铝和氧化镁膜所覆盖，废料熔化时，这些氧化物一般不会还原而以氧化物夹杂颗粒转入熔体中。废料会增加熔体的污染程度。

(3) 在挤压及后续的生产过程中，有的需要采用高熔点、高黏度的油脂进行表面润滑；在管材生产中，有的采用石墨加油脂涂抹挤压针表面润滑。这些油脂与石墨在一般条件下不发生挥发，在加热熔化时，碳氢化合物油脂与空气中的氧气发生反应：

$$C_mH_n + O_2 \longrightarrow CO + CO_2 + H_2O \quad (1\text{-}3)$$

$$H_2O + Al + Mg \longrightarrow Al_2O_3 + MgO + [H] \quad (1\text{-}4)$$

由于上述原因，生产这些合金材料时，特别是关键材料的生产需对熔炼设备、熔炼工艺进行合理选择与质量保证，并严格做好熔体精炼工作，尽可能去除熔体中的各种夹杂颗粒和氢含量，以达到高纯净化熔体的目的。

1.3.1 炉子的分类和选择

熔铝炉型多种多样，按加热元件分为电阻炉、燃油炉、燃气炉、水煤气炉等，电阻炉熔化的产品质量好，但产量较低，成本较高；燃油炉、燃气炉加热速度快，效率高，但燃烧时会产生水汽，对铝熔体有一定的污染；对于水煤气炉，燃气中本身含有一定水分，煤气燃烧时又会产生水汽，对熔体产生污染相比较而言是最重的，但生产成本低。按炉子外形分为箱式炉、圆形炉，箱式炉炉膛浅，容量小，熔体温差小，一般电阻炉、中小型油炉用这种炉型；圆形炉熔池深，容量大，熔体温差大。按可否倾翻形式分为固定炉、可倾动炉，固定炉出口的液流速度随熔池熔体液面高度的减小而减慢，要保持流速均匀，就得调整出流口的流动阻力，同时沉积于炉底的夹杂颗粒有可能在炉子放干时集中流出，增大铸造收尾时的夹杂几率；可倾动炉可避免上述缺点。按炉子功能分为熔化炉、静置炉，熔化炉用于熔化、精炼铝熔体，专用静置炉一般为电阻炉，用于铸造前的精炼和静置，有的企业由于产量较小，将熔化和静置共用一台炉子。

此外，熔炼炉尚有带电磁搅拌和不带电磁搅拌之分。带电磁搅拌者可使炉内的浓度场和温度场容易充分均匀，防止局部过热，加快熔化进程，提高熔体质量，减轻劳动强度。

铸造用炉型的选择：铸造与铸轧不完全相同，铸轧生产是连续性的，而铸造生产通常是间隙性的。对生产以硬铝、超硬铝为主的中小管、棒、型材企业，其产量不是很大，而其质量要求很高，一般选择箱式电阻加热熔化炉，或燃气、燃油箱式加热熔化炉；配备专用可倾动静置炉或专用固定式静置炉。企业生产产品规格大、产量大的一般选择燃气、燃油圆形加热熔化炉，可倾动静置炉或固定式静置炉。

1.3.2 合金熔体的精炼

诚如上述，生产2×××、5×××、7×××系列合金的含渣量远高于1×××系列和软合金的含渣量，5×××、7×××系列合金的含气量也比1×××系列与软合金系列的含气量高得多，而若采用电解铝液熔炼的铝熔体比采用重熔铝锭的熔体含气量和含渣量又有所增加，因此做好熔体的精炼与过滤工作，尽可能去除熔体中的含渣量和含气量，是精炼的目的，是保证和提高产品质量的关键。

1.3.2.1 精炼剂简介

精炼剂有固态、液态和气态三大类。

固态精炼剂：2×××、3×××、6×××、7×××系列常用的有 NaCl、KCl、Na_3AlF_6 的混合物，其含量一般为54% KCl、24% NaCl、22% Na_3AlF；5×××系列常用

的有 KCl、$MgCl_2$、$BaCl_2$、NaCl + $CaCl_2$ 的混合物，含量为40% KCl、46% $MgCl_2$、<8%（NaCl + $CaCl_2$）、8% $BaCl_2$。这些盐类容易吸潮结块，因此必须放置于干燥处；最好于使用前将其加热到300℃以上，去除吸着水和结晶水，保证精炼效果。

液体精炼剂：常用的有四氯化碳。四氯化碳与水不互溶，但油脂可溶于四氯化碳中，带油会影响精炼效果。

气体精炼剂：惰性气体有氮气、氩气。活性气体有氯气。这些气体如果未进行高纯提炼处理，可能含有一定量的氧和水，因此必须限制氧和水的含量在0.001%以下。如果达不到要求，也要进行高纯净化处理。

1.3.2.2 精炼方法

铝合金的精炼方法，按作用原理分为吸附精炼和非吸附精炼。目前国内常用的精炼方法均为吸附精炼，如熔剂精炼、四氯化碳精炼、惰性气体精炼、惰性气体加活性气体精炼等。

有关精炼操作、精炼过程、精炼要求、精炼注意事项，在《电解铝液铸轧生产板带箔材》（冶金工业出版社，2011）一书中做了说明。

鉴于电解铝液铸造生产管、棒、型挤压材的不同情况和特殊要求，改进精炼方法，提高精炼效果，保证熔体的纯净度，比铸轧更重要，是我们面临的重要技术关键。为此，介绍近年来研究并发成功的一种新型的精炼方法——熔炉内旋转喷粉精炼技术。

旋转喷粉装置主要组成部件有：喷粉模件，处理铝液的机器的组成部分；定位系统，把喷粉模件移到炉内正确的位置以实现最好的精炼效果。喷粉模件是标准件，定位系统根据用户不同的使用情况进行设计。

旋转喷粉装置带有一个中空的、可以调节速度的转子。转子由高温、耐铝液腐蚀的材料制成。将转子置入金属熔体中，利用惰性载体氮气或氩气携带粉末精炼剂，通过转子中心，在金属熔体表面下喷入。粉末精炼剂接触到铝液时迅速液化，转子旋转击破由喷射形成的气泡，并有力地搅拌周围的铝液，从而增加了铝液与液态粉末的接触面，也增加了反应的几率。转子的形状加速了铝液在炉内的循环，改善了铝液的清洁度，增加了温度的均匀化。根据炉子容量的不同可使用不同直径的转子。

该装置为全自动型，整个处理过程，包括预热和转子的滴液均为自动控制，转子速度、粉剂加料速率以及载体的流量，也都可调控。

该装置使用的粉剂为 $MgCl_2$ 和 KCl 的混合物，KCl 是用以降低粉剂的熔点。当接触到铝液时，$MgCl_2$ 与碱金属反应，形成氯化物，被精炼产生的气体泡沫携出铝液表面。

1.3.2.3 旋转喷粉技术优势

载体气泡和精炼剂熔化形成的液滴被转子击碎成细小气泡和细小液滴，并有可能均匀地分散到整个熔池的铝熔体中，增加了气泡和液滴与溶解于铝熔体中的氢和悬浮在铝熔体中的夹杂颗粒接触的几率，缩减了氢和夹杂的扩散路径，延长了气泡和液滴上升的时间，从而获得更好的精炼效果。

A 冶金性能

旋转喷粉技术在冶金性能方面的优势如下：

（1）碱金属含量减少。除上述作用外，精炼剂采用了 $MgCl_2$。$MgCl_2$ 在精炼时遇到碱金属即与其发生反应，生成碱金属氯化物被携出。

（2）非金属杂质减少。据上述情况，不言而喻，除渣效果较单纯采用熔剂精炼或惰性气体精炼或惰性气体加活性气体精炼，除渣要彻底，非金属夹渣明显减少。

（3）铝渣生成少。用旋转喷粉装置技术，不通入氯气，减少了 $AlCl_3$ 的生成量，从而生成的铝渣量减少25%～35%，铝渣中的铝含量也相应地减少。表1-4 列出了1×××、3×××、5×××、6×××合金采用旋转喷粉精炼后铝渣生成量和铝渣中的铝含量。

表 1-4　旋转喷粉精炼后铝渣量和渣中的铝含量　（%）

合　金	1×××	3×××	5×××	6×××
铝渣质量（占处理铝液质量的百分比）	0.2	1.2	1.5	1.1
铝含量（占铝渣质量的百分比）	73	70	68	71

铝渣生成量的减少降低了铝的损耗，提高了成品率和生产率，在与通氯精炼的同等条件下，可减少用气量，缩短精炼时间，从而提高经济效益。

（4）改善金属熔体温度场。精炼转子的搅拌作用对炉内铝液的均匀性将发生重要影响。以1m 熔池深度为例，未搅拌的炉子温差为50～85℃，精炼搅拌几分钟后，炉内温度即趋于均匀一致。

B　环境影响

与采用氯气精炼比较，减少了 HCl、Cl_2 和颗粒排放物（表1-5），降低了污染，改善了环境，提高了社会效益。

表 1-5　旋转喷粉精炼与通氯精炼 1×××、3×××合金排放污染物比较　（mg/m^3）

项　目	1×××			3×××		
	HCl	Cl_2	颗粒物	HCl	Cl_2	颗粒物
氯气喷粉（喷枪）精炼	100	5.4	63.1	24.1	8.6	11.3
旋转喷粉精炼	8.9	0.2	4.4	18.1	0.2	1.3
旋转喷粉精炼比氯气喷粉精炼减少污染物排放量/%	91	96	93	25	98	88

1.4　合金静置炉内的精炼

由电解铝液配置（或重熔铝锭配置）符合标准要求的合金熔体，虽然含有较多的气体和氧化夹渣，但经过熔炼炉内的精炼后，特别是采用旋转喷粉技术精炼后，除去了熔体中大部分的氧化夹渣和部分含气量，就可转注到静置炉。但国内现有的转注方法，静置炉与熔炼炉之间存在着一定程度的落差，铝液流动时会产生一定的冲击，形成一定程度的漩涡，再次吸收气体，产生一定数量的氧化夹渣，必须在静置炉再次进行精炼。一般来说，所有合金在静置炉都必须进行精炼。而在熔炼炉，如果属软合金，采用铝锭重熔铝液，且材料性能要求不是太高时，可以不进行精炼，随后在静置炉适当地延长精炼时间，保证去气除渣效果。静置炉精炼可采用旋转喷粉技术，也可采用氩氯或氮氯混合气体技术。精炼后测定熔体含气量。其不同合金的参考含气量见表1-6。但随着科学技术的进步，用户对产品质量的要求越来越高，有的要求7××× 系列合金的含气量控制在0.10mL/(100g Al)

以下。这个标准是相当严格的，仅采用炉内精炼很难达到要求。

表1-6 各种合金静置炉精炼后控制气体含量（参考值）

合　金	1×× ×	2×× ×	3×× ×	5×× ×	6×× ×	7×× ×
含气量/mL·$(100gAl)^{-1}$	0.14	0.13	0.14	0.24～0.28	0.14	0.26

1.5 合金的在线精炼

静置炉内精炼后，待静置30min，熔体中因精炼产生的气泡，携带扩散进入气泡中的氢和气泡上升阶段时表面黏附的氧化夹渣溢出液面后，对一般要求的低档产品，熔炼过程加入了变质剂时，即可进入铸造工序。但对高端产品而言，则还需进行在线精炼和在线过滤，进一步对熔体进行高纯净化处理，同时最好采用在线变质方法，使变质剂在铸造前15min左右加入，然后进入铸造程序。

在此着重讨论铸造的在线精炼、在线过滤、在线变质与铸轧的在线处理存在的差异和特点，以便采取措施获得最佳的铸造锭坯。

我们知道，铸轧是连续作业，一旦生产，可能在数天或一个多星期内都会连续不断地运转。但铸轧的生产效率较低，一般每小时通过在线处理装置的铝熔体在2t以下，因此铸轧的在线处理装置容量不宜过大。容量过大，铝液在精炼箱与过滤箱内停留时间长，一是增加设备投资，延长处理时间，浪费资源和能源；二是影响产品质量，特别是在过滤箱内铝液停留时间超过半小时以上，经过在线精炼后的铝熔体，含气量已经大大降低，跟环境大气发生反应的可能与速度增加，使含气量再次上升。实践表明，停留时间超过40min，熔体含气量增加0.01mL/(100g Al）左右。就铸造来说，铝合金90%以上都采用半连续的立式铸造。每一次铸造的最大容量：生产中小型管、棒、型材为15t左右；生产大型管、棒、型材为35t左右。为方便起见，我们以每批次铸造量15t为例，铸造一个批次的时间因合金系列的不同、铸造方法的差异、铸造锭坯直径大小不等而异。对软合金的中等规格，因结晶区间（开始结晶的温度与终了结晶温度之差）较小，一般在40～70℃，铸造一个批次（铸件长度6～8m）约为1～1.5h；而硬合金2024结晶区间为136℃，7075合金的结晶区间达158℃，结晶区间增大，铸造的时间在同等条件下自然要延长，约为3h。

铸轧生产单位时间最大的在线处理量不大于2t/h；而铸造软合金则约为7.5t/h；铸造硬合金约为5t/h。

当前铸轧采用的去气精炼装置容量为600kg左右，按铸轧最大生产能力2000kg/h计算，其铝熔体从流入至流出精炼装置的时间为：

$$600 \div (2000 \div 60) = 600 \div 33.3 = 18\text{min}$$

铝液在精炼器中有足够的作用时间，只要进入精炼器的铝液含气量低于0.18mL/(100g Al)，使用的精炼剂纯净有效，铝熔体经过在线精炼后，其含气量可达0.10～0.12mL/(100g Al）以下，完全可满足生产高质量双零铝箔的要求。但在铸造中，情况与铸轧不同，一是流量大，软合金为铸轧的3.8倍以上，硬合金也为铸轧的2.5倍以上，如果采用同样的精炼装置，其铝液在精炼器中的作用时间，软合金只有4.7min，硬合金也只有7.2min，精炼作用远不如铸轧充分；二是合金成分复杂，含量高，其合金熔体的含气量远高于铸轧纯铝的含气量，一般情况下，在静置炉的铝熔体经过精炼后，纯铝的含气量为0.14~0.16mL/(100g Al)，而7075合金则有0.28mL/(100g Al)以上，这从另一个方面说明，降低7075合金中的含气量是比较困难的。现在一些航空航天材料要求7075合金熔体的含气量控制在0.08mL/(100g Al)，这是很难做到的。它要求对精炼装置的结构、容量、转子转速，精炼气体的纯净度、活性等进行合理设计，需要采用双转子结构（图1-10），采用高纯、活性的精炼气体，适当扩大容量，延长铝液在精炼器中的作用时间，方可保证在线精炼的效果。

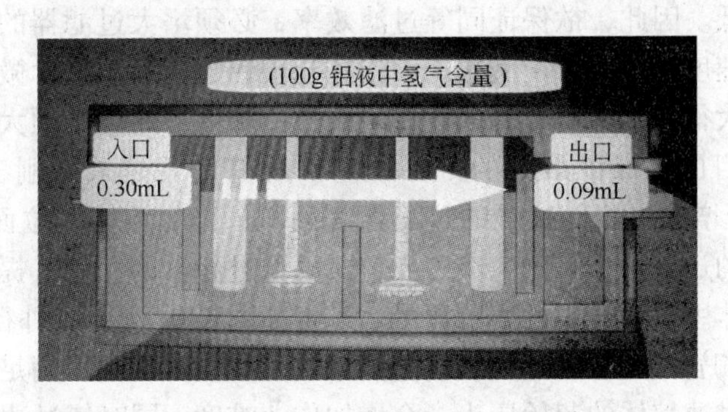

图1-10 双转子精炼工作示意图

1.6 合金熔体的在线过滤

铝熔体经过熔炼炉内精炼、静置炉内精炼和在线精炼之后，气体含量已大大降低，基本上处于临界最低状态；熔体中较大颗粒的夹杂物基本上被精炼剂携出，但是熔体中还存在一定数量的微小颗粒夹杂物，它将对材料的力学性能和理化性能产生一定的影响，因此必须在铸造之前进行过滤处理，使其下降到最低限度。

目前，国内外常用的主要过滤方法有泡沫陶瓷片过滤、刚玉管过滤和深床过滤。影响过滤效果的因素有合金熔体性质、熔体中夹杂物的初始浓度、过滤器孔隙度、过滤器厚度、熔体过滤速度、过滤时间等。经过一系列的数学运算，其过滤效率如下式：

$$\eta = \frac{C_i - C_0}{C_i} = 1 - \exp\left(-\frac{k_0 L}{u_m}\right) \tag{1-5}$$

式中 η——过滤效率；

C_i——熔体中夹杂物的初始浓度；

C_0——过滤后熔体中夹杂物的浓度；

k_0——动力学参数系数，与过滤熔体速度 u_m、夹杂物尺寸 d_i、过滤器孔隙大小 d_2 和熔体种类有关；

u_m——过滤熔体速度；

L——过滤器厚度[1]。

合金确定，金属熔体性能即确定；熔体通过熔炼炉、静置炉和在线精炼之后，其夹杂物颗粒大小不再发生变化；过滤器一经选定，其孔隙度就为一个定数。由式（1-5）看出，上述条件确定之后，过滤效率仅与过滤器厚度和熔体通过过滤器的速度有关。过滤器厚度尺寸越大，过滤效果越好；熔体通过过滤器的速度越快，过滤效果越差。

铸轧生产，单位时间内熔体过滤量小，过流速度慢，且铸轧多为纯铝和软合金，夹杂颗粒少，夹杂物容易被过滤器吸附，过滤效率高，相对来说熔体比较容易净化，一般地采用50PPI和30PPI的双级泡沫陶瓷片过滤，其滤片的厚度和面积随具体的过流量计算确定即可满足要求。

铸造的生产情况与铸轧相比显得要复杂些。如上所述，过流量大，采用铸轧生产同样的方式过滤，其过滤器的过流速度相当于铸轧的2.5~3.5倍以上，使过滤效果降低。设过流速度增加至3倍，其他参数不变，根据式（1-5）计算，则过滤效率η由0.63下降至0.28，效果大大降低。因此，欲保证同等过滤效率，必须增大过滤器的过流面积，使过滤器单位面积的过流速度与之相等。其次，硬铝和超硬铝合金熔体中含微小夹渣颗粒物比纯铝和软合金的几率大得多，为此过滤的效率不仅不能降低，而且必须大大提高，才能使熔体达到高纯净化的目的，保证最终的产品质量。所以最好是采用刚玉管式过滤器（图1-11、图1-12），既增大与熔体接触的过滤器表面积，降低熔体单位面积上的过流速度，保证过滤效率和总的过流量，满足生产需要；又降低过滤器的孔径，提高孔隙度，以提高过滤精度，减少熔体中微细颗粒的残留数量。一根如图长0.889m、外径0.102m的刚玉管相当于0.258m^2的陶瓷过滤板，这可使铸造产品的质量大大提高，满足高端产品需要。但需指出，这提高了过滤熔体的起始压头，会增加作业难度，同时使过滤成本有所上升。

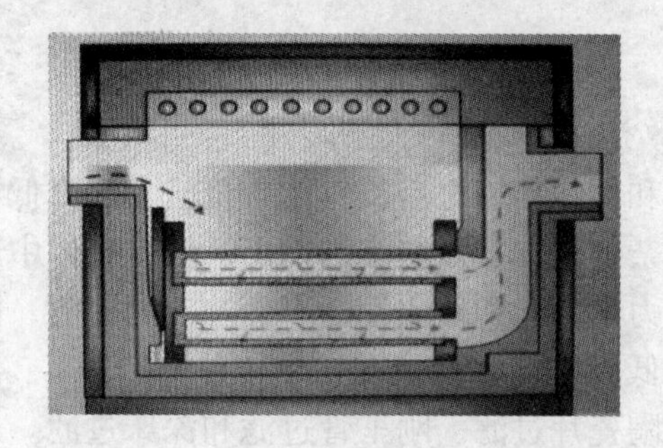

图1-11　刚玉管过滤器装配示意图

图1-12　过滤用刚玉管

2 合金铸造时的晶体生长

铝合金熔体经过炉内和在线精炼、过滤之后即可进入铸造工序。在铸造工序中，铝熔体要形核、长大，发生相变，凝成晶体。这是一个复杂的物理化学过程，是决定产品质量极其关键的过程，本章对铸造过程中的形核、长大问题进行讨论。

关于熔体的均匀形核理论在《电解铝液铸轧生产板带箔材》（冶金工业出版社，2011）一书中有比较详细地叙述，这里只结合铸造特点，讨论一些与铸轧不同的问题。

连续铸造铝合金铸锭时，当熔体注入结晶器后，由于结晶器周围通有冷却水，铝熔体释放的热量由结晶器壁传给冷却水，熔体即从表面开始凝固结晶，随之向中心扩展；又因冷却水以20°~30°方向喷向底座或已凝固的铸锭，底部的熔体热量也通过底座（浇注起始阶段）或铸锭（正常浇注阶段）传给冷却水，熔体又从底部开始结晶，随之向上部扩展。这就是说，对于圆铸锭的结晶凝固，在直径方向由外向内推进，在高度方向由下向上推进。铸锭上部其被结晶前沿所包围的熔体称为液穴（图2-1）。液穴深度为结晶器内开始结晶的层面至结晶前沿底部之区间金属熔体的高度，用下式计算：

$$h=\frac{\left[L+\frac{1}{2}c(T_1-T_2)\right]vR^2\rho}{B\kappa(T_1-T_2)} \qquad (2\text{-}1)$$

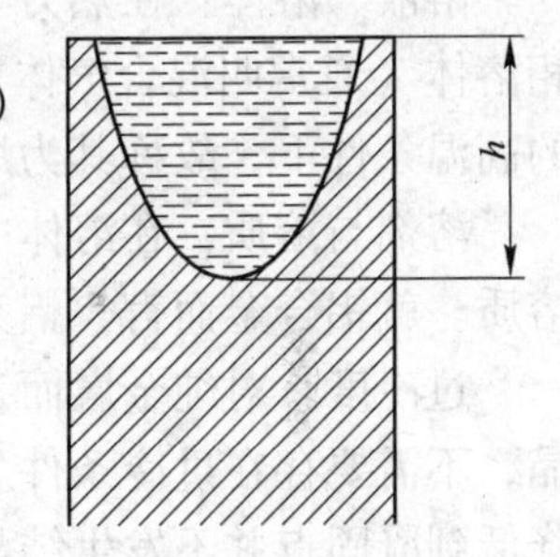

图2-1 浇注液穴示意图

式中 L——单位结晶潜热，kJ/kg；

c——金属平均比热容，kJ/(kg·℃)；

ρ——铸锭密度，kg/m^3；

T_1——合金液相线温度，℃；

T_2——铸锭表面温度，℃；

v——铸造速度，m/h；

R——铸锭半径，m；

B——系数，扁锭取2，圆锭取4；

κ——导热系数，W/(m·K)。

铸锭的结晶就是在这个被称为液穴的区域里完成的。研究这个液穴里发生的凝固过程，了解铸造工艺参数对这个液穴的影响，探索改善液穴的形状和结晶条件，完善和优化工艺，提高铸锭质量至关重要，是铝加工技术工作者长期以来不断探索研究、改进完善的重要课题。

在液穴的任一横断面上存在着三个区域：固相区、固液相共存区（两相区）、液相区（图2-2）。

高温熔体在结晶器中冷却到凝固点，释放相变潜热，结晶成固态物质，即固相，高于凝固点的熔体不能结晶，仍然为液相，这很容易理解；但为什么结晶前沿存在两相共存区，这个两相共存区是如何形成的，对熔体的结晶过程产生什么影响，下面来讨论这个问题[4]。

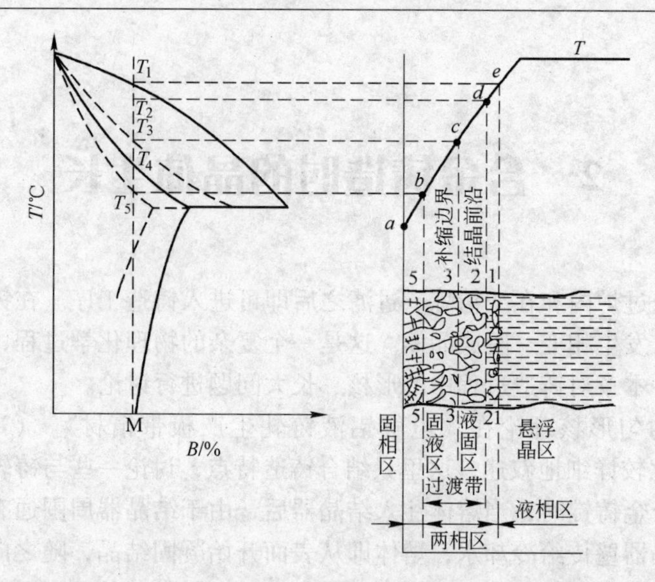

图 2-2 任一瞬间 M 合金铸造横断面凝固区域结构与温度的关系

2.1 几个基本概念

为方便起见，先简单介绍几个基本概念。

溶液、溶体：在热力学中，将一个含多组元的均匀系称为溶体。溶体为气相时称为气相溶体（通常叫混合气体）；溶体为液相时称为溶液，对铝合金溶体而言因为是处在加热的高温条件下，故称其为熔体；溶体为固相时称为固溶体，金属固溶体又称为合金。

溶剂与溶质：在溶体中数量最多的那个组元称为溶剂；掺入到溶剂中的其他组元称为溶质。就铝合金而言，铝为溶剂，加入的其他合金元素或杂质为溶质。

过冷度：对纯金属而言，在平衡条件下，熔体达到凝固点，即发生凝固，或称其为结晶，不需要存在过冷条件。但在非平衡条件下，无论是纯金属熔体还是合金熔体，从高温降低到凝固点并不发生结晶，而要降低到凝固点以下的某一温度才开始结晶。低于平衡结晶的温度才结晶称为过冷度。

纯金属熔体（溶剂）有确定的凝固点 T_0，在其中加入某一合金组元后，熔体的凝固即变得复杂了。取溶质浓度为 C_L 的熔体，从较高温度无限缓慢地冷却，当温度下降到某温度 T_L 时，开始结晶，析出固溶体；熔体温度继续下降，固溶体继续析出。温度停止下降，固溶体停止析出，但析出的固溶体与剩余的溶液的量保持不变。形成固溶体与溶液共存的状态。当温度下降到 T_S 时，溶液才全部结晶为固溶体。与溶剂（纯金属、纯铝）有唯一确定凝固点的凝固行为不同，溶液（合金熔体，在一般工业生产中，实际上没有绝对纯的铝熔体）的凝固点不是唯一的，有一个开始结晶的温度 T_L 和一个结晶终了的温度 T_S。

对任一浓度 C_L 的溶液，测出相应的 T_L 和 T_S，在温度和溶质浓度的坐标平面内，将相应于不同 C_L 的溶液其开始凝固温度 T_L 连接起来，即构成液相线；同理，将所有的 T_S 连接起来，即构成固相线，如图 2-3 所示。坐标平面分成三部分：液相线以上为溶液（液相）区，固相线以下为固溶体（固相）区，液相线和固相线之间为溶液和固溶体（液相和固相）共存区。

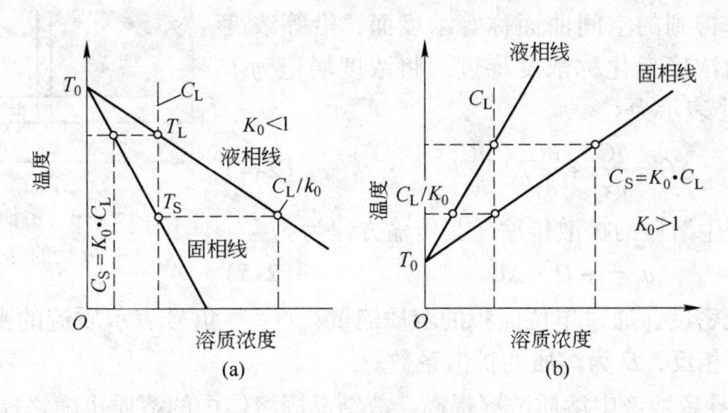

图 2-3　溶液的凝固

由此可知，液相线是熔体的凝固点相对于溶质浓度的曲线，固相线是固溶体的熔化点相对于溶质浓度的曲线。显然溶液的凝固点是溶质浓度的函数，在一般条件下，凝固点和浓度间的关系是非线性的。为了讨论问题方便起见，设溶质的含量很低，可以将其间的关系近似地视为线性，如图 2-3 所示。设溶质浓度为 C_L，同时溶液凝固点 $T(C_L)$ 是直线，则其斜率 $m=\frac{dT}{dC_L}$为常数，$T(C_L)$ 可用下式表示：

$$T(C_L)=T_0+mC_L \tag{2-2}$$

实践得知，溶质分为两类：一类降低溶液的凝固点，即 m 为负数，如图 2-3（a）所示；另一类提高溶液的凝固点，即 m 为正值，如图 2-3（b）所示。m 表征溶液中溶质改变单位浓度所引起的凝固点的变化，其数值决定于溶剂和溶质的性质。

在图 2-3 中，以 T 做水平线，交液相线于 C_L，交固相线于 C_S，则在该温度下固溶体和溶液处于热力学平衡状态。如固相线和液相线为直线，不同温度下的平衡浓度的比值不变，恒为常数。即：

$$K_0=C_S/C_L \tag{2-3}$$

常数 K_0 决定于溶剂与溶质的性质，与溶液的温度和浓度无关，称 K_0 为分凝系数，因其表征在热力学上溶液与固溶体处于共存的平衡状态，又称为溶质的平衡分凝系数。由图看出，降低溶液凝固点的溶质，$C_S<C_L$，$K_0<1$；提高溶液凝固点的溶质，$C_S>C_L$，$K_0>1$。这里我们只着重讨论 $K_0<1$ 的分凝情况。

当 $K_0<1$，固液界面处固溶体中的溶质平衡浓度 C_S 将小于溶液中的平衡浓度 C_L，因而随着晶体的生长，固液界面向前推进，固液界面前沿不断有溶质排泄出来，导致溶液中溶质浓度提高。因此在晶体生长过程中，溶质在晶体、溶体中都不是均匀的，随空间位置的不同而变化，但在晶体和溶体的全部空间内，每一点都有其确定的浓度，而不同的点其溶质的浓度不完全相同。溶质的空间分布称为溶质的浓度场。

2.2　浓度场、分凝系数在结晶中的作用

为使讨论的问题简化，便于理解，我们先考虑晶体为一维生长的溶质保守系统（溶质不增减系统），其等效模型为一等径圆柱体凝固模型，其圆柱的截面不变，如图 2-4 所示。

由于溶液凝固过程中出现了分凝现象，产生了浓度场。在浓度场中将浓度相等的空间

各点连接起来，得到的空间曲面称等浓度面，沿等浓度面的法线方向的浓度变化称浓度梯度。将浓度场记为 $C(x,y,z)$，其大小表示为：

$$\Delta C=\frac{\partial C}{\partial x}i+\frac{\partial C}{\partial y}j+\frac{\partial C}{\partial z}k \tag{2-4}$$

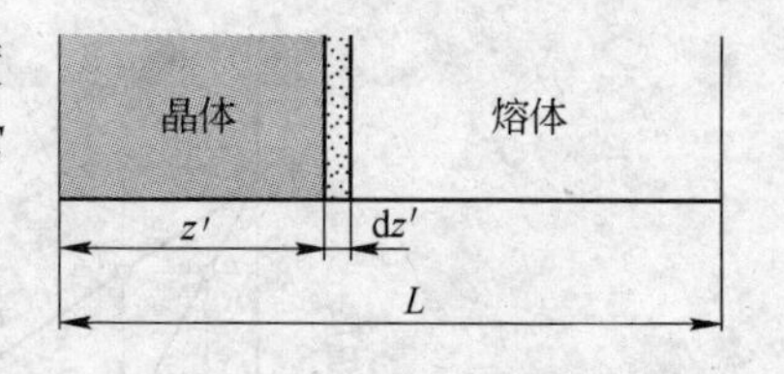

图 2-4　溶质保守系统分凝的等效模型

浓度梯度产生溶质的扩散传输。其传输方程为：

$$q_1=-D\cdot\Delta C \tag{2-5}$$

式中，q_1 为质流密度，通过单位面积的溶质流量；“ - ”负号表示质流的密度矢量与浓度梯度矢量的方向相反；D 为溶质的扩散系数。

$K_0<1$ 时，导致溶液中溶质浓度提高，故结晶固溶体中的溶质也随之提高。即：

$$C_S(z')=K_0C_L\left(1-\frac{z'}{L}\right)^{K_0-1} \tag{2-6}$$

$$C_L(z')=C_L\left(1-\frac{z'}{L}\right)^{K_0-1} \tag{2-7}$$

式中　$C_S(z')$——凝固固溶体中溶质的平均浓度；

$C_L(z')$——溶液的平均浓度；

z'——实验坐标系；

C_L——溶液中均匀分布的溶质的初始浓度；

L——液柱长度。

式（2-7）表示晶体长为 z'时的溶液中的溶质浓度。

令 $q=\frac{z'}{L}$，将式（2-6）、式（2-7）推广，则 q 可理解为已凝固部分的长度百分数，因在上面设定的模型为等径圆柱，故 q 又可理解为已凝固部分的体积分数，上述两式可改写为：

$$C_S(q)=K_0C_L(1-q)^{K_0-1} \tag{2-8}$$

$$C_L(q)=C_L(1-q)^{K_0-1} \tag{2-9}$$

式（2-8）、式（2-9）能适用于任何溶质保守系统。

由式（2-6）、式（2-8）看出，对 $K_0<1$ 的物质，始端溶质浓度最低。在 $z'=0$ 处，$C_S(0)=K_0C_L$；随着 z'增加，$C_S(z')$ 增加，即结晶固溶体先结晶的溶质浓度低，后结晶的溶质浓度高。对 $K_0>1$ 的物质，情况与此相反。这就是说，在生产实践中，固溶体产生晶内偏析现象是不可避免的。

上面讨论了准静态生长过程中生长速率无限缓慢、生长全过程中任一时刻溶液中的溶质总是均匀分布的。但是导出这些公式是在一系列假设条件下做出的，如凝固过程中不发生任何体积变化，K_0 为常数（液相线、固相线为直线），任何时刻溶质在溶液中均匀分布。实际生产中，这样的条件是不存在的，随着结晶的进行，液相中溶质的浓度在不断增加。当 $q=1$ 时，$C_S=\infty$，这是不可能的。式（2-8）只是一个近似表达式，不适应于整个 q 的范围。同时 K_0 也不是常数，液相线和固相线都是曲线，它会随浓度而变化。

2.3　在纯扩散条件下溶质边界层的形成和作用

当溶液凝固成固体时，在固液界面处必然排泄溶质。单位时间内于单位面积的固液界面排泄的溶质（即质流密度）q_1 为：

$$q_1 = [C_L(0) - C_S]v \tag{2-10}$$

式中 $C_L(0)$——固液界面处溶液中的溶质浓度；

C_S——固液界面处固溶体中溶质的浓度；

v——晶体的生长速率。

设定结晶生长开始前，溶液中的溶质是均匀分布的，生长开始后，固液界面不断地排泄溶质，于是在固液界面前沿建立了溶质富集的边界层，产生了浓度梯度，使得溶质向远离界面的溶液中扩散，其固液界面处溶质向溶液中扩散的质流密度 q_2 为：

$$q_2 = -D\frac{dC}{dz} \tag{2-11}$$

设生长速率一定，由式（2-10）得知，固液界面排泄溶质的质流密度 q_2 一定。而生长开始前，溶液中的溶质是均匀分布的，即$\frac{dC}{dz}=0$，故 $q_2=0$。生长开始后，浓度梯度$\frac{dC}{dz}$增加，q_2 逐渐增加，至 $q_1=q_2$ 时，在固液界面前沿建立起稳态的溶质边界层，得：

$$[C_L(0) - C_S]v + D\frac{dC}{dz} = 0 \tag{2-12}$$

在建立稳态的溶质边界层之前，因为 $q_1>q_2$，故边界层中的溶质随时间而增加，它是一个与时间相关的瞬态过程，如图 2-5 所示。虚线表示界面达到 z'_1、z'_2、z'_3时的边界层中溶质分布。在界面达到 z'_L前，边界层中的浓度是逐渐增加的；界面达到 z'_L后，边界层中的浓度分布如图中 $C_L(z)$ 所示。此时 $q_1=q_2$，边界层中的浓度从动态平衡来说，不再随时间变化，成为稳态溶质边界层。

稳态浓度场建立后，推导出的图 2-5 中的溶液中的溶质分布 $C_L(z)$ 的解析表达式为：

$$C_L(z) = C_L\left[1 + \frac{1-K_0}{K_0}\exp\left(-\frac{v}{D}z\right)\right] \tag{2-13}$$

根据式（2-13）求出的溶质在溶液中的分布曲线如图 2-6 所示。

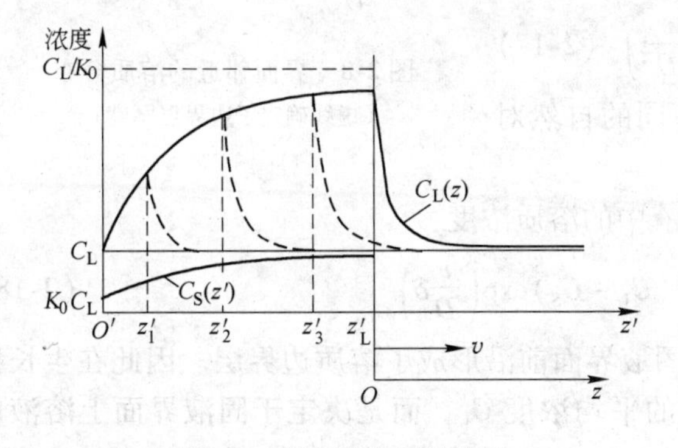

图 2-5 稳态浓度场的建立

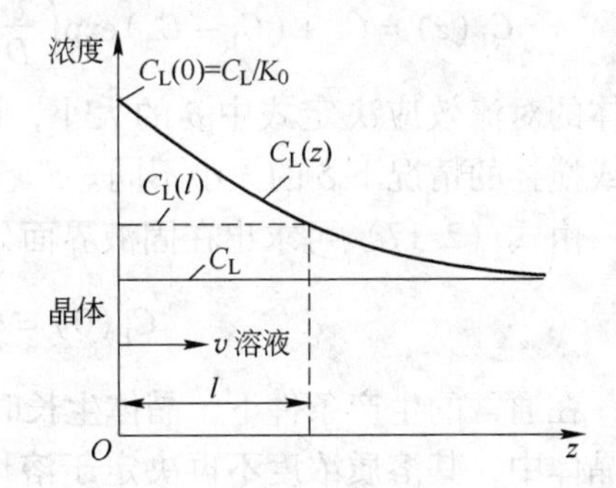

图 2-6 溶液中稳态浓度分布

推导出晶体中溶质分布的解析表达式为：

$$C_S(z') = C_L\left[1 - (1-K_0)\exp\left(-\frac{K_0}{l}z'\right)\right] \tag{2-14}$$

$$l = \frac{D}{v} \tag{2-15}$$

$$K_0 = \frac{C_S}{C_L(0)} \tag{2-16}$$

式中 l——溶质边界层的特征厚度，定义溶质浓度下降至$\frac{1}{e}$处，该处距固液界面的距离为溶质边界层的特征厚度；

$C_L(0)$——固液界面（$z=0$）处的溶质浓度。

式（2-14）描述了溶液中只有扩散传输，没有对流传输（有对流传输时的情况将在后面讨论）时溶质分布。

准静态生长的晶体中的溶质分布曲线与根据式（2-14）求出的溶液中只有扩散传输的晶体中的溶质分布曲线定性对比如图 2-7 所示。

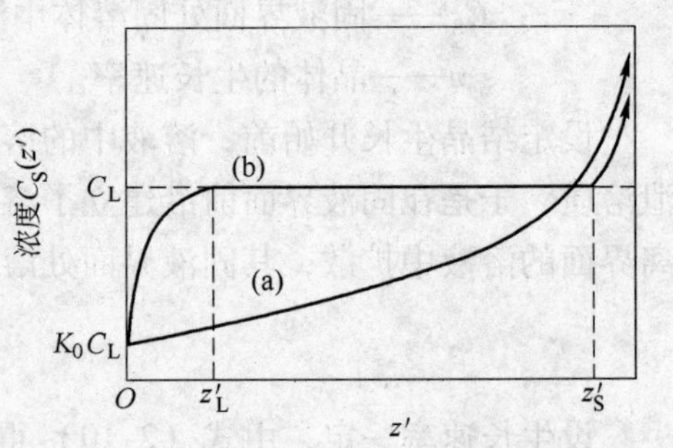

图 2-7 晶体中的溶质分布曲线

（a）准静态生长；（b）溶液中只有扩散传输

2.4 对流条件下的溶质分凝边界层

在溶液中存在对流时，对流不仅携带热量，影响熔体的温度场，也携带溶质，影响熔体的浓度场。它能快速地使溶质混合均匀，使 $C_L(z)$ 很快地趋近于 C_L，如图 2-8 所示，因而引入了溶质边界层厚度 δ 的概念。设定边界层外的“大块”流体中，即当 $z>\delta$ 时，由于对流的搅拌作用，溶质完全混合均匀。在边界层之内，即 $0<z<\delta$，宏观流动只是平行于界面的层流，扩散是溶质传输的唯一机制。而边界层厚度 δ 的大小决定于宏观对流，即决定于搅拌的程度。在这种假定下，求得存在对流时的溶体中的溶质分布 $C_L(z)$：

$$C_L(z) = C_S + (C_L - C_S)\exp\left(\frac{v}{D}\delta - \frac{v}{D}z\right) \tag{2-17}$$

流体的对流效应决定式中 δ 的大小，即不同的自然对流或搅拌的情况下 δ 的大小不同。

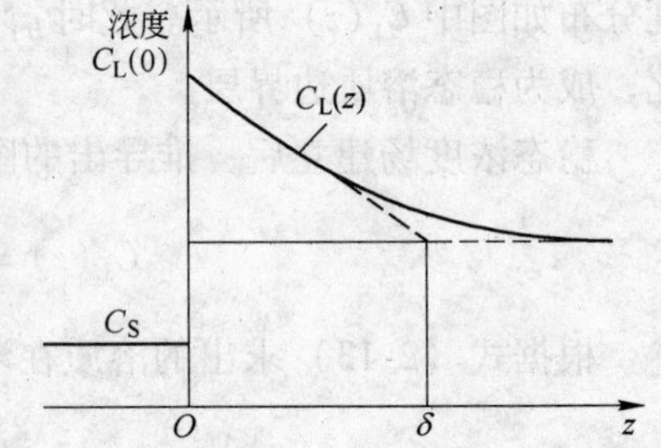

图 2-8 界面邻近的溶质分布

（虚线确定了边界层厚度）

由式（2-17）可求出在固液界面处溶液中的溶质浓度：

$$C_L(0) = C_S + (C_L - C_S)\exp\left(\frac{v}{D}\delta\right) \tag{2-18}$$

在通常的生产条件下，晶体生长时，固液界面前沿形成了溶质边界层。因此在生长出的晶体中，其溶质浓度不再决定于溶体中的平均浓度 C_L，而是决定于固液界面上溶液内的浓度 $C_L(0)$。

由式（2-18）看出，准静态生长过程中，生长速率无限缓慢，$v=0$，则 $C_L(0)=C_L$，即溶质边界消失。反之晶体以有限速率生长，$C_L(0)$ 总是不同于 C_L，也就是说，总是存在有边界层。上面说过，$K_0=\frac{C_S}{C_L(0)}$，对确定的溶液系统，K_0 为常数，故某一时刻生长的

晶体中的溶质浓度 $C_S = K_0 C_L(0)$。欲求出 C_S，需先求得 $C_L(0)$，即先求出该时刻的溶质边界层内固液界面处的浓度。但在实际上往往要根据该时刻溶液中的平均浓度 C_L 来求出晶体中的浓度，因此在这里引入一个新的概念——有效分凝系数 $K_{有效}$，定义 $K_{有效} = C_S/C_L$。根据式（2-18）和 $K_0 = \dfrac{C_S}{C_L(0)}$ 即可求得：

$$K_{有效} = \frac{C_S}{C_L} = \frac{K_0}{K_0 + (1 - K_0)\exp\left(-\frac{v}{D}\delta\right)} \tag{2-19}$$

对确定的溶液系统，平衡分凝系数 K_0 为常数，由式（2-19）看出，有效分凝系数 $K_{有效}$ 与晶体生长速率 v、溶质在溶液中的扩散系数 D、边界层厚度 δ 有关，而 δ 又和溶液的自然对流和搅拌有关，这样某一时刻生长的晶体中的溶质浓度 $C_S = K_{有效} C_L$，它和溶液中溶质的平均浓度 C_L、工艺参数生长速率 v、边界层厚度 δ 有关，而 δ 又受溶液中的对流状态的影响。因此欲控制晶体质量就必须控制住这些因素，这些因素的任何改变都将影响到该时刻生长的晶体中的溶质浓度[5]。

2.5 固液界面的稳定性和组分过冷的关系

晶体生长过程中界面是否稳定，关系到晶体生长过程中能否进行人为控制。

在晶体生长中，如果晶体—流体界面为一平坦平面或非皱折的弯曲界面，在某一偶然条件下，温度、浓度等发生起伏，对界面产生了干扰，界面上长出凸缘。这些凸缘在生长过程中，会自动消失，则称其界面在生长过程中是稳定的。若这些凸缘随着生长过程的延续而随之增长，或保持一稳定的尺寸，则称其界面在生长过程中是不稳定的。

晶体生长过程中的固液界面是否稳定，关系到生长后的晶体形态和质量。有哪些因素会对界面产生影响，如何防止或如何利用这种影响，是一个非常重要的问题，现在来讨论影响界面稳定性的因素及其影响机制。

2.5.1 温度梯度的影响

在固液界面前沿的溶体中，设定三种模式，如图 2-9 所示。

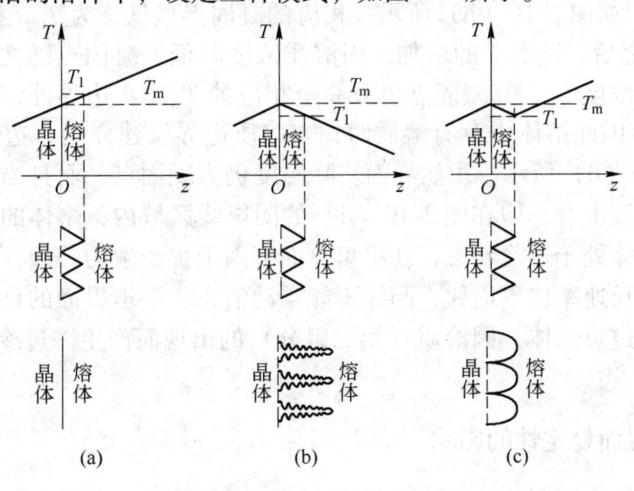

图 2-9 温度梯度对固液界面稳定性的影响

如图 2-9（a）所示，离界面越远，温度越高，具有正温度梯度。界面处的温度为溶液的结晶温度 T_m，界面前沿的温度越来越高于结晶温度 T_m，称其为过热熔体。在这种情况下，即使界面在某些干扰条件下长出了凸缘，凸缘在过热熔体中随之熔化，界面回归平坦状态。正温度梯度会使平坦界面稳定。

如图 2-9（b）所示，离界面越远，温度越低，具有负温度梯度。界面处温度为结晶温度 T_m，界面前沿低于结晶温度 T_m，称其为过冷熔体。一旦界面上因某些干扰因素长出凸缘，凸缘尖端的生长速率更高，凸缘越来越大，凸缘本身也会因干扰长出分支，成为枝晶，界面稳定性被破坏了，生长不可控制。

如图 2-9（c）所示，熔体中的温度不是单调改变的。远离固液界面的熔体为过热熔体，具有正温度梯度；但固液界面邻近的狭小区间内，出现了具有负温度梯度的过冷区。在这种情况下，界面上因干扰长出凸缘，这些凸缘在狭小的过冷区内能够保存，但狭小过冷区前面仍然为过热熔体，限制了凸缘的继续发展，使凸缘保持一稳定的尺寸。在平坦界面上长出了很多胞，称其为胞状界面。平坦界面是不稳定的。

2.5.2 浓度梯度的影响

从上述温度梯度对固液界面影响的讨论中，得知在正温度梯度的情况下，平坦界面是稳定的；在负温度梯度时，平坦界面是不稳定的，且是不可控的；在固液界面前沿具有狭小过冷区，而远离结晶前沿仍为正温度梯度的过热熔体的温度下，平坦界面也是不稳定的，但胞状界面是稳定的。

在生产实践中，固液界面前沿总是存在温度梯度的。下面定性地讨论在有温度梯度的情况下，浓度梯度对固液界面的影响。

设熔体中的温度分布如图 2-10（a）所示，为正温度梯度，如果没有溶质的影响，平坦界面为稳定界面。但是若熔体中含有溶质，其平衡分凝系数 $K_0<1$。这就使得：(1) 在晶体生长时，溶质不断地被排泄出来形成溶质边界层，溶质边界层中的溶质分布如图 2-10（b）所示；(2) 熔体的凝固点随溶质浓度的增加而降低，如图 2-10（c）所示。由于溶质边界层中溶质浓度随离界面的距离 z 的增加而减小，故边界层中的凝固点也将随 z 的增加而上升。边界层中凝固点关于距离的变化如图 2-10（d）所示。在 $z=0$ 处，边界层中浓度最高，为 $C_L(0)$，如图 2-10（b）所示；相应的凝固点最低，为 T_0，如图 2-10（c）、图 2-10（d）所示；之后，随着 z 的增加，因溶质浓度降低，凝固点随之升高，至 $z=\delta$ 处，溶质浓度达到平均浓度 C_L，其凝固点也升高至相应的 T_m。在边界外，浓度是均匀的，故其凝固点恒为 T_m。因此熔体中存有溶质时，当溶质边界层建立后，边界层内各点的凝固点不等，如图 2-10（d）所示。虽然界面实际温度仍为凝固点，而且当离开界面进入熔体时，熔体的实际温度上升，但在图 2-10（d）的阴影线区域内，熔体的实际温度却低于凝固点，这意味着熔体处于过冷状态，在平坦界面上因干扰产生的凸缘，其尖端处于过冷度较大的熔体中，生长速率比界面快，凸缘不能自动消失，平坦界面的稳定性被破坏了。原来固液界面前沿的过热熔体，因溶质（第二组分）的出现而产生一过冷区，这种现象称为组分过冷。

2.5.3 界面能对界面稳定性的影响

固液界面在偶然因素干扰下产生了凸缘，增加了固液界面的面积，从而增加了固液界

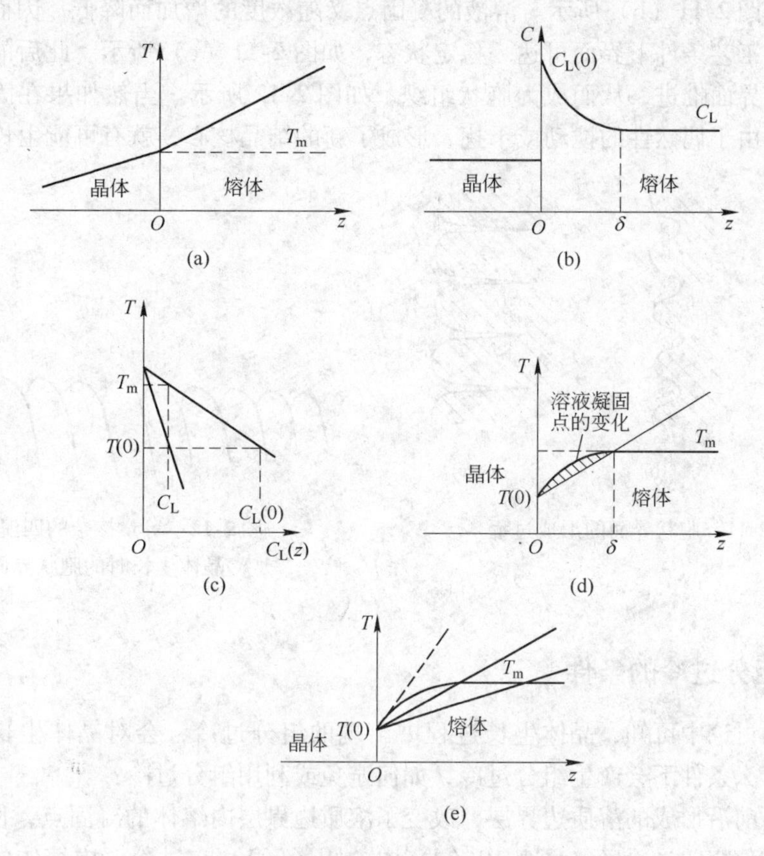

图 2-10 溶质分布对界面稳定性的影响

(a) 固液界面邻近的温度分布；(b) 固液界面处的溶质分布（溶质边界层）；(c) 凝固点与浓度的关系；(d) 溶液凝固点分布以及组分过冷区的形成；(e) 临界组分过冷条件的建立

面的总界面能，提高了系统的自由能，使系统处于亚稳状态。系统自由能有缩小至最低状态的趋势，于是固液面积趋于缩小，使平坦界面上的凸缘消失，有助于界面的稳定。理论分析表明，干扰较小生长的凸缘尺寸小于微米数量级，界面能对界面稳定性的作用较大；如果凸缘尺寸长大到大于微米数量级，表面能的作用就不大了。

2.6 组分过冷对结晶形态的影响

晶体生长过程中出现组分过冷后，平坦界面的稳定性遭到破坏，使平坦界面转变为胞状界面，形成胞状组织。如果生产单晶材料，这种组织可以说是破坏性的，它将使产品报废，必须采取一切措施防止出现。下面讨论胞状组织的形成过程。

设有一生长速率为各向同性的生长系统，若固液界面前沿形成了组分过冷层，于是使平坦界面在某种因素干扰下产生了一系列凸缘，如图 2-11（a）所示。对 $K_0<1$ 的溶质，随着晶体的生长，在界面前沿不断地排泄溶质。由于凸缘不仅沿原生长方向（纵向）生长，而且也在垂直于原生长方向（横向）生长，因此不仅在纵向，而且在横向都排泄溶质，这称为“三维分凝”。三维分凝的结果使相邻凸缘间的沟槽内的溶质增加得比凸缘尖端更为迅速，而沟槽中的溶质扩散到“大块”熔体中的速度又较凸缘尖端小，于是沟槽中

溶质浓集，如图 2-11（b）所示。溶液的凝固点又随浓度的增加而降低，因而使沟槽不断加深，在一定工艺条件下界面可达一稳定状态，如图 2-11（c）所示。此后的晶体就可能以稳定的胞状界面推进，从而成为胞状组织，如图 2-12 所示。当然如果在固液界面前沿的过冷区内，由于偶然性的搅动或干扰，形成了新的结晶核心，就有可能生长成新晶粒。

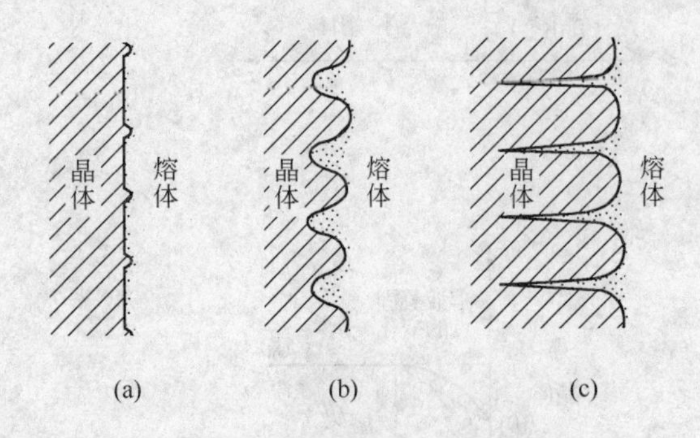

图 2-11　胞状界面的形成过程

图 2-12　等量掺杂的四溴化碳晶体生长时的胞状界面

2.7　产生组分过冷的条件

从以上的讨论中可知，晶体生长过程中出现的组分过冷，会对晶体生长产生重要影响。那么在什么条件下会产生组分过冷，如何避免或利用组分过冷？

固液界面前沿形成的溶质边界层，改变了溶质边界层内熔体的凝固点，使得在固液界面前沿形成了狭窄的过冷区（图 2-10（d）中的阴影区）。在过冷区内熔体的实际温度低于凝固点，产生了组分过冷。如果我们提高固液界面处熔体中的温度梯度，即增加温度分布曲线的斜率使之与凝固点曲线相切，如图 2-10（e）中虚线所示，这样就能保证在溶质边界层内熔体的实际温度高于其凝固点，也就不会出现组分过冷。于是温度分布曲线在固液界面处与凝固点曲线相切的条件，即给出了产生组分过冷的临界条件。

前面给出了溶液凝固点关于溶质浓度的表达式（2-2）和边界层中溶质浓度关于坐标位置的表达式（2-13）。将式（2-13）代入式（2-2），即得到边界层中凝固点分布的表达式：

$$T(z) = T_0 + mC_L\left[1 + \frac{1-K_0}{K_0}\exp\left(-\frac{v}{D}z\right)\right] \tag{2-20}$$

对 $T(z)$ 关于 z 求微商，并令 $z=0$，得凝固点曲线在固液界面处的斜率。

$$\left.\frac{\mathrm{d}T(z)}{\mathrm{d}z}\right|_{z=0} = \frac{mC_L(K_0-1)v}{DK_0} \tag{2-21}$$

固液界面前沿的过冷区区域狭窄，其温度分布曲线可近似地视为直线，即：

$$T_L(z) = T_0 + Gz \tag{2-22}$$

式中　G——温度分布曲线的斜率（即温度梯度）。

在固液界面处温度分布曲线的斜率 G 与凝固点分布曲线的斜率 $\left.\frac{\mathrm{d}T(z)}{\mathrm{d}z}\right|_{z=0}$ 相等，这就给出了产生组分过冷的临界条件，即：

$$G=\frac{mC_{\mathrm{L}}(K_0-1)v}{DK_0}$$

通常将产生组分过冷的条件表示为：

$$\frac{G}{v}<\frac{mC_{\mathrm{L}}(K_0-1)}{DK_0} \tag{2-23}$$

注：式中 m 的符号，当 $K_0<1$ 时，m 为负号；当 $K_0>1$ 时，m 为正号。

式（2-23）左边为生产中可调节的工艺参数——生长速率 v 和在熔体内界面处的温度梯度 G。式（2-23）右边为溶液中的平均浓度 C_{L}、液相线斜率 m、溶质的平衡分凝系数 K_0，对一确定的溶液是不可变动的。溶质在溶液中的扩散系数 D 将在下节讨论，这里暂且视其为不变量，于是式（2-23）右边便为一常数。这样，欲满足不等式（2-23）的要求，只要减小固液界面前沿的温度梯度，提高晶体的生长速率，就可引起固液界面前沿组分过冷的产生，即在固液界面前沿形成组分过冷区；相反，如果提高固液界面前沿熔体的温度梯度，降低晶体生长的速率，则固液界面前沿将不会形成组分过冷区，有利于固液生长界面的稳定。

根据上述分析可估计组分过冷层的厚度。从图2-10（d）中看出，组分过冷层的厚度是凝固点曲线和温度分布曲线（直线）的交点坐标，由式（2-20）和式（2-22）可得

$$\exp\left(-\frac{v}{D}z\right)=\frac{(Gz-mC_{\mathrm{L}})K_0}{mC_{\mathrm{L}}(1-K_0)} \tag{2-24}$$

求得式（2-24）异于零的实数解即是组分过冷层的厚度。

式（2-23）适用于溶质扩散是唯一的传输机制的情况。在实际生产条件下，除存在溶质的自然扩散传输之外，还存在自然对流和强制对流传输，欲求得存在对流的情况下产生组分过冷的临界条件，需先导出对流条件下边界层中凝固点的分布曲线。与上述溶质的纯扩散机制类似，将式（2-17）代入式（2-2），并用 $K_{有效}\cdot C_{\mathrm{L}}$ 代替 C_{S}（$C_{\mathrm{S}}=K_{有效}\cdot C_{\mathrm{L}}$），得到凝固点的分布曲线为：

$$T(z)=T_0+mC_{\mathrm{L}}\left[K_{有效}+(1-K_{有效})\exp\left(\frac{v}{D}\delta-\frac{v}{D}z\right)\right] \tag{2-25}$$

式（2-20）表示溶质扩散为唯一传输机制时的凝固点的分布，式（2-25）表示对流和扩散同为传输机制时的凝固点的分布。

对式（2-25）求微商，并令 $z=0$，便得界面处熔体中凝固点分布曲线的斜率：

$$\left.\frac{\mathrm{d}T(z)}{\mathrm{d}z}\right|_{z=0}=\frac{-mvC_{\mathrm{L}}}{D}(1-K_{有效})\exp\left(\frac{v}{D}\delta\right) \tag{2-26}$$

代入 $K_{有效}$ 表达式（2-19），化简后得：

$$\left.\frac{\mathrm{d}T(z)}{\mathrm{d}z}\right|_{z=0}=\frac{mvC_{\mathrm{L}}(K_0-1)}{D\left[K_0+(1-K_0)\exp\left(-\frac{v}{D}\delta\right)\right]} \tag{2-27}$$

同样如上所述，将固液界面前沿的狭窄区内，温度分布曲线近似地视为直线，其斜率（温度梯度）为 G，于是固液界面处温度分布曲线的斜率 G 与凝固点分布曲线的斜率 $\left.\frac{\mathrm{d}T(z)}{\mathrm{d}z}\right|_{z=0}$ 相等，即给出了产生组分过冷的临界条件：

$$G=\frac{mC_L(K_0-1)v}{D\left[K_0+(1-K_0)\exp\left(-\frac{v}{D}\delta\right)\right]}$$

同样,一般将产生组分过冷的条件表示为:

$$\frac{G}{v}<\frac{mC_L(K_0-1)}{D\left[K_0+(1-K_0)\exp\left(-\frac{v}{D}\delta\right)\right]} \tag{2-28}$$

式（2-28）适用于任何液流状态，包括自然对流、强制对流或两种对流同时存在的状态，其影响主要通过改变边界层的厚度体现出来。

2.8　界面稳定性动力学

上面讨论了晶体生长中的热力学问题，确定了正温度梯度和界面能有利于生长界面的稳定性，而负温度梯度和溶质边界层中的浓度梯度则会使生长界面的稳定性受到破坏。组分过冷的临界判据是考虑了温度梯度和浓度梯度这两个具有相反效应的因素而获得的。

下面介绍界面稳定性的动力学概念。这个问题涉及面较广，理论性较强，这里不做详细讨论，只给出科研成果和结论。

从一维稳态温度场和浓度场出发，考虑在固液界面上干扰邻近的热量和溶质的扩散效应。设 T_0 为界面处浓度为 C_{L0}的熔体的凝固点，D_L 为液相中溶质的扩散系数，G_{LC}为液相中的浓度梯度，C_S 为界面处固相中的溶质浓度。在稳态条件下，C_S 和无穷远处液相中溶质浓度 C_∞ 相等，即 $C_S=C_\infty$，C_{L0}为界面处液相中的浓度，基于局部平衡考虑，有 $K_0=C_S/C_{L0}=C_\infty/C_{L0}$，故有:

$$T_0=T_m+mC_{L0} \tag{2-29}$$

$$G_{LC}=\frac{C_Sv(K_0-1)}{D_LK_0}=(C_S-C_{L0})\frac{v}{D_L} \tag{2-30}$$

界面稳定性的动力学理论实质上是研究温度场、浓度场中出现的所有干扰的行为，即研究所有波长干扰的振幅与时间的依赖关系。而干扰波的单位振幅的变率是平界面稳定性的主要影响因素。其干扰的单位振幅变率的表达式为:

$$\frac{\dot{\delta}}{\delta}=\frac{\omega v\left\{-2T_m\Gamma\omega^2\left[\omega_{LC}-\frac{v}{D_L}(1-K_0)\right]-(\xi_S+\xi_L)\left[\omega_{LC}-\frac{v}{D_L}(1-K_0)\right]+2mG_{LC}\left(\omega_{LC}-\frac{v}{D_L}\right)\right\}}{(\xi_S-\xi_L)\left[\omega_{LC}-\frac{v}{D_L}(1-K_0)\right]+2\omega mG_{LC}} \tag{2-31}$$

$$\xi_L=\frac{\kappa_L}{\bar{\kappa}}G_{LT}$$

$$\xi_S=\frac{\kappa_S}{\bar{\kappa}}G_{ST}$$

$$\bar{\kappa}=\frac{1}{2}(\kappa_S+\kappa_L)$$

$$\kappa_0=\frac{C_S}{C_{L0}}=\frac{C_\infty}{C_{L0}}$$

式中　T_m——纯溶剂的界面曲率为零时的界面温度；
κ_S，κ_L——分别为固相和液相的导热系数；
ω——干扰频率；
ω_{LC}——浓度和潜热的干扰频率；
D_L——液相中的溶质扩散系数；
G_{LC}——液相中的浓度梯度；
C_S——界面处固相中的溶质浓度；
C_∞——稳态条件下离界面无穷远处液相中的溶质浓度；
C_{L0}——界面处液相中的溶质浓度；
Γ——界面能与单位体积的固相的熔化潜热之比；
G_{LT}——液相中的温度梯度；
G_{ST}——固相中的温度梯度；
v——生长速率。

式（2-31）是平界面稳定性理论的主要结果。

2.9　干扰波长对界面稳定性的影响

现在通过式（2-31）分析干扰波长$\left(\lambda = \frac{2\pi}{\omega}\right)$对界面稳定性的影响。令式（2-31）右端为$f(\omega)$，将式（2-31）对时间积分，得

$$\delta = \delta_0 \exp[f(\omega)t] \tag{2-32}$$

式中，δ_0为$t=0$时的干扰振幅。式（2-32）表明，对给定波长或频率ω的干扰，若$f(\omega)$为正，则干扰振幅随时间按指数率增加，界面是不稳定的；若$f(\omega)$为负，振幅按指数率衰减，界面是稳定的。在不同的生长条件下，$f(\omega)$可能具有三种类型，如图2-13所示。第一种类型如曲线3所示，对所有可能的干扰，$f(\omega)$都是负的，即其振幅都是衰减的，因此其相应的界面形态是稳定的。曲线1表明，当干扰的频率ω在$\omega_0 < \omega < \omega_{00}$区间内，$f(\omega)$为正值，相应干扰的振幅随时间而按指数率增加，故界面对ω在上述区间内的干扰是不稳定的。但对$\omega < \omega_0$长波段的干扰，界面是稳定的，这主要是溶质沿界面的长程扩散不足所引起的；而对$\omega > \omega_{00}$的短波段干扰，界面也是稳定的，这主要是界面能起了作用。

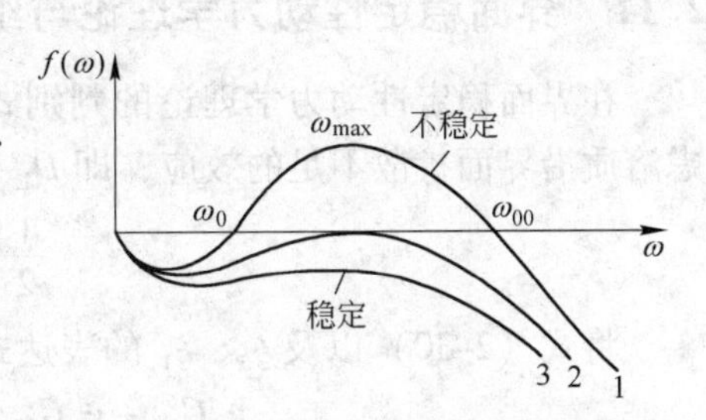

图2-13　不同生长条件下$\dot{\delta}/\delta = f(\omega)$函数的可能类型

2.10　不同因素对界面稳定性的影响

进一步研究式(2-31)有关参量对单位振幅变率的影响，主要是关心$\dot{\delta}/\delta$的符号，而公式右边的分母恒为正值，故$\dot{\delta}/\delta$的正负完全决定于分子的符号。以正量$2\left[\omega_{LC} - \frac{v}{D_L}(1-K_0)\right]\omega v$除分子，可以得到函数$S(\omega)$，而$S(\omega)$的正负就决定了干扰的振幅

是衰减还是增长，即决定界面是否稳定。将 $S(\omega)$ 称为界面稳定性动力学理论的判别式。

$$S(\omega) = -T_m\Gamma\omega^2 - \frac{1}{2}(\xi_S + \xi_L) + mG_{LC}\frac{\omega_{LC} - \frac{v}{D_L}}{\omega_{LC} - \frac{v}{D_L}(1-K_0)} \tag{2-33}$$

式（2-33）第一项中的 Γ 是界面能与单位体积的固相熔化潜热之比值，故第一项恒为负值，这表明无论对何种频率的干扰，界面能总是使界面趋于稳定的。第二项表明温度梯度对界面稳定性的影响，可以看出，温度梯度为正，使界面趋于稳定；温度梯度为负，使界面趋于不稳定。第三项恒为正值，总是使界面趋于不稳定。而第三项是 mG_{LC} 和一分式的乘积，前者表明界面前沿出现了溶质边界层，溶质边界层的存在总是使界面趋于不稳定；后者表明溶质沿界面扩散对界面稳定性的影响。设界面上出现一微小凸缘，如扩散能使凸缘前沿额外的溶质和潜热及时地分散于整个界面，则凸缘就可能继续向前伸展，使界面趋于不稳定；反之，沿界面扩散不足，能使界面趋于稳定。但液相中的热扩散系数 α_L 远远大于溶质的扩散系数 D_L（$\alpha_L \gg D_L$），故期待热扩散不足以维持界面稳定的可能性很小。关注的是溶质扩散不足对界面稳定性的影响。

欲使凸缘前沿额外的溶质分散于整个界面，就得要求溶质扩散的距离大体上等于干扰的波长，因而对长波段（低频）就可能扩散不足而使界面趋于稳定。如果波长增加（ω 减小）要求溶质沿界面扩散的距离增加，这等价于减小了溶质的扩散系数 D_L，第三项中分式的数值减小，使单位干扰振幅的增长率减小，当波长达到某临界值时就可能使分式变号，使界面趋于稳定。

2.11 界面稳定性动力学理论与组分过冷的关系

在界面稳定性动力学理论的判别式（2-33）中，若忽略界面能效应，即 $\Gamma=0$，不考虑溶质沿界面扩散不足的效应，即 $D_L \to \infty$，由式（2-33）产生界面不稳定性的条件是：

$$\frac{1}{2}(\xi_S + \xi_L) < mG_{LC}$$

将式（2-30）以及 ξ_S、ξ_L 的表达式代入，注意 m 的正负号与 K_0 的关系，得：

$$\frac{\kappa_S G_{ST} + \kappa_L G_{LT}}{\kappa_S + \kappa_L} < \frac{mC_S(K_0-1)}{D_L K_0}v \quad \text{不稳定} \tag{2-34}$$

如果进一步忽略固相和液相中温度梯度的差异，令 $G_{ST} = G_{LT} = G_T$，则式（2-34）退化为式（2-23）。

将式（2-34）改写为：

$$\frac{G_{LT}}{v}\left(1 + \frac{\kappa_L - \kappa_S}{\kappa_L + \kappa_S}\right) + \frac{L}{\kappa_L + \kappa_S} < \frac{mC_S(K_0-1)}{D_L K_0} \quad \text{不稳定} \tag{2-35}$$

式中 L——熔化潜热（相变热）。

由式（2-34）和组分过冷的临界条件式（2-23）看出，两者极其相似。在界面稳定性的动力学理论中，若忽略界面能及沿界面溶质的扩散效应，同时如果再忽略固相与液相中温度梯度的差异，则界面稳定性的动力学理论即退化为组分过冷理论。因此可以说，界面稳定性动力学理论是组分过冷理论的推广，而组分过冷理论是界面稳定性动力学理论的特殊形式[5]。

3　组分过冷理论与铸造实践

第2章讨论了熔体中晶体生长的基础理论。如何利用这些基础理论指导实践，生产出合格的铸锭，是广大铝加工科技工作者面临的极其重要的课题。

3.1　铝合金铸造的特点

当前，国内大多数铝合金挤压生产厂家都采用立式半连续铸造方法铸造锭坯，成分合格的熔体经过炉内精炼—在线精炼—在线过滤后，通过流槽（或流盘），然后经漂浮漏斗注入结晶器内（单模铸造，如图3-1所示）或由流盘从结晶器上面经漏斗注入（普通多模铸造），或从旁边注入（同水平多模热顶铸造）。结晶器下面先用底座封堵，熔体浇入结晶器后，产生凝壳。待凝壳达到一定厚度后，开通冷却水，启动铸造机。铸造机以一定的速度牵引着结晶锭坯不断平稳下降，熔体则根据结晶速度的要求，以平稳的流速向结晶器内注入等量于结晶所消耗的熔体，于是在结晶器内形成如图3-1所示的液穴。设铸造时的熔体控制为定温，熔体注入结晶器的流速和铸锭的下降速度均为匀速，于是便在液穴内建立起稳态的温度场和浓度场。下面讨论熔体在结晶器中的晶体生长过程。

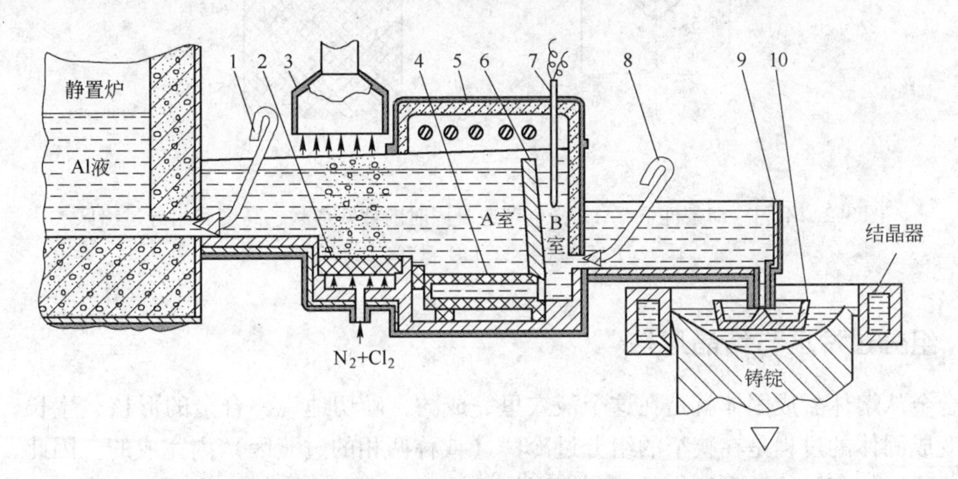

图3-1　带有吹气精炼和陶瓷管过滤装置的半连续铸造工艺图

1—大钎子；2—透气砖；3—排烟罩；4—陶瓷管；5—加热盖；6—隔板砖；7—热电偶；8—小钎子；9—流盘；10—漏斗

铝合金熔体大多含有多种溶质。在其合金的成分范围内，其绝大多数的平衡分凝系数 $K_0<1$（合金成分含量较高，超过共晶点时，$K_0>1$）。因此，当最先的熔体注入结晶器时，熔体与结晶器壁发生接触，先在器壁上形核成长（在器壁上形成球冠状核心比在熔体中自发形核需要的激活能小得多，这个问题在《电解铝液铸轧生产板带箔材》（冶金工业出版社，2011）一书中有详细讨论，此处从略），并向结晶前沿排泄溶质，在结晶面前沿形成一溶质富集层，富集层内的溶质浓度，在固液界面处最高，远离固液界面，随距离的增加逐渐减小，直至与整个熔体的平均溶质浓度相等（图2-10（b））。而溶质富集层的凝固温度，则在固液界面处最低，远离界面时，随距离的增加而升高，至与整个熔体的凝固温度相同为止。在溶质富集层内实际温度低于熔体的凝固温度（图2-10（d）），这就形成了组分过冷区。随着结晶的继续进行，最先形成的凝壳随底座的向下牵引而下降，注入的熔体在已有的结晶面上成长，或在界面前沿重新形核生长，形成新的组分过冷区。同样，新注入的熔体又在器壁上形成凝壳，产生新的组分过冷。随着时间的延伸，新的结晶层不断产生，已结晶面前沿又不断生长或出现新结晶面，于是凝固层从上至下，由薄增厚；结晶器内的液相区，自上至下由大变小，直至整个截面全部凝成固态，在铸件上方即形成了液穴。对于圆形铸锭，液穴和结晶前沿的组分过冷区呈近似圆锥体状（图3-2）。

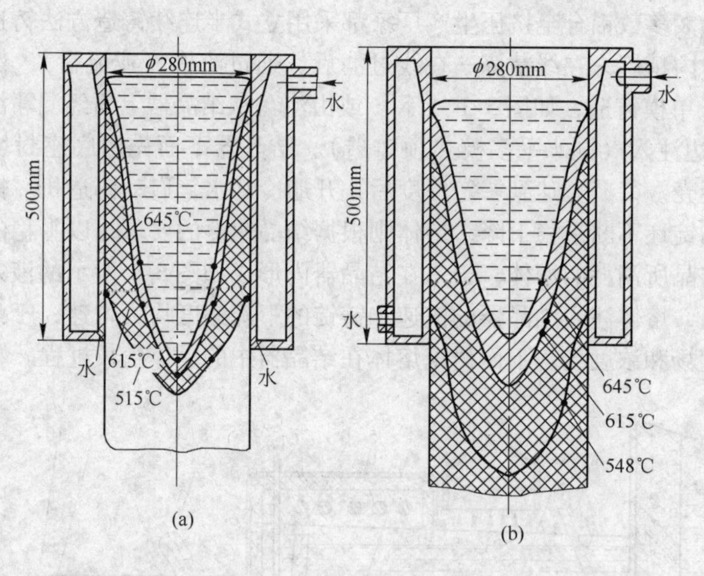

图3-2　不同冷却条件下2A11合金铸造凝固时的液穴形状、高度和组分过冷区

（a）有二次水冷；（b）没有二次水冷

3.2　组分过冷区与结晶形核

合金从熔体凝成固体就是在这个液穴里完成的，确切地说，合金的形核、生长，即从熔体变成固体的过程是在狭窄的组分过冷区（或称两相的过渡区）内完成的。因此，研究组分过冷区如何影响结晶组织的过程和形态，采用什么方法控制组分过冷区是铝熔体铸造需要重点研究和首要解决的问题。

前面详细讨论了组分过冷区的形成会影响结晶界面的稳定性，破坏晶体生长的平滑表面，在平坦界面上长出凸缘，使晶体长出胞状组织。这在单晶生产中会造成严重的废品损失，是必须严格控制和防止发生的。因此在单晶生产中必须遵循的是：

$$\frac{G}{v} > \frac{mC_L(K_0-1)}{DK_0} \tag{3-1}$$

提高结晶界面前沿的温度梯度，延缓界面的推进速度，维持不等式（3-1）条件始终成立，才能保持界面前沿不长出凸缘，不出现枝晶生长，不产生新的结晶核心。

单晶产品的成分相对铝合金而言，含量少，且比较单一。而铝合金所含成分多，含量高，要在大规模工业生产中生产单晶体材料，就目前的技术水平是不可能的。我们知道，就金属材料而言，为提高其强度等力学性能，单晶体性能是最高的。因此，另一条途径是尽可能细化晶粒，制造出均匀细小的等轴晶组织，在随后经过各种各样的加工手段，使材料强韧化来达到目的。

众所周知，熔体中形核出现了新的界面，增加了表面能，从而提高了体系的自由能；而一个体系处于稳态时，总是要使自由能处于最低状态。因此，欲在体系中形核生长，必须在体系中存在温度起伏、成分起伏、异相起伏，以克服和减少成核所需要的激活能，温度起伏能提供形核所需要的能量。在固液界面产生的组分过冷区，基本上可以使其满足这些条件。因此必须有意识地促进组分过冷区的形成。

显然，欲要产生组分过冷，就必须始终保持下式成立。

$$\frac{G}{v_{\mathrm{l}}}<\frac{mC_{\mathrm{L}}(K_0-1)}{DK_0} \tag{3-2}$$

如上所述，对确定的合金，上式右边为一常数，不能随意更改，若改变，则必然改变材料的特性，这是不可取的。但上式左边为可调的工艺参量，即温度梯度和晶体生长速率。可采取工艺措施，如减小冷却强度，即可减小温度梯度；提高铸造速度，即可提高晶体的生长速率。一低一高，能使上式成立，也就是说，改变工艺参数，就能在固液界面前沿形成组分过冷区。

组分过冷区形成后，因过冷区内溶液的温度低于平均浓度 C_{L} 的凝固点，为结晶形核提供了激活能。在平均浓度的熔体中，由于某些偶然因素干扰，形成了结晶核心，这就在熔体中出现了新的界面，新界面的界面能使体系的自由能增加，而处于稳态体系的熔体，其新出现的晶核周围总是高于凝固点的，且要维持其稳定状态，必然使自由能处于最低，使新产生的界面消失。事实上，新晶核在周围高于其熔点的熔体中会快速熔化。但在组分过冷区中，情况就完全不同了，新的晶核形成后，周围是低于凝固点的过冷熔体，不仅不会熔化，反而会迅速长大，长大到与边界层前沿的高于凝固点的过热熔体相接触时为止。于是新晶粒诞生。

3.3　温度梯度与冷却方式的关系

从上面的讨论中得知，降低温度梯度，提高晶体生长速率，可以强化过冷区，破坏结晶界面的稳定性，有利于在结晶前沿的过冷区内形核和生长。

铝熔体凝固时，从高温 T_1 降低到凝固温度 T_{m}，释放的热量为：

$$Q_1=\bar{c}(T_1-T_{\mathrm{m}})W \tag{3-3}$$

在凝固点由液相凝成固体单位时间释放的热量为：

$$Q_2=LW \tag{3-4}$$

凝固后铸棒从 T_{m} 降低至 T_2 释放的热量为：

$$Q_3=c^*(T_{\mathrm{m}}-T_2)W \tag{3-5}$$

在整个凝固过程中释放的总热量为：

$$Q=Q_1+Q_2+Q_3=\bar{c}(T_1-T_{\mathrm{m}})W+LW+c^*(T_{\mathrm{m}}-T_2)W \tag{3-6}$$

式中　$\bar{c}$——熔体的平均比热容；

c^*——固体的比热容；

L——熔体的结晶潜热；

W——单位时间内生产的质量。

这些热量主要部分是通过结晶器的冷却水给带走的，其次很小一部分释放到空气中。不言而喻，冷却水温度的高低、冷却方式的差异、冷却水流量的大小（生产实践中通过控制水压实现），都可改变已结晶固体、结晶前沿熔体的温度梯度。

3.3.1 一次水冷与二次水冷对温度梯度的影响

图3-2示出了两种不同冷却方式对结晶前沿熔体温度梯度的影响。图3-2(b)为一次水冷模式，即冷却水从结晶器的上方流入水槽内，从结晶器下方的水槽外壁排出。冷却水不与铸锭发生直接接触，而是在结晶过程中所释放的热量由熔体—固溶体—气隙—结晶器壁—冷却水，通过热传导带走。这种方式冷却强度较低，结晶界面前沿的过冷区较宽。图3-2(a)所示为二次水冷模式，冷却水的进入和流向与图3-2(b)相同，但排水改变了途径，从结晶器内壁以与铸锭下垂方向呈20°~30°喷向铸件表面，加大了对固体的冷却强度，提高了已结晶的固体的温度梯度，从而提高了结晶界面前沿的温度梯度，使组分过冷区间变窄。其过冷区间温差均为645－615＝30℃。同样的温度区间，组分过冷层的厚度图3-2(b)为图3-2(a)的2~5倍左右，自然图3-2(a)方式过冷区熔体的温度梯度要为图3-2(b)方式的2~5倍左右。从这一点来说，图3-2(a)方式不易形成组分过冷区，对结晶前沿形核不利。如果要取得图3-2(b)方式同样的效果，就得相应地提高图3-2(a)方式的铸造速度，保持G/v的值不变。

3.3.2 铸件表面与结晶器内壁之间的气隙对温度梯度的影响

如图3-1所示，当熔体与结晶器接触形成一层薄壁凝壳，其热传导路线是熔体—固溶体—结晶器—冷却水，将释放的热量导走。但当形成的凝壳一旦稳定，能够承受熔体向外的压力时，薄壳与其液穴内的熔体随之下降，又因温度降低而产生收缩，在铸锭与结晶器内壁之间脱离接触，产生了空隙（即气隙），后续凝固释放的热量，其热传导路线变成了熔体—固溶体—气隙—结晶器—冷却水。气隙的热阻远远大于铝与铝、铝与铜（结晶器材料一般为铝质或铜质）接触界面的热阻，使得热传导能力大大降低，从而显著降低了已结晶固体和结晶前沿熔体的温度梯度，这虽然有利于过冷区的形成，但这将导致在铸件表面出现偏析瘤，降低铸件的成材率。为此，有人将结晶器制造成倒锥形，即下面部分的内径小于上面部分的内径，使得其结晶器内径减小的程度与铸件降温收缩的大小相等或接近相等，消除或减小气隙，降低热阻，以改善铸件表面质量。但这种方法存在两个缺陷：(1)结晶器内径减小与铸件收缩刚好相等，在理论上可行，在实践中却很难做到。铸造参数稍有波动或因某些因素的偶然干扰，就有可能遭到破坏，铸件悬挂在结晶器中，迫使铸造中止。(2)即使不产生悬挂现象，铸件与结晶器壁之间也不能完全消除气隙，气隙的热阻就严重地阻碍热的传导。在铸轧中三个区的导热系数很能说明这个问题：在冷却区熔体直接与辊面接触，其导热系数约为363W/(m·K)；在铸造区（结晶区）发生凝固，产生收缩，使板面与辊面之间形成微小气隙，导热系数降低至约10.5W/(m·K)；在轧制区，轧辊对板坯的压力增加，辊面与板面紧密接触，导热系数骤增至2005W/(m·K)。可见气隙严重阻碍着热量的传导。采用这种方法很明显会使温度梯度减小，有利于组分过冷区的形成。

为了改善表面质量，科技工作者发明了热顶铸造。热顶铸造结晶器的高度比普通铸造的矮，上部为绝热保温材料，下部为结晶区。也有将结晶器制为一体，但在上部贴上绝热保温层，紧接保温层镶嵌一个起润滑作用的石墨环，下面为结晶带，结晶带长度随铸件直径的不同而有所不同。对 ϕ250mm 及以下铸件，一般结晶带为 12 ~ 15mm，浇注前均涂上润滑油脂。熔体注入结晶器后，在结晶带以上熔体温度维持在凝固点以上，基本上不存在温度梯度，不发生结晶，也就不存在气隙问题。在结晶带处，熔体与通水冷却（第一次水冷）的结晶器壁接触，发生结晶，熔体凝固，但结晶带很短，形成凝固壳后即遭二次水冷；二次冷却水直接喷射到紧靠结晶界面前沿组分过冷区的铸件表面，从而提高了熔体与过冷区熔体的温度梯度，减小了组分过冷区，降低了形核几率，有可能形成粗大的柱状晶；但减少了偏析瘤的生成，改善了铸件的表面质量（关于偏析瘤问题将在后面进行讨论）。若要减少柱状晶，获得细小等轴晶组织，就要采用比普通结晶器更高的铸造速度，提高晶体的生长速率，减小 G/v 的比值，使其小于形成组分过冷条件的临界值。

3.4 生产条件下对流对边界层的影响

式（3-2）表示的组分过冷条件是建立在溶质自然扩散的基础上的，溶质的扩散速度较慢，边界层较厚。在实际生产中，液穴中的熔体，在液穴周边和下方不断结晶消耗，上方熔体不断注入，补充质量和热量。因此在液穴中，无论是横截面上，还是垂直方向，其温度场和浓度场，必然存在某些差异，有差异就有对流，既有自然对流，还有强制对流。对流存在时，扩散速度加快，能使边界层外溶质浓度和温度均匀，趋于平均浓度 C_L 和平均温度 T_L，构成动态型稳态熔体。如上所说，在存在对流的条件下，其产生组分过冷条件的表达式见式（2-28），与式（3-2）比较，不等式右边分式的分子完全相同，而分母则多出了 $D(1-K_0)\exp\left(-\frac{v}{D}\delta\right)$一项。式中，$\delta$ 为界面前沿组分分凝溶质边界层的厚度。在平衡结晶自然扩散的条件下，结晶前沿排泄出的溶质向溶液中扩散的速度是非常缓慢的，其边界浓度趋于平均浓度 C_L 时的边界层厚度 δ 可视为无穷大，故该项为零。在存在对流的条件下，特别是伴有强制对流的条件下，使得边界层限定在一个狭小区域内。在狭小区域的边界层外，溶质均匀，等于 C_L。因此，对流对组分过冷的影响是通过影响边界层厚度来实现的。该公式比较符合生产的实际情况。

由公式右边看出，熔体的平均浓度（即合金成分含量）越高，液相线的斜率 m 越大，溶质的平衡分凝系数越趋近于零，扩散系数越小，熔体对流越缓慢，越容易产生组分过冷，对熔体均匀形核是有利的。一般来说，合金元素较多、含量较高，与工业纯铝相比，在同等条件下，其晶粒组织是比较容易细化的。

由公式的左边看，温度梯度越小，铸造速度越快，越容易产生组分过冷。从理论上讲，温度梯度、铸造速度是我们可以调整的工艺参量。但是在生产实践中，调整的量是有限度的。不能超过某一极限，超过了就要出问题，如铸造速度适当提高可以促进过冷区的形成，提高产品质量，但过快就会产生裂纹，甚至会发生熔体泄漏。

以上讨论了晶体生长的热力学理论对生产实践的指导作用，具体说是探讨了如何改变结晶界面前沿的温度梯度和浓度梯度，形成所需要的组分过冷区，以利于结晶核心的生成和成长。而温度梯度和浓度梯度对组分过冷区的作用又互为反向，即浓度梯度越大，越容易形成组分过冷区；温度梯度越大，则越不容易形成组分过冷区。在生产实践中，如何处理好这个矛盾，选择一个最佳点，既满足所需要的组分过冷，又不产生铸件的其他质量缺陷，这就是技术工作者面临解决的问题。

3.5　动力学理论与生产实践

现在讨论如何利用影响界面稳定性的因素，即在固液界面上出现的干扰邻近热量和溶质的扩散效应，也即动力学理论对生产实践中结晶组织产生的影响。

在生产实践中，会存在各种各样的干扰，如机械的、流体的运动，有时还会有意识地引入电磁效应，如电磁铸造和电磁铸轧、超声波铸造等在固液界面上产生干扰邻近的热量和溶质的扩散效应。热量和溶质沿界面扩散使温度和浓度分布趋于均匀，影响生长过程中运动界面的稳定性。

采用电磁铸造，它没有有形的型腔（模壁），依靠电磁力成型，冷却水没有第一次冷却的预热，直接喷到铸件表面上。冷却水温低，又无气隙产生的热阻，故冷却强度最大，使得固体内的温度梯度和组分过冷区内的温度梯度都很大。上面说过，当温度梯度 G 急剧增高时，若铸造速度不能同步加快以提高晶体的生长速率 v，其 G/v 的比值即显著增大，满足不了 $\frac{G}{v} < \frac{mC_L(K_0-1)}{DK_0}$ 的条件。从热力学的观点来说，则不利于组分过冷区的形成，不利于在结晶界面前沿形成新生结晶核心和新晶粒的成长。但是加入电磁场后，则在结晶界面上出现了正弦式的几何干扰。使得在结晶界面邻近引起局部温度场和浓度场的变化，也即产生温度干扰和浓度干扰。如果输入的电磁干扰使得式（2-33）右边第三项 $mG_{LC}\frac{\omega_{LC}-\frac{v}{D_L}}{\omega_{LC}-\frac{v}{D_L}(1-K_0)}$ 的值发生正负号的更替，使其由正值变为负值，且其绝对值大于式（2-33）右边前两项之和时，就破坏了结晶界面生长的稳定性。实现这一点并不难，只要将电磁场调整到一定强度，电磁频率调到某一合适的范围，即可在固液界面长出凸缘，凸缘不断向前（纵向）生长，在前方排出溶质；又可能向周围（横向）生长，在周围排出溶质，产生局部组分过冷区，这可能在过冷区中均匀形核，又由于电磁力的搅拌作用，可能击碎成长中的枝晶，增加“外来结晶核心”，从而达到细化晶粒的目的。

如上所说，正弦干扰破坏结晶界面的稳定性，决定于其干扰正弦波的单位振幅变率和波段的频率范围。也就是说，单位振幅变率达到一定程度，并在某一频率范围内波段干扰有效，其他的波段干扰则不起作用，这一点在电磁铸轧中得到了验证。

当铸轧机辊径为 650mm，铸轧区长度在 48mm 左右时，铸轧机辊缝间的磁场强度达 480Gs 以上，对于工业纯铝，不加钛丝，对晶粒组织有明显的细化效果，可由五级晶粒转变到一级晶粒。随着磁场强度的降低，其细化效果明显减弱，降低到 260Gs 以下，基本上没有细化效果。电磁频率低于 9Hz、高于 15Hz 都没有细化效果，在 12Hz 时细化效果最佳。用结晶动力学的观点说，干扰波段单位振幅的变率太小时，不足以因干扰破坏界面的稳定性而产生新的结晶核心和引进“外来核心”，干扰频率 $\omega < \omega_0$ 和 $\omega > \omega_{00}$，其结晶界面依然是稳定的，都不能细化晶粒组织。$\omega = 12\text{Hz}$，即 $\omega = \omega_{max}$（图 2-13），结晶界面最不稳定，最容易形成组分过冷区；产生新的结晶核心和引入“外来结晶核心”，而使晶粒组织充分得以细化。

3.6 液穴深度的影响与工艺控制

在铸造生产中，液穴深度对铸件的质量影响很大。液穴深度 h 值的大小，决定了其形状特征。h 值较大时，液穴近似漏斗状；h 值较小时，液穴近似碗碟状。我们知道，液穴中结晶面是沿其法线方向向前推进的（图 3-3），外周最先结晶，中心最后结晶。液穴很深时，最后结晶区形成一管状区间。在这个管状区间里，新的晶核生成，由于偶然性的干扰，在核心的晶面上可能长出凸缘，凸缘生长成为晶体主干，然后在主干上长出枝晶，继而在枝晶上长出新的枝晶（图 3-4）。不同晶粒生长的枝晶互相接触或交叉，形成一些狭窄的弯曲通道。熔体很难通过这样的通道进行补充，而凝固后由于相变和冷缩的作用，使得固体体积减小，于是在中心部位留下一些不规则的微小空位，形成组织疏松。若液体含气量高，结晶后滞留在固体中的过饱和气体很容易通过扩散充斥其间，演绎成气体疏松；更为严重的是，因中心铸件的致密度降低，引起材料强度降低，当铸造应力超过材料的抗拉强度时，即产生中心裂纹。这种裂纹一旦形成，便会迅速扩展，严重时裂纹可遍及整根铸锭，造成产品报废。因此，尽可能减小液穴深度，是改善产品质量，提高铸造成品率的重要环节。

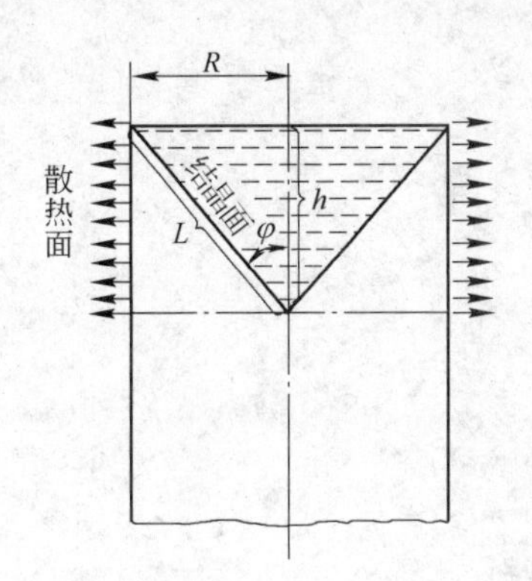

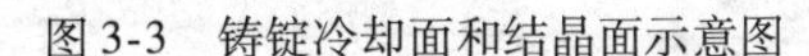
图 3-3 铸锭冷却面和结晶面示意图

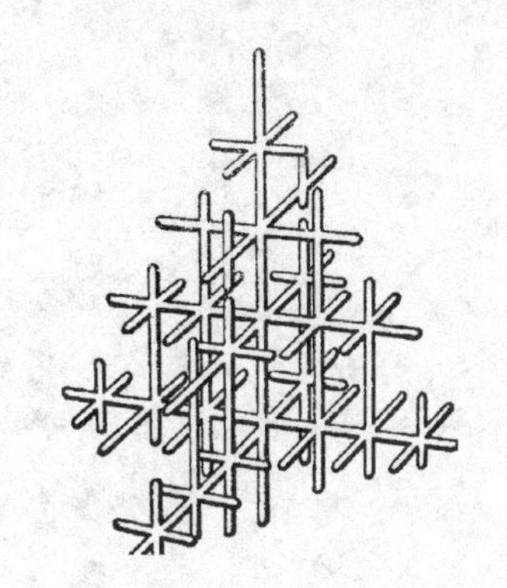
图 3-4 枝晶生长示意图

从液穴深度公式（2-1）看出，材料的相变潜热、比热容、铸件半径等因素属于材料本身的特性或为特性所需求，是不能改变的。人为可控因素主要是铸造速度，其次为导热系数（材质本身的导热系数不能改变）和铸件表面温度，通过一定的技术措施，可作些许变动。

调整铸造速度。由公式得知，对不同直径的铸件，若维持其液穴深度为某一定值，则铸造速度 v 与铸件半径的关系为 $v \infty (1/R^2)$。因此在生产中，铸件越大，铸造速度需急剧减缓。

改善导热系数，降低铸件表面温度。这里的导热系数是对铸造系统而言的，并非铸件材质的导热系数。当然材质的导热系数大，铸造体系的导热系数增加，但材质的导热系数不是人为能改变的。如前所述，采用矮结晶器的热顶铸造和电磁铸造，消除或基本消除了铸造过程中产生的气隙，降低了传导过程中的热阻，即可增大系统的导热系数，降低液穴深度 h。此外，降低冷却水温，或将铸造井注满冷却水，使铸件快速浸入冷却水中，可降低铸件温度，从而降低液穴深度，提高铸件质量。

4 铸造工艺与质量控制

第3章从理论与实践相结合讨论了铸造生产中，在结晶前沿产生组分过冷，有利于熔体均匀成核的一些基础理论问题，本章将重点讨论生产实践中变质、铸造工艺与质量控制的有关问题。

4.1 变质处理

在进入正式铸造生产之前，做好变质工作非常重要。变质处理是获得细小均匀晶粒组织的关键，就目前情况看，采用在线变质是最能发挥细化作用的有效技术措施之一。

4.1.1 熔体变质机理

在生产活动中，熔体中的自发形核是非常重要的，它是获得细小、均匀晶粒组织的基础。熔体产生严重过热后，如果不采取措施恢复其自发形核的功能，则随后无论使用何种变质剂，采用何种变质手段，都不能使其晶粒细化。自发形核的理论在《电解铝液铸轧生产板带箔材》（冶金工业出版社，2011）一书中进行了比较详细的讨论，此处从略。但是在铝合金生产中，单纯地依赖均匀的自发形核，也不能获得细小均匀的晶粒组织，特别是纯铝和低成分含量的合金，根据式（2-23）对产生组分过冷条件的判据，溶质的平均浓度低，温度梯度大，不容易发生组分过冷，影响自发形核的生长，很容易生成粗大晶粒组织，还容易产生羽毛状晶，俗称花边组织，这在铸轧生产中已得到了验证。因此必须向合金熔体加入变质剂，即在熔体中加入外来核心，进行严格有效的变质处理。

4.1.2 悬浮粒子的成核条件

在熔体中加入外来核心后，即在熔体中出现了悬浮粒子。悬浮粒子就有可能生长成为结晶核心，现在讨论悬浮粒子的成核能和影响成核的因素。

《电解铝液铸轧生产板带箔材》（冶金工业出版社，2011）一书中讨论了平衬底上成核得到球冠晶核的形成能为：

$$\Delta G^{*}=\frac{16\pi\Omega_{s}^{2}\gamma_{sf}^{3}}{3\Delta q^{2}}f_{1}(m)$$

其中

$$f_{1}(m)=(2+m)(1-m)$$

式中 Ω_s——单个原子的体积；

γ_{sf}——晶体和流体的界面能；

Δq——亚稳流体中单个原子或分子转变为稳定相中的原子或分子引起的自由能的降低值；

m——接触角余弦。

研究悬浮粒子成核需对平衬底上成核做一些改进，即必须考虑悬浮粒子大小的影响。将悬浮粒子视为一半径为 r 的球体，视界面能为各向同性，经过处理，最后得到的结果为：

$$\Delta G^* = \frac{16\pi\Omega_s^2\gamma_{sf}^3}{3\Delta q^2} f_3(m,x) \tag{4-1}$$

其中

$$x = \frac{\gamma}{\gamma^*} = \frac{\gamma\Delta q}{2\gamma_{sf}\Omega_s} \tag{4-2}$$

$$f(m,x) = 1 + \left(\frac{1-mx}{q}\right)^3 + x^3\left[2 - 3\left(\frac{x-m}{q}\right) + \left(\frac{x-m}{q}\right)^3\right] + 3mx^2\left(\frac{x-m}{q} - 1\right) \tag{4-3}$$

这里

$$q = (1 + x^2 - 2mx)^{\frac{1}{2}} \tag{4-4}$$

如果要求得每个悬浮粒子的成核率，在气相生长系统中为：

$$I = np(2\pi mKT)^{-\frac{1}{2}} 4\pi r^2 \left(\frac{2\Omega_s\gamma}{KT\ln\frac{P}{P_0}}\right)^2 \exp\left[\frac{-16\pi\Omega_s^3\gamma^2}{K^3T^3\left(\ln\frac{P}{P_0}\right)^3}\cdot f_3(m,x)\right] \tag{4-5}$$

根据式（4-5）求得在一秒钟内成为晶核所应有的临界饱和比（饱和比 $\alpha = P/P_0$，可表示为接触角的函数）与粒子半径的关系如图 4-1 所示。从曲线看出，一个悬浮粒子要成为有效的核心，这个粒子的大小要具有一定的尺寸，而且其接触角要小。这个结果虽然是由气相生长中得出的，但其趋势在熔体生长中也一样。熔体中的悬浮粒子要成为有效结晶核心，必须具有一定的尺寸，同时悬浮粒子要与铝熔体发生润湿，其接触角越小，形成临界晶核所需要的形成能越小，则其变质效果越好。

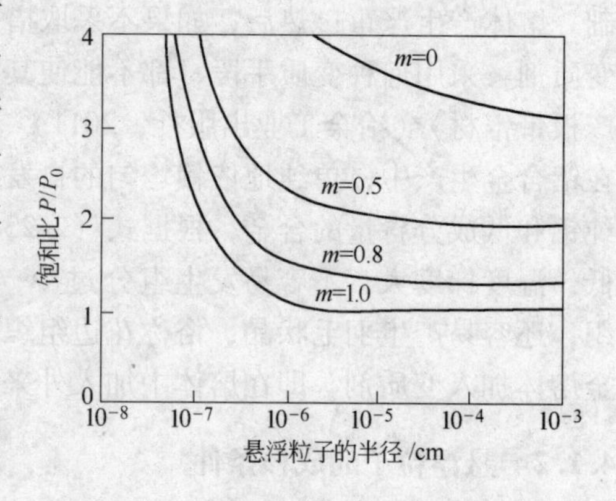

图 4-1　临界饱和比与粒子半径的关系

4.1.3　界面失配与成核行为

为讨论问题方便，将悬浮粒子视为结晶衬底。同时在组分过冷区的亚稳流体中，存在结晶胚团。一般来说，衬底和胚团的点阵和结构是不同的，也就是说，在界面处衬底和胚团的点阵是不匹配的。这种不匹配对成核行为的影响，一部分成核要形成新的界面，产生界面能 γ_{cs}；另一部分在胚团及衬底中引起了弹性畸变，产生弹性能。同样，弹性能也会影响成核行为。

通常界面能由两部分组成。一部分和界面两侧异相原子的化学交互作用有关，记为 $\gamma_{化学}$；另一部分和界面两侧异相点阵的不匹配有关，记为 $\gamma_{结构}$。于是衬底和晶体胚团间的界面能 γ_{cs} 为：

$$\gamma_{cs} = \gamma_{化学} + \gamma_{结构} \tag{4-6}$$

将界面处异相（衬底和晶体胚团）原子间由于化学交互作用形成的化学键称为混合

键，在界面上单位面积形成混合键的数目为 ξ，混合键的键合能为 φ_{cs}，衬底本身原子间的键合能为 φ_c，晶体胚团中原子的键合能为 φ_s，于是由出现混合键而产生的界面能为：

$$\gamma_{化学}=\xi\varphi_{cs}-\frac{1}{2}\xi(\varphi_c+\varphi_s) \tag{4-7}$$

这是界面能的化学部分。

4.1.4　界面结构的共格关系

下面着眼于讨论固相界面的结构。将界面分成三种类型：第一类是界面两侧的晶体点阵保持一定的相位关系，具有相同或相近的原子排列（图 4-2），该类型界面称为共格晶面，共格界面的界面能的结构部分 $\gamma_{结构}=0$；若界面两侧的点阵不匹配，如图 4-2（b）所示，则该点阵不匹配将完全转变为两相中的弹性能。第二类界面称为非共格界面，其界面两侧的点阵不保持任何位相关系，沿界面两相具有完全不同的原子排列，其界面的结构能 $\gamma_{结构}$较大，但在两相中不产生弹性能。第三类界面介于上述二者之间，称为半共格界面。界面两侧点阵保持一定的相位关系，虽然界面的原子排列有差异，但是比较接近，可将这类界面视为由共格区域和非共格区域（错配区域）所构成，如图 4-3 所示。其界面上由于错配区的存在，因而具有一定的 $\gamma_{结构}$能，同时也具有一定的弹性能。

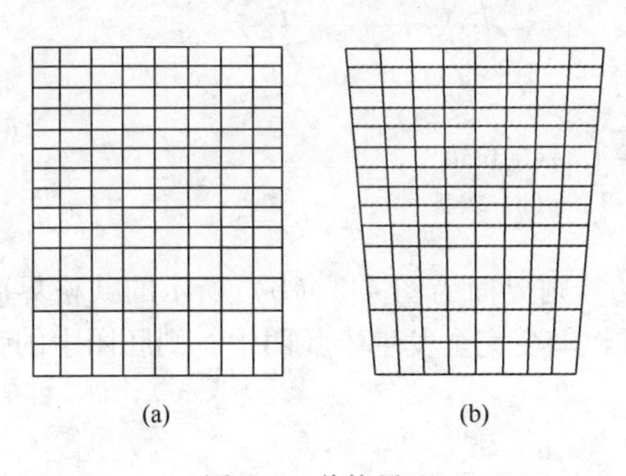

图 4-2　共格界面

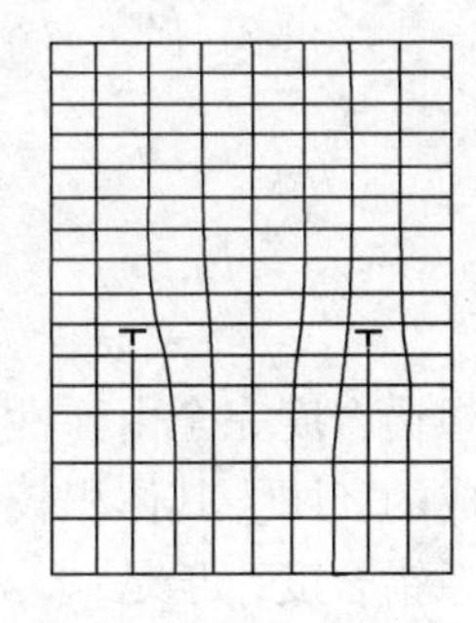

图 4-3　半共格界面

从上面的分析可知，悬浮粒子衬底与熔体胚团接触的界面两侧为共格界面时，其 $r_{结构}=0$，生长成临界晶核所需能量最小，最有利于核心的生成，也就有利于晶粒的细化。若接触界面两侧为非共格界面，在衬底和胚团中不引起弹性能，其对成核行为的影响完全归结为界面能的影响，而其界面结构能较大，且为正值，故生长成临界晶核所需要的能量大，不利于核心生成和晶粒细化。一般来说，作为变质剂加入的外来核心，其与熔体胚团的接触界面，不是完全共格的，实现完全共格界面在理论上可能，在实际上是很难做到的；也不是非共格的，非共格界面就不能用作变质剂使用。大多都为半共格关系。

4.1.5　半共格面的错合度

对半共格界面，如果两相沿界面的原子排布相同，若两相沿界面的原子间距不等（图 4-4（a）），令 a_c^0、a_s^0 分别代表衬底与晶体胚团的原子间距（平衡间距），则理想错合度 δ_i 为：

$$\delta_{\mathrm{i}}=\frac{a_{\mathrm{c}}^{0}-a_{\mathrm{s}}^{0}}{a_{\mathrm{s}}^{0}} \tag{4-8}$$

若两相的原子间距相同，但原子列的取向有角度差异（图4-4（b）），则理想错合度 δ_{i}^{*} 定义为：

$$\delta_{\mathrm{i}}^{*}=\frac{\theta_{\mathrm{c}}^{0}-\theta_{\mathrm{s}}^{0}}{\theta_{\mathrm{s}}^{0}} \tag{4-9}$$

理想错合度或是由界面两侧晶体的弹性畸变来容纳（图4-2（b）），或是由界面上产生位错来容纳（图4-3），或是由两者共同容纳。

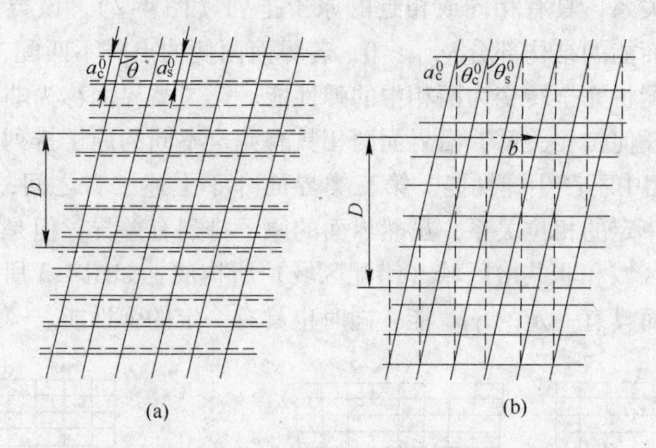

图4-4　错配位错
（a）刃型；（b）螺型

如理想错合度完全由弹性畸变来容纳，则界面为图4-2（b）所示的共格界面。但因衬底上形成的胚团，其体积较小，假定弹性畸变完全发生于胚团中，则胚团中的弹性应变即等于理想错合度，于是：

$$e=\delta_{\mathrm{i}}=\frac{a_{\mathrm{c}}^{0}-a_{\mathrm{s}}^{0}}{a_{\mathrm{s}}^{0}} \tag{4-10}$$

$$e^{*}=\delta_{\mathrm{i}}^{*}=\frac{\theta_{\mathrm{c}}^{0}-\theta_{\mathrm{s}}^{0}}{\theta_{\mathrm{s}}^{0}} \tag{4-11}$$

由弹性力学可知，此时单位体积中的应变能为：

$$\Delta G_{\mathrm{e}}=ce^{2}=c\delta_{\mathrm{i}}^{2} \tag{4-12}$$

$$\Delta G_{\mathrm{e}}^{*}=c^{*}e^{*2}=c^{*}\delta_{\mathrm{i}}^{*2} \tag{4-13}$$

式中　c，c^{*}——和晶体弹性模量、切变模量有关的常数。

若理想错合度 δ_{i}（或 δ_{i}^{*}）只部分地被晶体胚团中的弹性畸变所容纳，则实际错合度为：

$$\delta=\frac{a_{\mathrm{c}}^{0}-a_{\mathrm{s}}}{a_{\mathrm{s}}^{0}} \tag{4-14}$$

或

$$\delta^{*}=\frac{\theta_{\mathrm{c}}^{0}-\theta_{\mathrm{s}}}{\theta_{\mathrm{s}}^{0}} \tag{4-15}$$

式中　a_s——晶体弹性畸变后的原子间距；

θ_s——晶体弹性畸变后原子列间夹角。

实际错合度将由界面产生位错来容纳。

式（4-14）表示实际错合度为界面处两相原子列的方位一致，但原子间距不同。在这种情况下，其实际错合度由界面上的刃型位错列或网格来容纳，如图4-4（a）所示。式（4-15）表示实际错合度为界面处两相原子间距相等，但原子列的方位有差异。在这种情况下，实际错合度由螺型位错列或网格来容纳，如图4-4（b）所示。

若为式（4-14）所示的实际错合度，则界面上产生一列刃型位错（图4-4（a））。其间的距离为：

$$D = a_s^0 \frac{\sin\theta}{\delta} = (a_s^0)^2 \frac{\sin\theta}{|a_c^0 - a_s|} \tag{4-16}$$

由上式看出，若 $\delta = 0.02$，刃型位错的间距为：

$$D \approx 50 a_s^0$$

这就是说在50个原子间距内产生一个刃型位错正好能容纳该范围内的实际错配量。

实际错合度越大，位错间的间距越小。若 δ 太大，使 D 值趋近于原子间距，则此时的界面即成为非共格界面，错配位错基本上就失去意义了。

4.1.6　位错对界面能的影响

现在来讨论位错对界面能的影响，即导出 $\gamma_{结构}$ 与 δ 间的关系。假设所有弹性应变都发生于晶体胚团内，在衬底内没有弹性应变发生，同时胚团的弹性为各向同性，并忽略界面上相邻位错间的交互作用，则界面上单位长度的刃型位错的弹性能为：

$$G_\perp = B + \frac{\mu (a_s^0)^2}{4\pi(1-\nu)} \ln\left(\frac{R}{a_s^0}\right) \tag{4-17}$$

式中　$G_\perp$——单位长度位错线所具有的能量；

B——单位长度位错的核心能；

R——位错应力场所及区域的线度；

μ——切变模量；

ν——泊松比。

设衬底与晶体都为简单立方晶体，界面为｛0 0 1｝面，晶格参数分别为 a_c^0 和 a_s^0，则在界面上形成的是两组正交的刃型位错构成的正方网格。网格的宽度 D 由式（4-16）给出，网格的面积为 D^2，每一网格位错线的长度为 $2D$（每一位错线分别属于两相邻网格）。于是界面上单位面积的位错线长度为 $2/D$，故单位面积上位错对界面能的影响为：

$$\gamma_{结构} = G_\perp \frac{2}{D} = \frac{2G_\perp}{a_s^0}\delta \tag{4-18}$$

由式（4-17）看出，$G_\perp$ 可近似地视为一常数，于是得：

$$\gamma_{结构} = \Lambda\delta \tag{4-19}$$

式中，Λ 可视为与 δ 无关的量，其表达式为：

$$\Lambda = \frac{2}{a_s^0}\left[B + \frac{\mu (a_s^0)^2}{4\pi(1-\nu)} \ln\left(\frac{R}{a_s^0}\right)\right] \tag{4-20}$$

从上面的讨论中，可得出如下结论：界面处的不匹配可能引起两种效应，其一引起晶体胚团（或外延晶体层）的弹性畸变，从而引起与理想错合度的平方成正比的弹性能，见式（4-12）、式（4-13）；其二在界面上产生了位错，从而引起了界面能的增加，此项界面能 $\gamma_{结构}$ 与实际错合度成正比，见式（4-19）。

4.1.7 界面失配对成核行为的影响

现在来讨论位错的界面能 $\gamma_{结构}$ 外延晶体中的弹性能对成核行为的影响。设衬底和外延层的界面为平面，胚团的形状为球冠形，在衬底与外延晶体间的理想错合度为 δ_i，因为界面处不匹配，在晶体中引起的弹性应变为 e，界面的实际错合度为 $\delta=\delta_i-e$，由式（4-6）和式（4-19）得衬底和胚团的界面能为：

$$\gamma_{cs}=\gamma_{化学}+\Lambda\delta \tag{4-21}$$

将上式代入 $m=\cos\theta=\dfrac{\gamma_{cf}-\gamma_{sc}}{\gamma_{sf}}$（见《电解铝液铸轧生产板带箔材》（冶金工业出版社，2011，25 页））得接触角余弦：

$$m=\frac{\gamma_{cf}-(\gamma_{*}+\Lambda\delta)}{\gamma_{sf}} \tag{4-22}$$

式中，$\gamma_{*}=\gamma_{化学}$。

亚稳流体中单个原子转变为晶体原子时，其体自由能的降低为 Δq。但胚团中有弹性畸变，因而胚团中单个原子的自由能，根据式（4-12），较没有弹性畸变时升高了 $C\Omega_s e^2$，于是单个流体原子转变为存在弹性应变 e 的胚团中的原子，其体自由能的变化为 $\Delta q+C\Omega_s e^2$。故在衬底上形成球冠胚团时系统自由能的变化为：

$$\Delta G=\frac{V_s}{\Omega_s}(\Delta q+C\Omega_s e^2)+[A_{sf}\gamma_{sf}+A_{sc}(\gamma_{*}+\Lambda\delta-\gamma_{cf})]$$

对平衬底，胚团体积 V_s、胚团与流体的界面面积 A_{sf}、胚团与衬底的界面面积 A_{sc} 的表达式为：

$$V_s=\frac{\pi r^3}{3}(2+m)(1-m)^2$$

$$A_{sf}=2\pi r^2(1-m)$$

$$A_{sc}=\pi r^2(1-m^2)$$

代入后，令 $\dfrac{\partial G}{\partial r}=0$ 可得晶核半径，再代入上式，最后得晶核的形成能为：

$$\Delta G^{*}=\frac{16\pi\Omega_s^2\gamma_{sf}^3}{3(\Delta q+C\Omega_s e^2)^2}f(m) \tag{4-23}$$

对平衬底，$f(m)=f_1(m)$，其表达式为 $f_1(m)=\dfrac{(2+m)(1-m)^2}{4}$。将其代入式（4-23），得：

$$\Delta G^{*}=\frac{16\pi\Omega_s^2\gamma_{sf}^3}{3(\Delta q+C\Omega_s e^2)^2}\cdot\frac{(2+m)(1-m)^2}{4} \tag{4-24}$$

以上诸式中 m 的表达式为：

$$m=\frac{\gamma_{cf}-(\gamma_*+\Lambda\delta)}{\gamma_{sf}}$$

将 m 表达式（4-22）代入式（4-24）即得：

$$\Delta G^*=\frac{16\pi\Omega_s^2\gamma_{sf}^3}{3(\Delta q+C\Omega_s e^2)^2}\cdot\frac{1}{4}\left[2+\frac{\gamma_{cf}-(\gamma_*+\Lambda\delta)}{\gamma_{sf}}\right]\left[1-\frac{\gamma_{cf}-(\gamma_*+\Lambda\delta)}{\gamma_{sf}}\right]^2 \tag{4-25}$$

这里既考虑了胚团中的弹性能，又考虑了位错对界面能的影响。

由式（4-25）看出，界面处的不匹配，无论是在界面上引起位错，还是在胚团中引起弹性能，都增加了晶核的形成能 ΔG^*，即增加了成核位垒。但是在亚稳流体中成核时，Δq 恒为负值，而胚团中的弹性能恒为正值，这表明弹性能的出现等价于降低了晶体成核的有效驱动力，从而降低形核能。而位错的出现，则增加了成核的界面能位垒。两者的大小都决定于衬底与外延晶体的理想错合度。

4.1.8 不同形核方式的成核能比较

上面讨论了悬浮粒子成核，界面失配成核，在《电解铝液铸轧生产板带箔材》（冶金工业出版社，2011）一书中讨论了均匀自发成核和平面衬底成核。其成核的形式不同，所需的成核能的表达式不完全一样，将其列于表 4-1。

表 4-1 各种形核方式的成核能

成核方式	成核能	$F(m)$表达式	备注
自发形核	$\Delta G^*=\frac{16\pi\Omega_s^2\gamma_{sf}^3}{3\Delta q^2}$		球状核
平面衬底形核	$\Delta G^*=\frac{16\pi\Omega_s^2\gamma_{sf}^3}{3\Delta q^2}f_1(m)$	$f_1(m)=\frac{(2+m)(1-m)^2}{4}$ 式中，m 为接触角余弦	球冠状核
悬浮粒子形核	$\Delta G^*=\frac{16\pi\Omega_s^2\gamma_{sf}^3}{3\Delta q^2}f_3(m,x)$	$f_3(m,x)=1+\left(\frac{1-mx}{q}\right)^3+x^3\left[2-3\left(\frac{x-m}{q}\right)+\left(\frac{x-m}{q}\right)^3\right]+3mx^2\left(\frac{x-m}{q}-1\right)$ $q=(1+x^2-2mx)^{\frac{1}{2}}$ $x=\frac{\gamma\Delta q}{2\gamma_{sf}\Omega_s}$ 式中，m 为接触角余弦	悬浮粒子为半径 R 的球体
考虑界面失配形核	$\Delta G^*=\frac{16\pi\Omega_s^2\gamma_{sf}^3}{3(\Delta q+C\Omega_s e^2)^2}f(m)$	$f(m)=\frac{(2+m)(1-m)^2}{4}$ $m=\frac{\gamma_{cf}-(\gamma_*+\Lambda\delta)}{\gamma_{sf}}$ $\gamma_*=\gamma_{化学}$ $\Lambda=\frac{2}{a_s^0}\left[B+\frac{\mu(a_s^0)^2}{4\pi(1-\nu)}\ln\left(\frac{R}{a_s^0}\right)\right]$ 式中，B 为单位长度位错的核心能；R 为位错应力场所及区域的线度；μ 为切变模量；ν 为泊松比	

从上表看出，熔体中自发形核的成核能为 $\Delta G^*=\frac{16\pi\Omega_s^2\gamma_{sf}^3}{3\Delta q^2}$，平面衬底形核的成核能为

$\Delta G^* = \frac{16\pi\Omega_s^2\gamma_{sf}^3}{3\Delta q^2}f_1(m)$，比自发形核多了系数 $f_1(m)$。$f_1(m) = \frac{(2+m)(1-m)^2}{4}$。又 $m = \cos\theta$，为接触角余弦。平面衬底，在铝加工生产中，即为铸造中的结晶器壁或铸轧中的铸轧辊面。熔体注入结晶器或铸轧辊缝间时，即与结晶器壁或铸轧辊面接触。在未进行变质处理的熔体中，它是在器壁上形核，还是在熔体中形核，要看成核能哪里最低。器壁上形核的成核能为：

$$\Delta G^* = \frac{16\pi\Omega_s^2\gamma_{sf}^3}{3\Delta q^2}f_1(m) = \frac{16\pi\Omega_s^2\gamma_{sf}^3}{3\Delta q^2} \cdot \frac{(2+\cos\theta)(1-\cos\theta)^2}{4}$$

当 $\theta = 0°$时，$f_1(m) = 0$，$\Delta G^* = 0$，熔体与器壁处于完全润湿状态，不需要成核，可直接在衬底上成长。当 $\theta = 180°$时，$f_1(m) = 1$，$\Delta G^* = \frac{16\pi\Omega_s^2\gamma_{sf}^3}{3\Delta q^2}$，熔体与器壁处于完全不润湿状态，不能在衬底上成核。其实在铝加工工具中，无论是铜、铝质结晶器，还是钢质铸轧辊套，既不是完全浸润的，又不是不完全浸润的，故其变化的范围为 $0 < f_1(m) < 1$，成核能总是小于均匀自发形核的成核能。其成核能的大小，决定于熔体和器壁的润湿程度，接触角越小，成核能越低。所以铝熔体与结晶器壁接触时首先在器壁上生成球冠状核心。当沿器壁结晶生成凝壳后，熔体和器壁之间的界面即消失，成核行为也就转入熔体与结晶界面前沿的组分过冷区[5]。

悬浮粒子的成核能为 $\Delta G^* = \frac{16\pi\Omega_s^2\gamma_{sf}^3}{3\Delta q^2}f_3(m,x)$，表达式与结晶器壁成核相仿。但是 $f_3(m,x)$ 不仅是润湿角的函数，而且是悬浮粒子 x 的函数。其表达式非常复杂，计算相当麻烦，看不清规律性。实际上要在悬浮粒子上成核，不仅要求润湿角要小，而且要求粒子有足够大的尺寸。在铝合金熔炼中，未加入变质剂之前，熔体中就存在有不少悬浮的高熔点化合物，但它们与铝熔体之间，或者润湿角很大，或者粒子很小，难以成为结晶核心，或者说能成为结晶核心的粒子太少了，对晶粒的细化作用很有限。但在单晶生产中，不需要这种结晶核心生成时，它却生成了。所以说，它可以成核，但满足不了铝合金冶金的需要。

考虑界面失配形核的成核能见式（4-25），从式（4-25）可以看出，悬浮粒子表面的结构点阵与熔体中胚团的结构点阵存在半共格关系时，等式右边第一项 $\frac{16\pi\Omega_s^2\gamma_{sf}^3}{3(\Delta q + C\Omega_s e^2)^2}$ 中分母较自发形核 $\frac{16\pi\Omega_s^2\gamma_{sf}^3}{3\Delta q^2}$ 分母增加了包括弹性能在内的 $3C\Omega_s e^2(2\Delta q + C\Omega_s e^2)$ 项，而分子不变，因此分式值明显减小，从而使成核能降低。同时，公式右边较熔体自发形核又多出 $\frac{1}{4}\left[2 + \frac{\gamma_{cf} - (\gamma_* + \Lambda\delta)}{\gamma_{sf}}\right]\left[1 - \frac{\gamma_{cf} - (\gamma_* + \Lambda\delta)}{\gamma_{sf}}\right]^2$ 一项，该项值的大小与错配位错的理想错合度有关。理想错合度越小，界面点阵的共格程度越高，该项值越远小于1而趋近于零，使成核能更小，更容易在组分过冷区生成结晶核心，使晶粒组织细化。所以在实际生产过程中，加入变质剂后的成核，应该主要是以这种形式形成的，它是变质细化晶粒的基础。

铸造与铸轧一样，其熔体在铸造之前，也必须进行变质处理。不过铸造熔体的变质处理相对来说没有铸轧要求的条件那么苛刻，这是铸造合金的结晶原理和过程与铸轧过程的结晶相比既有相同之点，又有不同之处。其相同点是同样要经历形核—长大—结晶完成的过程；其结晶核心同样要通过熔体中的能量起伏、成分起伏、复相起伏的均匀形核（不进行变质的自发形核）和通过变质，添加外来核心的非均匀形核，然后在核心的基体上长大成为晶粒，直至结晶完成。但铸造合金大多含有多元成分，有使晶粒细化的趋向。同时铸轧的冷却强度很大，达到100℃/s左右，晶粒的成长速度快，其结晶前沿尚未来得及形核或前沿的结晶核心活性不够，其晶核长大时自由能的降低小于前面晶粒长大自由能的降低幅度，从而使得原有晶粒快速长大成麦穗状组织。因此，铸轧对变质剂的质量、变质剂的添加工艺和时间要求非常严格，稍有疏乎，即不可能获得细小均匀的晶粒组织。铸造的冷却速度比铸轧小得多，约相差一个数量级，再加上合金成分的影响，这些条件都有可能使晶粒细化。因此，合金的变质条件比较宽松，在熔炼炉内随炉料一起加入Al-Ti中间合金，如果炉料在整个熔炼过程中不超过规定的熔炼温度，一般为750℃，就能获得比较细小的晶粒。如果在调整成分的时候即全部炉料熔化完成后加入Al-Ti-B变质剂，此后在炉内停留时间不长，于2~3h之内浇注完成，有可能获得细小的一级晶粒。之所以存在如此大的差异，可以由形成组分过冷的判据来说明。如前所述，产生组分过冷的条件见式（3-2）或式（2-28），铸轧生产中过冷度G很大，溶质浓度C_L低，而结晶的推进速率相对比较低，较难形成组分过冷条件，因此对作为晶粒细化的变质剂要求很高，否则很容易产生大晶粒组织。铸造与铸轧相比，过冷度G小，溶质浓度C_L高得多，结晶相对速度又比较大，故容易满足形成组分的过冷条件，结晶晶粒较易细化。

当然，无论铸轧还是铸造，在线加入细化剂是最佳方法，它能使细化剂用量最省，而细化效果最为稳定有效。

4.1.9 变质剂的选择和使用方法

从上节的分析中，可得出一条结论，欲要有效地细化晶粒，必须具备两个条件：（1）必须在结晶界面前沿形成组分过冷区，产生成核的驱动力；（2）必须加入合适的变质剂，变质剂在熔体中溶解后，能产生大量的悬浮粒子。这些粒子表面与过冷区的熔体胚团表面能形成半共格结晶点阵关系，以大大降低成核能。或者在结晶界面前沿加入一干扰机制，如超声波或电磁振荡，击碎结晶界面前沿的枝晶，使之成为与熔体胚团结晶点阵完全共格或半共格关系的悬浮粒子，成为结晶核心，才能有效地达到细化晶粒的目的。在大规模工业生产中，后者尚有一些技术问题没有完全解决，未能普遍地得到应用，因此目前广泛使用的仍然采用变质剂来细化晶粒组织。

4.1.9.1 对变质剂的基本要求

根据上面的分析，变质剂应该具备的基本条件是：加入到铝熔体中，能与铝形成高熔点（高于铝的熔点）化合物。化合物颗粒大小适中，太大了，减少核心数量；太小了，形不成有效核心。化合物最好呈片状或块状，加大与熔体的接触面，不可呈针状。化合物颗粒与铝熔体能发生润湿，其润湿角越趋近于零越好。化合物要有一定的抗衰减能力，在高温下能在较长时间内保持其活性。

多年来，国内外科技工作者对铝合金变质剂的研制和使用做了大量工作，取得了丰硕成果。研制的变质剂，就化学成分而言，有铝钛、铝锆、铝锶、铝钛硼、铝钛碳（以上均为中间合金），以及钛添加剂、钛硼添加剂等；就形状而言，有块状、饼状、丝状。中间合金大多为块状，但铝钛硼、铝钛碳有做成块状和丝状的，添加剂多由粉末料加溶剂等黏结剂制成饼状。

4.1.9.2 变质剂的选择、使用和注意事项

A 中间合金变质

早年一般使用铝钛中间合金，使用厂家自行制造，名义含钛量3%，随炉料加入。图4-5所示为采用这种变质剂和变质方法生产的纯铝铸锭的宏观晶粒组织，它使晶粒得到了有效细化。但是由图可见，断面上的晶粒，存在明显差异：外层为细等轴晶夹有柱状晶，往里是柱状晶，中部大片区域为大等轴晶。这些差异的存在会影响材料的使用特性。当然用这种变质材料和方法对成分复杂的合金进行变质处理，其细化的效果要比纯铝好些。

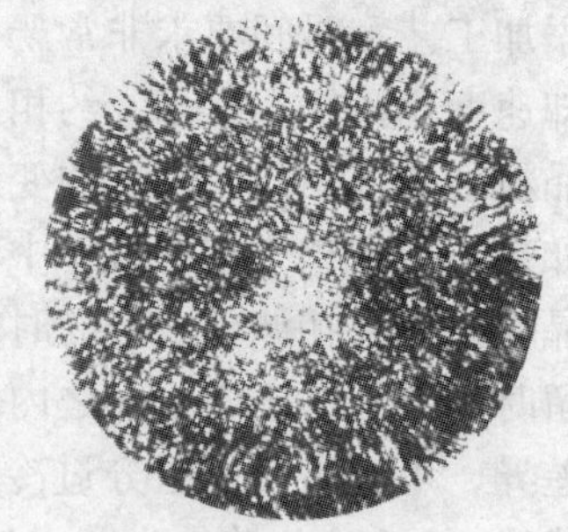

图4-5 纯铝铸锭的宏观晶粒组织

目前，大多数变形铝合金一般仍然用铝钛作变质剂，但有的用户对材料的焊接性能有特殊要求时，改用铝锆进行变质处理。钛和锆属同一副族元素，对铝合金都具有细化作用，但就其细化的效果而言，锆不如钛。有厂家为了既保证细化效果，又保证焊接性能，将钛和锆同时加入，结果由于锆与钛的交互作用，使得细化效果大大降低，甚至几乎丧失细化作用。因此锆、钛细化剂最好不要同时使用。

生产高硅合金采用铝锶中间合金（Al-5/10Sr）变质，以细化亚共晶组织的Si相，也有用Al-1Ti-3B（块状）或Al-10Ti-1B进行变质处理的。

上述变质剂大多随炉料加入，与炉料同时熔化，在炉内长时间停留，处于高温状态，可能使部分核心钝化，失去活性，降低细化作用。当前在实践中，只有生产一般普通材料时使用这种方法。

B 采用添加剂变质

添加剂一般由专业厂家生产，含变质作用的钛、硼成分较高，有60Ti、60TiB、75Ti、75TiB等。待炉料熔化后，调整合金成分含量时加入，缩短了在炉内高温停留的时间，降低了晶核的钝化作用，较中间合金提高了变质效果。好的添加剂密度适中，加入后既不沉底，也不漂浮于熔体表面，而是悬浮于铝熔体中，在隔绝空气的条件下迅速溶解，提高了有效成分的实收率。这种方法使用简单，效果良好，现在为不少厂家所采用。

C 铝钛硼丝或铝钛碳丝变质

用添加剂变质，其优点是使用方便简单，效果良好。但其缺点也很明显：变质剂加入后在炉内停留的时间虽然比中间合金变质缩短了，但调整成分后尚有许多作业程序需要执行，即化学成分检测—熔炉内精炼—转注倒炉—静置炉内精炼—静置，然后进行铸造。铸造的时间随合金的类别、结晶器的材质、炉料的多少、铸锭尺寸的大小等不同而不同。费时少的1h左右即能结束，费时多的五六个小时尚不能完结，这必然会影响变质效果，甚至会造成铸锭沿长度方向上的晶粒出现差异。开始铸造部分晶粒均匀细小，随着时间的延长，晶粒逐步加粗，铸造结束部分，由于结晶核心钝化，变质效果差而出现粗大晶粒组织。为了避免这种情况的发生，建议采用铝钛硼丝或铝钛碳丝在线加入，进行变质处理。

在线变质用量省，能充分发挥变质剂的细化潜力，节约资源，提高质量，可获得始终如一的细小均匀的等轴晶组织。

采用铝钛硼丝在线变质，需要指出的是，必须注意加入的温度、时间和加入位置。加入点的温度最好控制在720～730℃，夏天取中、下限，冬天取上限。温度太低，加入铝钛硼丝因熔解时吸收热量较多，会使熔体产生一定降温，可能熔解不充分，扩散不均匀，降低变质效果。加入后其达到结晶界面的时间控制在30min以内比较合适。就目前所掌握的情况看，超过30min，随着时间的延长，衰减明显，会出现晶粒粗化现象；欲要保持原有效果，须加大用料量。但除非用户有特别要求之外，一般不采用加大用量的办法，因为钛、硼对铝合金而言虽然因变质优良，为必要加入之元素。但其在合金中的含量，并非越多越好。含量太多，会对材料性能产生某些负面影响，因此在国家标准中将其列为杂质而加以控制。所以在铸造、铸轧生产中，如采用电磁振荡细化晶粒，就不再添加钛、硼元素。鉴于上述两个原因，必须选择钛硼的加入位置。为保证加入温度和使其充分扩散，将钛硼丝加入到在线精炼之前最为合适，铸轧生产中，用户就有这样要求的，但这是以增加用量为代价的。其次是加于过滤之前，对铸造来说，因单位时间生产量高，铝熔体在过滤箱内的停留时间不超过30min是合适的。但有的用户对熔体质量要求有高的纯洁度，须严格控制杂质含量和杂质颗粒粒径，因而采用陶瓷管式过滤。如将铝钛硼丝加于过滤之前，有可能将起变质作用的含有钛硼元素的悬浮颗粒作为杂质滤除干净，这是不可取的，必须加于管式过滤之后。但这样又会产生新的问题。若钛硼丝本身含有杂质，以及在加入时也有可能重新造渣，同时加入后，如来不及充分、均匀地扩散，有可能因钛硼元素过于集中而出现大面积夹杂，引起严重质量后果。为避免这种现象发生，需在加入铝钛硼丝之后，再加一级泡沫陶瓷过滤，以保证变质效果和熔体质量。

还有一点必须强调指出，无论采用何种变质方法，无论是经过降温处理后的电解铝液，还是铝锭重熔铝液，不能再发生高温过热。如果出现高温过热现象，所有变质方法都可能失效。其原因可能是在过热温度下，熔体中的胚团结构遭到破坏，破坏后非重新凝固后再加热熔化，不可逆转，胚团和任何变质剂的悬浮粒子发生接触，胚团表面的点阵结构已发生变形，与变质剂粒子表面的晶体点阵结构不发生共格或半共格的关系，从而大大提高了结晶的成核能，不再以变质颗粒生长为核心，使得核心数量急剧减少，导致晶粒粗大化。

4.2　铸造机类型简介

当前，铝加工界已基本上淘汰了锭模铸造，常用的为直接水冷式半连续（或连续）铸造。其特点是可连续作业，生产效率高，自下而上凝固，铸锭组织致密。随着科学技术的进步，半连续（或连续）铸造技术又不断发展和完善，演绎出具有各种不同功能和特色的铸造机，主要类型如下：

（1）按传动方式分，有液压式铸造机和钢丝绳（或链条）式铸造机。液压式铸造机由液压缸活塞杆连接铸造底盘，底盘运动平稳可靠，一般不受外界干扰，浇铸的锭坯不会发生弯曲，直线度好；但设备造价高，相应地提高了铸造成本。钢丝绳式（或链条式）铸造机由2根或4根钢丝绳（或链条）连接铸造底盘，钢丝绳（链条）之间的受力状态必须维持平衡，因此必须精心进行调整，调整不到位，运行中会发生摆动，使铸锭产生弯曲；同时铸造过程中如果发生铝液泄漏，铝液很容易碰上钢丝绳（链条），在钢丝绳上凝结铝渣，迫使铸造中止。但设备造价低，投资少，有利于降低生产成本。

（2）按一次铸造的根数分，有一次铸一根的单模铸造，有一次可铸多根的多模铸造，最多的有铸造60～80根的同水平铸造机。现在国内两种铸造机同时存在。铸造软合金一般都采用多模铸造；铸造硬合金实心锭，有单模铸造、双模铸造，也有多模铸造。铸造空心锭，因结晶器芯子存在一定的技术难度，一般多采用单模铸造。

（3）按结晶器上部有无保温材料分，有普通铸造和热顶铸造。普通铸造结晶器的高度较大，冷却带比较高（图4-6），容易在结晶器壁与铸造的凝壳之间形成气隙，影响铸锭表面质量，产生严重的偏析瘤和冷隔缺陷。热顶铸造结晶器上部粘贴有绝热保温材料（图4-7），有的在结晶器顶部还安装保温帽，结晶器的冷却带很小（图4-8）；有的在冷却带与保温层之间还镶嵌有起润滑作用的石墨圈。由于结晶冷却带小，结晶器壁与凝壳之间的气隙很小，铸锭冷却强度增大，铸锭表面的冷隔缺陷大大减轻，表面质量明显改善。热顶铸造简单适用，投资少，可改善产品质量，降低劳动强度，提高生产效率。

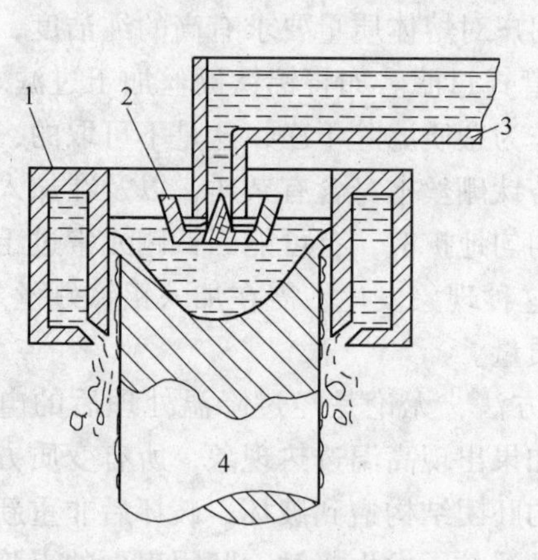

图4-6 普通结晶器结构示意图

1—结晶器；2—漏斗；3—流盘；4—铸锭

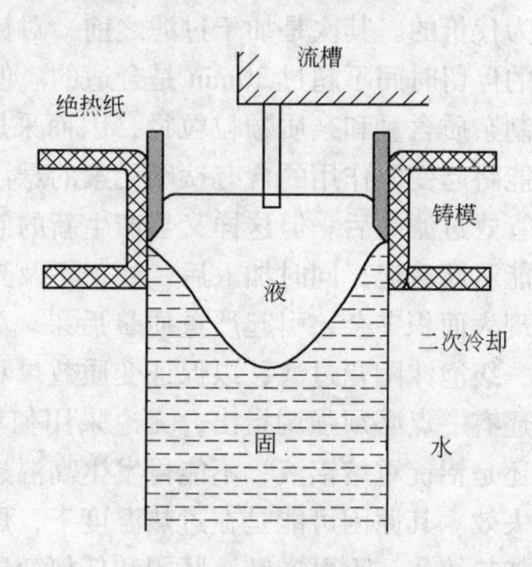

图4-7 上部用绝热纸衬里的结晶器示意图

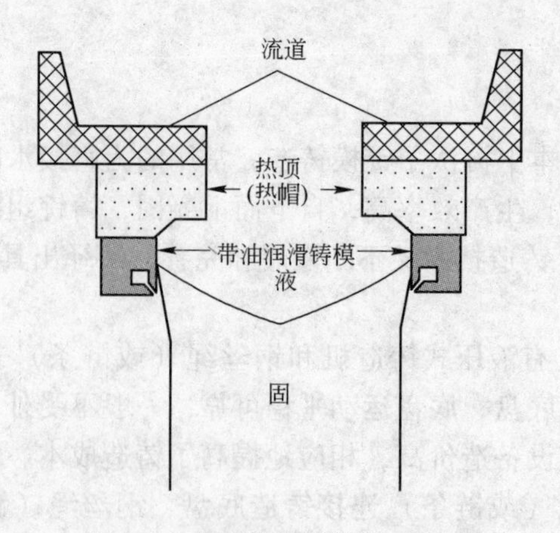

图4-8 典型的热顶铸造示意图

热顶铸造由于在结晶区上面存在绝热保温材料，铸造时浇油不能透过绝热材料渗入到凝固铸件与结晶器壁之间进行润滑，只能在结晶带与绝热层交界处涂抹一定的润滑油，或者加上一个石墨润滑圈，防止铸件与器壁发生摩擦拉伤铸件表面。但这样加入的润滑剂是有限的，铸造中小规格的软合金或较小规格的硬合金可以起润滑作用，保证铸件不被拉伤，但对铸造较大规格以上的硬合金铸件，因铸件增大，铸造速度减慢，时间增长，其润滑剂不够，会使铸件表面拉裂。为解决这一问题，发明了气滑热顶铸造（图4-9）。在原热顶铸造的基础上，将惰性气体压入铸件凝固壳层与结晶器壁之间，使铸造与器壁脱离接触，解决了铸件拉裂的问题。该技术投资大，操作难度高，国内已有单位应用，但尚未大面积普及。

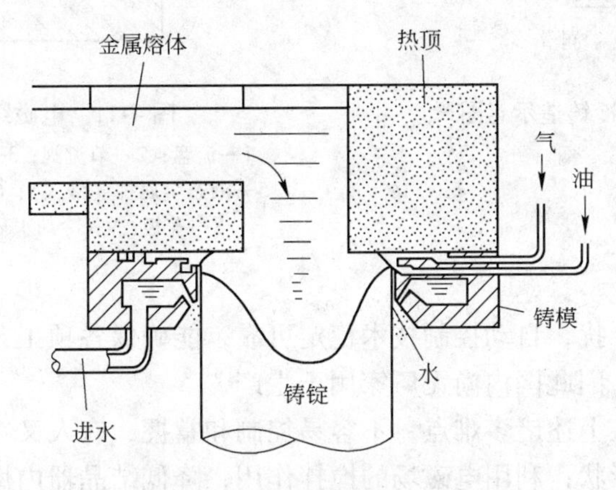

图4-9 气滑热顶铸造示意图

（4）按铸件运行方向分，有立式铸造机和横向铸造机。上面介绍的都是立式铸造机，铸件垂直于地平面方向运行，铝合金挤压生产用铸件大都用这种方式铸造。横向铸造也称卧式铸造（图4-10），铸件平行于地平面运行，设备配置适当，可以不间断地进行连续铸造。横向铸造由于铸件沿水平方向运行，液穴形状与铸轧液穴相似。铸轧件厚度薄，一般为7mm，其液穴最大处在垂直于地平面方向的高度差为9.5mm左右，其高差很小，但其上、下熔体仍然存在一定的温度差，处理不当会导致上、下表面的晶粒、成品板带上、下部分的理化性能存在差异。铸造件的直径远大于9.5mm，就生产中小管、棒、型材的铸锭来说，最小直径为100mm左右，最大直径一般达500mm左右。也就是说，横向铸造在其液穴的最大直径处的高度差为100～500mm，可能使上、下部分存在较大的温度差，导致上、下部分的晶粒度、相结构、杂质和合金成分存在差异，破坏铸件横断面上组织的对称平衡分布，影响最终产品的组织性能。因此，横向铸造机在国内铝加工行业一般只用于生产铸件供用户使用，尚无生产铸件特别是硬铝、超硬铝铸件供挤压使用的报道。

（5）电磁铸造。上面谈及的都是铝熔体在一个被称为结晶器的圆形或方形（矩形）的型模内结晶凝固，铸造成圆形铸棒或方形（矩形）铸棒，称其为有模铸造。有模铸造工艺与结晶过程将在后面进行讨论，这里再简要介绍一种无模铸造——电磁铸造。

电磁铸造没有金属模型，液体金属直接在电磁场力的作用下成型，不与模壁接触，消除了模壁与铸件之间的气隙（图4-11）。在线圈电磁场的作用下，通过电磁屏蔽，使金属几乎没有一次冷却，仅靠二次冷却进行铸造。该铸造方法铸出的锭坯表面光洁，基本上无冷隔和偏析瘤。但该设备投资大，工艺技术复杂，电磁屏蔽要求严格，须保证电磁场力场恒

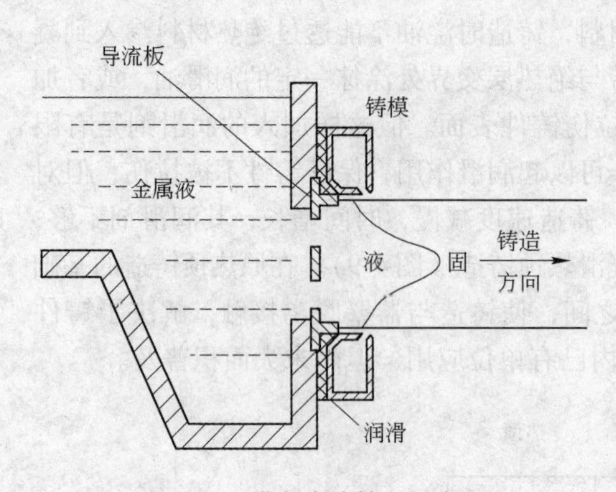

图4-10 横向直冷铸造示意图

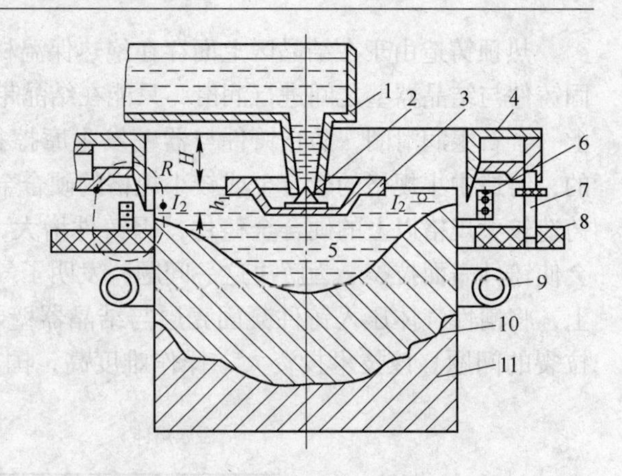

图4-11 电磁结晶器装置示意图

1—流盘；2—节流阀；3—漂浮漏斗；4—电磁屏蔽；5—液态金属柱（液穴）；6—感应线圈；7—调距螺栓；8—盖板；9—冷却水环；10—铸锭；11—底座

定，不得受外来磁场干扰，自动控制技术稳定可靠，能确保各项工艺参数始终如一。满足这些条件有很大难度，因此国内尚无厂家用于生产[6]。

由于电磁铸造存在上述诸多难点，不容易控制和掌握，有人又在电磁线圈内加上金属模，稳定液柱与铸件形状；利用电磁场的搅拌作用，降低结晶器内熔体的温度梯度，改善熔体的液穴形状；击碎枝晶，增加“外来核心”，细化晶粒组织，形成有模电磁铸造。

4.3 主要铸造工具

结晶器底座（图4-12、图4-13），下连铸造机底盘；铸造开始前底座伸入结晶器底部，铸造开始后承接进入结晶器的铝熔体，在底座上凝固结晶。待凝固结晶进行到一定程

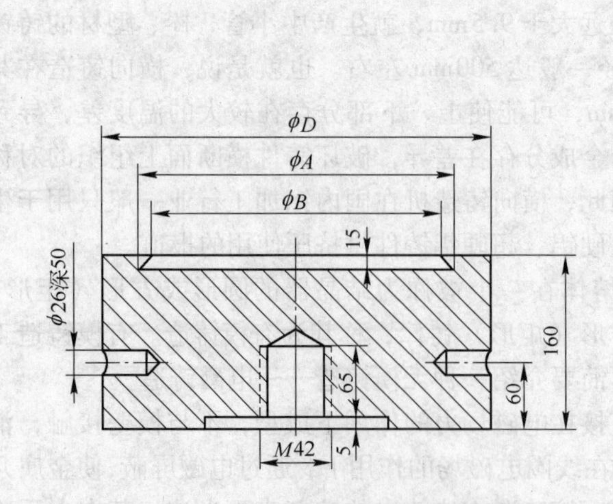

图4-12 实心铸锭底座结构图

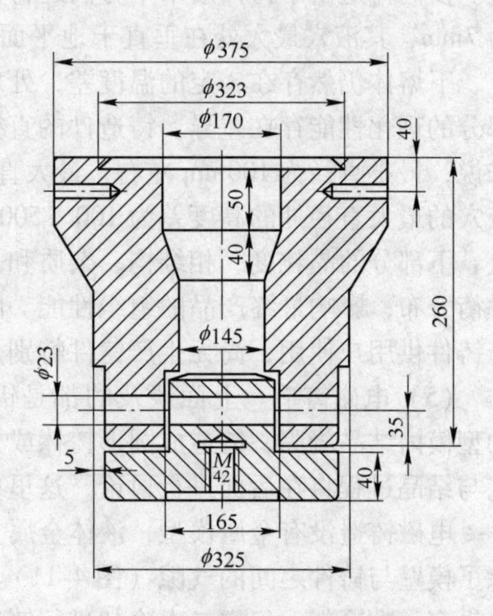

图4-13 空心铸锭底座结构图

（铸锭规格为ϕ360/170）

度，铸造机开始运行，带动底座和铸件朝下运动。随后铸造转入正常状态，直至该铸次完毕。空心铸锭底座中心有圆形空洞，为铸件内孔冷却水排出通道。

结晶器也称冷凝槽，是铸造的关键工具，由结晶器和水套组装而成。结晶器如图 4-14 所示，水套如图 4-15 所示，组装后如图 4-16 所示。

结晶器的材质与结构：小规格结晶器有紫铜制和 2A05 铝合金制两种，较大规格一般用铝合金制造。结晶器直径较大时内壁有的为倒锥形状，如图 4-14 所示，结晶器的下半部分，下面直径略小于上面直径，内孔呈倒立锥状；结晶器外壁做有双纹螺旋筋，以加强结晶器的刚度，同时作为冷却水的导流槽，均匀冷却水温度。结晶器直径较小时，内径为圆柱状，外壁也没有导流沟槽（图 4-17）。水套材料一般为铸铁。

铸造空心锭时需要有铸造内孔的芯子和安装芯子的芯架。芯子结构如图 4-18 所示，芯架结构如图 4-19 所示，芯子、芯架、结晶器的组装结构如图 4-20 所示。芯子由紫铜或 2A05 合金制造，芯架为钢构件。

铸造前，必须对前箱、流槽、流盘和一切易于吸潮的铸造工具，充分进行预热，其原因是：(1) 除去其吸着水和结晶水；(2) 保持其一定温度，防止熔体通过时因降温过多而发生凝固或半凝固状态。可是在生产实践中，偏有少数工人乃至个别技术人员，总是违规操作。临铸造前，对前箱、流槽、流盘涂抹水溶性涂料，用以避免粘铝；认为涂抹的量

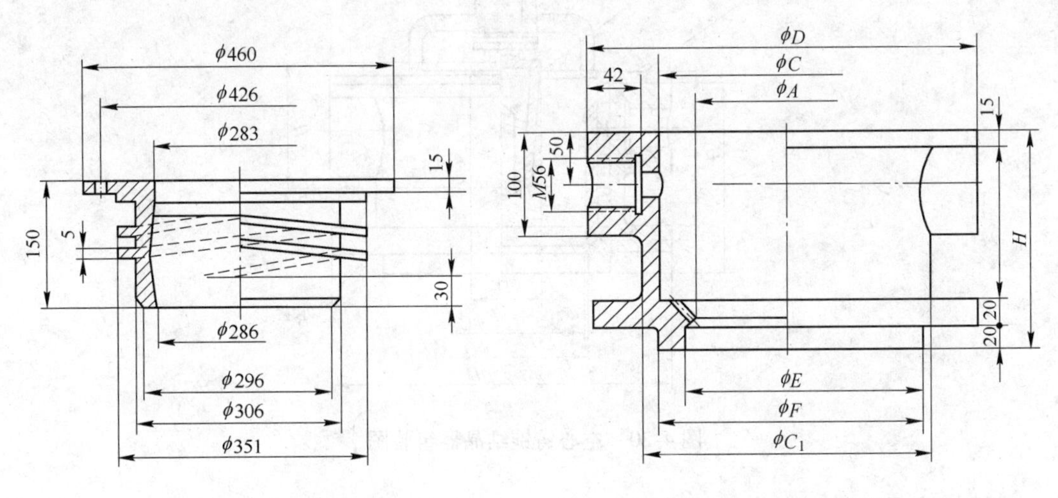

图 4-14 结晶器（冷凝槽）构件图

图 4-15 水套构件图

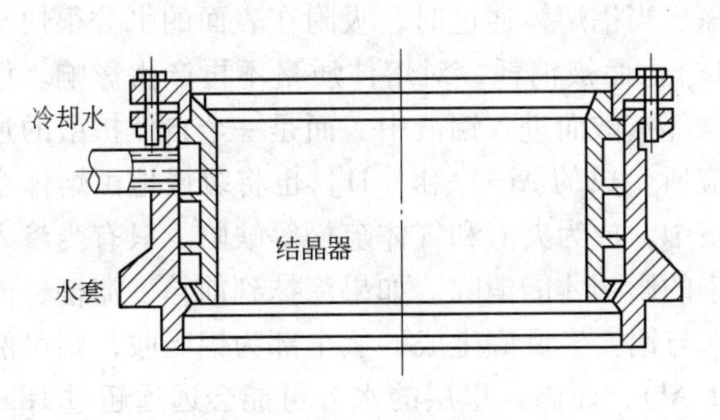

图 4-16 结晶器组装图

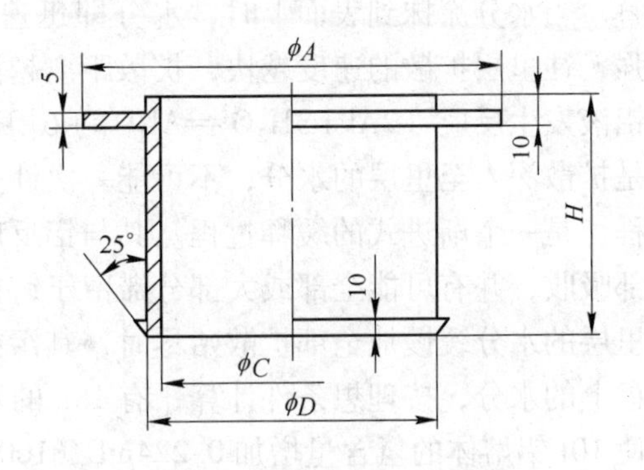

图 4-17 圆柱形结晶器结构图

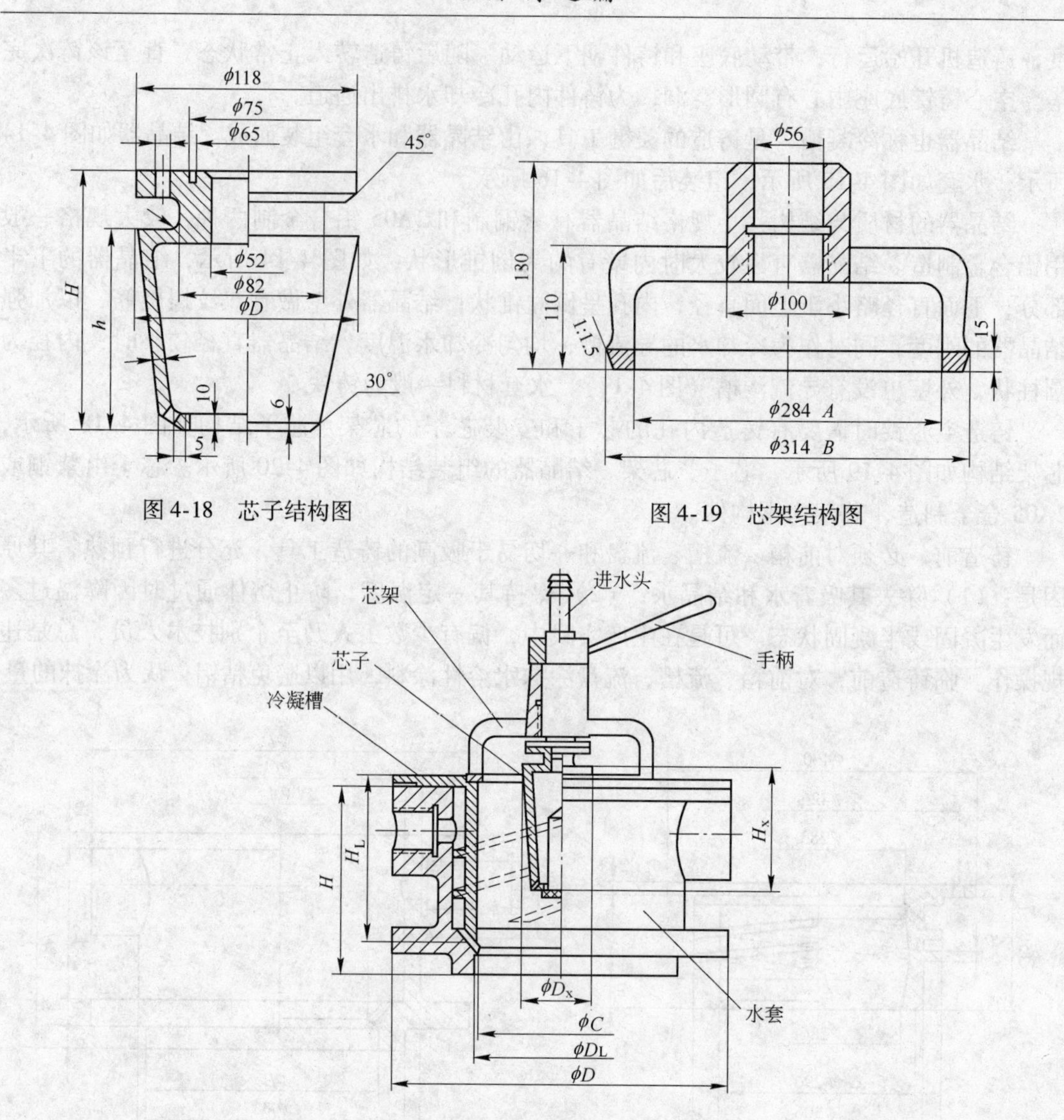

图 4-18　芯子结构图

图 4-19　芯架结构图

图 4-20　空心铸锭结晶器组装图

少，高温铝液通过时，水分可很快蒸发殆尽，不会对产品质量造成影响，其实这是一种误解。当水分涂抹到表面上时，水分即迅速透过表面向里层扩散。材质越干燥，吸水性越强，往里层扩散的速度越快，扩散距离越深。当铝熔体通过时，吸附在表面的水分很快与铝液发生反应（$2Al + 3H_2O = Al_2O_3 + 6[H]$），而被消耗，对熔体质量不再产生影响。但是扩散深入至里层的水分，不可能一次性全部扩散而进入铝液中，而是一个自然扩散的过程，是一个渐进式的缓释过程。其与铝反应所生成的 Al_2O_3 和 [H] 也将缓慢地由熔体全部吸收，并有可能全部或大部分滞留于铸锭中，成为夹渣和气体疏松等缺陷。只有当渗入里层的水分缓慢地全部扩散殆尽时，其污染的影响才能消除。如果涂抹到前箱、流槽、流盘上的水分，按理想条件计算，有 18g 的水与铝发生反应生成的氢全部为铝吸收，则可能使 10t 铝熔体的氢含量增加 0.224mL/(100g Al)，而渗入里层的水分可能会远远超过 18g。因此铸锭产生的疏松缺陷，开始部分比终了铸造部分更严重，多由此而引起。

安装铸造机，调整底座和结晶器的上下位置和周边间隙，间隙处用石棉绳封严，用高压风管吹除底座上的积水，涂上润滑油。

准备工作就绪，即进入铸造工序。

4.4　铸造工艺

具有符合标准规定成分的合金熔体，通过严格的去气去渣精炼和变质处理后，即可导入铸造机冷凝型模内，铸造成规格大小、质量符合要求的实心锭或空心锭。

4.4.1　铸造实心锭

如前所述，变形铝合金大体上区分为软合金与硬合金两大类。软合金含合金元素较少，或成分含量较低，因此其熔化的温度区间（结晶区间）小，熔体流动性、导热性较好，有良好的铸造性能。这类合金铸造时对结晶器没有特别的要求，铜、铝结晶器，高、矮结晶器，普通铸造或热顶铸造都能适用。铸造速度较快（铜结晶器比铝结晶器速度要更快些），铸件表面比较光洁，但因其所含的组分浓度较低，根据存在对流条件下组分过冷条件判别式（2-28），若冷却强度大，铸造速度慢时，不容易产生组分过冷，成核驱动力小，易出现晶粒粗大和花边（羽毛状晶）组织。但铸造速度太快又容易出现裂纹，因此铸造纯铝和3A21合金，在保证杂质成分不超标的情况下，有时会加入少量铁元素，增大组分浓度 C_L，以改善晶粒组织。

硬合金（包括高镁合金）系列含合金元素多，或成分含量高，根据上述组分过冷判别式，溶质浓度高；导热系数低，温度梯度小；熔化区间（结晶区间）大；均在50℃以上，有的高达140～150℃，组分过冷区大；熔体流动性较差，补缩比较困难，所以铸造速度比软合金低，很容易发生组分过冷，形核率高，晶粒细小。从结晶组织说，硬合金较软合金有比较明显的优势。铸造中、小规格铸锭可选择铜质的、较矮的结晶器或热顶铸造，也可选择铝质结晶器、热顶铸造，但大型铸锭一般选择较高的铝质结晶器和普通铸造；如要采用热顶铸造，则必须有气压加油润滑装置。铸造时间长，特别是大型铸锭，铸造速度更慢，完成一个铸次要费5～6h，有的甚至达6h以上。一般的热顶铸造，只能在铸造前于结晶器壁上涂上一层较薄的润滑油脂，可坚持润滑2h左右。时间更长时，润滑油耗尽，而硬合金铸锭又极易出现偏析瘤，表面粗糙，与结晶器壁发生摩擦而产生拉裂，造成产品报废。

4.4.2　单模铸造空心锭

上节讨论的主要是实心锭铸造，下面讨论空心锭铸造的工艺控制。当然上面讨论的原则和方法对于铸造空心锭基本上也是适用的，但是就目前情况来看，国内大多数厂家生产空心铸锭还是采用普通结晶器单模铸造。其结晶器结构在单模实心锭铸造的基础上加装了一个带有圆锥形芯子的支架（图4-21）。铸造时铝熔体通过小分流槽两端的小孔（图4-22）在芯子外周呈两股液流注入结晶器内。芯子通以冷却水，冷却水从芯子底部四周喷射到空心铸锭内壁上进行冷却。由于空心锭内外壁都承受冷却，因此冷却强度增大，结晶速度比实心锭快，所以铸造速度要适当地加快。

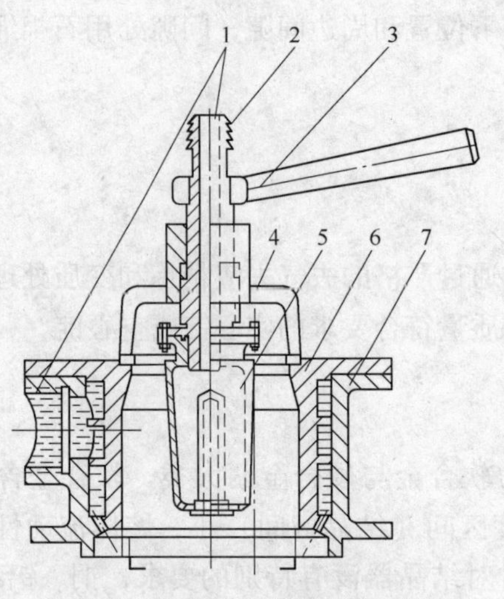

图 4-21　空心圆铸锭结晶器结构图

1—进水孔；2—塔头；3—手柄；4—芯子支架；5—芯子；6—内套；7—外套

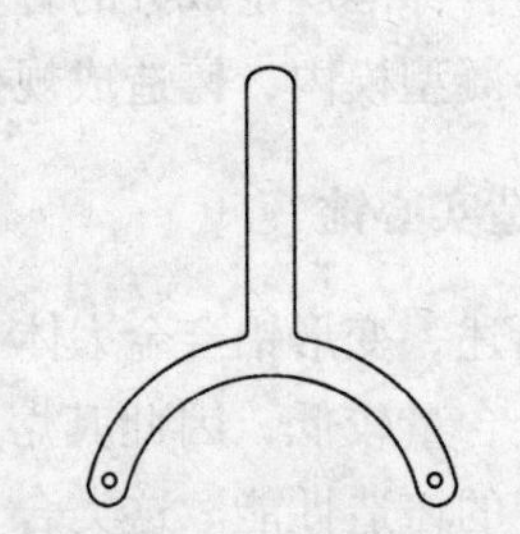

图 4-22　小分流槽示意图

由此得知，空心锭铸造内外同时冷却，冷却强度大，故温度梯度大，有减小组分过冷区的趋势，削弱成核驱动力，粗化晶粒组织；但铸造速度加快，又有增加组分过冷区的趋势，增大成核驱动力，细化晶粒组织。最终结果是晶粒粗化还是细化，就要看 G/v 的比值是增大还是减小。比值增大，可能使晶粒粗化，比值减小，则有利于晶粒细化。

4.4.3　同水平绝热多模铸造空心锭

如前所述，目前国内有些厂家生产空心锭仍然采用普通结晶器单模铸造，其液流分两股从结晶器上方注入，液穴为一不规则的三角形环状带。这就产生了以下问题：

（1）熔体注入落差较大，冲击液穴，可能产生二次造渣。

（2）两点式注入。熔体注入点处与远离注入点位置处存在温度差，引起断面晶粒组织不均匀。

（3）在这种传统的单模铸造中，芯子表面不附加任何热阻层。铸造前，将芯头涂上润滑油。铸造开始，从铝熔体导入结晶器起，生产工人即左右旋转芯头，防止熔体结晶时抱死芯子。空心锭结晶时发生收缩，在铸锭内表面与芯头表面之间产生一定的气隙，再因芯子存在一定的锥度，而铸锭开始下降又产生一定的下沉拉力，能克服铸锭内表面与芯子表面的摩擦力下降，即转入正常铸造状态。这个过程，作业非常紧张，特别是小空心锭铸造，要求工人有娴熟的技术和操作经验。显然在多模铸造中，要求工人进行这样的操作是非常困难的，因为铸锭多，各个铸锭之间的铸造条件（熔体温度、冷却强度等）都不同程度地存在差异，因此，这种芯子结构明显地不适于多模的空心锭铸造。

（4）生产效率低，劳动强度大。

为解决上述问题，研究小空心锭的同水平多模铸造，开发空心锭铸造的新途径是铝加工业面临的一个重要课题。

4.4.3.1 工具设计

同水平多模热顶铸造工具的流槽、流盘、结晶器与其实心锭铸造相同（图4-23），其底座、芯架与单模空心锭铸造基本相同（图4-13、图4-19）。芯子则要根据热顶铸造的要求进行设计，与结晶器相配合，这是同水平多模铸造空心锭的关键。

为了解决上述问题，在金属芯子表面加上一石墨套环。石墨的导热系数远低于铜，同时石墨在一定程度上能对铸造起润滑作用。但限于条件，石墨层较薄，而石墨的导热系数虽然比铜铝材料低，但仍然较高，铸造温度较低时，因凝固较快而抱死芯子；铸造温度较高时，因凝固较慢而发生泄漏。要准确地找到其平衡点，并将铸造条件稳定地维持在平衡点处是很难实现的，稍有干扰或波动，平衡即被打破，铸造即告失败。于是在石墨套环的上方再加上一绝热保温层，使得在保温层区段，铝熔体的温度处于结晶温度之上，为过热稳定熔体，不会发生凝固。紧靠保温层是起润滑作用的石墨环。石墨环的导热系数高于保温层而低于金属表面的结晶区，熔体温度下降，接近凝固点，但因距离短，很快过渡到金属结晶带区，熔体急剧冷却，迅速结晶成凝壳，凝壳一形成，即被拉住往下运行而脱离芯头。将这种金属＋石墨套环＋绝热保温层组成的芯头（图4-24）和芯架组装在一起，类似于图4-21装置，但没有使芯头左右旋转的摇柄，铸造空心锭可顺利、稳定地进行生产。

图4-23 同水平多模铸造流盘、流槽图

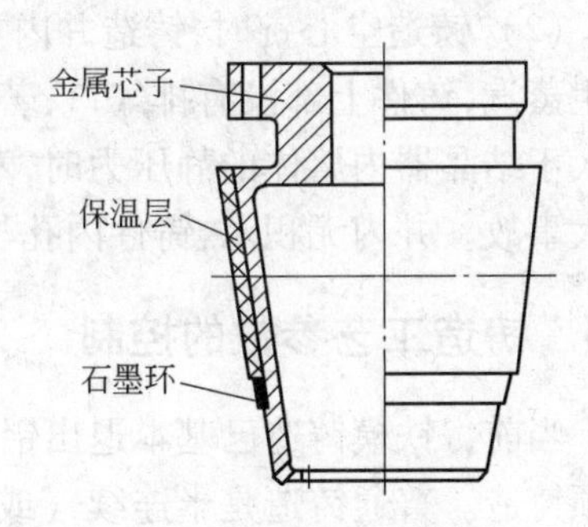

图4-24 空心锭铸造用金属＋石墨套环＋绝热保温材料芯子结构示意图

4.4.3.2 同水平绝热保温多模铸造空心锭的优点

采用这种装置生产的2A12合金空心锭内外表面光洁，冷隔、偏析瘤很小；内外表面剥皮量小，约1mm左右即可车削干净。图4-25所示为锯切后的铸块，图4-26所示为车皮后的铸块。

同水平多模铸造对晶粒组织的影响：同水平多模铸造改变了两点式注入熔体，结晶器中的熔体与流槽中的熔体处于同一个水平面上，在同一个结晶器内的铝熔体其温度基本上是平衡的，不存在温度的差异，这在热力学上为均匀的晶粒度创造了条件。同时，由于结晶器和芯子都贴有保温层，使开始结晶区下降至结晶器和芯子的出口处，这使得铸锭的内外表面一形成凝壳即与冷却水直接接触，加大了冷却强度，减小了液穴深度，改变了液穴形状，缩短了结晶时间，加上合理地进行变质处理，抑制了柱状晶的发展，从而获得细小均匀的等轴晶组织。

同水平铸造对铸块夹渣的影响：同水平铸造消除了熔体落差，即消除了因熔体冲击产生的二次造渣，从而有效地减少了铸块的夹渣现象。

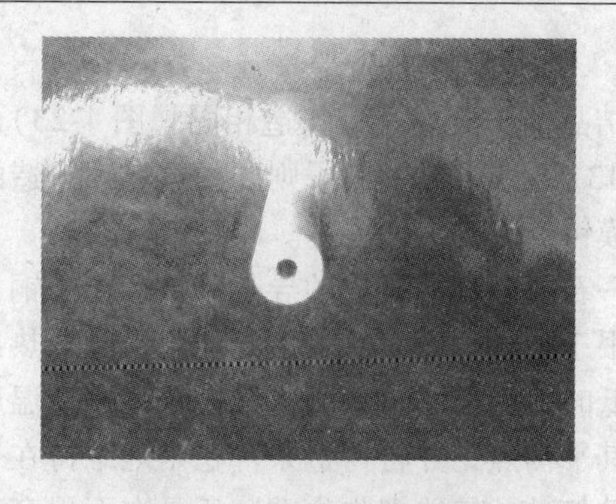

图 4-25　2A12 合金铸块

图 4-26　2A12 合金铸块车皮后

同水平多模铸造需要注意的问题如下：

（1）就目前的普通多模热顶铸造而言，所能铸造的空心锭其最大规格尚只能在 ϕ260mm 左右，当然这还与其壁厚有关。过大的壁厚同时具有较大的直径时，其铸造周期长，一次涂抹的润滑剂较少，虽然有润滑石墨环，但仍显润滑不足，铸到后期可能会产生拉伤。如采用气滑铸造，这个问题即可解决。

（2）铸造空心锭时，铸造井内不能有积水。因为空心锭内孔的冷却水会在冷却过程中产生蒸汽，铸件上部没有排气口，若铸件下方通道被冷却水封堵，蒸汽排不出去。当蒸汽压力大于结晶器内熔体的静压力时，蒸汽可能冲开液穴的熔体排出，造成熔体沸腾，甚至酿成重大事故。井内无积水，铸件内孔与大气连通，内孔中的水蒸气即可顺利地排至大气中。

4.5　铸造工艺参数的控制

当前，铁模铸造已基本退出铝合金生产领域，国内普遍采用的铸造方法是普通铸造和热顶铸造。普通铸造是半连续（或连续）铸造的基础，其他方法是在普通铸造的基础上，趋利去弊，不断改进而发展起来的。所以这里只讨论半连续（或连续）的铸造工艺问题。

半连续（或连续）铸造的工艺参数，大体上可分为三大类：

（1）由使用要求决定，铸造生产中不可调控的，如合金牌号，铸锭规格，包括空心、实心、铸锭直径等。其中不同合金的物理化学特性差异较大，特别是熔化温度（结晶区间）、导热系数对铸造性能的影响尤为明显。部分铝合金的熔化温度、比热容、导热系数列于表 4-2。

表 4-2　部分铝合金的典型热力学性能

合金牌号	熔化温度/℃	比热容/J·(kg·K)$^{-1}$	25℃时的导热系数/W·(m·K)$^{-1}$	备　注
1050	646 ~ 657	900	231	
1060	645 ~ 655	900	234	
1100	643 ~ 657	914	222	
1145	646 ~ 657	904	230	
2014	507 ~ 638		192	
2A11	510 ~ 640	879	193	
2A12	502 ~ 638	875	190	
2036	554 ~ 649	882	198	

续表 4-2

合金牌号	熔化温度/℃	比热容/J·(kg·K)$^{-1}$	25℃时的导热系数/W·(m·K)$^{-1}$	备 注
2A70	549～638	875	146 *	* 20℃，T6 状态
3A21	643～654	893	193	
3004	629～654	893	162	
5A02	607～649	900	137	
5A06	568～638	904	120	
5A03	593～643	900	127	
5A05	571～638	900	116	
5A06	560～630	920 *	117	* 100℃
6061	580～658	896	180	
6063	615～655	900	218 *	* O 状态
7049	477～627	960	154	
7050	488～635	860	180	
7A09	477～635	960	130 *	* T6 状态

（2）根据生产要求，可自行选择的，如结晶器的高度，结晶器的材质（铜结晶器、铝结晶器），结晶器的形式（普通铸造结晶器、热顶铸造结晶器），铸造开始的铺底、铸造结束的回火等。

（3）在生产实践中，根据铸造情况可随时调控的工艺参量，如铸造温度、铸造速度、冷却强度等。

铸造温度：铸造温度本来应该是液穴内的熔体温度，但对液穴中的熔体不能进行连续测控，故又将静置炉或在线精炼装置或过滤箱内的熔体温度视为铸造温度，所有这些装置与铸造机之间都有一定距离，熔体通过连接流槽输送，才达到结晶器内。在熔体输送途中，必然要发生降温。距离有远近，保温性能有差异，冬夏气温有区别，所以不同生产厂家，不同季节铸造温度不完全一样，属正常现象。生产厂家应依实际情况而定。

铸造速度：对立式铸造机是指铸锭（铸造机）下降的速度，对水平铸造机是指铸锭（铸造机）远离结晶器的速度。铸造速度与熔体特性、铸造规格（实心铸锭、空心铸锭、铸锭尺寸）、结晶器材质的导热性能、冷却速度等有关。一般铸造机都设有测控指示装置。

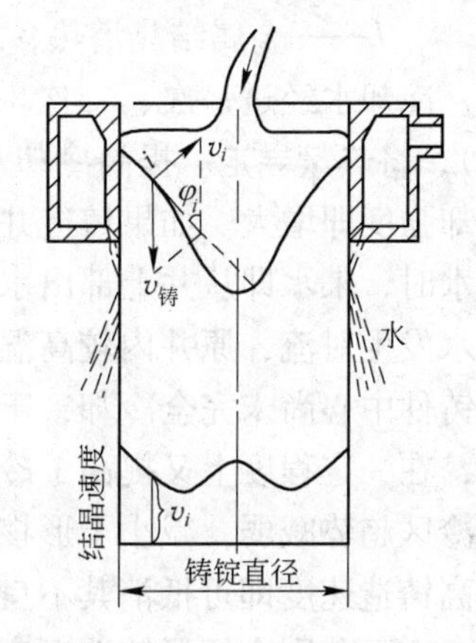

图 4-27 线速度与沿铸锭截面的变化与铸造速度的关系示意图

在组分过冷区的判别式中，v 所表达的是结晶速率。结晶速率与铸造速度是两个不同的概念。结晶速率是指结晶界面沿法线方向推进的速度，不同点的法线方向不尽相同，其前进的速度也不完全一致，故使用的结晶速率是结晶面的平均速率。这里所讲的铸造速度是指铸件垂直于地平面方向的下降速度。铸造速度与结晶速率的关系（图 4-27）为：

$$v_i = v_{铸}\sin\varphi_i \tag{4-26}$$

式中 v_i——结晶面 i 点的结晶速度；

φ_i——铸锭轴线与 i 点处结晶前沿的切线之间的夹角；

$v_{铸}$——铸锭的铸造速度。

结晶前沿各点在单位时间内沿各自的法线方向移动的平均距离称为平均结晶速率。将结晶前沿近似地视为规则的几何体，则其平均结晶速率为：

$$v_{平均} = v_{铸}\sin\varphi \tag{4-27}$$

由式（4-27）可知，熔体的平均结晶速率小于铸造速度，但与铸造速度成一定的比例关系，故在生产过程中，调整铸造速度即可调整平均结晶速率。

冷却强度：这里所讲的冷却强度与冷却速度是同一个概念，应该是铸造过程中熔体和铸件温度下降的速率，但其测定是相当困难的，因为熔体温度下降释放的热量、结晶释放的潜热及铸件温度下降释放的热量95%以上是由冷却水带走的，即单位时间内冷却介质从熔体凝固过程中所带走的热量。冷却介质有空气环境和冷却水，但主要是冷却水。因此，调整冷却强度主要是通过调整冷却水的温度和流量（流量通过增减水压实现）来进行的。

连续铸造单位质量的铝熔体从其降温、结晶，再降至铸造时的环境温度所释放的热量均由冷却水带走，在理论上所需要的水量为：

$$W = \frac{c_1(t_3 - t_2) + L + c_2(t_2 - t_1)}{c(t_5 - t_4)} \tag{4-28}$$

式中 c_1——金属在液态下温度区间（$t_3 - t_2$）内的平均比热容，J/(kg·K)；

c_2——金属在固态下温度区间（$t_2 - t_1$）内的平均比热容，J/(kg·K)；

t_1——金属的最终冷却温度，℃；

t_2——金属的熔点，℃；

t_3——进入结晶器的液态金属温度，℃；

t_4——结晶器进水温度，℃；

t_5——二次冷却水最终温度，℃；

c——冷却水的比热容，J/(kg·K)；

L——金属结晶潜热，J/kg。

冷却水经过一次、二次对铸件进行冷却，在铸件的结晶面周围形成冷却面（图4-28），将热量导走。提高冷却水压，使流速加快，流量加大，单位时间内导走的热量增加，冷却强度即增大。如果铸造井内装满冷却水，上流再来的冷却水，其温度高于井内原有冷却水时，来水即从井上部出水口排出。若上流再来的水温低于原井内的冷却水，便与井内的水发生对流，原井内较高温度的水上升从排水口流出。凝固后的铸件浸泡在冷却水中，因铸件中心尚未完全冷却，于是即出现了三次冷却，使结晶器液穴底部横截面也成为冷却面，在一定程度上又提高了冷却强度。冷却强度提高，结晶界面前沿温度梯度增大，组分过冷区趋势减弱，减小了形核驱动力，成核数量减少，有使晶粒组织粗化的倾向。但适当提高铸造速度即可抵消其不良影响。

上面分别介绍了铸造温度、铸造速度、冷却强度三个工艺参量的特性。下面来讨论调控这三个参量对产品质量的影响。

提高铸造温度，其他工艺参数不变时，则随熔体带入结晶器的热量增加，熔体的流动性提高，利于排气和补缩；熔体表面张力减小，利于减轻冷隔；但若铸造速度和冷却强度不变，单位时间内导走的热量并未增加，使液穴温度升高，提高结晶界面前沿的温度梯度，G/v 比值增大，削弱组分过冷区，不利于成核，从而使晶粒粗大化，裂纹倾向性增加。对于中、小规格圆锭铸造一般控制在 715 ~ 730℃。铸锭直径增加，铸造温度相应适当提高，直径大于 350mm 以上铸锭一般控制在 730 ~ 740℃。

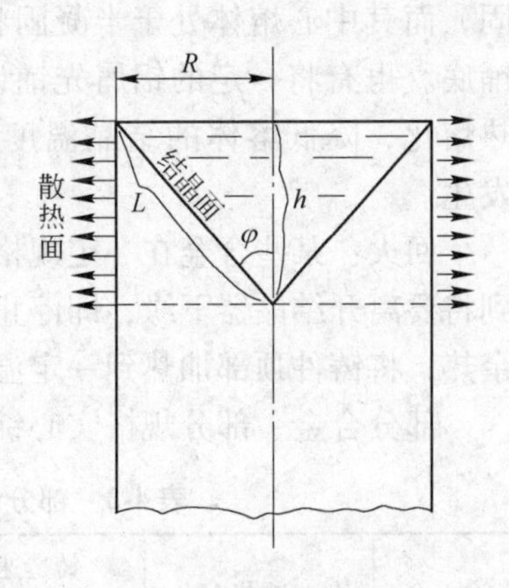

图 4-28 铸锭冷却面与结晶面示意图

提高铸造速度，也即提高结晶速率。若铸造温度和冷却强度维持原状不变，单位时间内从液穴内导走的热量基本上不发生改变，而结晶在高度方向上的距离增加，这意味着液穴加深，G/v 比值减小，使组分过冷区加强，容易成核而使晶粒细化。但是提速是有条件的，否则随意提速可能会引起铸造裂纹，造成产品报废。其实，铸造速度的快慢是依据条件确定的，如小规格铸件比大规格的快，铜结晶器比铝结晶器快，空心铸锭比实心铸锭快，软合金比硬合金快。合金组分越多，成分含量越高，相结构越复杂，其铸造速度越慢。在铸件直径相同时，铸造速度大体上依 1×××—3×××—6×××—5×××—2×××—7×××的顺序递减。当然其中有例外，不是绝对的。

增大冷却强度，即增大结晶前沿和铸锭截面的温度梯度。如上所说，对软合金（成分含量低的合金）来说，结晶界面前沿温度梯度增大，会削弱组分过冷区，有使晶粒粗化的倾向；对多相合金来说，因其溶质浓度较高，对组分过冷区的削弱有限，不会对晶粒度造成明显影响，但铸锭截面温度梯度增大，热应力增加，使铸件裂纹的倾向性急剧增加。

上述这三个参量看似可以独立调控，但实际上三者互为依存，互相制约，调整其中一个，会对另两个或一个产生影响。如增大冷却强度，单位时间内带走的热量增加了，相当于降低了铸造温度；减慢铸造速度，即降低了结晶速率，液穴中导出的热量相对减少，即相当于提高熔体的铸造温度。因此在一定条件下，这些工艺参量有着某一个最佳组合。在最佳组合条件下生产，虽然某一方面得到的结果不是最佳的，但就其综合特性而言，应是最优化的。技术人员的工作就是在生产实践中，综合考虑，优化配置，找出最佳组合或较佳组合，以使产品实现最佳或较佳的综合性能。

4.6 铸造工艺示例

不同厂家生产条件不同，铸造生产工艺自然也不完全相同，这里先介绍两个概念，铺底与回火。

铺底：在铸造某些合金在一定规格以上的铸锭时，由于合金成分比较复杂，线收缩较大，当熔体开始注入结晶器时，熔体与底座和结晶器壁接触，发生结晶和收缩。若铸件直径足够大，会在铸件底部因收缩而产生中心裂纹。于是便将一定的纯铝熔体在正式铸造之前，浇于结晶器内，铺于底座之上，待与底座和结晶器壁相接触的熔体发生凝固，而其中心熔体处于半凝固状态时，正式放流浇注，以防止底部产生中心裂纹，称为铺底。也有将一定的铝屑先铺设于底座之上，铸造时合金熔体先与铝屑接触，将铝屑加热熔化，降低熔体的结晶温度，同时等效于降低铸造速度，减少其收缩量，防止裂纹发生。

回火：某些合金在一定规格以上的铸件，当铸造要终止时，停止供流后，待铸件下降到将要离开结晶器下缘，即停止供水，让铸件上部依靠液穴内尚未结晶的残余金属熔体的余热，将铸件顶部加热到一定温度，以降低应力，防止顶部发生裂纹。

部分合金、部分规格实心锭铸造工艺参数见表4-3。

表4-3 部分合金、部分规格实心锭铸造工艺参数（参考）

合金	铸造规格/mm	铸造速度/mm·min^-1		铸造温度/℃	冷却水压/MPa	铺底	回火
		铝结晶器	铜结晶器				
1×××	φ90~140	130~150	170~180				
	φ160~200	110~120	140~160	710~720	0.05~0.08		
	φ210~270	85~100					
	φ280~300	80~85					
	φ310~340	70~75					
	φ350~380	65~70			0.08~0.12		
	φ400~410	55~60					
	φ460~490	50~55					
2A10	φ90~140	105~130	130~170				
	φ160~170	90~95	115~125	705~715	0.05~0.08		
	φ180~200	80~85	100~110				
2A11	φ90~140	105~130	135~170				
	φ160~170	95~100	130~140	710~720	0.05~0.08		
	φ180~200	85~90	110~120				
	φ220~250	75~80	85~90				
	φ280~300	65~70					
	φ350~360	55~60					
	φ400~410	40~45		720~730	0.08~0.12	铺底	
	φ480~490	25~30					
2A12	φ90~140	105~130	135~170				
	φ160~170	95~100	120~130	710~720	0.04~0.08		
	φ180~200	80~85	100~110				
	φ220~250	65~75	80~90				
	φ280~300	50~55	65~75	720~730			
	φ350~360	35~40			0.05~0.08		
	φ400~410	25~30		735~745		铺底	回火
	φ480~490	20~25					

续表 4-3

<table>
<tr><th rowspan="2">合　金</th><th rowspan="2">铸造规格/mm</th><th colspan="2">铸造速度/mm · min^{-1}</th><th rowspan="2">铸造温度/℃</th><th rowspan="2">冷却水压/MPa</th><th rowspan="2">铺底</th><th rowspan="2">回火</th></tr>
<tr><th>铝结晶器</th><th>铜结晶器</th></tr>
<tr><td rowspan="8">2A70
2A80</td><td>ϕ90 ~ 140</td><td>95 ~ 120</td><td>125 ~ 160</td><td rowspan="4">720 ~ 730</td><td rowspan="8">0. 05 ~ 0. 08</td><td rowspan="4"></td><td rowspan="32"></td></tr>
<tr><td>ϕ160 ~ 170</td><td>85 ~ 90</td><td>110 ~ 120</td></tr>
<tr><td>ϕ180 ~ 200</td><td>80 ~ 85</td><td>100 ~ 110</td></tr>
<tr><td>ϕ220 ~ 250</td><td>70 ~ 80</td><td>90 ~ 95</td></tr>
<tr><td>ϕ280 ~ 300</td><td>60 ~ 65</td><td>80 ~ 85</td><td rowspan="4">725 ~ 735</td><td></td></tr>
<tr><td>ϕ350 ~ 360</td><td>40 ~ 45</td><td rowspan="3"></td><td rowspan="3">铺底</td></tr>
<tr><td>ϕ400 ~ 410</td><td>30 ~ 35</td></tr>
<tr><td>ϕ480 ~ 490</td><td>20 ~ 25</td></tr>
<tr><td rowspan="8">3A21</td><td>ϕ90 ~ 140</td><td>105 ~ 130</td><td>135 ~ 160</td><td rowspan="8">720 ~ 730</td><td rowspan="5">0. 05 ~ 0. 08</td><td rowspan="5"></td></tr>
<tr><td>ϕ160 ~ 170</td><td>95 ~ 105</td><td>130 ~ 135</td></tr>
<tr><td>ϕ180 ~ 200</td><td>90 ~ 95</td><td>120 ~ 130</td></tr>
<tr><td>ϕ220 ~ 250</td><td>80 ~ 85</td><td>105 ~ 110</td></tr>
<tr><td>ϕ280 ~ 300</td><td>70 ~ 75</td><td>95 ~ 105</td></tr>
<tr><td>ϕ350 ~ 360</td><td>55 ~ 60</td><td rowspan="3"></td><td rowspan="3">0. 08 ~ 0. 12</td><td rowspan="3"></td></tr>
<tr><td>ϕ400 ~ 410</td><td>50 ~ 55</td></tr>
<tr><td>ϕ480 ~ 490</td><td>40 ~ 45</td></tr>
<tr><td rowspan="8">5A02</td><td>ϕ90 ~ 140</td><td>105 ~ 130</td><td>135 ~ 170</td><td rowspan="4">710 ~ 720</td><td rowspan="4">0. 05 ~ 0. 08</td><td rowspan="4"></td></tr>
<tr><td>ϕ160 ~ 170</td><td>95 ~ 100</td><td>125 ~ 135</td></tr>
<tr><td>ϕ180 ~ 200</td><td>90 ~ 95</td><td>120 ~ 125</td></tr>
<tr><td>ϕ220 ~ 250</td><td>80 ~ 85</td><td>110 ~ 120</td></tr>
<tr><td>ϕ280 ~ 300</td><td>70 ~ 75</td><td>100 ~ 110</td><td rowspan="4">715 ~ 725</td><td rowspan="4">0. 08 ~ 0. 12</td><td></td></tr>
<tr><td>ϕ350 ~ 360</td><td>60 ~ 65</td><td rowspan="3"></td><td rowspan="3">铺底</td></tr>
<tr><td>ϕ400 ~ 410</td><td>50 ~ 55</td></tr>
<tr><td>ϕ480 ~ 490</td><td>45 ~ 50</td></tr>
<tr><td rowspan="8">5A03</td><td>ϕ90 ~ 140</td><td>100 ~ 130</td><td>135 ~ 170</td><td rowspan="8">715 ~ 725</td><td rowspan="4">0. 05 ~ 0. 08</td><td rowspan="4"></td></tr>
<tr><td>ϕ160 ~ 170</td><td>95 ~ 100</td><td>120 ~ 130</td></tr>
<tr><td>ϕ180 ~ 200</td><td>90 ~ 95</td><td>100 ~ 110</td></tr>
<tr><td>ϕ220 ~ 250</td><td>80 ~ 85</td><td rowspan="5"></td></tr>
<tr><td>ϕ280 ~ 300</td><td>70 ~ 75</td><td rowspan="4">0. 08 ~ 0. 12</td><td></td></tr>
<tr><td>ϕ350 ~ 360</td><td>60 ~ 65</td><td rowspan="3">铺底</td></tr>
<tr><td>ϕ400 ~ 410</td><td>50 ~ 55</td></tr>
<tr><td>ϕ480 ~ 490</td><td>35 ~ 40</td></tr>
</table>

续表 4-3

合 金	铸造规格/mm	铸造速度/mm·min⁻¹		铸造温度/℃	冷却水压/MPa	铺底	回火
		铝结晶器	铜结晶器				
5A05 5B05	ϕ90~140	105~130	135~150	715~725	0.05~0.08		
	ϕ160~170	90~95	105~125				
	ϕ180~200	75~80	110~115				
	ϕ220~250	65~70					
	ϕ280~300	45~50			0.04~0.08	铺底	
	ϕ350~360	40~45					
	ϕ400~410	35~40					
	ϕ480~490	25~30					
5A06	ϕ90~140	95~130	115~150	715~725	0.05~0.08		
	ϕ160~170	80~85	105~120				
	ϕ180~200	70~75	95~105				
	ϕ220~250	50~60					
	ϕ280~300	40~45		720~730	0.04~0.06	铺底	回火
	ϕ350~360	35~40					
	ϕ400~410	25~30					
	ϕ480~490	20~25					
6A02	ϕ90~140	105~130	130~170	710~720	0.05~0.08		
	ϕ160~170	90~95	120~125				
	ϕ180~200	75~80	90~100				
	ϕ220~250	65~70	80~85				
	ϕ280~300	60~65	70~80				
	ϕ350~360	45~50		715~725			
	ϕ400~410	35~40		720~730		铺底	
	ϕ480~490	25~30					
6063	ϕ90~140		130~150	710~720	0.05~0.10		
	ϕ160~170		120~130				
	ϕ180~200		100~115				
	ϕ220~250	70~75					
	ϕ280~300	60~65		720~730			
	ϕ350~360	50~55				铺底	

续表 4-3

合 金	铸造规格/mm	铸造速度/mm·min^{-1}		铸造温度/℃	冷却水压/MPa	铺底	回火
		铝结晶器	铜结晶器				
7A04 7A09	φ90~140	85~110	115~150	710~720	0.05~0.08		
	φ160~170	80~85	100~110				
	φ180~200	70~75	85~95				
	φ220~250	55~60					
	φ280~300	45~50		715~725		铺底①	
	φ350~360	25~30		735~745	0.04~0.06	铺底	回火
	φ400~410	20~25					
	φ480~490	16~20					

注：1. 采用同水平热顶多模铸造时，水压做适当调整。因为水流从总水管分流到各结晶器后，压力减小。为保持结晶器的水压，需提高总水管的压力。调整的量根据模数多少而定。同时试水时要注意观察各结晶器的水流、水压分布是否均匀，有受阻情况需及时疏通。

2. 同水平热顶多模铸造的速度也应相应调整，以不泄漏铝液、不悬挂铸件为准，保证铸造过程的顺利进行。

① 采用铝结晶器可不铺底。

部分合金、部分规格空心锭铸造工艺参数见表 4-4。

表 4-4 部分合金、部分规格空心锭铸造工艺参数（参考）

合金牌号	铸件规格(外径/内径)/mm	铸造速度/mm·min^{-1}	铸造温度/℃	冷却水压/MPa	铺底	回火
1×××	φ270/106	100~105	710~720	0.08~0.12		
	φ270/140	100~105				
	φ360/106	70~75				
	φ360/140	70~75				
	φ360/170	70~75				
	φ360/210	80~86				
2A11	φ164/70	158~180①	705~715	0.04~0.06		
	φ270/106	90~95	710~720	0.05~0.10		
	φ270/140	90~95		0.08~0.12	铺底	
	φ360/106	60~65				
	φ360/140	70~75				
	φ360/170	70~75				
	φ360/210	80~85				
2A12	φ164/70	150~180①	710~720	0.04~0.06		
	φ270/106	90~95		0.08~0.12		
	φ270/140	90~95				
	φ360/106	60~65			铺底	回火
	φ360/140	60~65				
	φ360/170	70~75				
	φ360/210	70~75				

续表4-4

合金牌号	铸件规格(外径/内径)/mm	铸造速度/mm·min^{-1}	铸造温度/℃	冷却水压/MPa	铺底	回火
2A02 2A06	φ270/106	70~75				
	φ270/140	70~75	710~720	0.08~0.12	铺底	
	φ360/170	60~65				
2A16 2A17	φ270/106	80~85	710~720	0.08~0.12		
	φ270/140	80~85				
2A50	φ270/106	90~95	710~720	0.08~0.12		
	φ360/140	70~75			铺底	
2A70 2A80	φ270/106	90~95				
	φ270/140	90~95	720~730	0.08~0.12	铺底	
	φ360/210	80~85				
2A14	φ270/106	90~95				
	φ270/140	90~95	710~720	0.08~0.12		
	φ360/170	70~75			铺底	
3A21	φ270/106	95~100	710~720			
	φ270/140	95~100				
	φ360/106	70~75		0.08~0.12		
	φ360/140	80~85	720~730			
	φ360/170	80~85				
5A02	φ270/106	80~85				
	φ270/140	80~85				
	φ360/106	70~75	710~720	0.08~0.12		
	φ360/140	70~75				
	φ360/170	80~85			铺底	
	φ360/210	80~85				
5A03	φ270/106	90~95				
	φ270/140	90~95	710~720	0.08~0.12		
	φ360/170	70~75			铺底	
	φ360/210	80~85				
5A05 5A06	φ270/106	80~85				
	φ270/140	80~85	710~720	0.08~0.12		
	φ360/170	55~60			铺底	
	φ360/210	55~60				
5A12	φ270/106	70~75				
	φ270/140	70~75	710~720	0.08~0.12	铺底	
	φ360/170	50~55				

续表 4-4

合金牌号	铸件规格（外径/内径）/mm	铸造速度 /mm·min^{-1}	铸造温度/℃	冷却水压/MPa	铺底	回火
6A02	ϕ270/106	70 ~ 75	705 ~ 715	0.08 ~ 0.12		
	ϕ270/140	70 ~ 75				
	ϕ360/106	50 ~ 55	710 ~ 720		铺底	
	ϕ360/140	50 ~ 60				
7A04 7A09	ϕ270/106	70 ~ 75	710 ~ 720	0.03 ~ 0.06	铺底	回火
	ϕ270/140	70 ~ 75				
	ϕ360/106	50 ~ 55				
	ϕ360/140	50 ~ 55				
	ϕ360/170	55 ~ 60				
	ϕ360/210	60 ~ 65				

注：1. 芯子水压最小以水充满芯子为准；为防止悬挂，铸造开始时，水压适当调小；铸造转入正常后，水压调至正常水平。

2. 采用多模铸造时，根据模数相应地适当提高水压，以保持其正常的冷却强度。

① 采用铜结晶器的铸造速度。

5 铸锭质量检验与分析

5.1 铸锭质量检验方法

一个铸次完毕，必须按照验收标准，对铸锭进行质量检验。检验项目有：

（1）表面质量检测。目测表面光洁度、成层、冷隔、偏析瘤，拉伤拉裂，表面夹渣等。

（2）尺寸测量。测定铸锭长度、弯曲度，空心锭的壁厚及偏心情况。

（3）低倍检测。切取试片用酸或碱腐蚀后，冲洗干净，清晰地露出晶粒组织轮廓，检验晶粒度、疏松、气孔、夹渣、裂纹、羽毛状晶、光亮晶粒、金属间化合物、柱状晶、偏析环、白点、白斑等。低倍试片应在切头切尾相邻部位切取，试片厚度一般为 20～25mm，切取方法如图 5-1 所示。对某些特殊应用的合金，还必须 100% 切取试片做断口检查和氧化膜检验，氧化膜试片厚度为（50＋5）mm，切取方法如图 5-2 所示。

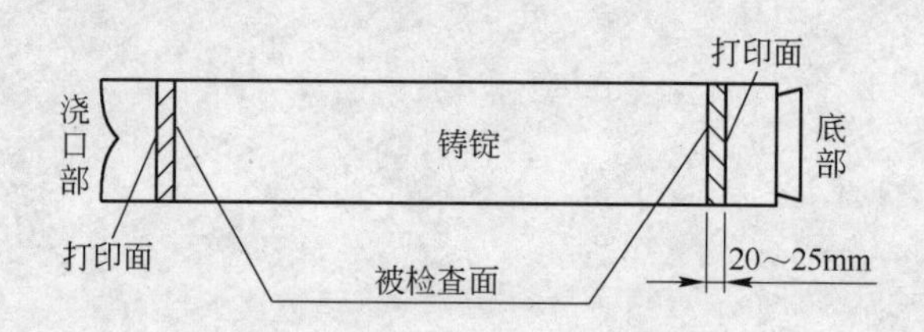

图 5-1 低倍试片切取方法示意图

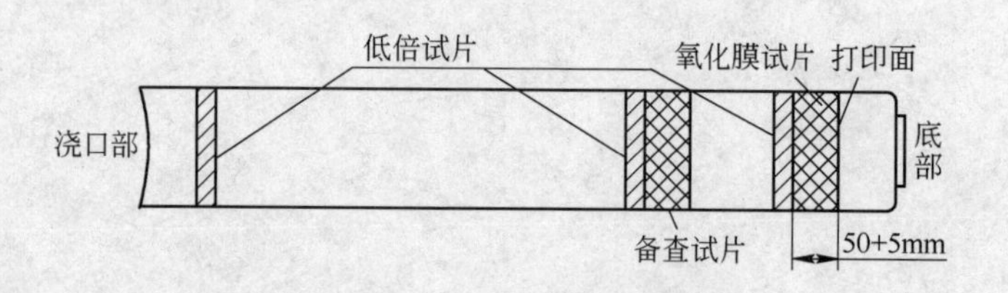

图 5-2 100% 切取低倍试片和氧化膜试片方法示意图

（4）氧化膜试片的制备与检查。在切取的氧化膜试片中心部位切取长方形毛料（图 5-3，图 5-4），将切取的长方形毛料加工成 50mm × 50mm × 150mm 的长方体料坯，将料坯加热至一定温度，锻造、镦粗至直径为 30mm 的料饼。镦粗后的料饼在两个对应半圆内一平面上打上同样的印记（图 5-5）。试样打印后，通过中心锯成两半，再锯去两切边。从切边中心进行刨口，刨口深度以保证被检查断口面积在 $2000mm^2$ 左右为准（图 5-6）。刨好后的试样按工艺规程进行淬火。加工处理后的试样在油压机上打开（图 5-7），然后对打开的断口进行检查。

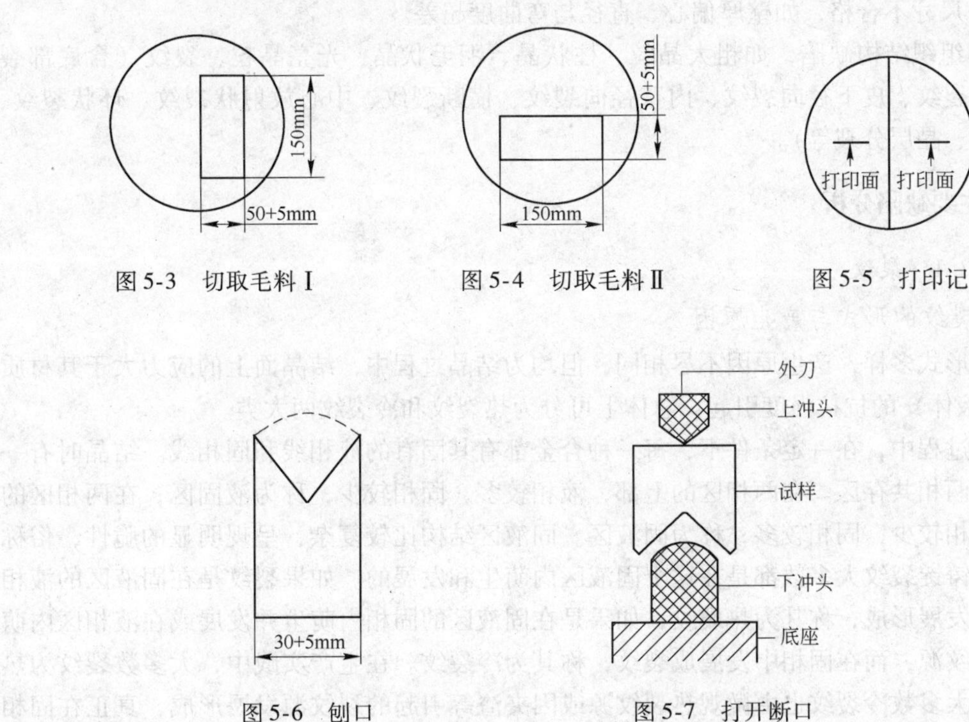

图 5-3　切取毛料 Ⅰ　　图 5-4　切取毛料 Ⅱ　　图 5-5　打印记

图 5-6　刨口　　图 5-7　打开断口

（5）无损检测。目前用于铝合金铸锭无损检测的有超声波水浸探伤仪。利用超声波的定向发射，即在同一均匀介质中沿直线进行传播，若在传播途中遇到其他不同介质，超声波即发生反射或折射的特点，检查材料内部缺陷，如气孔、夹渣、裂缝等。它可以不损伤被检查的材料，并对材料的每一个截面，每一个点进行检验，实现了真正意义上的100%检查，在理论上排除了漏检的可能性。在一些大型铝加工厂，生产某些关键结构材料时都采用超声波探伤，防止漏检，以保证产品质量。

超声波探伤与切片检验比较：切取试片检查法，尽管取样部位为缺陷最容易发生处，其出现缺陷的几率最大，但除连续性缺陷（如疏松等）之外，还是会存在漏检的可能性，甚至即使100%切片检查，也可能出现漏检。如夹渣、气孔、光亮晶粒等，取样处没有缺陷，而存在缺陷处却没有取样，产生漏检。同时切取试片损伤材料，降低成品率，造成资源浪费。超声波探伤，不损伤材料，提高成品率，节约资源。对与基体材料中具有明显界面的缺陷质点（裂纹、气孔、夹渣、疏松等）反应敏感，检出率高。但对铝材中无明显界面的光亮晶粒、粗大晶粒、柱状晶等，反应不敏感，检出率低。

5.2　铸锭主要质量缺陷分析

5.2.1　缺陷分类

铸锭缺陷种类繁多，大体上可作如下区分：

（1）化学成分不合格，如含主要成分和杂质含量超标。

（2）表面质量不合格，如冷隔、成层、拉裂、偏析瘤超标。

（3）熔体质量不合格产生的缺陷，如夹渣、氧化膜、气孔、疏松、白点、白斑。

（4）尺寸不合格，如壁厚偏心、直径与弯曲度超差。

（5）组织结构缺陷，如粗大晶粒、柱状晶、羽毛状晶、光亮晶粒、裂纹（含底部裂纹、浇口裂纹、皮下径向裂纹、内壁径向裂纹、横断裂纹、中心放射状裂纹、环状裂纹、通心裂纹、晶层分裂等）。

5.2.2 主要缺陷分析

5.2.2.1 裂纹

A 裂纹的形式与产生原因

裂纹形式多样，产生原因不尽相同，但均为结晶过程中，结晶面上的应力大于其材质（固体或液体）的抗拉强度引起，总体上可分为热裂纹和冷裂纹两大类。

铸造过程中，在一定条件下，每一种合金都有其固有的液相线和固相线。结晶时有一个相应的两相共存区。在两相区的上部，液相较多，固相较少，称为液固区；在两相区的下部，液相较少，固相较多，称为固液区。固液区结构比较复杂，呈现明显的脆性，俗称脆性区。铸锭裂纹大多数都是在这个固液区内萌生和发展的。如果裂纹是在固液区的液相内萌生并发展形成，称其为热裂纹；如果是在固液区的固相内萌生并发展或在液相区内萌生出微裂纹源，而在固相中发展成裂纹，称其为冷裂纹。在生产实践中，大多数裂纹为热裂纹，且大多数冷裂纹也由微观热裂纹源或因夹渣等引起的裂纹源发展形成，真正在固相中萌生并发展而形成的冷裂纹比较少见。

冷、热裂纹的判别：热裂纹呈黄褐色或暗灰色；裂口宽度不一，走向曲折，沿晶界通过；多分布于最后凝固处；常有低熔点物质填充。冷裂纹呈亮灰色或浅灰色；裂口宽度较一致，差别不大，很少分叉；裂纹多穿晶通过；多分布在拉应力最大的地方；偶或冷裂纹形成时，伴有巨大声响，引起铸锭炸裂。

裂纹属恶性缺陷。凡检出裂纹者，整炉或整个铸次报废；或对铸块进行200%检查（对铸块两头取样检查），确保无裂纹者交货，对存疑者一律做报废处理。

B 裂纹的防止与控制

裂纹是铸造中经常发生的主要缺陷。铝加工科技工作者对铸锭裂纹进行了长期的考察与研究，取得了重要成果，总结出了行之有效的技术措施防止或控制裂纹的发生。

a 控制化学成分，消除或降低裂纹倾向性

控制化学成分的主要手段有：

（1）控制铁硅含量比例，防止铸锭裂纹。根据不同合金，调控化学成分，改变结晶前沿的相变条件，改善固液区的脆性，防止裂纹发生：

1）对于Si <0.35%的工业纯铝、Al-Mn系合金、Si不作为合金元素的Al-Mg系合金、Mg含量大于1%的Al-Cu-Mg系合金、Al-Zn-Mg系合金、Al-Zn-Mg-Cu系合金，调控化学成分为Fe > Si。其作用是：

① 缩小固液区的温度区间。如Si <0.35%的工业纯铝，当Si > Fe时，其不平衡固相线温度为577℃，而Fe > Si时，该温度可提高到611℃，使得固液区间温度缩小了34℃。所有的热裂纹都是在固液区受到凝固收缩应力作用产生的。金属在结晶过程中的线收缩是从有效结晶间隔的上限温度开始，至有效结晶区间的下限温度结束。其凝固应力的表达

式为

$$\sigma = E\alpha(t_2 - t_1) \tag{5-1}$$

式中 E——合金的弹性模量；

α——线收缩系数；

t_2——有效结晶间隔的上限温度；

t_1——有效结晶间隔的下限温度。

Fe > Si 使有效结晶区间温度范围（$t_2 - t_1$）减小，其收缩应力减小，降低或消除了裂纹的发生。

② 改变固液区的相结构，降低脆性。Si > Fe 时，生成的杂质相有 β($Fe_2Si_2Al_9$)；而 Fe > Si 时，可抑制 β($Fe_2Si_2Al_9$) 相，生成 α($FeSi_3Al_{12}$) 相。β($Fe_2Si_2Al_9$) 相为针状，α($FeSi_3Al_{12}$)相为骨骼状。很明显，α($FeSi_3Al_{12}$) 相的有害作用小于 β($Fe_2Si_2Al_9$) 相，从而降低脆性，减少或消除裂纹发生的可能性。

2）对于 Mg < 1% 的 Al-Cu-Mg 系合金和 Mg < 0.5% 的 Al-Cu-Mn 系合金，控制 Si > Fe，以抑制裂纹的产生。其作用原因是：

① 减少 Mg_2Si 的伪共晶量。合金中同时存在 Mg、Si 时，Mg_2Si 有可能优先形成。形成 Mg_2Si 后，若有过剩 Mg 存在时，Mg 明显削弱 Mg_2Si 的固溶度（表 5-1），而过剩 Si 存在时，不影响 Mg_2Si 的固溶度。

表 5-1 过剩 Mg 对 Mg_2Si 固溶度的影响

温度/℃	Mg 过剩量				
	0%	0.2%	0.4%	0.8%	1.0%
596	1.85				
536	1.20	1.15	0.97	0.67	0.55
500	1.05	0.85	0.69	0.45	0.36
400	0.53	0.35	0.20	0	0
300	0.30	0.16	0.02	0	0
200	0.25	0.05	0	0	0

Si > Fe 保证了 Mg_2Si 的固溶度，使晶界及枝晶间含 Mg_2Si 的低熔脆性组织减少，从而降低了合金的脆性。

② 增加合金的流动性。流动性增加，使补缩容易，焊合能力增强，降低合金的裂纹倾向。

（2）限制杂质铁、硅含量，降低合金发生裂纹的倾向。具体方法如下：

1）限制 Si 含量。实践证明，对于需控制 Fe > Si 的合金，不仅要控制 Fe、Si 的比例关系，还要限制 Si 的含量。裂纹倾向越大的合金，Si 含量应越低；铸锭规格越大，Si 含量相应地也要控制低一点。其原因是：

① Si 含量增加，对形成 Mg_2Si 后有过剩 Mg 存在的合金，Mg_2Si 的溶解度降低（表 5-1），可能在晶界形成较多的含 Mg_2Si 的低熔点共晶相，增大合金的脆性。含 Si 量降低时，低熔点共晶量减少，在晶界或枝晶间存在的厚度减薄或形成不连续分布，从而使抗

裂纹能力增加。

② Si 含量增加，Fe + Si 总量增加，杂质相在晶界的分布增多，使晶界强度和韧性同时降低，从而使合金的塑性变形能力下降，在热收缩应力的作用下，不能发生相应变形而引发裂纹。Fe + Si 总量对 2A12 合金 ϕ360mm 铸锭塑性的影响如图 5-8 所示。

③ 铸锭规格增大，凝固收缩的绝对值增加，因而裂纹倾向性加大。

2）调控 Fe 含量。对某些以 Si 为主要组元的合金需要对 Fe 的含量进行控制。其中 Al-Mg-Si 系和含 Cu 小于 1% 的 Al-Cu-Mg-Si 系合金含 Fe 量不宜过低；而有的合金如 4A11 则需限制 Fe 含量。适当地调控 Fe 含量的目的是为了减少针状、性脆的 $\beta(Fe_2Si_2Al_9)$ 相以降低裂纹倾向。

（3）降低钠元素，抑制钠脆性。含 Mg 量超过 3% 的 5×××系合金，有 Na 存在时，游离 Na（熔点 97℃）可能连续分布于晶界上，削弱晶界强度。合金中 Na 含量超过 $1\times10^{-3}\%$ 时即会引起钠脆。5×××系列合金因镁含量远大于硅含量，大量过剩镁可能和（NaAlSi）发生置放反应而生成游离钠：

$$(NaAlSi) + 2Mg = Mg_2Si + Na(\text{游离}) + Al$$

随着合金中镁含量的增加和铸锭规格的增大，钠脆引起裂纹的倾向性也增大。钠是电解铝中的固有元素，采用电解铝液的钠含量也会略高于铝锭重熔铝液的钠含量，因此更需要采取措施降低熔体中的钠元素：

1）冶炼 5×××系合金时，采用不含钠的溶剂，如用 $KCl + MgCl_2$ 进行覆盖和精炼。

2）铸造前用氯气 + 氮气或氯气 + 氩气进行精炼，使生成 NaCl 被除去。

3）向合金中加入微量能与钠化合的元素如锑，进一步除去钠的影响。

（4）调整主要成分范围，抑制裂纹的形成和发展。生产实践表明，合金中不仅杂质对裂纹产生影响，其主要的成分范围对裂纹的形成也起着重要作用。具体体现在：

1）含铜量小于 1% 的 Al-Mg-Si-Cu 系合金扁锭和空心锭，当含量处于标准的中、上限时，铸锭裂纹的倾向性增大。铜含量对 6A02 铸锭裂纹的影响如图 5-9 所示。

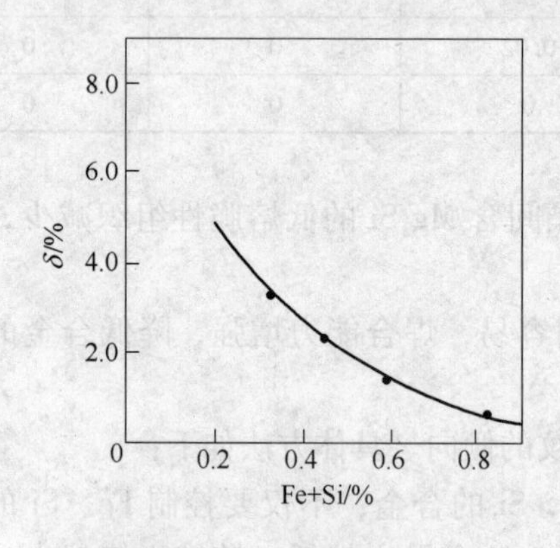

图 5-8　Fe + Si 总量对 2A12 合金 ϕ360mm 铸锭塑性的影响

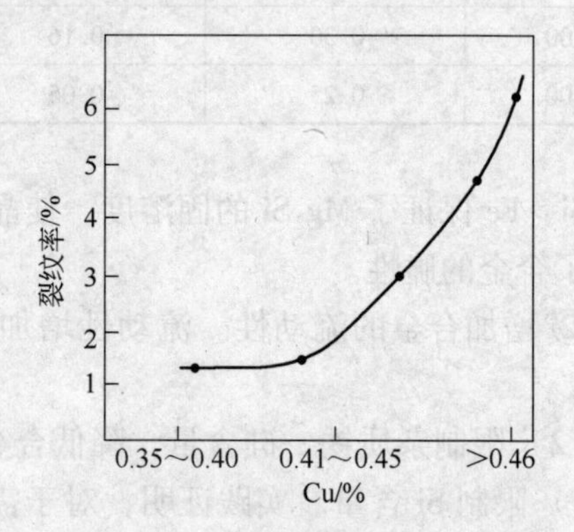

图 5-9　Cu 含量对 6A02 合金空心铸锭裂纹的影响

铜的这种影响是因为铜含量偏高时可能不平衡固相线降低，使固液区温度范围增大，从而增加线收缩应力。因此对这类合金将其铜含量按中下限控制为宜。

2）对2A12合金，当其Cu + Mg总量超过6.3%时，铸锭裂纹呈增加趋势。这可能是由于合金化程度提高，使得硬脆相的体积分数增加所致。因此，无特殊要求时，其Cu + Mg总量控制最好不超过6.3%。

3）据资料报道，对Al-Zn-Mg和Al-Zn-Mg-Cu合金，在Zn + Mg总量等于6%时，随Zn/Mg的比值增大，裂纹倾向性增加。如7A04合金扁锭生产中，发现提高合金中的镁含量，降低Zn/Mg的比值，有利于控制铸锭裂纹（图5-10）。

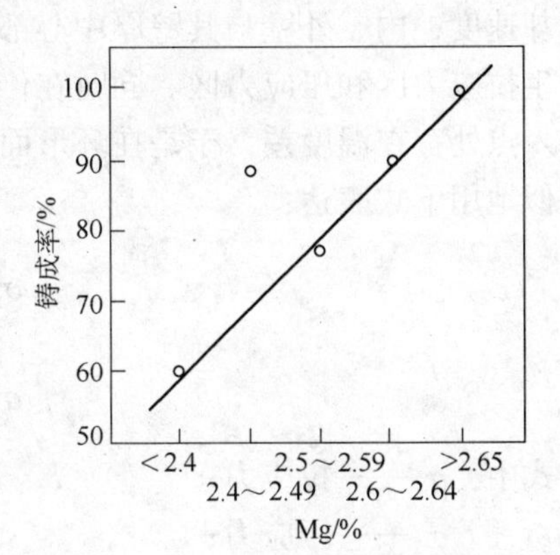

图5-10 7A04合金扁锭Mg含量对铸锭裂纹的影响

镁的这种作用是因镁含量增加，固液区塑性提高所致。因此对这类合金应尽可能降低Zn/Mg的比值，以抑制裂纹的产生。

4）对以硅为主要成分的合金，将硅控制在中上线，能控制铸锭裂纹的发生。其作用原理是硅含量增加，合金的流动性提高，加强了合金的补缩及焊合能力。

5）对Al-Mg系、Al-Cu-Mg系、Al-Zn-Mg-Cu系合金，随着Mn含量的增加，发生裂纹的倾向性增加。其原因是增加Mn使合金抗裂能力降低（图5-11）和固液区塑性降低（图5-12）。

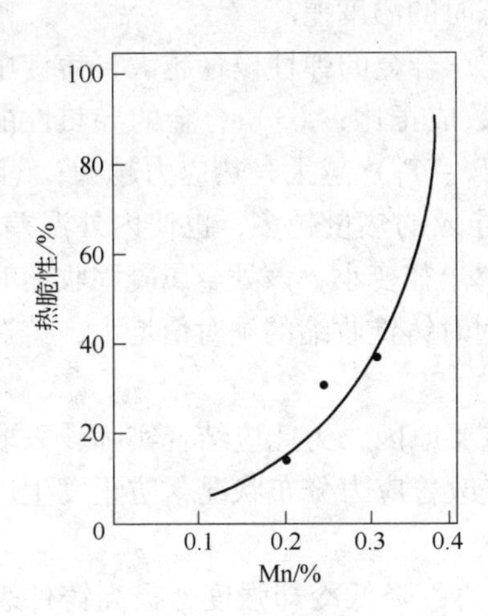

图5-11 7A04合金Mn含量与热脆性的关系

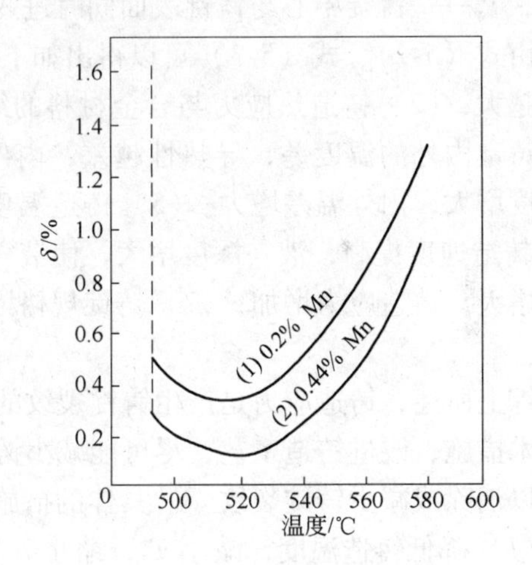

图5-12 7A04合金结晶时Mn含量对固液区塑性的影响

b 改进铸造工艺，调整铸造应力以消除或减少铸锭裂纹

上面讨论了调整合金的化学成分，消除或减少铸锭裂纹；下面来讨论改进铸造工艺，调整铸造应力以消除或减少裂纹的问题。在讨论这个问题之前，先了解铸造应力是如何形成的，它有什么样的特点。

铸造应力包括铸造热应力、结晶过程中的相变应力以及机械阻碍应力，但引起铸锭裂纹的主要是铸造热应力。

铸锭断面上凝固时间有先后，冷却强度有大小，都会引起铸造热应力。如在圆形铸锭中，铸锭外层先行凝固和冷却，会对其后凝固和冷却的内层的收缩产生阻碍，于是在内层形成拉应力。但在随后的继续冷却至室温时，由于外层的冷却速度大于内层，内层对外层收缩产生阻碍，使得外层产生拉应力。在铸造空心铸锭时，内壁与外壁内的凝固先后和冷却速度，内、外壁与其壁厚中心部分的凝固时间和冷却速度都会存在差异，阻碍收缩，产生拉应力区和压应力区。同时在传统空心锭铸造中，熔体呈两股注入，熔体注入点与非注入点处存在温度差，于是在环形面圆周方向存在拉应力区和压应力区。其应力的大小可近似地用下式表达：

$$\sigma_1 = E\alpha \frac{F_2}{F_1 + F_2}(T_2 - T_1) \tag{5-2}$$

$$\sigma_2 = E\alpha \frac{F_1}{F_1 + F_2}(T_2 - T_1) \tag{5-3}$$

式中 σ_1——拉应力；
σ_2——压应力；
E——弹性模量（设不随温度改变而变化）；
α——线膨胀系数（设不随温度改变而变化）；
F_1——铸锭中承受拉应力区的面积；
F_2——铸锭中承受压应力区的面积；
$T_2 - T_1$——铸锭中心与铸锭表面同时进入弹性状态时的温度差。

由式（5-2）、式（5-3）可以得出如下结论：（1）合金的弹性模量越大，铸锭中的热应力越大；（2）铸造热应力与合金材料的线收缩系数成正比；（3）合金的导热性能直接影响铸锭内外的温度差，导热性越差，内外温差（$T_2 - T_1$）越大，热应力越大；（4）冷却强度增大，内外温差增大；（5）铸造温度越高，导入的热量越多，也使内外温差增加；（6）铸造速度提高，液穴深度增大，使液穴深处曲率半径变小，该处金属凝固收缩时，F_2面积增大，铸造应力增加；（7）铸锭规格增大，凝固时铸锭收缩的绝对值增大，铸造应力增加。

综上所述，铸造应力是产生铸锭裂纹的另一个重要原因，为此应结合实际，采取相应的技术措施，改进铸造工艺，尽可能减小铸造应力，改善应力分布状况，防止发生应力集中，以消除或减少铸锭裂纹[7]。具体的措施如下：

（1）降低铸造温度，减小T_2，缩小（$T_2 - T_1$）值；降低冷却强度，提高铸件表面温度T_1，即减小（$T_2 - T_1$）值；适当降低铸造速度，改善液穴形状，增大液穴底部的曲率半径，降低液穴底部与表面的温差，以降低铸造应力。但也不宜采用过低的铸造速度，速度过低时，铸锭遇水冷却而强烈收缩，但液穴壁较厚，表层收缩的阻碍较大，轴向拉应力增加，易产生横向裂纹。

（2）合理分配液流。普通结晶器铸造实心锭采用与之相配的漂浮漏斗分流（漏斗直径约为铸锭直径的0.3～0.35倍），或采用同水平热顶铸造；改变用普通结晶器铸造空心铸锭，取消两点式分流注入法，采用同水平铸造空心锭；保证结晶器各喷水孔的畅通，防止水流量或水流速度不均；合理稳定操作，防止结晶过程剧烈变化，以避免铸造应力的不平衡分布。

（3）铸造大直径、低塑性合金锭时，采用纯铝熔体铺底，稀释合金组元，提高铸锭底部塑性，降低铸锭底部的拉应力及缺口敏感性，避免底部裂纹。铸造收尾时，进行回火，停止供水，利用余热对浇口部加热，消除浇口应力，防止发生浇口裂纹。

此外，做好熔体过滤，防止夹渣处产生的微裂纹源；加强变质处理，提高变质效果，获得细小等轴晶组织，也能有效地避免裂纹产生[7]。

5.2.2.2 粗大晶粒

晶粒粗大，在四级以上，显示为大小不均，如图5-13所示。粗大晶粒会影响加工性能和产品的力学性能和表面质量。

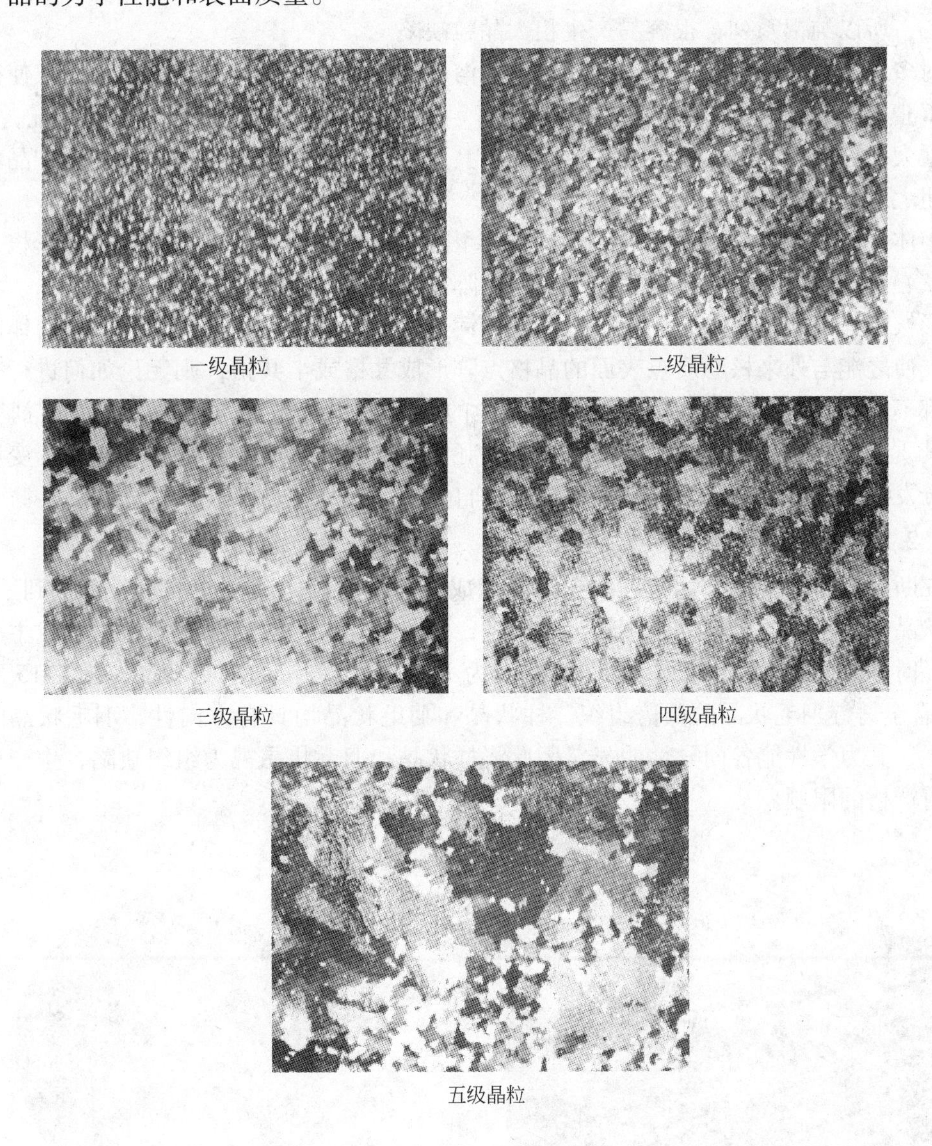

图5-13 晶粒分级对比图

产生粗大晶粒的原因有熔体杂质含量低，纯度高；或熔体过热，在炉内停留时间长；或铸造温度高，结晶速度慢；或变质处理不充分。

在结晶生长的理论基础中说过，要获得细小晶粒的条件：（1）必须在结晶界面前沿形成组分过冷区；（2）具备自发形核的基本条件；（3）进行有效的变质处理。

根据产生组分过冷的判别式（3-2）或式（2-28），可以看出，若熔体纯度高，即 C_L 很小，或→0，则不等式右边的值很小，或→0，而不等式左边，G 为温度梯度，v 为结晶速度。在工业化的直接水冷铸造条件下，温度梯度 G 虽然比铸轧条件小得多，但仍然比较大，不然就不可能进行工业化的生产；欲使不等式成立，则 G/v 的值应更小，或→0，很显然，需要 $v\to\infty$，这是不可能的。因此溶质浓度太低时，上述不等式不能成立，也就不能在结晶前沿形成组分过冷区，或者说形成的组分过冷区很微弱，难以自发生成大量的结晶核心，所以纯铝系列，很容易产生粗大晶粒缺陷。

对多组元合金而言，形成组分过冷区，溶质浓度没有问题。但铸造温度高，使得温度梯度 G 值增高；铸造速度慢，使得结晶速率 v 值减小，显然不论出现哪一种情况，G/v 比值都增大，若两者同时出现，增加更多。当其值增大到上述不等式不能成立时，晶粒就会变得粗大了。

熔体过热，或在炉内停留时间长，破坏了熔体中的胚团结构，既难于自发形核，生成结晶核心，又不能与外来质点表面的晶格点阵很好匹配，发生共格或半共格关系，大大提高了形核能。因此采用电解铝液直接铸轧、铸造，如果不进行降温处理，改善熔体的胚团结构，使之能与外来核心质点表面的晶格点阵形成共格或半共格，则无论如何进行变质处理，都不能使晶粒细化。当然，如果熔体中的胚团结构处于正常状态，但变质剂存在问题，其质点表面的晶格点阵不能与熔体中的胚团结构匹配，或变质处理不充分，变质剂不能充分发挥作用，出现粗大晶粒缺陷也就很自然了。

5.2.2.3　柱状晶和羽毛状晶

在断面上，由十分发达的一次主轴晶组成，其他的晶体或枝晶的生长都受到了抑制。羽毛状晶是柱状晶的变种，其主轴为对称轴，主轴所在的平面为对称面。主轴或主平面两边结晶时呈羽毛状对称生长。图 5-14 所示为 1A30 合金铸锭的羽毛状晶，图 5-15 所示为 7A04 合金铸锭羽毛状晶的低倍组织。柱状晶和羽毛状晶均具有方向性，羽毛状晶的方向性更强，其力学性能各向异性明显，因此将柱状晶和羽毛状晶视为组织缺陷，生产厂家对其有着严格的限制。

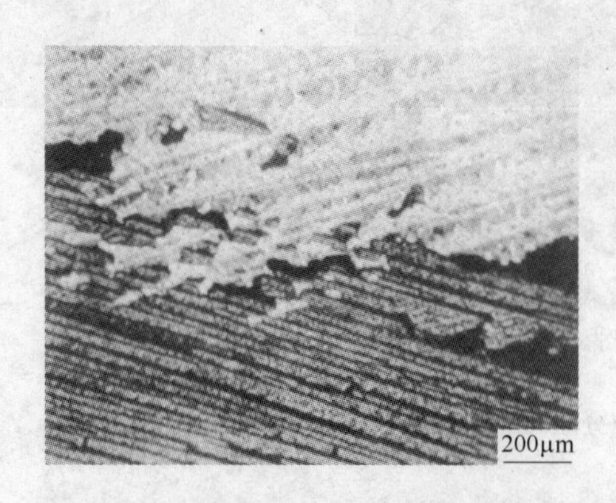

图 5-14　1A30 合金铸锭羽毛状晶（×50）

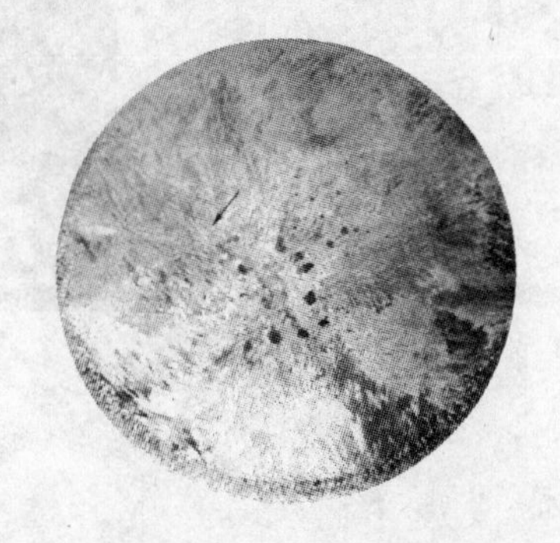

图 5-15　7A04 合金铸锭羽毛状晶（箭头指向）

产生柱状晶、羽毛状晶的原因与粗大晶粒相似，如化学成分、杂质含量控制不当，或纯度高；熔体过热，或在炉内停留时间长；铸造温度高；变质处理不充分等。其形成机制也大体相同，这里不再重复，但应该指出，产生柱状晶、羽毛状晶有一个比较明显的特点，即组分过冷区很小，熔体温度较高，温度梯度大，结晶界面前沿无有效核心生成，一次水冷强度大，一次主轴晶长大能迅速穿过过冷区，直到与过热熔体接触，形成稳定的结晶界面，不断向前推进而生长成柱状晶组织。当在某一特定条件下，结晶界面上的原子排列与结晶主轴或主平面两边对称生长，并与主轴或主平面相交成一定角度，就成为羽毛状晶。

5.2.2.4　光亮晶粒

光亮晶粒是在结晶前沿的组分过冷区之外，由于某种特殊原因，如采用普通结晶器生产，开始铸造时，在漏斗底部温度偏低，致使漏斗下局部区域形成组分过冷区，先期生长成凝结体，随后落下，被熔体卷入结晶前沿，为其他晶粒所包围的组织。这种晶粒熔点较高，固溶成分少，是一种“贫乏”的固溶体。颜色发亮，与周围组织反差较大，故称光亮晶粒，简称光晶（图5-16、图5-17）。

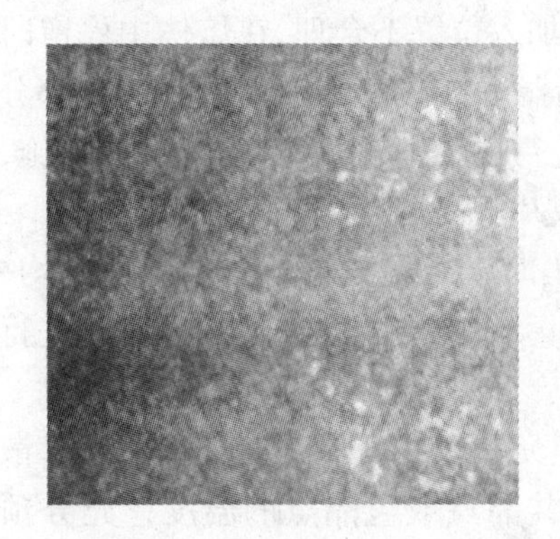

图5-16　2A12铸锭光亮晶粒（低倍）

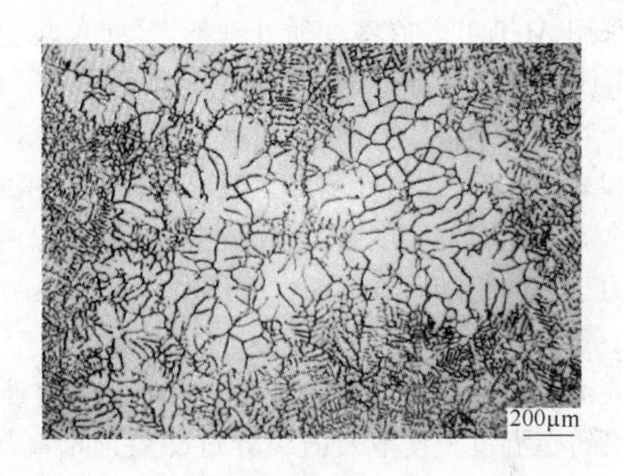

图5-17　2A12铸锭光亮晶粒显微组织（×50）

光晶因其合金元素的含量较低，所以其力学性能和其他理化性能与基体组织存在较大差异。经过后续挤压、轧制，其组织分界仍能明显辨识，故被视为不允许存在的组织缺陷。合理设计漂浮漏斗，操作时仔细清除漏斗底部的过冷区以防止光亮晶粒的产生。

其实光亮晶粒不只是在普通结晶器铸造中发生，也可能在同水平绝热多模铸造中发生。当铸造流盘预热不充分，温度低，铝熔体开始注入流盘时降温较快，可能在流盘内先期发生结晶，形成半熔融体，被随后的高温熔体裹入结晶器内，熔体完全凝固。切片做低倍检查时，可以看到在基体上分布着不同于基体组织颜色的发亮的，且其尺寸大于基体组织的光亮晶粒。这些晶粒经后续挤压加工，会被拉长；制品经氧化处理，表面将呈现出长条的如纺锤形的白色斑纹。这种情况在低温、多雨季节比较容易出现。将流盘贴上一层绝热保温材料即可防止产生光亮晶粒。

5.2.2.5　金属间化合物

金属间化合物是指以初晶形式出现的高熔点化合物质点，图5-18所示为2A70合金铸锭中的$FeNiAl_9$化合物。

在直接水冷的连续铸造过程中，2A70、2A80、2A90、4A11、5A06、5A12、5B06、

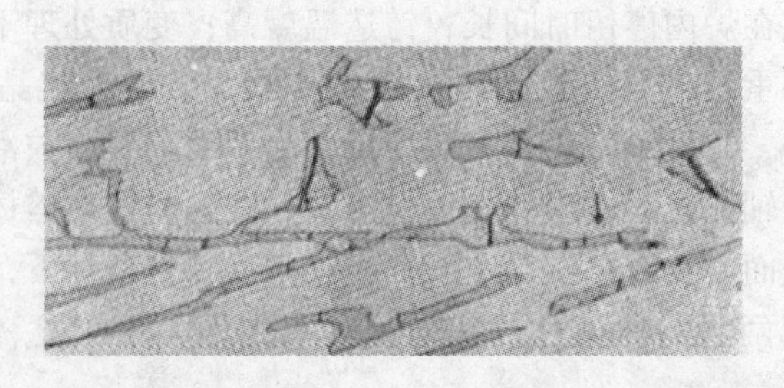

图 5-18　2A70 合金铸锭中的 $FeNiAl_9$ 化合物（高倍组织）

7A04 等合金中含有难熔组元铁、铬、锰、镍等元素，当液穴内温度低于该合金的液相线温度时，就可能生成金属化合物一次晶，不过此时其化合物数量很少，不可能形成连续的结晶前沿。但当结晶前沿的温度略低于其共晶点或包晶点的温度时，由于熔体和已结晶的金属壳体之间产生强烈的热交换作用，可能使液穴内的大部分或全部熔体抵近其二元共晶点或包晶点温度，从而促使金属化合物的迅速形成。

采用 Al-Ti-B 丝在线变质处理不当，加入温度低，加入位置不合理，在熔体中停留时间过短，Al-Ti-B 丝来不及充分熔解和均匀扩散即注入结晶器中；或加入后，Al-Ti-B 丝的部分高熔点化合物沉淀于箱底或槽底，成黏稠状，操作中对其进行搅动，又不采取均匀分散措施，使其集中注入结晶区，在铸锭局部区域出现较大面积的、成片的高熔点金属化合物。

金属间化合物硬度高，呈脆性，当形成偏析聚集时，严重破坏了铸锭组织的均一性，降低力学性能，随后进行加工变形时，可能在制品中引起分层、裂纹，必须对此进行严格控制。

应适当提高熔炼温度，保证中间合金中的难熔组元和在线变质剂充分熔解和扩散；适当提高铸造温度，使液穴内组分过冷层前沿高于其共晶点或包晶点的温度；充分预热漏斗，并保持漏斗底平面的光洁，防止漏斗底面形成局部过冷区，避免难熔化合物在底面凝结而成偏析物。

5.2.2.6　疏松、气孔

在铸造过程中，铝熔体发生相变，释放出结晶潜热，由液体凝结成固体。相变过程中体积发生剧烈收缩，若熔体来不及补充，便可能在固体中留下一些微小空穴，空穴中如果没有气体渗入，呈真空状态，即构成组织疏松。组织疏松一般出现在铸锭的中心部分，但纯粹的组织疏松比较少见，因为溶解在熔体中的原子氢或离子氢一部分来不及逸出而被转入到固溶体中。这部分氢在熔体中可能远未达到饱和，但对固溶体而言，因其对氢的溶解度急剧降低，却可能远远超过饱和状态。超饱和的氢扩散至空穴中而形成气体氢，即构成气体疏松。熔体中的含氢量越高，疏松的空穴越大越密，一般可遍布于整个断面。疏松孔洞内往往长有大量枝晶，有时在电子显微镜下还可看到枝晶上有梯田状的生长花纹(图 5-19)。

结晶前沿熔体中的氢扩散聚集，或者填充至夹渣质点的缝隙中，生成气泡核心，核心长大到一定程度，即上浮至熔体表面逸出。由于某些偶然因素，上浮速度小于结晶速度，就成为气泡滞留在铸锭内。

疏松会降低材料的密度，降低导电性能和导热性能。严重疏松在铸锭均匀化退火处理时，会扩散至外表层形成气泡。某铝材厂曾经将这种铸锭挤压成材后进行淬火，结果在制

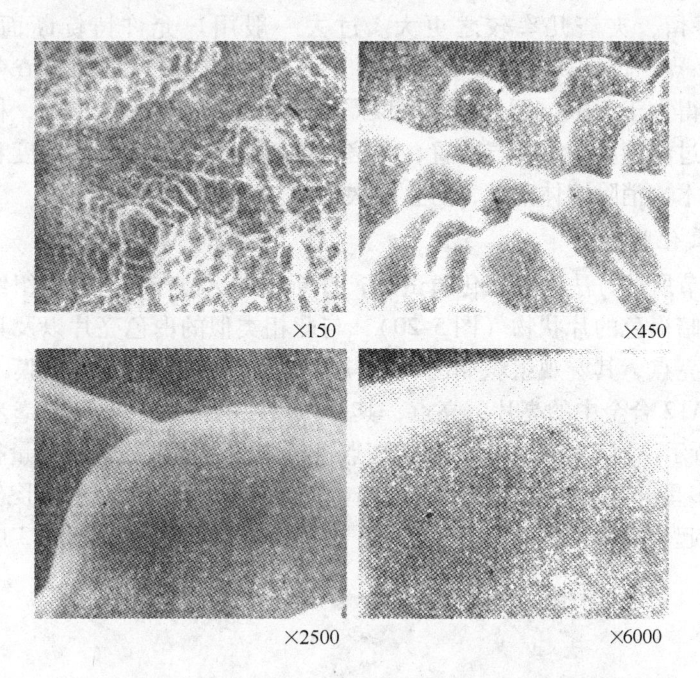

图 5-19　铸锭疏松内壁枝晶上的梯田状晶体生长花纹

品表面也产生大量气泡。

铸造时滞留在固体中的气泡在挤压和拉伸的过程中被拉长成气道，破坏材料的连续性。某厂用这样的铸锭生产汽车用水箱管材，结果拉到一定道次时，小管完全破裂。一个小气泡造成的破裂长度达 2m 左右。可见疏松和气泡对产品的危害是相当严重的，必须加以控制或防止。

产生疏松和气孔的原因可归结为两个方面：一是熔体含气量高是根本原因，一切引起熔体含气量增加的因素，如空气潮湿、相对湿度大，熔体过热时间和停留时间长，使用的精炼熔剂含水，精炼气体含水、含氧，精炼除气不充分等都会导致熔体含气量超标，增加铸锭发生疏松等缺陷的倾向。因此对精炼剂进行高纯净化，同时采用高效在线精炼去气，可有效防止或减少疏松和气孔缺陷。二是铸造过程中去气不充分，如铸造温度低，速度快，熔体黏度大，结晶时析出的气体来不及扩散与上浮即被封闭在固体中，成为疏松或气孔。改进铸造工艺，适当提高铸造温度，降低铸造速度，减小熔体黏度，保证气体的逸出时间，可以减轻疏松和气孔缺陷的程度。

5.2.2.7　夹渣

分布在熔体中的各种金属或非金属的夹杂物质点，不与熔体发生浸润关系，熔体结晶凝固后，夹杂颗粒与基体金属之间根本不存在共格或半共格关系，有着明显的分界面，即为夹渣。夹渣颗粒多是非致密性的，存在有微小的、不规则的空穴或孔洞，破坏了金属的连续性。其危害性视夹渣质点的大小、数量、分布的形态和密度而定。

夹渣的来源很多。熔体与空气中的水和氧发生反应，熔体与炉墙发生反应、熔体与熔剂反应等，都会生成夹渣；还有操作不慎，炉子、流槽、清理不净，过滤片破损可能引起外来夹杂；熔体经过流槽注入结晶器时存在落差，引起冲击，会产生夹渣等。电解铝液在高温下长时间停留，夹渣几率较之更大。过去一般用户允许铸锭断面有单个不大于 0.5mm² 的夹渣 2 点，但是现在大多要求断面上不允许有肉眼可见的夹渣存在，更有甚者要求夹杂颗粒不得大于 5μm。因此必须采取严格的脱气除渣和过滤措施，根据用户的使用要求，选择不同过滤精度的材料与装置，严格、细心操作，提高过滤精度和效果；同时采用同水平铸造技术，消除熔体落差，防止二次造渣。

5.2.2.8　氧化膜

根据第 5.1 节所述方法制取氧化膜试片，打断试片，检查断口表面组织。表面上出现浅黄色、褐色或暗褐色的片状物（图 5-20），与此相类似的白色亮片以及具银白色光泽呈圆形或椭圆形的亮点，其宏观组织如图 5-21 所示，试验室统称为氧化膜。科研人员观察 2A14、2A50、2A12 合金中的亮片、亮点，其面积较大的可达数十平方毫米；放大 3 倍观察，如图 5-22 所示。对 2A70、2A02 合金亮点进行观察，显白亮色，数量很多，面积不超过 0.5mm²，大多呈椭圆形，椭圆长轴方向与金属流动方向一致；微观形态和亮片缺陷相似，都具有略显起伏的平滑表面（自由表面），其扫描电镜形态如图 5-23 所示。

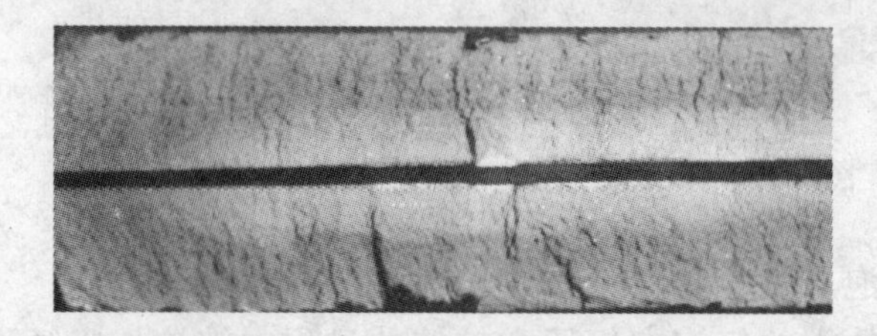

图 5-20　断口氧化膜（亮点）缺陷

图 5-21　2A50 合金铸锭断口上的氧化膜（低倍组织，箭头指向处）

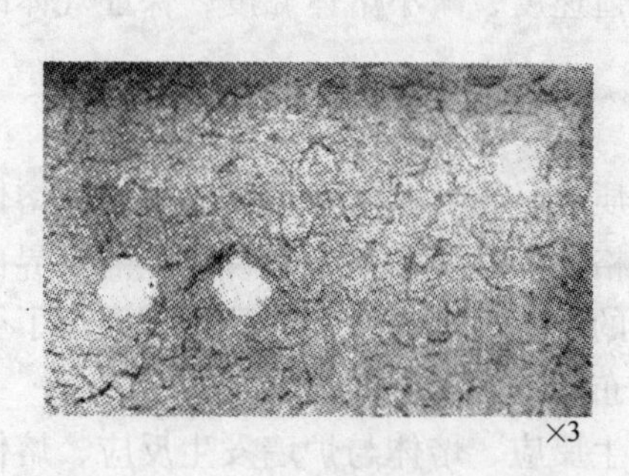

图 5-22　2A14 合金断口的亮片缺陷

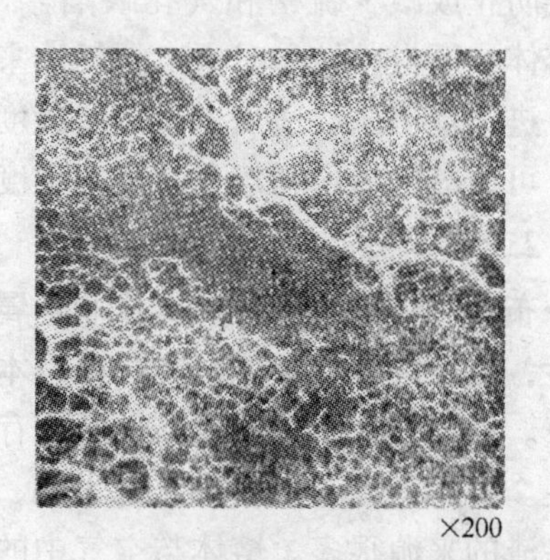

图 5-23　2A02 合金断口小亮点缺陷扫描电镜中的形态（黑色区为自由表面）

国内外研究者认为，被称为氧化膜的亮片和亮点，是由氢引起的疏松缺陷在高温下锻造时未被压合的结果。

在低温下，氢在含 7% Mg 的固态铝合金中的扩散系数很小，20℃时为 2×10^{-16} cm^2/s，同样条件下，氢在固态铁中的扩散系数为 $1.5\times10^{-5}cm^2/s$，其扩散是比较容易的。氢在铝合金中的扩散系数仅为铁中的 1.33×10^{-11} 倍，所以在常温下，固态铝中的氢是非常稳定的，纵然是达到过饱和状态，氢也很难自材料内扩散到大气中；但当温度为 499℃时，氢在铝合金中的扩散系数增加至 $2.4\times10^{-4}cm^2/s$，而在 500℃时，氢在铁中的扩散系数为 $1.70\times10^{-5}cm^2/s$，故 500℃左右时氢在铝合金中的扩散系数与在铁中相比已增至约等于 0.14 倍，氢在固态铝内的扩散能力大大增加。氧化膜试样在 500℃左右的高温下开始进行锻造变形，固态铝中的过饱和氢可能以未被锻合的疏松为核心，迅速扩散聚集至核心中，生长成为亮点或亮片。所以在通常检验的试片上看不到这种缺陷，经过高温变形处理之后，却很容易观察。生产实践表明，铸锭疏松缺陷越严重，其断口的亮片、亮点越多。

试片断口上的氧化膜远比亮点、亮片少。氧化膜在光学显微镜下观察发现有“小分层”，其断口组织呈灰色、褐色、灰黄色或银灰色片状物通称为氧化膜（图 5-24、图 5-25）。在显微镜下观察其为窝纹状或沿晶界或枝晶边界分布的条状物。窝纹状物质为氧化膜的包留物。非窝纹状的条状物也属包留物，且其中总是包有基体金属。

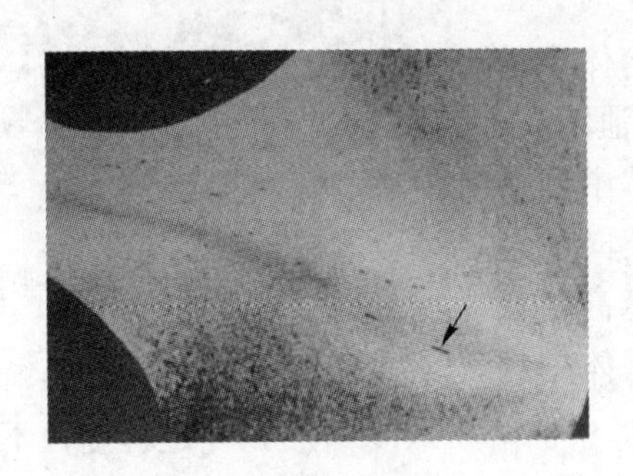

图 5-24　2A50 锻件低倍组织“分层”（箭头指处）

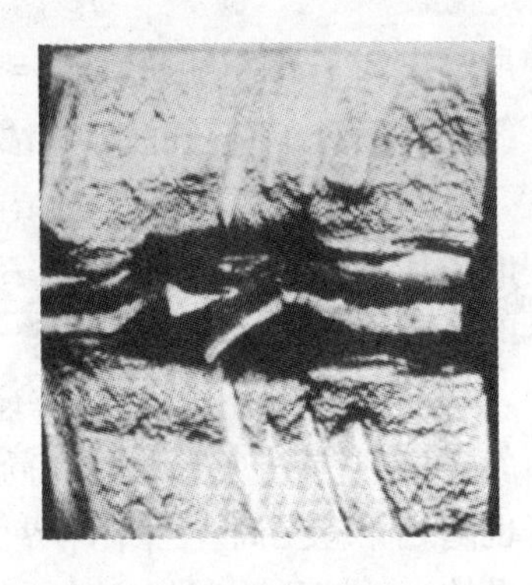

图 5-25　分层处的断口组织

对上述窝纹状组织进行电子探针分析，表明该处组织由 Al_2O_3 组成，其间包有硅的化合物，并含有大量氧（图 5-26 ~ 图 5-28）。

氧化膜的这种组织产生的可能性之一是，采用的精炼载体中含有氧。当载体在熔体中形成气泡，气泡中的氧即与铝发生反应，生成氧化铝膜，包围在气泡周围。增加了氢扩散入气泡中的阻力，使气泡的成长受阻。气泡外周又可能吸附某些化合物质点。气泡由于粒径小，难以上浮逸出而被滞留在铸锭中，之后加工时，因某些原因，基体金属或化合物又转入氧化铝膜内，成为“分层”缺陷[8]。

防止或减少氧化膜（含亮片、亮点）缺陷的最有效的措施是，加强对铝熔体的去气除渣处理，实现熔体的高纯净化；保持熔体平稳转注，防止气体裹入和二次造渣。

图 5-26　氧化膜电子探针图

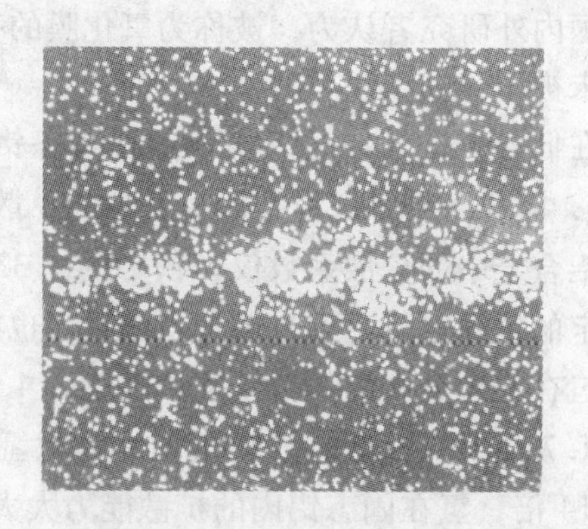

图 5-27　氧化膜处氧扫描电子探针图

5.2.2.9　偏析

这里所讲的偏析是指化学成分的偏析。按其范围分为晶内偏析和区域偏析，按其特点分为正偏析和逆偏析。产生偏析是非平衡结晶的结果。

A　正偏析

如前所述，当平衡分凝系数 $K_0 = C_S/C_L < 1$ 时，也就是说，结晶界面处晶体中的溶质浓度小于熔体中的溶质浓度，则开始结晶时，晶体向结晶前沿排泄溶质，使熔体中的溶质浓度增加，而此时结晶的晶体中的溶质是最低的。随着结晶的继续进行，晶体继续向前沿排泄溶质，结晶前沿熔体中的溶质浓度越来越高，自然随着结晶界面前沿溶质浓度的提高，结晶晶体中的溶质浓度也随之相应提高。当结晶界面前沿熔体中的溶质浓度增加到一定程度，不再增加时，结晶晶体中的溶质浓度相应地增加到一定程度后也不再增加，这时便在固液界面建立起稳定的边界层，晶体中的溶质浓度和熔体中的溶质浓度（包括边界层的浓度和熔体的平均浓度）都不再发生变化，即进入稳定的正常铸造阶段。当铸造将近结束时，熔体中的溶质浓度高于平均溶质浓度，更高于正常结晶时晶体中的溶质浓度，因此当余下熔体最后结晶完成，其溶质浓度高于正常结晶的浓度。这样产生的偏析称为正偏析。

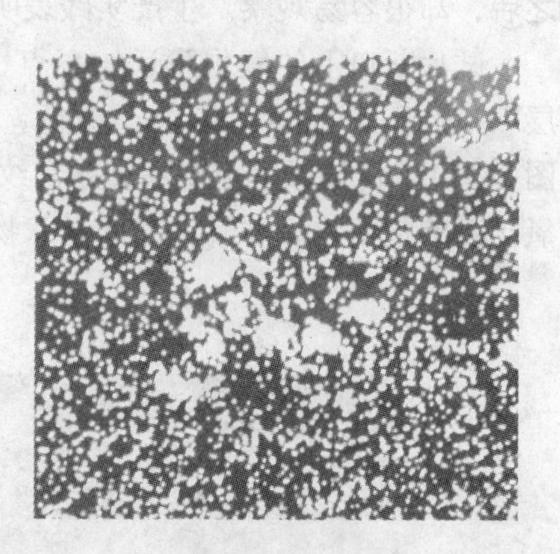

图 5-28　氧化膜处硅扫描电子探针图

当 $K_0 = C_S/C_L > 1$ 时也可得出同样的结论，不过结晶结束时，其晶体中溶质浓度低于正常结晶的溶质浓度；结晶开始时，晶体内溶质浓度比正常结晶的浓度高出较多。

上述讨论的偏析是指铸锭长度方向的偏析，其偏析区局限于铸锭底部和浇口部，且偏析区域不大。除底部和浇口之外，在正常铸造阶段沿长度方向上不会产生宏观的成分偏析，故将其头尾切除后，偏析即消除。

但是在横断面上，由于结晶自外向里推进，同时结晶面与垂直方向存在一定的交角，结晶前沿的液穴呈近似圆锥体形，于是在同一横断面上，外周最先结晶，中心部分最后结晶。与上述同样道理，外周晶体的溶质浓度低，中心晶体溶质浓度高（图 5-29），结晶速度越快，偏析程度越严重。这样的偏析不能采用机加方法消除，只能采取工艺措施，如适当降低铸造温度，减小铸造速度，降低液面高度，提高冷却强度，合理设计结晶器锥度，采用热顶铸造等，以尽量防止或减小其偏析程度。

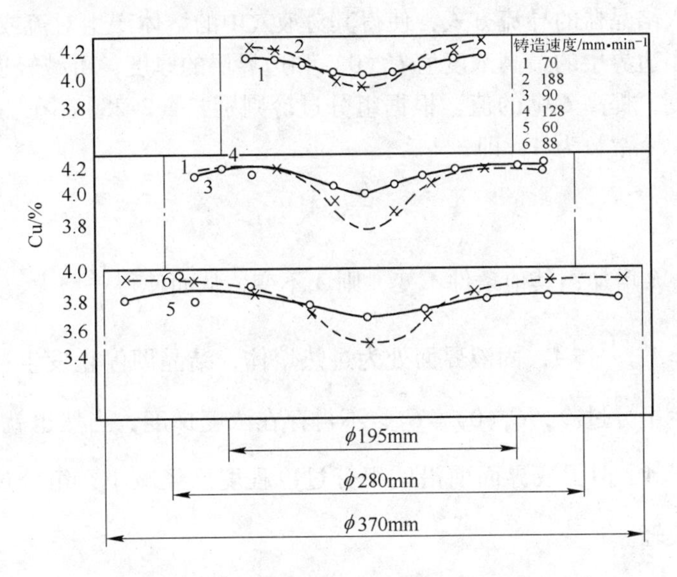

图 5-29 2A11 合金圆铸锭内铜含量沿截面的分布

B 逆偏析

正偏析是对分凝系数 $K_0<1$ 的合金，区域偏析发生在铸锭断面中心，即铸锭中心溶质浓度高于周围的溶质浓度。但逆偏析（或称反偏析）则与此相反，其溶质富集区不在中心区，而在周边区域，即周边区域的溶质浓度高于中心区的浓度。

如前所述，$K_0=C_S/C_L<1$ 时，含有溶质的熔体结晶时，在固液界面会形成一溶质边界层，固液界面处的溶质分布如图 2-10（b）所示，C_S 为固液界面处晶体的溶质浓度，$C_L(0)$ 为固液界面处熔体的溶质浓度，C_L 为边界层外熔体的平均浓度。在正常条件下结晶时，$C_S<C_L<C_L(0)$。C_L 为合金熔体的平均浓度，也即为结晶后晶体的平均浓度。故正常结晶时，如上所说，周边溶质浓度低，中心浓度高。但是在某些条件下，靠近结晶器壁附近的固液界面处已结晶晶体、晶面（界面）产生剧烈收缩，在晶体中与晶面上出现大量空穴，而固液界面处于熔体的包围中，不与大气接触，空穴呈真空状态，对熔体产生强烈的抽吸力。当抽力（等于大气压力＋熔体的静压力）大于熔体的表面张力时，溶质浓度远高于其合金平均浓度 C_L 的富溶质 $C_L(0)$ 的边界层被首先填充到空穴中，从而提高了晶体中的 C_S 浓度值。如此循环往复，富溶质的边界层不断地填充到铸锭周边区域，使得同一断面上的溶质浓度逐渐贫乏，至结晶结束时，出现铸锭周边溶质浓度高，而铸锭中部溶质浓度低，即发生逆偏析（或反偏析）现象。

由以上分析看出，凡影响固液界面处晶体溶质浓度 C_S 和熔体溶质浓度 $C_L(0)$ 的因素都可能对逆偏析产生影响。

合金结晶温度区间越大，分凝系数 K_0 值越小，结晶时，排泄到界面溶液中的溶质越多，使 $C_L(0)$ 的值增加，即固液界面前沿浓度边界层的浓度梯度增大，逆偏析程度增加。

提高铸造速度，液穴深度增加，固液界面前沿边界层的陡度增加，同时排泄到边界层的溶质增多，使得逆偏析区和逆偏析程度都增加。

铸件直径增大，断面面积增加，断面上浓度边界层变宽，逆偏析程度与偏析区增大。

改进熔体进入结晶器的导流方式，使得其对液穴中的熔体产生对流或搅拌作用，使溶质趋于均匀，减小边界层的最高浓度值 $C_L(0)$ 和边界层的厚度，可减轻逆偏析的程度。

提高铸造温度，提高 G/v 的值。根据组分过冷判别式（2-28），在一定条件下，不等式右边为一常数。令常数为 A，即

$$\frac{G}{v} < A$$

提高铸造温度后，G 增加；其他条件不变，则 A 不变，从而使得$\frac{G}{v}$增大，当 G 增大到一定值时，可能使$\frac{G}{v} \geqslant A$。$\frac{G}{v} > A$，固液界面处为过热熔体，结晶即停止发生；若$\frac{G}{v} = A$，固液界面前沿不会产生组分过冷，$C_L(0) = C_L$，不再存在浓度梯度，当然也就不会发生偏析现象。如$\frac{G}{v}$仍然小于 A，但固液界面前沿的组分过冷程度已经减小，组分过冷层厚度减薄，使得逆偏析程度减轻。

C　偏析瘤

当熔体导入液穴与冷却的结晶器壁接触，即发生结晶，形成凝壳。凝壳收缩，一是可能产生微小空穴，富集溶质的低熔点相即填充其间；二是与结晶器壁脱离，在凝壳与器壁之间产生气隙，热阻增加，导热能力降低，使凝壳温度回升，充斥于空穴中的低熔点物质随即熔化，在液穴中熔体的静压力作用下，低熔点熔体突破凝壳表层，充斥在凝壳与器壁的气隙之间，生成偏析瘤。与上述讨论的情况相类似，偏析瘤也是富含低熔点溶质的逆偏析。

结晶器锥度增大，产生的气隙增大，偏析瘤越严重；结晶器材质的导热系数减小，偏析倾向加重，铝质结晶器比铜质结晶器的偏析瘤大；合金结晶区间大，分凝系数 K_0 值越小，越容易产生偏析瘤。铸造温度高、速度快、冷却强度小、金属液面高等都会使偏析瘤加重。

偏析瘤会严重恶化铸锭的表面质量，增加铸锭车皮量，减小成品率。

减小结晶器的锥度；根据所铸合金材料的收缩系数，制成与之相适应的倒锥度；选择导热性能好的结晶器材料；调整工艺参数，如降低铸造温度、铸造速度，加大冷却强度，减小液面高度，可减轻偏析瘤的程度。但就目前情况来说，采用热顶铸造、气压、气滑热顶铸造可使偏析瘤现象显著减轻。当然采用电磁铸造，可完全避免偏析瘤现象的发生。

D　晶内偏析

如前所述，在二组元以上的合金熔体冷却结晶过程中，存在着组分分凝现象，即在同一时间、同一温度下，固液界面上固体中的溶质含量和熔体中的溶质含量不等；在不同时间、不同温度下结晶的晶体中，其溶质含量也不相等，如图 5-30 所示，在 T_1 温度下结晶的晶体 B 组元含量为 C_1，同样在 T_2、T_3、T_4 温度下结晶的晶体其 B 组元含量相应地为 C_2、C_3、C_4，显然，$C_1 < C_2 < C_3 < C_4$，最终降至共晶温度 T_4 时，成分为 C_4 的固溶体还可

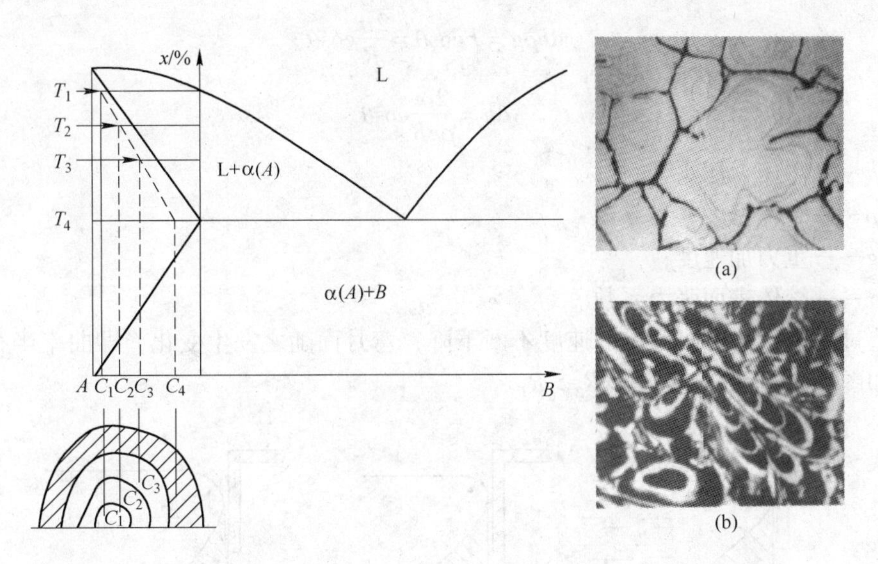

图 5-30 晶内偏析示意图

（a）晶内偏析显微组织；（b）在相衬显微镜下观察的晶内偏析的显微组织

能成为非平衡共晶组织，于是在晶粒内部发生了成分偏析，简称晶内偏析。

有时，在某些合金中，还可能出现与平衡状态下不完全相同的相组成，生成介稳定组织，如含 7% Mn 的 Al-Mn 合金，在室温平衡状态下，形成 $MnAl_6$ 化合物，而在快速冷却条件下结晶，却产生以 $MnAl_6$ 包 $MnAl_4$ 的层状组织。

在直接水冷连续铸造中，这种晶内偏析现象、产生介稳定组织的现象，要避免或消除是不可能的，其偏析的程度与分凝系数 K_0 值的大小相关。$K_0 < 1$ 时，其值越小，晶内偏析越严重；$K_0 > 1$ 时，则其值越大，偏析越重。

晶内偏析会降低材料的变形性能，提高变形抗力。

目前普遍采用的消除晶内偏析的方法是对铸锭进行均匀化退火处理，使溶质在高温下快速扩散，达到在晶粒内部均匀分布。

5.2.2.10 成层、冷隔

一般地说，铝熔体对结晶器壁是不浸润的，或者说其润湿角较大，因此在熔体与器壁接触处，由于熔体存在表面张力 σ，产生一弯月面，在弯月面处的力学作用如图 5-31 所示。

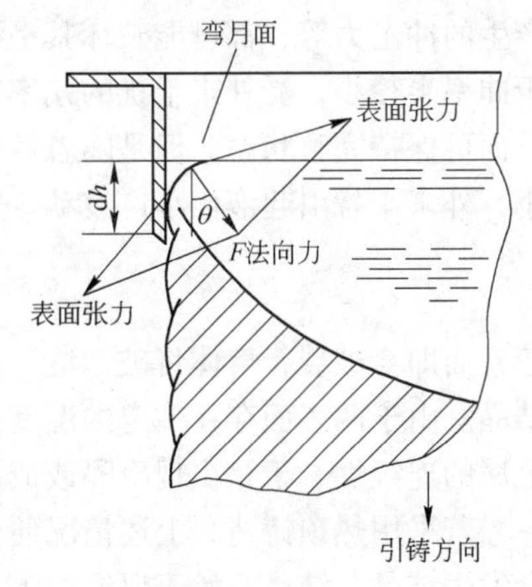

图 5-31 弯月面处表面张力作用示意图

设弯月面的曲率半径为 R。表面张力在弯月面处对熔体产生一附加压力 F：

$$F = \frac{2\sigma}{R} \tag{5-4}$$

其作用方向指向曲率中心，它有使曲面收缩的作用。但其收缩会受到熔体静压力的阻碍，对其收缩产生反作用力。设熔体在弯月面处产生静压力的高度为 dh，则

$$\mathrm{d}h\rho g = F\cos\theta = \frac{2\sigma}{R}\cos\theta \tag{5-5}$$

$$\mathrm{d}h = \frac{2\sigma}{\rho g R}\cos\theta \tag{5-6}$$

式中　$\mathrm{d}h$——静压力压头；

ρ——熔体密度；

g——重力加速度；

σ——熔体表面张力系数。

铸造过程中，铸件以一定的速度不断下降，弯月面随之发生变化，即曲率半径 R 相应增大，如图 5-32 所示，有 $R_3 > R_2 > R_1$。

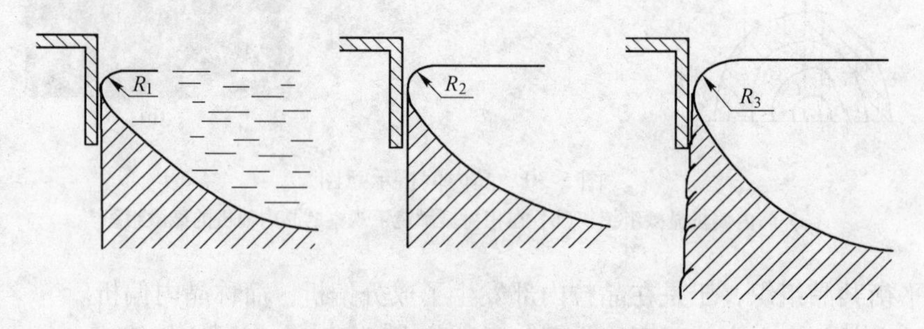

图 5-32　铸造过程中弯月面变化示意图

由式（5-6）看出，与附加压力相平衡产生的熔体静压头与熔体的表面张力成正比，与曲率半径，且与附加压力和垂直方向的夹角有关。熔体表面张力越大，曲率半径越小，曲面处附加压力越大，与之相平衡的熔体静压头 $\mathrm{d}h$ 值也越大。铸件下降，R 增大，$\mathrm{d}h$ 值减小。当 $R\to\infty$ 时，即弯月面成为平面，附加压力 $F=0$，$\cos\theta=0$。抗衡弯月面收缩的静压头也随之消失，铝熔体即重新与结晶器壁发生接触，重新产生弯月面。当然这种情况只有在没有任何干扰的理想的平衡状态下才能出现。在实际生产条件下，铸件下降比较快，弯月面的曲率半径变化较大，同时还会存在各种干扰，如设备运转中的振动、熔体注入时产生的冲击力等，都可能破坏其平衡条件。当熔体与器壁开始接触，建立起弯月面时，由于曲率半径小，受外来干扰的几率小，产生的附加压力大，这种平衡不容易遭到破坏，弯月面可保持完整状态。但是随着铸件的下降，弯月面曲率半径越来越大，附加压力越来越小，外来干扰引起液面小许波动，使得：

$$\mathrm{d}h > \frac{2\sigma}{\rho g R}\cos\theta$$

弯月面即会破裂，熔体将破“壳”而出，高温熔体的新鲜表面将覆盖到原熔体表面上发生结晶。由于两表面存在一定的温度差，不能产生共格关系，形成明显界面，破坏了表面层金属的连续性，于是出现冷隔或成层。

若采用热顶铸造，上述情况便会发生改变。在结晶器上部贴有绝热保温材料，熔体不会发生结晶。结晶开始于保温层下方和有效结晶带冷却带处。由于交界处存在空气，会产生液气界面，于是熔体的表面张力作用产生弯月面。弯月面处同样会产生指向曲率中心的附加压力，其附加压力的大小与发展趋势也与上述情况完全相同，空气充斥于弯月面上方，形成气穴（图5-33）。但弯月面处与之相平衡的熔体压头除普通铸造发生的 dh 外，又附加了一个熔体静压头 h，其平衡状态方程也即变为：

$$(\mathrm{d}h+h)\rho g=\frac{2\sigma}{R}\cos\theta \tag{5-7}$$

如在普通铸造中，令弯月面的曲率半径为 R^*：

$$R^*\geqslant\frac{2\sigma}{\mathrm{d}h\rho g}\cos\theta \tag{5-8}$$

弯月面有可能破裂，熔体破“口”而出，形成冷隔或成层。那么在热顶铸造中，令其曲率半径为 R^{**}，则

$$R^{**}\geqslant\frac{2\sigma}{(\mathrm{d}h+h)\rho g}\cos\theta \tag{5-9}$$

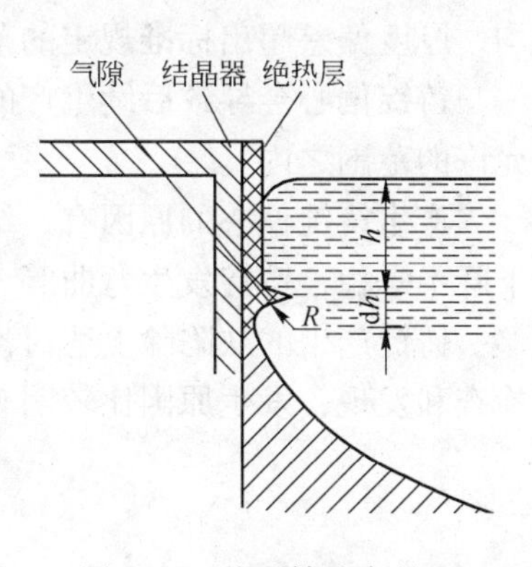

图5-33 热顶铸造弯月面形成示意图

弯月面即可能发生破裂，形成冷隔或成层。

由式（5-8）和式（5-9）可看出，$\mathrm{d}h \ll (\mathrm{d}h+h)$，故 $R^{**} \ll R^*$，即热顶铸造时弯月面的曲率半径很小时就可能发生破裂，这意味着热顶铸造发生冷隔或成层的程度较轻（冷隔或成层的深度浅），但破裂的频次较高（冷隔或成层的间隙时间短）。实际上，热顶铸造的铸锭表面分布着紧紧密密的冷隔，但其深度较普通铸造的浅得多，且其偏析瘤也是少而且小，表面质量明显提高。

影响冷隔或成层的因素大体上可分为3个方面：

（1）影响表面张力系数。合金表面张力系数越大，产生冷隔的倾向性越大，冷隔越严重；铸造温度降低；铸造速度慢、冷却强度大，都会使熔体温度降低，增大表面张力，加重冷隔或成层缺陷。

（2）影响弯月面的曲率半径。金属液面高度减小，弯月面破裂时的曲率半径增加，冷隔加重。

（3）影响弯月面的稳定性。金属液面波动起伏，设备运转不平稳，发生抖动或振动，促使弯月面发生无规则地破裂，可能增大冷隔倾向，也可能减小冷隔倾向。

5.2.2.11 拉裂

随着铸造过程的进行，铸锭不断地从结晶器中被拉出。若铸锭与结晶器壁接触，发生摩擦，便会在铸锭表面留下一道道拉痕。当铸锭与结晶器壁发生的摩擦阻力大于该温度下铸锭表面的抗拉强度时，在铸锭表面上出现一条条横向小裂口，称其为拉裂。裂口深度小，在后续机加车皮工序可将裂口完全清除时，车皮后可予交货。如不能清除干净，或铸锭不予车皮交货者，则需作报废处理。

结晶器锥度过小，或发生变形，或器壁硬度低、表面不光滑，或结晶器安装不正，都可能使器壁与铸锭发生接触摩擦，产生拉裂。铸造过程润滑不良，接触摩擦阻力增大；铸造温度高，速度快，冷却强度低，使铸锭表面温度升高，抗拉强度降低；铸造机运行不稳定，或金属液面起伏，导致铸锭直径发生波动，铸锭直径大的部分可能与器壁发生强烈摩擦等，都可能产生拉裂缺陷。

5.2.2.12 偏心

铸造空心锭时，铸锭的内圆圆心和外圆圆心不重合，发生偏移，或者说铸锭壁厚不

均，厚度偏差超出标准规定的范围称其为偏心。

铸锭偏心会导致后续生产的管材偏心，因此必须将铸锭的偏心程度严格控制在标准所允许的范围之内。

产生铸锭偏心的原因有，结晶器与芯子安装不同心，或芯子发生晃动；铸造机故障，下降不平稳；铸锭发生弯曲等。

铸锭产生的缺陷除上述讨论的外，还有铸锭弯曲、铸锭尺寸不符合要求等缺陷，容易检查和发现，发生原因比较明了，这里不再讨论。

在上篇中,从理论与实践上讨论了熔炼铸造中的问题。只有铸造出了优质的铸锭,才能生产出高质量的挤压产品,特别是采用电解铝液铸造,尤其需要解决好熔体的高纯净化,尽可能降低熔体中的含渣量和含气量;解决好熔体的变质细化,获得均匀细小的等轴晶粒,做到这些,才能为保证最终产品质量提供必要的物质基础和条件。本篇讨论挤压加工问题。

6　挤压加工的理论基础

挤压加工是将锭坯置于挤压机（图 6－1）中称为挤压筒的高强度容器内，挤压筒的一端安放着带有模具的装置，从另一端施加压力，迫使锭坯通过模孔而进行塑性变形的加工方法。

图 6－1　挤压机

6.1　挤压形式的分类

挤压发展到今天，其形式可谓种类繁多，各具特色，各自在生产中发挥着应有的作用。

根据制品流出方向与挤压轴运行方向的关系可分为正向挤压和反向挤压，其同向者为正向挤压，其不同向者为反向挤压。相同吨位的挤压机，正挤压生产制品的外接圆大于反挤压制品，但反挤压制品的质量优于正挤压制品，关于这个问题将在后面详细讨论。

根据锭坯的挤压温度可分为热挤压和冷挤压。将锭坯加热到一定温度下挤压为热挤压，锭坯在室温下进行挤压为冷挤压。热挤压可节省挤压力，产品力学性能高；冷挤压表面质量好，尺寸精度高。

根据制品流出的方向不同可分为立式挤压和卧式挤压。制品流出方向与地平面垂直为立式挤压，与地平面平行时为卧式挤压。立式挤压制品长度短，生产效率低，但生产管材时壁厚偏差较小；卧式挤压生产制品长，操作比较方便。

根据挤压管材时穿孔针的活动情况可分为固定针挤压和随动针挤压。挤压过程中，挤压针不随挤压轴的运动而运动为固定针挤压，挤压针随挤压轴前进而前进的为随动针挤压。固定针挤压壁厚精度高，可生产厚壁管材；随动针挤压由于挤压针存在锥度，生产的管材壁厚随之发生变化，且生产厚壁管制品太短，成品率低。

生产管材时，根据锭坯的有孔与无孔可分为穿孔挤压和分流模挤压。穿孔挤压适用范围广，软、硬合金均可生产，组织性能好；分流模挤压只适用于软合金，且制品存在焊缝，但尺寸精度较高，生产空心型材也多用分流模挤压。分流模又分桥式分流和平面分流。桥式分流多用于分流比大、或硬合金的空心型材挤压，平面分流用于软合金、分流比较小的管材和空心型材挤压。

此外还有有效摩擦挤压，即连续挤压，可挤压软合金的管、棒、型材，目前主要用于挤压软合金的小规格、薄壁管材；还有将淬火和挤压紧密地连接在一起，边挤压，边淬火，主要用于淬火敏感性不高，淬火温度范围较宽的材料的生产。

6.2 挤压金属流动特点

挤压是使金属在外力作用下强制发生流动，产生变形。在挤压过程中，锭坯所受的外力不是均匀的，因此其流动变形也不是均匀的，这就必然影响到产品的组织、力学性能和尺寸上的差异。因此研究挤压过程的特点，尽量减小不均匀变形的程度，采取一切技术措施，尽可能将产品特性的差异降至最低限度，是广大铝加工工作者所面临的最重要的课题。为了加深对问题的了解，先简要介绍挤压过程中阶段的划分和特点，以及挤压的基础理论知识。

6.2.1 挤压阶段的划分及特点

一般将挤压分为三个阶段：开始挤压阶段，基本挤压阶段，终了挤压阶段。

6.2.1.1 开始挤压阶段

开始挤压阶段又称填充挤压阶段。在铝加工生产中，一般被挤压的锭坯直径均小于挤压筒内径，挤压筒壁和铸锭之间存在一定的间隙，当然这个间隙希望越小越好。挤压开始，金属受到挤压轴的压力，首先充满挤压筒与模孔，挤压力直线上升。筒壁和铸锭间的间隙小，可减小填充时挤压的变形量，从而减少填充时流入模孔的金属长度，减少前端因变形不足而致使材料组织性能低劣的几何废料；同时，当锭坯长度与挤压筒直径之比为3～4时，填充镦粗可能出现鼓型（图6－2），有可能在模子附近形成封闭空间，使得间隙中的空气在挤压时受到剧烈压缩并发热，被强烈压缩的气体会进入锭坯表面的微裂纹中。

裂纹通过模子时被焊合，出模孔后即形成气泡，未能焊合的则在出模孔后成为起皮。间隙越小，出现气泡和起皮的现象越轻，乃至消失。

但是，有时为了提高材料的横向力学性能，如生产2A12、7A04合金，希望填充阶段有较大的变形量，则在填充挤压阶段需给予铸锭25% ~ 35%的镦粗变形。

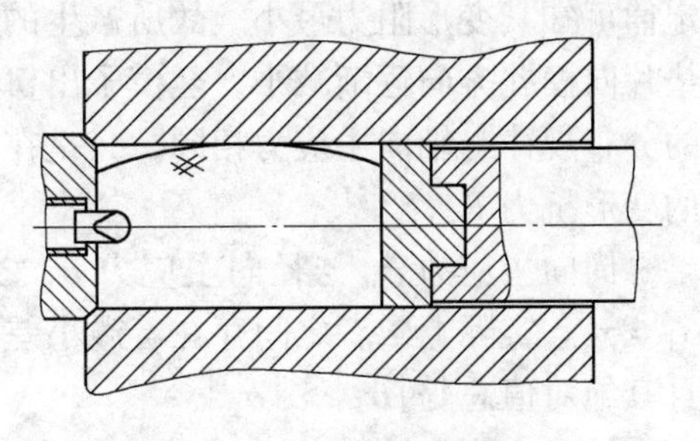

图6-2　挤压时形成的封闭空间

6.2.1.2　基本挤压阶段

基本挤压阶段又称平流挤压阶段，这是挤压过程中最重要的阶段。其应力状态、金属流动方式对材料的组织、性能和尺寸将产生重要影响。消除或减小该挤压状态下的应力不均匀性，保持金属的合理流动，是提高挤压材质量的关键。

A　变形区内的应力状态

图6-3所示为正挤压变形区作用于金属上的外力、应力分布和变形状态。由图看出，作用于金属上的外力有：挤压轴通过垫片给予金属的单位压力 σ_p，挤压筒壁、模子压缩锥面和定径带给予金属的单位正压力 dN_t、dN_z、dN_d 和摩擦应力 $d\tau_t$、$d\tau_z$、$d\tau_d$；在一定条件下，垫片与金属间也会出现摩擦应力 $d\tau_p$。

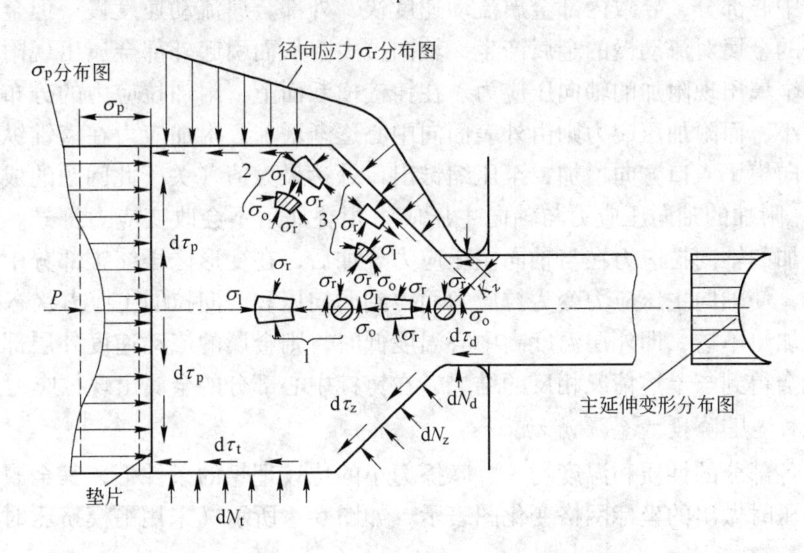

图6-3　作用于金属上的力及变形力学图

挤压时，变形区内的应力一般呈三向压应力状态，即轴向压应力 σ_l、径向压应力 σ_r 和周向压应力 σ_o。轴向应力 σ_l 是由挤压轴作用于金属上的压力和模子的反作用力产生；径向压应力 σ_r 和周向压应力 σ_o 是由挤压筒和模孔的侧壁作用的压力所产生。变形区内的变形状态图为两向压缩变形和一向延伸变形，即径向压缩变形 δ_r，周向压缩变形 δ_o 及轴向延伸变形 δ_l。

变形区内各点的主应力值分布规律如图6-3所示。轴向主应力 σ_l 在垫片上的分布是边部大，中间小（与 σ_p 分布相同），其原因是因中心部分的金属正对着模孔，根据最小阻力定律可知其变形阻力最小，故所产生的主应力 σ_1 也就最小。主应力 σ_1 沿轴线上的分布由垫片向模孔方向逐渐减小，至模子出口处为零（在没有反压力的情况下）。径向主应力 σ_r 的分布规律与轴向主应力相同，只是在模子出口处根据塑性条件，其值等于金属出模口时的变形抗力 K_z。

周向主应力 σ_o 与径向主应力 σ_r 之间的关系，根据塑性理论可知属轴对称问题，即 $\sigma_r = \sigma_o$。实际上二者之间存在着微小差异，为 $\sigma_r \approx \sigma_o$。其差值由对称轴向表面逐渐增大，且其绝对值总是 $|\sigma_r| > |\sigma_o|$。

轴向主应力 σ_1 与径向主应力 σ_r 之间的关系，在不同的部位不一样。在挤压筒部分为 $|\sigma_1| > |\sigma_r|$；在变形区压缩锥中，若不考虑受轴向拉应力的影响，则 $|\sigma_1| < |\sigma_r|$。此结论可通过对金属流动实验的分析得到证实：在挤压筒内试件上的方网格变扁，而进入变形区压缩锥后网格变长。

在挤压时，金属的流动存在着不均匀性是不可避免的，这是由于外摩擦的存在或加热的铸锭在断面上温度分布不均匀引起变形抗力存在差异所导致的结果。即使上述两种情况都不存在，前面也已提及对着模孔处的金属流动阻力最小，其流速最快，故金属的流动总是不均匀的。

当外摩擦很大，或者铸锭外部温度低，如挤压筒预热温度不够，加热的铸锭表面与挤压筒壁之间形成很大的温度梯度，挤压筒大量吸热，铸锭表面温度骤降，于是铸锭外部变形抗力高于中心部分，导致内部金属流动速度快，外部金属流动速度慢；但金属是一个整体，流动快的金属对流动慢的金属产生一轴向拉力，从而引起外部金属出现附加的轴向拉应力，内部金属出现附加的轴向压应力。在铸锭横断面上，附加拉应力的分布由外表面向中心逐渐减小，而附加压应力则由外表面向中心逐渐增加。附加应力在铸锭纵断面上的分布是由垫片向模子入口方向增加，至压缩锥出口处达最大值（关于此问题的成因将在后面进行讨论）。附加的轴向压应力与轴向主压应力相叠加后不会改变应力符号。但是铸锭外层部分中附加的轴向拉应力在与轴向主压应力叠加后，在变形区压缩锥部分中有可能改变应力的符号，使轴向主压应力变为拉应力而得到两向压和一向拉的主应力状态图。

当铸锭加热不透，即外层温度高中心温度低时，则金属的流动速度外层部分大于中心部分，可能会得到与上述情况相反的结果，在铸锭中心部分的金属出现拉应力。

B 基本挤压阶段的金属流动

在金属各部分的性质和温度均一、摩擦力小的比较理想的条件下，其金属流动的特点采用锥模挤压时做出的坐标网格变化图表示，如图 6-4 所示（采用平模挤压时其变化规律与此相类似）。

由图 6-4 中的坐标网格变化可得出如下结论：

（1）铸锭断面上的纵线在进、出模孔（确切地说为变形区压缩锥）时，发生了方向相反的两次弯曲。其弯曲的角度 α 由中心层向外层逐渐增加，即 $\alpha_c > \alpha_b > \alpha_a$。这表明内、外层金属变形的不均匀性。分别连接进口与出口纵线的折点可构成两个曲面，由这两个曲面所包括的体积称为变形区压缩锥。金属在此压缩锥中受到径向和周向的压缩变形与轴向上的延伸变形。在挤压过程中，随着内、外部条件的变化，变形区压缩锥的形状、大小也会发生一定的变化。

（2）在变形区压缩锥中，横线的中心部分超前，且越接近模孔弯曲越大。这表明中心

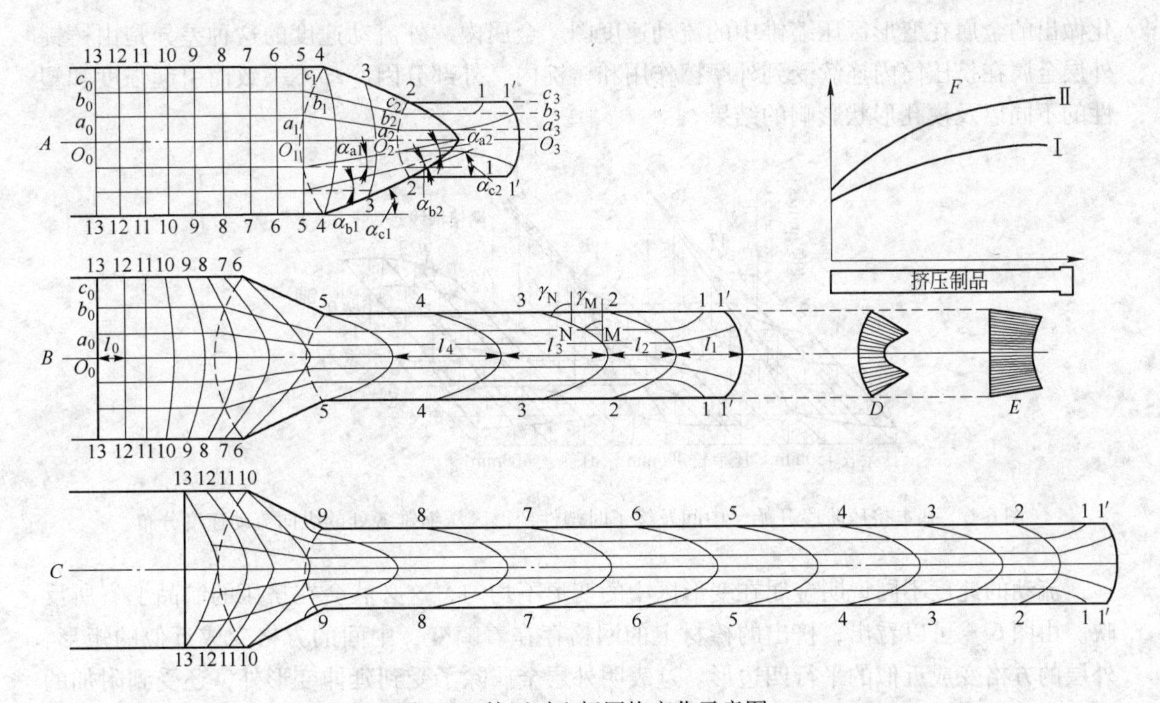

图 6-4　挤压时坐标网格变化示意图

A—开始挤压阶段；*B*—基本挤压阶段；*C*—终了挤压阶段；*D*—塑性变形区压缩锥出口处主延伸变形图；*E*—制品断面上主延伸变形图；*F*—主延伸变形沿制品长度方向上的分布；Ⅰ—中心层；Ⅱ—外层

部分的金属质点的运动速度大于外层部分金属质点的运动速度，且越接近模口流速越快。在不同的挤压时期内，在压缩锥中同一部位上金属的流速，随着铸锭长度的减小而随之逐渐增加。图 6-5 所示为挤压 MB2 镁合金时的网格变化。图 6-6 所示为根据图 6-5 的网格变

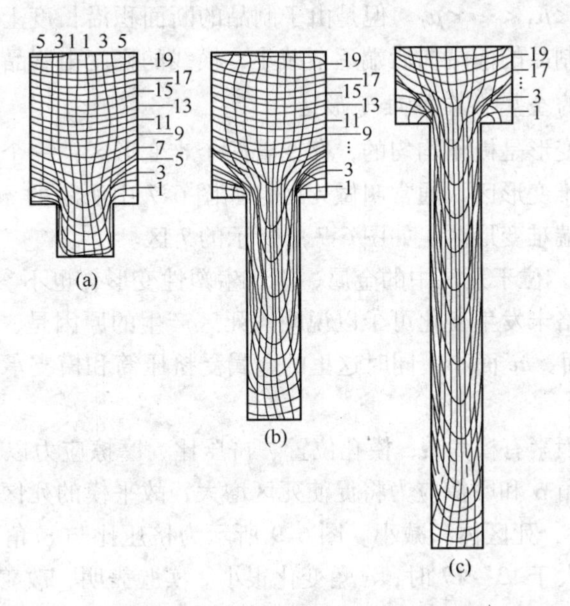

图 6-5　挤压 MB2 镁合金的网格变化

化做出的金属在变形区压缩锥中的流动速度图。金属内、外流动速度的这种差异是由铸锭外层金属在挤压筒内连续受到外摩擦作用和铸锭内、外部分因冷却不一致而引起强度和塑性的不同以及模孔形状影响的结果。

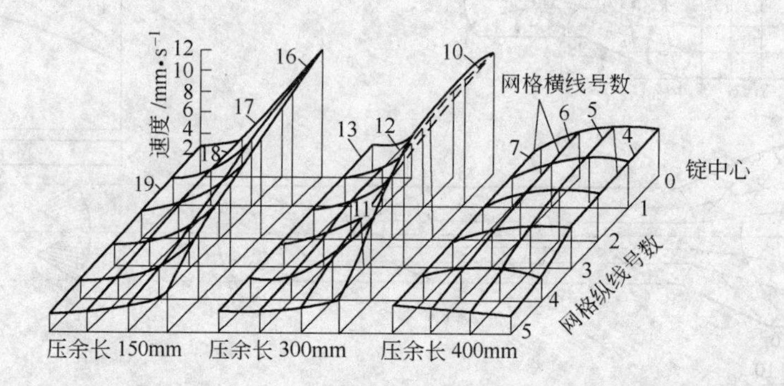

图 6-6 基本挤压阶段开始、中间及终了时塑性变形区压缩锥各处的纵向流动速度分布

流动的速度不同说明金属在变形区中的变形不均匀，这必然会在挤压的制品上有所反映。由图 6-4 可以看出，挤出的棒材上的网格存在着畸变，中间的方格变成近似的矩形，外层的方格变成近似的平行四边形。这表明外层金属除了受到延伸变形外，还受到附加的剪切变形 γ。该附加的剪切变形量的变化由内层向外层，由前端向后端逐渐增加，即 $\gamma_N > \gamma_M$，$\gamma_2 > \gamma_1$。

棒材上弯曲的横线顶部间距也不相等，由棒材的前端向后端逐渐增加，即 $l_k > l_{k-1}$。这表明棒材中心层延伸变形由前端向后端逐渐增大。设 l_0 为原始方格子的边长，l_1、l_2、l_3、…、l_k 为变形后中心格子的边长，则每个格子的延伸系数为：

$$\mu_1 = \frac{l_1}{l_0},\ \mu_2 = \frac{l_2}{l_0},\ \cdots,\ \mu_k = \frac{l_k}{l_0}$$

从而得到 $\mu_1 < \mu_2 < \mu_3 < \cdots < \mu_k$。但是由于制品的断面积沿长度上是不变的，故其外层的延伸变形只能是由制品的前端向后端逐渐减小，横线的挠度由制品的前端向后端增大。

C 在挤压筒内的金属存在的难变形区

挤压筒内的金属变形是极不均匀的，存在着两个难变形区：一个位于挤压筒和模子交界的角落处，称前端难变形区，通常叫做死区，如图 6-7 中所示的 *abc* 区；一个位于与垫片接触的后端，称后端难变形区，如图 6-7 中所示的 7 区。

在基本挤压阶段，位于死区中的金属，不产生塑性变形，也不参与流动。图 6-8 中所示的试样上的死区网格未发生变化可予以说明。死区产生的原因是，金属沿 *adc* 面滑动所消耗的能量比沿 *abc* 面、*ac* 面小，同时这里的金属受挤压筒和模支承的冷却，塑性低，强度高更不易于流动。

影响死区大小的因素有模角 α、模孔位置、挤压比、摩擦应力以及金属的强度特性和其均匀性等。增大模角 α 和摩擦应力将促使死区增大，故平模的死区比锥模大（图 6-7）。挤压比增加，α_{max} 增大，死区体积减小。图 6-9 所示为挤压比与 α 角的关系。由图可以看出，当挤压比增加到大于 13 ~ 17 时，α 角变化很小。实验表明，改善润滑条件，可改变 α 角，减小死区。在良好的润滑条件下，即使采用平模挤压，当挤压比增加到一定程度后，

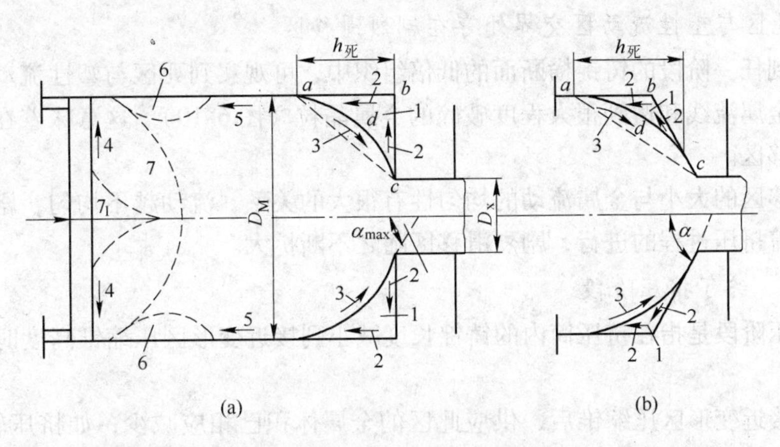

图 6-7　挤压筒内金属形成的难变形区示意图

（a）采用平模挤压；（b）采用锥模挤压

死区甚至会消失。热挤压因靠近模子角落处的金属易被工具冷却，使变形抗力增加，难于流动，一般比冷挤压的死区大。模孔位置对死区的影响很显然，模孔越靠近挤压筒壁死区越小。

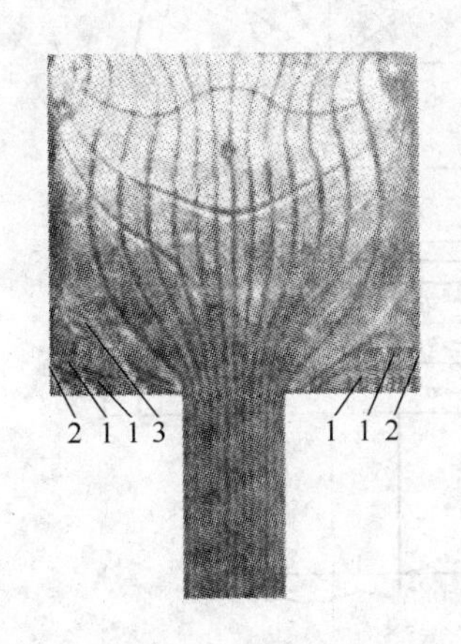

图 6-8　挤压硬铝时的金属流动景象

1，2—网格；3—前端难变形区

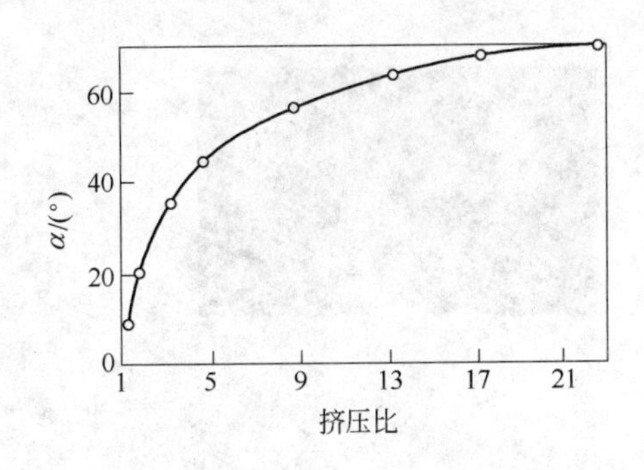

图 6-9　挤压比与 α 角的关系曲线

在挤压过程中，由于上述因素的变化，必将引起死区大小和形状的改变。通常随着挤压过程的进行，死区常是增大的。

死区的存在有利有弊。死区阻碍铸锭表面的缺陷及杂质流向制品表面，提高制品质量，故在实践中一般采用死区大的平模生产。但是，如果挤压过程中金属冷却而塑性降低，且挤压速度较快或挤压前金属受到强烈氧化，以及采用润滑挤压筒时，死区与塑性流动区交界处会发生断裂，在制品上产生裂纹、起皮，并加剧模子磨损。

对于后端难变形区，当挤压筒与铸锭间的摩擦力很大时，将促使 7 区（图 6-7）中的金属向中心流动，但 7 区中的金属被垫片冷却并受到垫片上摩擦力的阻碍作用而难以流动，从而引起 7 区附近的金属向中间压缩，形成细颈区 6。在挤压中后端难变形区的形状和大小是不断变化的，并且在基本挤压阶段的末期难变形区 7 的体积变小成为 7_1 楔形。

D 在死区与塑性流动区交界处存在剧烈滑移区

从挤压到任一阶段的铸锭横断面的低倍组织中，可观察到死区与塑性流动区交界处存在着明显的金属流线和遭到很大程度破碎的金属晶粒（图6-10）。这意味着在该交界处存在着剧烈滑移区。

剧烈滑移区的大小与金属流动的均匀性有很大的关系。流动越不均匀，剧烈滑移区越大；同时随着挤压过程的进行，剧烈滑移区随之不断扩大。

6.2.1.3 终了挤压阶段

终了挤压阶段是指在挤压筒内的铸锭长度减小到接近变形区压缩锥高度时的金属流动阶段。

当垫片接近变形区压缩锥后，供应此区的金属体积已相应减少，如挤压轴运动速度，即挤压速度保持不变时，必然引起金属在径向上的流动速度增加。下面以平模挤压为例来讨论其流动速度与工艺参数之间的关系（图6-11）。

图6-10 挤压时的剧烈滑移区

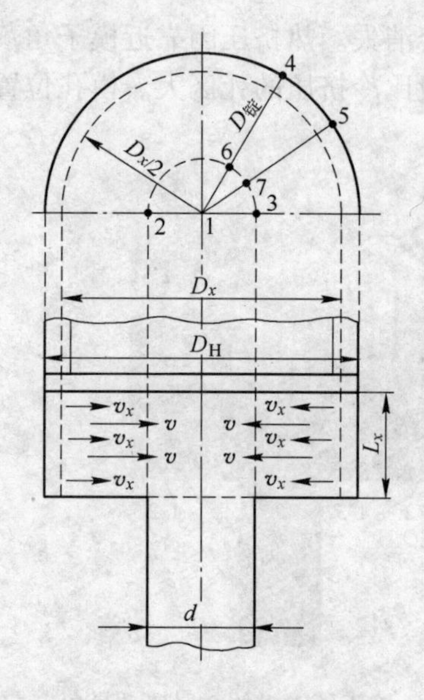

图6-11 终了挤压阶段确定金属流动示意图

垫片离模孔很近时，可将向模孔中流动的金属供应体积视作一个高度为变值 L_x 的厚圆环，其面积为$\frac{\pi}{4}(D^2-d^2)$，则相应地流出模孔的秒供应体积：

$$V_s=\frac{\pi}{4}(D^2-d^2)v_j \tag{6-1}$$

式中 D——铸锭直径；

d——制品棒材直径；

v_j——挤压速度。

假设供应体积内的金属径向流动速度与垫片和模子滑动摩擦面上的金属流动速度都相等，则秒供应体积在直径为 D_x，高度为 L_x 的圆柱面上的径向流动速度为：

$$v_x = \frac{V_s}{\pi D_x L_x} = \frac{D^2 - d^2}{4D_x L_x} \tag{6-2}$$

由式(6-2)看出,金属的径向流动速度是变化的,并且与铸锭的高度和金属质点的位置有关。变形区中铸锭金属的高度越大,则流速越小;金属质点越接近模孔,速度越大。

产生上述现象的原因是,在垫片未进入变形区压缩锥之前,变形区中的金属体积并未减少,即进入变形区多少金属,就从模孔中流出多少金属。但垫片进入变形区压缩锥之后,变形区中的金属体积减少,如挤压速度 v_j 和延伸系数 μ 不变时,金属的流出速度 v_1 也不变,而挤压速度与流出速度之间存在如下关系:

$$v_1 = \mu v_j \tag{6-3}$$

于是向模孔中供应的金属秒体积也不变,因此必然引起金属的横向流动速度和在垫片、模子接触面上的滑动增加,随之引起变形速度和金属硬化程度的增加。而其接触表面的大小不变,故滑动速度和金属硬化程度的急剧增加必然增大消耗于滑动上的功和功率,从而使得挤压力增高。

总之,在正向挤压生产中,由于种种原因,挤压过程中的金属流动速度和变形程度都是不均匀的,必然影响制品在组织和性能上的差异;而差异越大,则表明其产品的性能越不稳定。因此尽可能消除或减小差异,保证材料使用性能的稳定,是材料科技工作者面临的重要任务。多少年来,科技人员对此做了大量工作,改善挤压条件:一方面改进配套设备和工、模具的设计,提高设计水平;改进工艺制度,优化工艺操作,尽可能降低挤压过程中变形的不均匀性,这一点我们将在后面有关的分析中进行讨论。另一方面研究开发新的装备,改善金属的流动速度,减小或消除变形程度的不均匀性,于是出现了反向挤压和静液挤压,推进了挤压加工技术的发展。

6.2.2 反向挤压的金属流动

与正向挤压的最大不同,反向挤压的基本特点是锭坯金属的大部分与挤压筒壁之间无相对滑动,因此塑性变形区集中在模孔附近。根据实验,塑性变形区的高度不大于 $0.3D_0$。图 6-12 所示为反挤压时作用于金属上的力。由于变形区之外的金属(4 区)与筒壁间无摩擦力,该部分的受力条件为三向等压应力状态。金属在塑性变形区中的流动情况与正挤压时的有很大不同。图 6-13 所示为正挤压与反挤压时坐标网格变化和金属流线的对比情况。由图看出,反挤压时在塑性变形区中网格横线基本上与筒壁垂直,而在进入模孔时发生剧烈弯曲;网格纵线在进入变形区时,其弯曲程度较正挤压时也大得多。

反挤压时,由于在塑性变形区中金属与筒壁间的摩擦力的作用方向与金属流出模孔的方向相同,所以死区很小,其形状如图 6-14 的 *abc* 所示。所以反挤压时死区不能阻留锭表面层而导致其表面缺陷流向制品表面,使表面质量恶化。为此,用于反挤压的铸锭必须车削表面或进行脱皮处理。

由于反挤压的塑性变形区只集中在模孔附近,使变形的不均匀性大为减小,尤其是沿长度方向的减小更为明显。图 6-15 所示为正挤压与反挤压时沿制品长度上中心层延伸系数的分布情况。由于反挤压变形均匀,其产品的组织和力学性能得到明显改善,波动范围小,稳定性提高。其产品缺陷的形式和出现的几率也发生一定的变化,这一点将在后面进行讨论。

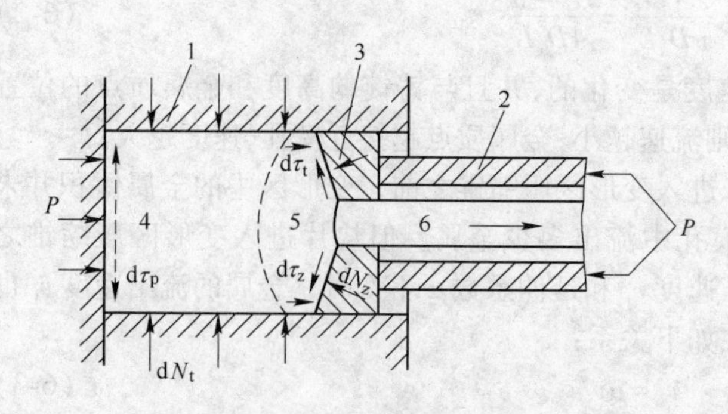

图 6-12 反挤压时作用于金属上的力

1—挤压筒；2—空心挤压轴；3—模子；
4—锭坯未挤压部分；5—塑性变形区；6—挤压制品

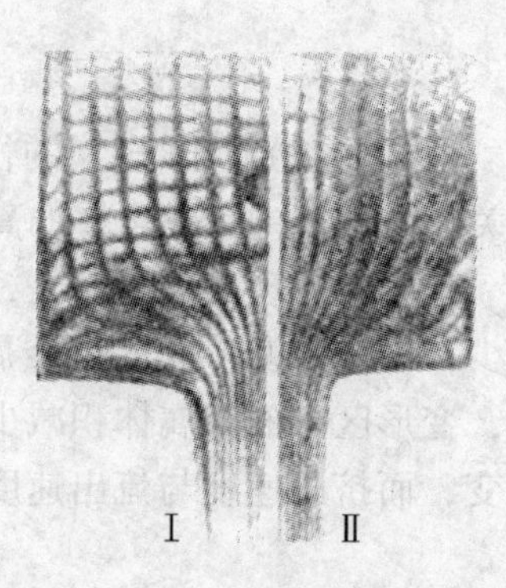

图 6-13 正、反挤压时坐标网格变化和金属流线对比

Ⅰ—反挤压；Ⅱ—正挤压

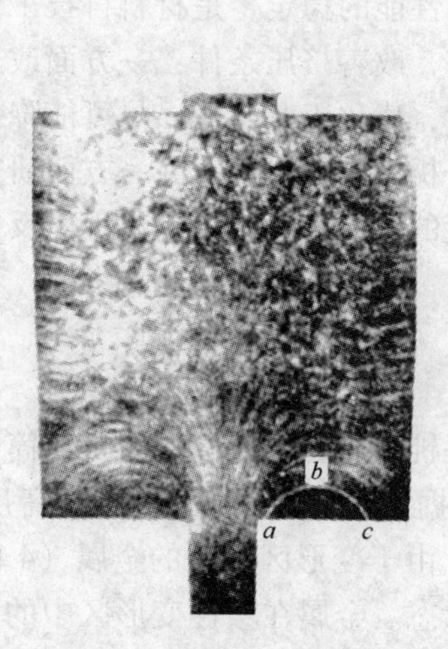

图 6-14 平模反挤压时的死区

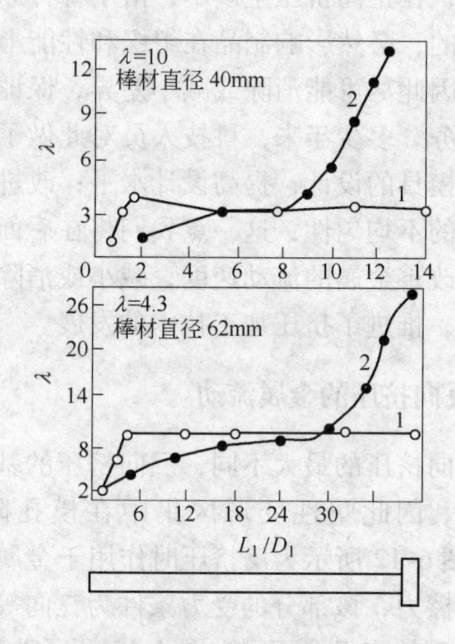

图 6-15 挤压制品中心层延伸系数沿长度上的分布

1—反挤压；2—正挤压

6.2.3 静液挤压

静液挤压又称高压液体挤压，其工作原理如图 6-16 所示。挤压时，锭坯借助于其周围高压液体的压力（达 980 ~ 2942MPa）从模孔中挤出，实现塑性变形。该方法锭坯不与挤压筒内壁直接接触，无摩擦，金属变形极为均匀，产品质量好；锭坯处于高压液体之中，锭坯长度与直径之比达 40 时，锭坯也不会发生弯曲；锭坯与模子之间处于流体动力润滑状态，摩擦力很小，表面光洁度高；制品力学性能在断面上和长度上非常均匀。但设备要求密封性能高；挤压筒、挤压轴须承受极高压力，其材质选择和结构设计极其重要而复杂，尚不能普遍推广；但应用于生产某些特殊材料制品，具有广阔的发展前景。

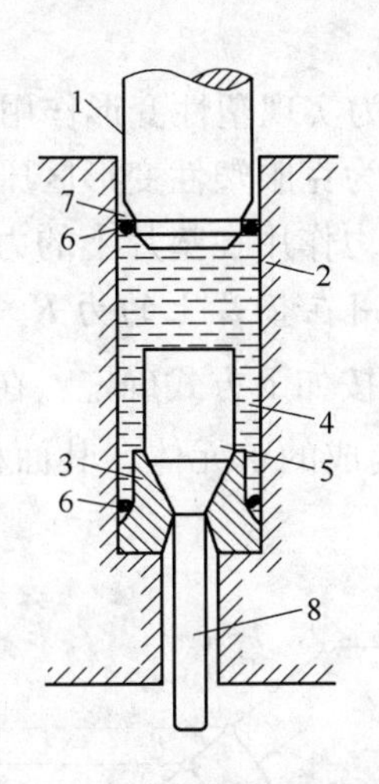

图 6-16 静液挤压工作原理图

1—挤压轴；2—挤压筒；3—模子；4—高压液体；5—锭坯；6—O 形密封圈；7—斜切密封圈；8—制品

6.3 挤压力的实测与计算

6.3.1 挤压力实测及影响挤压力的因素

对生产厂家而言，测定挤压机的压力非常重要，它是制订生产工艺的基础。有了挤压机的挤压力，工艺人员才能根据被加工材料的变形抗力，选择挤压筒的大小，确定铸块的直径、长度，挤压系数，生产型、棒材的模孔数以及制品的最大外接圆（型材），最大最小直径和壁厚（管材）等工艺参数。

挤压力的实测方法有：利用压力表测量，利用千分表测量张力柱的弹性变形，利用电气测力仪测量。

工厂最常用的，也是最简单的、最通行的方法，即压力表测量法，测量挤压力和穿孔力。根据压力表示出的单位压力，用下式求出挤压力或穿孔力：

$$P = \frac{N}{P_e} P_b \tag{6-4}$$

式中 P——总压力（或穿孔力），N；

P_e——压力表示出的单位压力，Pa；

P_b——工作液体的额定单位压力，Pa；

N——挤压机的额定挤压力（或穿孔力），N。

采用直接观察所得到的数据只适用于低速情况下（约 1mm/s）读出才比较正确，但借助于带记录仪的压力表能比较准确地测出挤压速度达 20mm/s 的压力值。

影响挤压力的主要因素有：挤压时的金属变形抗力，变形程度、模孔形状与布置、制品断面形状、锭坯长度、流出速度、接触摩擦条件等。

6.3.2 确定挤压力的解析法

目前用于计算挤压力的公式很多，但应用比较多的是皮尔林公式。下面介绍皮尔林公式的计算方法和特点。

皮尔林公式由以下几项组成：为实现塑性变形作用在垫片上的力 R_s，为克服挤压筒壁上的摩擦力作用在垫片上的力 T_t，为克服塑性变形区压缩锥面上的摩擦力作用在垫片上的力 T_z，为克服模子定径带上的摩擦力作用在垫片上的力 T_d。

6.3.2.1 为实现塑性变形作用在垫片上的力 R_s

不考虑接触摩擦，R_s 可近似地按如下方式确定：在塑性变形区压缩锥中取两个同心的无限接近的球面 ABC 和 $A'B'C'$ 所构成的单元体，其面积分别为 $F_x + dF_x$ 和 F_x。在球面上作用有主应力 σ_{lx} 和 σ_{rx}（图 6-17）。

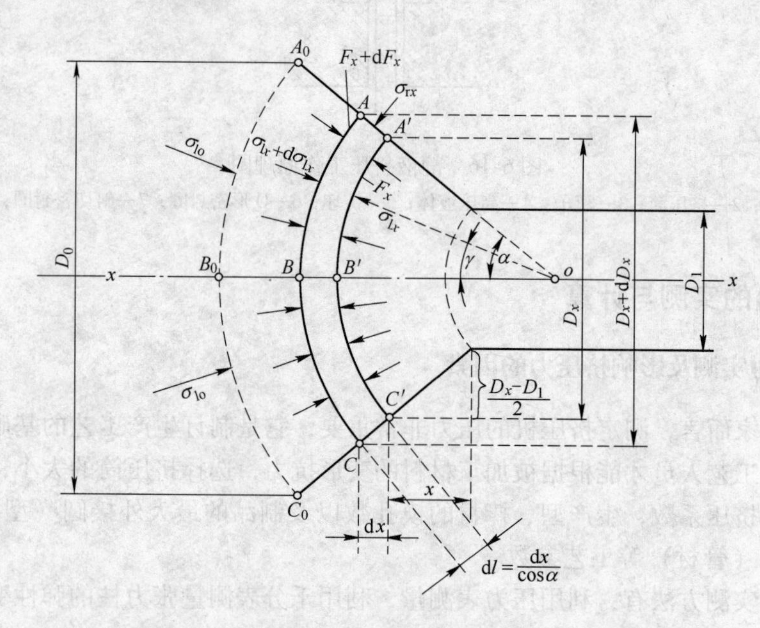

图 6-17 作用在塑性变形区压缩锥中的平均主应力示意图

根据 $\sigma_r = \sigma_\theta$ 和 $|\sigma_l| < |\sigma_r|$，可以认为在塑性变形区压缩锥中的塑性变形条件是：

$$\sigma_r - \sigma_l = 2\bar{S}_z = \bar{K} \tag{6-5}$$

式中 $\bar{S}_z$——金属在塑性变形区压缩锥中的平均塑性剪应力；

$\bar{K}$——金属在塑性变形区压缩锥中的平均变形抗力。

欲写出作用于单元体上在 $x-x$ 轴方向力的平衡方程式，须先分别求出作用于 ABC 和 $A'B'C'$ 球面上所有的单元力在 $x-x$ 轴上的投影。

$$\iint_{ABC}(\sigma_{lx} + d\sigma_{lx})\cos\gamma dF_x = (\sigma_{lx} + d\sigma_{lx})\frac{\pi}{4}(D_x + dD_x)^2 \tag{6-6}$$

$$\iint_{A'B'C'}\sigma_{lx}\cos\gamma dF_x = \sigma_{lx}\frac{\pi}{4}D_x^2 \tag{6-7}$$

式中 γ——σ_{lx} 与 $x-x$ 轴间的夹角。

作用于单元体上在 $x-x$ 轴方向力的平衡方程式为：

$$(\sigma_{lx} + d\sigma_{lx})\frac{\pi}{4}(D_x + dD_x)^2 - \sigma_{lx}\frac{\pi}{4}D_x^2 - \sigma_{rx}\pi D_x\frac{dx}{\cos\alpha}\sin\alpha = 0 \tag{6-8}$$

将 $\sigma_{rx} = \sigma_{lx} + 2\overline{S}_z$ 代入式（6-8），同时：

$$x = \frac{D_x - D_1}{2\tan\alpha},\ dx = \frac{dD_x}{2\tan\alpha}$$

整理简化，得：

$$\frac{d\sigma_{lx}}{2\overline{S}_z} = \frac{2dD_z}{D_x} \tag{6-9}$$

对式（6-9）积分，其边界条件：当 $D_x = D_1$ 时，$\sigma_{lx} = 0$；当 $D_x = D_0$ 时，$\sigma_{lx} = \sigma_{lo}$，积分后，得：

$$\sigma_{lo} = 2\overline{S}_z \ln\frac{D_0^2}{D_1^2} = 2\overline{S}_z i \tag{6-10}$$

式中，$i = \ln\dfrac{D_0^2}{D_1^2}$。

在球面 $A_0B_0C_0$ 各点的应力 σ_{lo} 以及与其相应的单元力有着不同的方向并指向 o 点，为了确定作用在 $x-x$ 方向的力 R_s，需求出在 $A_0B_0C_0$ 面上各点作用在 $x-x$ 方向的单元力，这些单元力是由皆指向 o 点的各点的应力 σ_{lo} 所建立起来的。为此，在 $A_0B_0C_0$ 压力球面上取任一点 P（图6-18），在以 P 点为中心的单元压力球面 dF_p 上作用有指向半径 P_0 的单元力 dR_{lp}，它等于

$$dR_{lp} = \sigma_{lo} dF_p \tag{6-11}$$

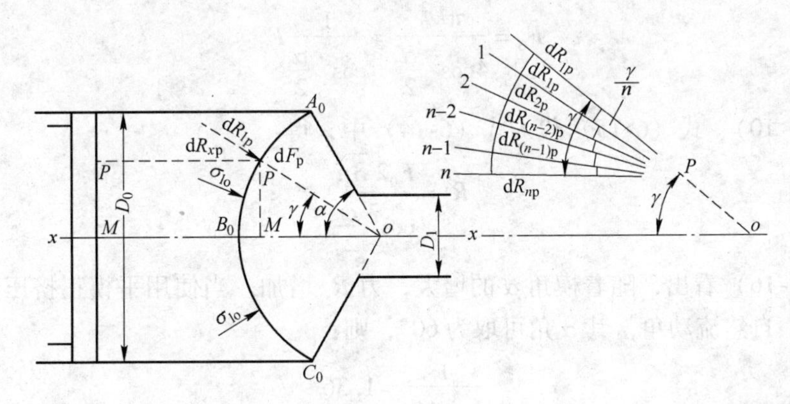

图6-18 确定在塑性变形区压缩锥起始球面上作用在 $x-x$ 轴方向上的单元力分量示意图

这里必须指出，在球面 $A_0B_0C_0$ 附近的主应力方向发生的变化。在球面的左边，轴向主应力的方向与 $x-x$ 轴平行；在球面的右边，其方向发生改变并且指向 o 点。这种方向的变化不会是突然发生的，而是逐渐形成的，因为被加工的金属是一个连续体。

现在我们确定单元力 dR_{lp} 和与 $x-x$ 轴平行的力 dR_{xp} 之间的关系。将力 dR_{lp} 与 dR_{xp} 之间的夹角 γ 分成 n 等分。为了在微分面积 dF_p 上产生一个力 dR_{lp}，只要在 $1-P$ 方向上加一个力 dR_{lp}，它等于：

$$dR_{1p} = \frac{dR_{lp}}{\cos\dfrac{\gamma}{n}}$$

依此类推，得：

$$dR_{2p}=\frac{dR_{1p}}{\cos\frac{\gamma}{n}}=\frac{dR_{lp}}{\cos^2\frac{\gamma}{n}}$$

$$\vdots$$

$$dR_{(n-1)p}=\frac{dR_{(n-2)p}}{\cos\frac{\gamma}{n}}=\frac{dR_{lp}}{\cos^{n-1}\frac{\gamma}{n}}$$

最后得:

$$dR_{np}=\frac{dR_{(n-1)p}}{\cos\frac{\gamma}{n}}=\frac{dR_{lp}}{\cos^n\frac{\gamma}{n}} \tag{6-12}$$

当 $n\to\infty$ 时，$\cos^n\frac{\gamma}{n}\to 1$。式（6-12）可写为:

$$dR_{xp}=\frac{dR_{lp}}{\cos^2\frac{\gamma}{n}}=dR_{lp}=\sigma_{lo}dF_p \tag{6-13}$$

将压力面 $A_0B_0C_0$ 上的单元力 dR_{xp} 累加后，得:

$$R_s=\sum\nolimits_{A_0B_0C_0}\sigma_{lo}\,dF_p=\sigma_{lo}\,F_p \tag{6-14}$$

压力面 $A_0B_0C_0$ 为一球缺表面积:

$$F_p=\frac{\pi D_0^2}{4\cos^2\frac{\alpha}{2}}=\frac{1}{\cos^2\frac{\alpha}{2}}F_0 \tag{6-15}$$

将式（6-10）、式（6-15）代入式（6-14）中，得:

$$R_s=\frac{F_0 2\,\overline{S}_z i}{\cos^2\frac{\alpha}{2}} \tag{6-16}$$

由式（6-16）看出，随着模角 α 的增大，力 R_s 增加。当使用平模正挤压时，由于有死区而形成一自然流动角，其 α 角可取为60°，则:

$$\frac{1}{\cos^2\frac{\alpha}{2}}=1.36$$

在评价此公式建立的合理性时还应看到，在无接触摩擦的条件下，单元力 dR_{xp} 除以垫片的单元面积 dF_0 时，即是以 MP 为半径的圆周上各点的垫片上的正应力，即 $\sigma_p=\frac{dR_{xp}}{dF_0}$。利用式（6-13）和 $dF_0=dF_p\cos\gamma$，得:

$$\sigma_p=\frac{\sigma_{lo}}{\cos\gamma} \tag{6-17}$$

此式表明，随着 γ 角的增大，作用在垫片上的应力 σ_p 增大。也就是说，作用于垫片中心处的应力最小，周边处应力最大。

6.3.2.2 为克服挤压筒壁上的摩擦力作用在垫片上的力 T_t

求解作用于挤压筒壁上的摩擦力时，应考虑基本挤压阶段由于死区的金属不流动，必须扣除其所占的接触表面积。T_t 等于摩擦表面积 F_t 与平均摩擦应力 $\bar{\tau}_t$ 的乘积，即

$$T_t = F_t \bar{\tau}_t = \pi D_0 (L_0 - h_s) f_t \bar{S}_t \tag{6-18}$$

式中 D_0——填充挤压后锭坯直径，即挤压筒内径；

L_0——填充挤压后锭坯长度；

h_s——死区计算高度；

f_t——挤压筒部分的平均塑性剪切应力摩擦系数；

$\bar{S}_t$——挤压筒部分的金属平均塑性剪切应力。

6.3.2.3 为克服塑性变形区压缩锥面上的摩擦力作用在垫片上的力 T_z

对于力 T_z 采用功率平衡式确定。如果金属进入塑性变形区压缩锥的速度以挤压速度 v_j 表示，则用于克服模子锥面摩擦的作用功率等于 $T_z v_j$。

欲求用锥模、圆锭挤压圆棒时的反作用功率与其作用功率应相等。在塑性变形区压缩锥中距出口端 x 处取一单元层，由相互距离为 $\mathrm{d}l$ 的两个同心球面所构成（图 6-19），单元层的侧表面积为：

$$\mathrm{d}F = \pi D_x \mathrm{d}l = \pi D_x \frac{\mathrm{d}x}{\cos\alpha} \tag{6-19}$$

根据秒流量不变原理，可以认为：

$$v_x = v_j \frac{D_0^2}{D_x^2} \tag{6-20}$$

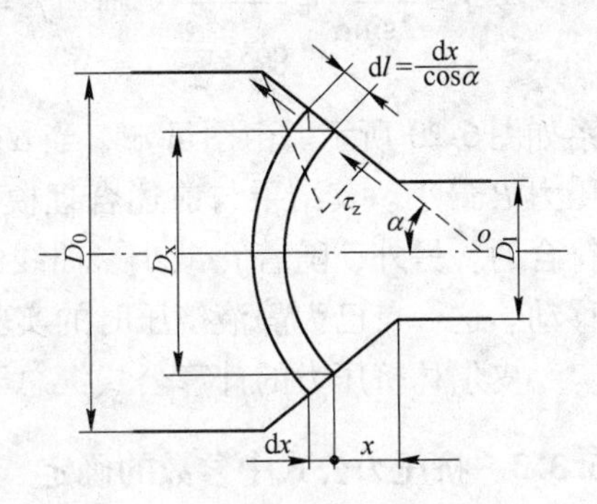

图 6-19 确定力 T_z 的示意图

作用于单元层侧表面上摩擦力的反作用功率为：

$$\mathrm{d}N_x = \pi D_x \frac{\mathrm{d}x}{\cos\alpha} v_j \frac{D_0^2}{D_x^2} \tau_z \tag{6-21}$$

又

$$\mathrm{d}x = \frac{\mathrm{d}D_x}{2\tan\alpha}, \quad \tau_z = f_z \bar{S}_z$$

故

$$\mathrm{d}N_z = \frac{\pi D_0^2}{2\sin\alpha} \frac{\mathrm{d}D_x}{D_x} v_j f_z \bar{S}_z \tag{6-22}$$

将上式积分，得：

$$v_j T_z = N = f_z \bar{S}_z \frac{v_j \pi D_0^2}{2\sin\alpha} \int_{D_0}^{D_1} \frac{\mathrm{d}D_x}{D_x} \tag{6-23}$$

从而

$$T_z = f_z \bar{S}_z \frac{\pi D_0^2}{4\sin\alpha} i \tag{6-24}$$

当模角大于60°时，（其中间包括平模 $\alpha = 90°$），公式中的 α 角仍取 60°；在用平模反挤压时，α 角取 75°~80°。不过在这种情况下已不是金属与模子锥面间的外摩擦，而是转变为死区与滑移区金属间的内摩擦了。此时变形区压缩锥部分的摩擦应力 τ_σ 达到塑性变形时的最大剪切应力 τ_{max} 值，也即等于 $\bar{S}_z$，则 $f_z = 1$。

6.3.2.4 为克服定径带摩擦力作用在垫片上的力 T_d

作用在定径带上的摩擦力等于定径带侧表面积 F_d 与摩擦应力 τ_d 的乘积，即 $\tau_d F_d$。金

属相对于定径带的运动速度为 v_1，仍利用功率方程式，得：

$$T_d v_j = v_1 \tau_d F_d$$

$$T_d = \frac{v_1}{v_j}\tau_d F_d = \lambda \pi D_1 f_d S_d h_d \tag{6-25}$$

式中　h_d——模子定径带长度。

于是在单孔圆锭正向挤压圆棒时总挤压力为：

$$P = f_t \overline{S}_t \pi D_0 (L_0 - h_s) + \frac{\pi D_0^2}{2}\overline{S}_z i\left(\frac{f_z}{2\sin\alpha} + \frac{1}{\cos^2\frac{\alpha}{2}}\right) + \lambda \pi D_1 f_d S_d h_d \tag{6-26}$$

令 $Y = \frac{f_z}{2\sin\alpha} + \frac{1}{\cos^2\frac{\alpha}{2}}$，则当 $f_z \approx 1$ 时，Y 值与 α 角之间的关系如图 6-20 所示。由图可知，当 $\alpha \approx 50°$时，Y 值最小，所以挤压力 P 最小。其结果与前述合理模角 $\alpha = 45° \sim 60°$的范围是相符合的。另外，随着 f_z 减小，曲线的最小 Y 值将向小模角方向移动。这一点已为静液挤压时的实验所证实。

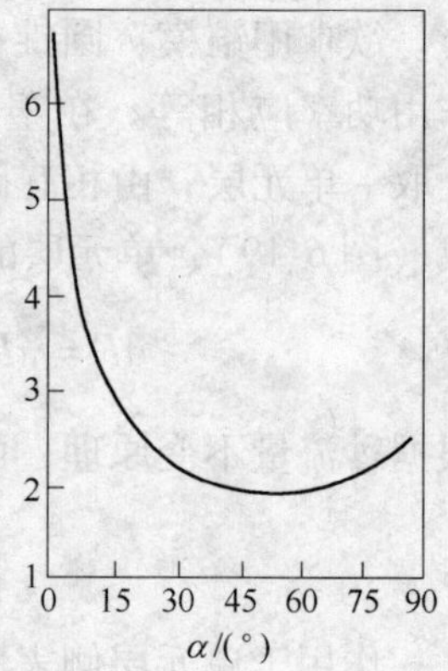

皮尔林挤压力的计算公式汇总于表 6－1。

图 6-20　Y 值与模角 α 之间的关系

6.3.3　挤压力公式中参数的确定

6.3.3.1　挤压时金属在塑性变形区内的停留时间

挤压时金属在塑性变形区中的变形抗力除与温度有关外，还与其在变形区内停留的时间或变形速度有关。

采用圆锭挤压实心断面时，金属在塑性变形区内的停留时间 t_s 为：

$$t_s = \frac{V_s}{V_m} \tag{6-27}$$

式中　V_s——塑性变形区体积；

　　　V_m——金属秒流量，即每秒钟进入塑性变形区或由其中流出的金属体积。

$$V_m = v_j F_0 = v_1 F_1 \tag{6-28}$$

塑性变形区体积根据图 6-21 由式（6-29）确定。

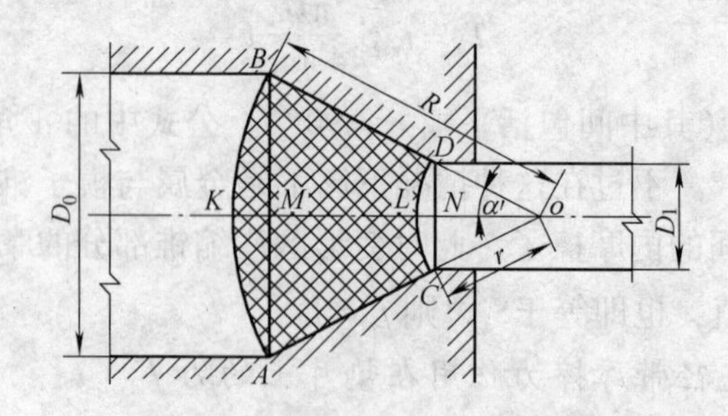

图 6-21　确定变形区体积示意图

表 6-1 皮尔林挤压力的计算公式汇总表

挤压力分量	异型材			圆管材		
	圆锭		扁锭	圆锭		
	单孔模挤压	多孔模挤压	单孔模挤压	圆柱式固定针挤压	瓶式固定针挤压	突刀式舌模挤压
R_s	$\frac{0.785(i+i_j)}{\cos^2\frac{\alpha}{2}}D_0^2\times 2\bar{S}_z$	$\frac{0.785(i+i_j)}{\cos^2\frac{\alpha}{2}}D_0^2\times 2\bar{S}_z$	$\frac{1.15a_0b_0i\alpha}{\sin\alpha}\times 2\bar{S}_z$	$0.86i\left(\frac{D_0^2}{\cos^2\frac{\alpha}{2}}-\frac{d_1^2}{\cos^2\frac{\varphi}{2}}\right)\times 2\bar{S}_z$	$0.86i\left(\frac{D_0^2}{\cos^2\frac{\alpha}{2}}-\frac{d_1^2}{\cos^2\frac{\varphi}{2}}\right)\times 2\bar{S}_z$	$1.75iD_0^2\times 2\bar{S}_z$
T_z	$\frac{0.785i}{\sin\alpha}D_0^2f_z\bar{S}_z$	$\frac{0.785i}{\sin\alpha}D_0^2f_z\bar{S}_z$	$\frac{a_0b_0i}{\sin\alpha}f_z\bar{S}_z$	$\frac{1.57}{\sin\alpha}(D_0^2-d_1^2)\ln\frac{D_0-d_1}{D_1-d_1}f_z\bar{S}_z$	$\ln\frac{t_0\pi\sin\left(\frac{\alpha+\alpha_0}{2}\right)}{t_1\tan^2\left(\frac{\alpha-\alpha_0}{2}\right)}t_0^2f_z\bar{S}_z$	$1.57D_0^2\ln\frac{D_0-d_1}{D_1-d_1}\bar{S}_z$
T_d	$\lambda F_d f_d S_d$	$\lambda\sum F_d f_d S_d$	$\lambda F_d f_d S_d$	$\pi(D_1+d_1)\lambda h_d f_d S_d$	$\pi(D_1+d_1)\lambda h_d f_d S_d$	$\pi(D_1+d_1)\lambda h_d f_d S_d$
T_t	$\pi D_0(L_0-h_s)f_tS_t$	$\pi D_0(L_0-h_s)f_tS_t$	$2(a_0+b_0)(L_0-h_s)f_tS_t$	$\pi(D_0+d_1)(L_0-h_s)f_tS_t$	$\pi(D_0+d_0)(L_0-h_s)f_tS_t$	$\pi D_0L_0f_tS_t$

注：$i_j=\ln\sqrt[4]{(\sum F_1)/\bar{a}^2}$，在挤压 m 个等断面圆棒时，$i_j=0.25\ln m$；在单孔挤压圆棒时，$i_j=0$；F_1——制品断面面积；$\bar{a}$——型材的平均厚度，$\bar{a}=\frac{a_1+a_2+\cdots+a_n}{n}$；$a_0$，$b_0$——填充挤压后的锭坯宽度与高度；$\varphi=\sin^{-1}\left(\frac{d_1}{D_0}\sin\alpha\right)$；$d_1$——圆柱针的直径或瓶式针的针头直径；$D_0$——瓶式针的针杆直径；$\alpha$——瓶式针过渡锥面与轴线的夹角，平模正挤压时 α 按60°计算，平模反挤压时 α 按80°计算；在圆柱式随动针挤压时计算 T_t 一项中的 $d_1=0$，在反挤压和静液挤压时，$T_t=0$；当 $\alpha>60°$时，$h_s=0.5(D_0-d_1)(0.58-\cot\alpha)$，当 $\alpha\leqslant 60°$时，$h_s=0$；式中的 f_z，f_d，f_t，$\bar{S}_z$，S_d，S_t 值的确定见下节。

$$V_s = \frac{\pi(1-\cos\alpha)}{12\sin^3\alpha}(D_0^3 - D_1^3) \tag{6-29}$$

当 $\alpha = 60°$时，

$$V_s = 0.2(D_0^3 - D_1^3) \tag{6-30}$$

金属在塑性变形区内停留的时间为：

$$t_s = \frac{(1-\cos\alpha)(D_0^3 - D_1^3)}{3\sin^3\alpha} \tag{6-31}$$

在挤压非圆断面的型材时，D_1 可用等效直径 D_e 计算：

$$D_e = D_1 = \sqrt{\frac{4F_1}{\pi}} \tag{6-32}$$

式中 F_1——制品断面积。

用圆锭挤压管材时，塑性变形区体积按下式计算：

$$V_s = 0.4[(D_0^2 - 0.75d_1^2)^{\frac{3}{2}} - 0.5(D_0^3 - 0.75d_1^3)] \tag{6-33}$$

金属在塑性变形区中的持续时间为：

$$t_s = \frac{0.4[(D_0^2 - 0.75d_1^2)^{\frac{3}{2}} - 0.5(D_0^3 - 0.75d_1^3)]}{F_1 v_1} \tag{6-34}$$

用突刀式舌模挤压，塑性变形区体积为：

$$V_s = 0.275D_0^3 + 0.108D_0^2 D_1 - 0.08D_0 D_1^2 - 0.025D_1^3 + \frac{0.063D_0^3}{\lambda} \tag{6-35}$$

金属在塑性变形区中停留的时间为：

$$t_s = \frac{0.35D_0 + 0.138D_1 - 0.102\dfrac{D_1^2}{D_0} - 0.032\dfrac{D_1^3}{D_0^2} + 0.08\dfrac{D_0}{\lambda}}{v_1} \tag{6-36}$$

6.3.3.2 变形抗力及摩擦系数的确定

A τ_t及 S_t 的确定

金属与挤压筒间的摩擦应力 τ_t值最精确的方法是用挤压力曲线来确定。图 6－22 所示为挤压时金属温度发生变化和基本不变的挤压力曲线。

对于在挤压时金属温度有变化的情况，摩擦应力 τ_t在不同挤压阶段的数值为：

$$\tau_{c1} = \frac{P_{a_1} - P_{b_1}}{\pi D_0 L_1}$$

$$\tau_{c2} = \frac{P_{a_2} - P_{b_2}}{\pi D_0 L_2} \tag{6-37}$$

$$\cdots$$

对于在挤压时金属的温度与挤压速度基本不变的情况下，摩擦应力的平均值可用下式求得：

$$\bar{\tau}_t = \frac{P_{max} - P_{min}}{\pi D_0 L} \tag{6-38}$$

式中 L——锭坯与挤压筒间有摩擦的长度，$L = L_0 - h_s$。

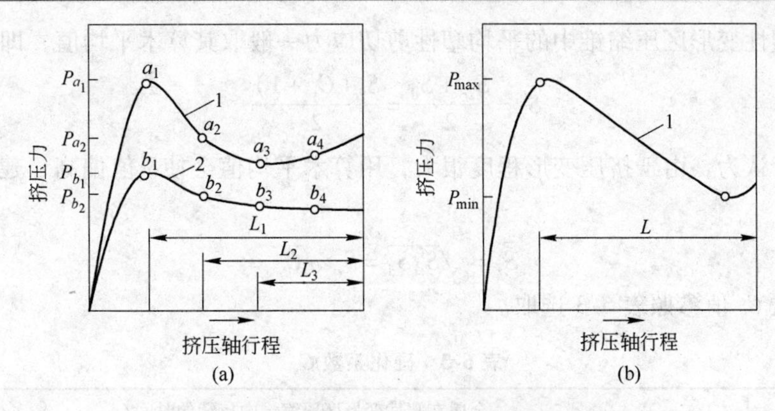

图6-22 挤压力与挤压轴行程关系曲线

（a）金属温度变化；（b）金属温度基本不变化

1—作用于垫片上的压力；2—作用于模子上的压力

在缺少具体挤压力曲线的情况下，可根据不同条件选定塑性剪切应力：

（1）带润滑挤压时，可认为锭坯内部与表面状态相同，即 $S_t = S_{zr}$；

（2）无润滑挤压，但金属黏结挤压筒不厉害时，$S_t = 1.25S_{zr}$；

（3）金属剧烈地黏结挤压筒时，$S_t = 1.5S_{zr}$。

B 塑性剪切应力 S_{zr}、S_d、$\overline{S}_z$ 的确定

金属在塑性变形区压缩锥各处的塑性剪切应力值是不相同的，同时尚难以用实验的方法来获得，故仍需用单向塑性拉伸或压缩时的应力来代替。根据 $K \approx 2S$ 的关系可得：

$$S_{zr} = 0.5K_{zr}$$

在缺少变形抗力 K_{zr} 的情况下，可用相应温度下的抗拉强度 σ_b 代替，即

$$S_{zr} = 0.5K_{zr} \approx 0.5\sigma_b$$

表6-2给出了部分铝合金在不同温度下的 K_{zr} 值。需要指出，由于合金成分上、下限的不同，锭坯大小、状态有别及试验条件存在差异，K_{zr} 值可能出入较大，选用时应予注意。

表6-2 挤压力计算用部分铝合金在不同温度下的 K_{zr} 值 （MPa）

合 金	温度/℃						
	200	250	300	350	400	450	500
1×××	49.0	34.3	24.5	19.6	11.8		
6A02	54.0	39.0	29.4	24.5	24.5	14.7	
5A05				41.2	31.4	26.5	19.6
2A11			54.0	44.1	34.3	29.4	24.5
2A12			68.6	49.0	39.2	34.3	27.5
7A04			98.1	78.4	63.7	49.0	34.3

对于 S_d 还应考虑变形程度、变形速度和时间的影响。如果变形时伴随着剧烈温升，还应考虑 ΔT 的影响。通常使用一个硬化系数 C_y 来考虑金属在塑性变形区压缩锥中因变形速度快而引起的硬化，即

$$S_d = C_y S_{zr} \tag{6-39}$$

金属在塑性变形区压缩锥中的平均塑性剪切应力一般取其算术平均值，即

$$\overline{S}_z = \frac{S_{zr} + S_d}{2} = \frac{S_{zr}(C_y + 1)}{2} \tag{6-40}$$

但有学者认为，由于挤压变形程度很大，用算术平均值会使$\overline{S}_z$值偏高，建议采用几何平均值，即

$$\overline{S}_z = \sqrt{S_{zr} S_d} = S_{zr}\sqrt{C_y} \tag{6-41}$$

硬化系数 C_y 值参照表 6-3 选取。

表 6-3 硬化系数 C_y

延伸系数 λ	金属在塑性变形区压缩锥中持续的时间/s				
	≤0.001	0.01	0.1	1.0	≥1.0
2	3.35	2.85	2.0	1.95	1.0
3	4.15	3.5	2.9	2.25	1.0
4	4.5	4.0	3.2	2.45	1.0
15	4.75	4.4	3.4	2.6	1.0
1000	5.0	4.8	3.6	2.8	1.0

C 摩擦系数 f_t、f_z、f_d 的确定

确认 f_t 分以下几种情况：

(1) 带润滑热挤压时 $f_t = f_z = 0.25$；

(2) 无润滑热挤压，但金属黏结工具不严重，$f_t = f_d = 0.75$；

(3) 金属剧烈地黏结工具，死区大（例如铝），$f_t = f_d = 1.00$。

在定径带处，金属的塑性变形不明显，因此作用在定径带上的正应力显著地低于 K_d。故带润滑挤压时，f_d 约取 0.25；无润滑挤压时，f_d 约取 0.5。

6.3.4 穿孔力及其计算

作用在穿孔针上的力穿孔初期最大。随着针尖接近模子，穿孔力下降，在穿孔结束时降至最小值。穿孔力峰值在穿孔过程中出现的位置（用穿孔深度与锭坯长度的比值 α/L_0 表示）与针径大小有关。图 6-23 所示为紫铜穿孔时不同针径的应力峰值出现的位置。由图可知，针径越细，穿孔应力峰值越向 α/L_0 值大的方向移动，其原因是：当 $d_1/D_0 \to 1$ 时，穿孔过程近似于挤压棒材的过程，最大的穿孔应力发生在 $\alpha = 0$ 时（图 6－24）。当针非常细，$d_1 \to 0$，即 $d_1/D_0 \to 0$ 时，作用在针上的应力主要是针的侧表面与金属间的摩擦力造成的。α 越大，穿孔应力值也越大。

据实验穿孔针端面的形状对穿孔力也有影响，平头穿孔力最小，圆头和尖头穿孔力显著增大。

此外穿孔力的大小还与操作方式有关。其正确的操作是：在填充挤压后，将挤压轴稍作后退，或将主缸卸压，以便穿孔初期金属能自由地向后流动。否则因金属流动受阻，穿孔力将增加 1～3 倍。

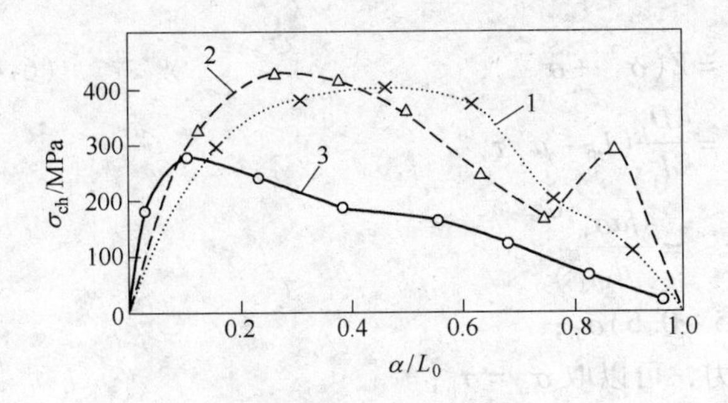

图 6-23　不同针径穿孔时的应力变化
1—$d_1=15$mm；2—$d_1=26$mm；
3—$d_1=55$mm

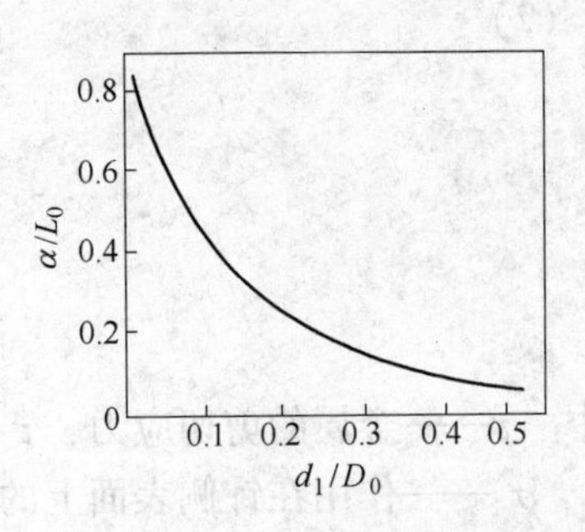

图 6-24　最大穿孔力的穿孔深度 α 值曲线

穿孔力的计算公式较多，这里介绍两个计算公式：
(1)

$$\sigma_{ch}=Z\frac{4}{d_1}K_{zr}\left[0.5\frac{D_1}{d_1}(L_0-a)+fa\right] \qquad (6\text{-}42)$$

式中　σ_{ch}——作用在穿孔针横断面上的应力；
a——锭坯被穿孔的深度，在求最大穿孔力时，可设几个 a 值代入式（6-42）中比较后确定，也可按图 6-24 中的曲线确定；
f——摩擦系数，参照表 6-4 选取；
Z——金属冷却系数，由经验公式（6-43）确定：

$$Z=1+\frac{2.6\times10^{-4}\kappa\Delta Tt}{D_0\left(1-\frac{d_1}{D_0}\right)} \qquad (6\text{-}43)$$

ΔT——针与锭坯的温度差，℃；
t——由填充挤压开始至穿孔终了的时间，s；
κ——金属导热系数，见表 6-5。

表 6-4　铝及铝合金挤压时的摩擦系数

挤压温度/℃	摩 擦 系 数
450 ~ 600	0.25 ~ 0.30
300 ~ 450	0.30 ~ 0.35

表 6-5　铝的导热系数 κ

温度/℃	300	400	500	600
铝的导热系数 κ/W·(m·K)$^{-1}$	272.6	317.8	370.0	422.2

穿孔力 P_{ch} 为：

$$P_{ch}=\sigma_{ch}\frac{\pi d_1^2}{4} \qquad (6\text{-}44)$$

（2）

$$\sigma_{ch} = Z(\sigma^{\cdot} + \sigma^{\cdot\cdot}) \tag{6-45}$$

$$\sigma^{\cdot} = \frac{4D_1}{d_1^2}(L_0 - a)\tau$$

$$\sigma^{\cdot\cdot} = \frac{4fa\sigma_n}{d_1}$$

式中　τ——金属的剪切应力，$\tau = (0.5 \sim 0.6)\sigma_b$；

σ_n——作用在针侧表面上的正应力，可以取 $\sigma_n = \sigma_b$；

f——摩擦系数，参照表6-4选取[9~10]。

穿孔力 P_{ch} 同样为：

$$P_{ch} = \sigma_{ch}\frac{\pi d_1^2}{4}$$

7 挤压过程控制

铝合金管、棒、型材生产，挤压是重要的工序之一。挤压工艺与方法对产品、成品的组织、性能、尺寸以及生产效率有着非常重要的影响，因此合理选择挤压方法，优化挤压生产工艺，是保证产品质量，提高经济效益的重要技术措施。

7.1 挤压过程中术语简介

为了讨论问题方便，先介绍挤压过程中常用的几个名词术语。

7.1.1 比压

挤压机对变形材料单位面积上所能施加的最大挤压力称为比压。其数学表达式为：

$$p^{*} = \frac{p}{F_{j}} \tag{7-1}$$

式中 p——挤压机的总挤压力，N；

F_j——挤压筒横截面面积，m^2。

很显然，比压 p^* 与挤压机的挤压力成正比，与挤压筒面积（严格说应为镦粗后铸锭的断面面积）成反比。同一台挤压机可能有多个挤压筒，不同挤压筒的比压是不同的，挤压筒越小比压越大，大型挤压机的比压不一定比小挤压机的比压大。如某厂一台 50MN 挤压机，有四个挤压筒，最大筒径 500mm，比压 p^* = 255MPa；最小筒径 300mm，比压 p^* = 707MPa。有 8MN 挤压机一台，挤压筒径为 95mm，比压 p^* = 1128MPa，其比压较 50MN 挤压机大很多。同时同一台挤压机挤压管材与挤压实心型、棒材时的比压也是不同的。挤压管材时只是在镦粗后铸锭的圆环面积上受力，受力的圆环面积比该圆环外径相同的圆饼面积小，所以其比压增加。

比压大小反映其能使材料变形程度的大小，换句话说，比压大，能挤压变形程度（或者说挤压系数）大的产品。但变形程度大的产品不一定是具有大的外形尺寸的产品。

7.1.2 挤压系数

材料在填充挤压阶段被镦粗，随后产生变形（其实材料在填充过程中，除产生镦粗变形外，其锭坯中心还会有少量金属从模孔流出），镦粗后金属的截面积与发生塑性变形后制品的总截面积之比称为挤压系数，其数学表达式为：

$$\lambda = \frac{F_{m}}{F_{k}} \tag{7-2}$$

式中 λ——挤压系数；

F_m——金属变形前的横截面积（对实心锭挤压型、棒材为挤压筒的横断面面积，对挤压管材为挤压筒与挤压针之间的圆环面积）；

F_k——制品的总面积，单孔模挤压即为制品断面面积，多孔模挤压即为：

$$F_k = nF_1$$

n——模孔数；

F_1——单件制品的截面积。

挤压系数 λ 越大，挤出的制品越长，所需挤压力越大，对模具强度的要求越高。挤压系数过小，挤压制品短，产品力学性能低，成品率低。因此应根据材料特性、成品要求、挤压机比压进行合理选择。任何一台挤压机都有一个合理的挤压系数范围，挤压系数过大或过小，都会影响产品质量或成品率。

7.1.3 分流比

采用桥式分流模或平面分流模生产管材或空心型材时，加热后的金属多被劈开成两股（桥式分流模）或三股、四股（平面分流模）后，导入分流腔内，在高压下重新焊合为一整体，然后从模孔中挤出。其分流孔的总面积与挤出制品断面积之比称为分流比。分流比的大小决定焊合的质量好坏，也即决定制品的质量好坏。大的分流比使焊合良好，提高制品的组织与性能；但分流比增大，会增加挤压力，加大分流桥的压力，可能使模桥断裂，因此必须对分流模进行强度校核；分流比过小，则焊合不良，可能引起制品开缝。其数学式与挤压系数表达式相似。

分流比总是小于挤压系数。因此采用平面分流模只能生产 1××× 系、3A21、6063 等合金，其挤压系数一般得不小于 30。生产其他某些合金的小截面空心型材，为保证较好的焊合性能，其挤压系数可能达 100 以上，显然采用平面分流模，其强度远远不够，必须采用桥式模挤压。

7.1.4 挤压速度与制品流出速度

挤压轴在挤压过程中的前进速度为挤压速度，制品的前进速度为制品流出速度：

$$v_j = \frac{v_l}{\lambda} \tag{7-3}$$

式中 v_j——挤压速度；

v_l——制品流出速度；

λ——挤压系数。

需要指出的是，多孔挤压时，由于各模孔之间可能存在微小差异，或者布局不完全在一个同心圆上，或者锭坯中的化学成分、加热温度不是绝对均匀的，则其制品的流出速度不完全一致，特别是生产小规格的型、棒材，流速会相差很大，规格越小，流速差越显著，因此 v_l 应取其平均速度 $\bar{v}_l$，式（7-3）才能成立。

7.1.5 挤压残料

挤压残料又叫压余。为了保证制品尾端有合格的组织和力学性能，在一般的非无残料挤压时，不将铸块全部挤出，而是在尾部留有一定长度的余料，故称为压余或残料。其所留残料（或压余）的多少，由合金的挤压特性、工艺条件、产品质量要求决定，这个问题将在后面进行讨论。

7.1.6 几何废料与技术废品

在铝加工生产过程中，投入量与产出量不等。投入原料或坯料量多，产出成品量少，其差值即统称为废料。这其中包括两部分：一部分因设备和工艺条件所限，如铸锭底部和浇口部所切去的不合格料、挤压制品的头、尾料，挤压过程中留下的残料（或压余）等，称几何废料。几何废料只能通过设备和工艺创新，使之降低或减少，但在限定条件下，不可能完全避免。另一部分是因作业中，人们对设备和工艺操作不当而在制品中产生各种质量缺陷，如裂纹、气泡、过烧、组织和力学性能不达标，产品尺寸超差等，造成产品报废，称为技术废品。这些通过人为努力和精心作业，是可以避免或大量减少的。铝加工工作者的责任是使在一定条件下的几何废料降低至最低限度，并努力避免或大量减少一切技术废品的产生，以不断提高产品质量和成品率。

7.2 挤压准备工作

7.2.1 铸锭准备

为了获得高质量的铸锭，前面讨论了铸造生产中存在的技术问题，力求生产组织均匀、细小，无夹渣、裂纹、严重疏松等重大缺陷的铸锭。但要满足挤压的生产条件，还需对铸锭作进一步的加工处理。

7.2.1.1 铸锭均匀化退火

如前所述，铸造过程中，结晶条件处于非平衡状态，对平衡分凝系数 $K_0<1$ 的合金，其最先结晶的部分溶质组元含量少，低熔点物质富集于后结晶的晶粒边界，存在晶内偏析，同时还会产生铸造应力。因此除纯铝外，一般都要对铸锭进行均匀化退火处理，使固溶体晶粒内部成分均匀，枝晶网胞及晶界上的非平衡亚稳相部分溶解，合金中的过饱和固溶体发生分解，同时消除铸造应力。经过均匀化退火处理后，铸锭的组织和力学性能会发生明显变化。据资料介绍，7A04 合金铸锭均匀化前后的力学性能见表 7-1。

表 7-1 7A04 合金铸锭均匀化前后的力学性能

铸锭直径/mm	取样方向	取样部位	力学性能					
			未均匀化		445℃ 均火		480℃ 均火	
			σ_b/MPa	δ/%	σ_b/MPa	δ/%	σ_b/MPa	δ/%
200	纵向	表层	245	0.6	195	4.1	200	6.7
		中心	280	1.8	202	4.9	224	7.1
	横向	中心	271	0.6	221	4.4	223	7.9
315	纵向	表层	224	0.7	206	4.2	205	6.0
		中心	202	1.0	196	3.8	200	5.6
	横向	中心	223	0.4	209	4.7	227	6.4

由表中数据看出，铸锭经均匀化退火后，其抗拉强度降低 12% ~15%，伸长率提高 5 ~9 倍，从而使变形抗力降低，塑性变形能力大大提高，显著改善挤压加工性能，提高

挤压速度。

A 均火温度的确定

晶粒内部的化学成分由不均匀变为均匀或接近于均匀，是靠元素的扩散来完成的。影响扩散的因素很多，而温度是其中最重要的影响因素之一。扩散系数 D 按指数律随温度变化，即

$$D = D_0 \exp \frac{-Q}{RT} \tag{7-4}$$

式中 D_0——扩散常数；

Q——扩散激活能；

R——气体常数；

T——温度。

因此，为了加速均匀化过程，应尽可能提高加热温度。通常采用均火温度（0.9 ~ 0.95）$T_{熔}$。$T_{熔}$ 为铸锭的实际熔化温度，它低于状态图上的固相线，如图 7-1 中的Ⅰ区域。该区域也称普通均匀化退火。

有时在非平衡固相线以下温度进行退火很难达到组织均匀化的目的，或者欲达到目的，费时太长，则采用高温均匀化退火，即在平衡固相线温度以下，非平衡固相线温度以上进行退火。特别是对于含低熔点组元，且其在铝中的固溶度很低，如含铝铅合金；或者对某些大截面铸锭，采用高温均匀化退火制度（图 7-1 中的Ⅱ区）退火，可更好地消除铸件显微组织的不均匀性。

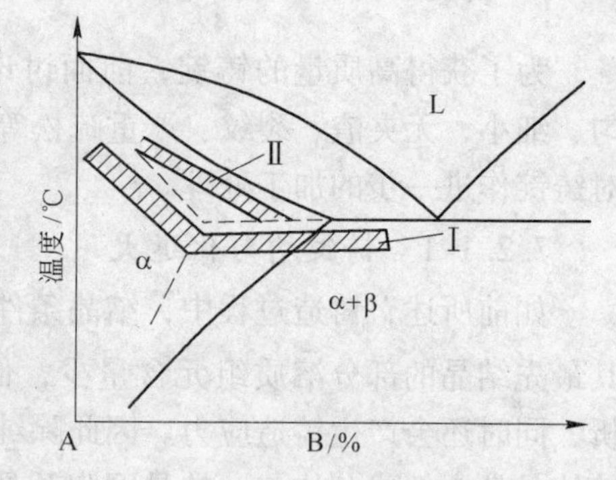

图 7-1 均匀化退火温度范围（阴影区）
Ⅰ—普通均匀化；Ⅱ—高温均匀化

实践表明，进行高温均匀化是可行的，有效的，因为大多数铝合金表面有着一层耐高温、坚固、致密的氧化膜。合金铸锭在非平衡固相线以上温度加热时，虽然晶间及枝晶网胞间的低熔点组成物会熔化，但在耐高温、致密氧化膜的保护下，不会产生晶间氧化。未被氧化和未曾吸气的非平衡易熔物，在高温下较长时间保温，会逐渐溶入固溶体中，从而使组织均匀化过程进行得比较完全[2]。

B 保温时间的确定

保温时间主要决定于加热温度，温度高，保温时间相应缩短。同时与合金特性，铸锭组织的偏析程度，第二相质点的形状、大小、分布状况有关。铸锭组织中组成物分布越弥散，枝晶网胞越细，第二相质点越小，则均匀化过程越快，保温时间越短。

随着均匀化过程的进行，晶内的溶质浓度梯度不断降低，均匀化过程逐渐减缓，这就是说，均匀化的扩散过程只在退火的前一阶段进行得比较剧烈，随后即变得越来越平缓。因此在后续阶段花时很多，但均匀化的收效甚微，过分地延长均匀化的时间是不合适的。

C 加热速度与冷却速度

加热速度一般不做要求。冷却速度则因合金的特性不同而异。冷却速度过大，有些合

金可能产生淬火效应；冷却速度过小，则使析出的二次相粗化，随后加工时可能形成带状组织，且在其后的淬火加热时，粗大二次相难以溶解，降低淬火、时效的强化效果。

在生产中，铸锭是否需进行均匀化退火处理，以及均匀化制度的确定都需根据实践确定。有些材料要求成品具有较高强度，有的则为了节约成本，可不进行均匀化处理。退火制度的制定也需根据生产实际，通过实验与实践确定。

D　铝合金普通均匀化退火制度举例

部分铝合金普通均匀化退火制度举例（参考）如下，见表7-2。

表7-2　部分铝合金均匀化（普通均匀化）退火工艺

合金	铸锭规格外径/mm	下游生产制品	金属加热温度/℃	保温时间/h	冷却方式
2A02	实心所有尺寸	棒材、带材	475—485	12	出炉空冷
2A06	空心360及以上，实心420及以上	管、棒、型材	480~490	24	开盖，随炉冷却至250℃后出炉
	其余所有尺寸				出炉空冷
2A11 2A12	空心350及以上	管材	485~495	12	开盖，随炉冷却至250℃后出炉
	空心350以下				出炉空冷
2A12	实心420及以上	1号特殊型材	485~495	10	开盖，随炉冷却至250℃后出炉
	实心其余尺寸				出炉空冷
2A11 2A12	实心，200以下	型、棒材	485~495	8~12	出炉空冷
2A12	实心，200及以上	2号特殊型材	485~495	14	出炉空冷
2A12	实心，420以上	3号特殊型材	485~495	36	开盖，随炉冷却至250℃后出炉
	实心，350~420				出炉空冷
2A16	实心，所有尺寸	型、棒材	520~530	24	出炉空冷
2A17	实心，所有尺寸	型、棒材	510~520	24	出炉空冷
6A02	空心，所有尺寸	管材	530~540	12	出炉空冷
2A50	实心，所有尺寸	棒材	485~495	2.5	出炉空冷
2B50	实心，所有尺寸	棒材	520~530	12	出炉空冷
2A70 2A80 2A90	实心，所有尺寸	棒材	490~500	12	出炉空冷
2A14	实心，360及以上	管材	490~500	12	出炉空冷
3A21 3003	空心，360及以下	管材	605~620	4	出炉空冷
5A05 5A06	空心实心，所有尺寸	管、棒、型材	465~475	24	出炉空冷
5A12	空心实心，所有尺寸	管、棒、型材	455~465	12	出炉空冷
6063	实心，所有尺寸	型、棒材	560~370	6	出炉空冷

续表 7-2

合金	铸锭规格外径/mm	下游生产制品	金属加热温度/℃	保温时间/h	冷却方式
7A04 7A09	实心 290 及以上，空心 270 及以上	管、棒、型材	455 ~ 465	12	开盖，随炉冷却至 250℃后出炉
	实心 290 以下，空心 270 以下				出炉空冷
7A04	实心 290 及以上	1 号特殊型材	455 ~ 465	24	开盖，随炉冷却至 250℃后出炉
	实心 290 以下				出炉空冷

7.2.1.2　铸块加工

A　铸块加工与铸锭均匀化的顺序安排

铸出的铸锭是先进行铸块加工，还是先进行均匀化处理，不同的合金和规格是不同的。对铸造应力较大的合金和规格，如 2A06、2A12 合金实心锭直径 420mm 以上，7A04、7A09 合金实心锭直径 290mm 以上，2A06 合金空心锭外径 360mm 以上，2A11、2A12 合金空心锭外径 350mm 以上，7A04、7A09 合金空心锭外径 270mm 以上铸锭须先均匀化退火，再进行锯切和其他机械加工。对上述合金和规格的铸锭如果不进行均匀化处理的，则须对其加热至 430 ~ 450℃，保温 4 ~ 6h 后，才能进行锯切和其他加工作业。上述以外合金、规格一般先进行铸块加工作业后，再进行均匀化处理。

凡进行均匀化处理的铸锭或铸块，都必须切取高倍试片，检查是否有过烧现象。过烧者一律作报废处理。

B　锯切加工

a　铸块长度

在立式半连续铸造中，一般铸出的铸锭长度为 6 ~ 8m。挤压前需根据挤压机工作台面尺寸、用户要求、产品规格、挤压系数拟定合理的挤压制品长度，然后计算出铸块的合适长度。

在计算铸块长度之前，首先要确定挤压系数 λ。一般为满足组织和力学性能要求，挤压系数 λ 应大于 8。但就生产而言，对于某些合金和规格，特别是对于多孔模挤压的小规格制品，挤压系数过大也是不可取的。过大会影响后续工序的生产效率和成品率。实际生产中，挤压系数控制：型材，$10 \leqslant \lambda \leqslant 45$；棒材，$10 \leqslant \lambda \leqslant 25$；在特殊情况下，对 ϕ200mm 及以下铸锭，控制 $\lambda \geqslant 4$；对 ϕ200mm 以上铸锭，控制 $\lambda \geqslant 6.5$。某些软合金的单孔挤压，某些小截面型材挤压，λ 控制可达 100 ~ 200。当然，挤压系数 λ 很大时，需对挤压工、模具进行强度校核。挤压系数确定后，非定尺产品用铸块长度 L_d 可按下式计算：

$$L_d = \left(\frac{l_j}{\lambda} + H\right)K \tag{7-5}$$

式中　l_j——制品挤出最大长度；

H——残料长度；

K——镦粗系数（填充系数）。

倍尺或定尺产品用铸块，为了保证产品在任何条件都能满足尺寸要求，故除要求铸块按正偏差交货外，还需考虑制品按正偏差生产所需的增量，并且还需预留一定的工艺余量。其铸块长度按下式计算：

$$L_d = \left(\frac{l_1 + l_2 + l_3 + l_4}{\lambda} \times k + H\right)K \tag{7-6}$$

式中　l_1——制品交货长度，若交货为倍尺料，设每个倍尺料长为 l_e，一件制品锯切 n 个倍尺，则 $l_1 = nl_e$；

l_2——切头料 + 切尾料；

l_3——试样；

l_4——工艺余量；

k——系数，$k = S_{实}/S_{名}$；

$S_{实}$——制品的实际横截面积；

$S_{名}$——制品的名义横截面积；

H——残料；

K——填充系数。

b　锯切

按规定切去铸锭的头部和尾部，切去长度随合金、规格和对挤压制品要求的不同而异。1××系合金 ϕ200mm 以下规格一般切头 50mm，切尾 80mm；规格增大，组元及含量增加，切头相应增加至 70～100mm；切尾增加至 100～150mm。特殊制品切头相应为 100～150mm；切尾为 200～250mm。

尽可能减小铸锭端面的切斜度，特别是生产管材的空心铸锭。要求锯块端面与轴线垂直，对外径 ϕ=280mm 左右铸锭，其锯切面与轴线的垂直面之间偏差的最大距离应不大于 2mm，即检查时将测量直角尺的一边贴紧铸块轴线，另一边靠紧端面直径一头或直径上的某一点，测量直角尺与铸块端面之间最大空隙的距离不大于 2mm。铸块直径增大，按计算量增加。

C　车皮、镗孔

采用正向挤压的一般型材和棒材制品，1××系合金所有规格及某些合金较小规格，表面偏析、冷隔不严重、不影响产品组织性能的铸锭，可不进行车皮；但对一些大规格铸锭和 7××系合金铸锭，不车皮挤压，不能消除铸块表面质量缺陷对制品组织性能的影响，必须进行车皮处理。车皮后铸块直径、圆度不能超出标准偏差的规定，表面不能有夹渣、冷隔等缺陷存在。

用于生产管材的空心铸块必须进行车皮和镗孔。车皮、镗孔后外表面刀痕深度应不大于 0.5mm，内孔刀痕深度不大于 0.2mm。外径偏差不大于 1mm，内径偏差不大于 0.5mm，壁厚偏差不大于 0.5mm。内、外表面没有肉眼可见的质量缺陷。

用于反向挤压型棒材的实心铸锭，无论合金、规格，均需进行车皮。车皮后防止表面积尘和油污。

D　铸块加热

为了降低变形抗力，需对铸块加热，提高金属材料的塑性，改善加工性能。加热温度是否适当，是非常重要的。温度过低，不仅变形抗力大，提高挤压力，往往引起“闷车”，挤不动；对某些合金，还会影响其热处理后的组织性能；温度过高。很容易发生过热，产生裂纹，降低挤压速度，甚至引起产品报废。可就是这样的常识问题，在实际生产中，偏有人不以为然。某厂曾经在挤压 5A × ×合金时，因设备比压较小，挤压系数又比较大，在正常温度下，总是发生“闷车”，完成填充挤压阶段后即予停止，不能进入基本挤压阶段继续发生变形，于是就一再提高铸块加热温度，直至挤压机上压时，熔融液体沿挤压轴四周喷射而出，险些酿成事故。另一厂家在生产 2A × ×合金管材时，由于上述同样的原因，技术人员在正常挤压温度上限的基础上，提高 30 ~40℃，接近于该合金的非平衡固相线温度进行挤压，引发裂纹，迫使降低挤压速度，并潜藏质量隐忧。其实，某企业工艺规程明确规定：加热时可将仪表设定温度提高 40℃，而铸块加热正常温度上限比仪表设定低 40℃；可以允许铸块实际温度达到仪表的设定温度，但必须使铸块温度降低至正常的上限温度方可进行挤压。可见在生产实践中，有些员工乃至技术人员，在有些问题上确实存在误区，是需要提高认识，予以纠正的。

7.2.2　工、模具准备

7.2.2.1　主要工模具组成

主要挤压工模具包括：模子、挤压筒、挤压轴、挤压垫、挤压针等以及与之配套的模支承、模垫、支承环、冲头、针支承、模座等。卧式挤压机的工模具组装情况如图 7-2 所示。

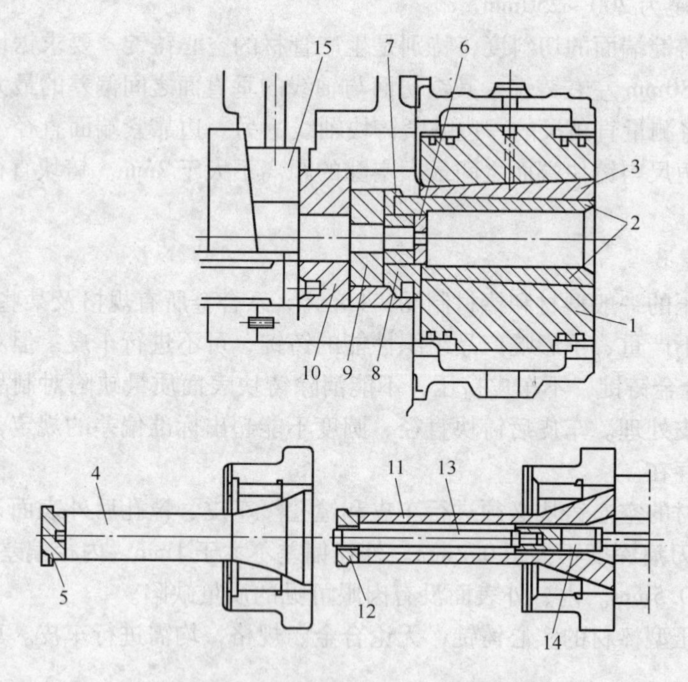

图 7-2　卧式挤压机的工模具组装图

1—挤压筒外套；2—挤压筒内套；3—挤压筒中套；4—型、棒材挤压轴；5—实心垫片；6—模子；7—模垫；8—模支承；9—支承环；10—活动头（模座）；11—管材挤压轴；12—管材挤压垫；13—挤压针；14—针支承；15—锁键

7.2.2.2 模子的一般结构和主要尺寸

模子是挤压生产中最重要的元件。其结构、尺寸对挤压力、金属流动均匀性，制品尺寸稳定性和表面质量及模具自身的使用寿命有着极为重要的影响。在这里只对模子的结构和尺寸设计进行简单介绍。

模子可以按不同的方式进行分类，一般根据模孔的断面形状分为4类：锥模、平模、平锥模、双锥模（图7-3）。铝合金挤压生产中，最常使用的为锥模和平模。

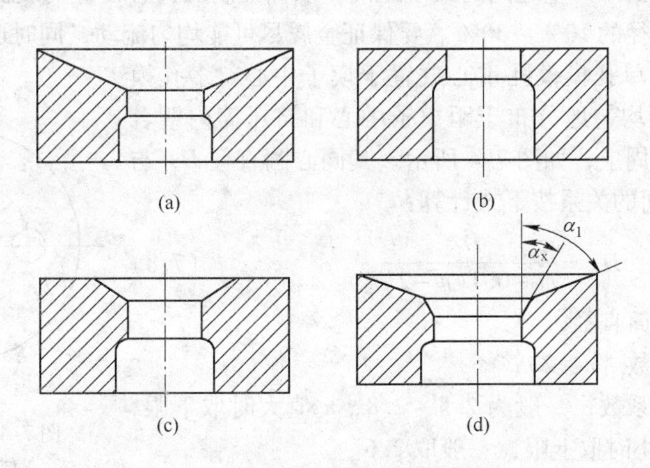

图7-3 不同断面形状的模子类型

（a）锥模；（b）平模；（c）平锥模；（d）双锥模

模角 α 是模子的一个基本参数，为模子轴线与其工作端面间的夹角。平模 $\alpha=90°$，铝合金棒、型材生产一般采用平模；管材生产多用锥模，其模角一般为 60°～65°或 70°～75°。

模子定径带长度。定径带也称工作带，起决定制品尺寸、保证制品表面质量的作用。定径带长度取决于制品的材质和几何尺寸。材料强度高，定径带适当增长；几何尺寸大定径带相应增长。

7.2.2.3 棒材模的设计与制造

对于具有对称性简单形状的棒材，其挤压模具的设计与制造相对来说是比较简单的。挤压铝合金的棒材模一般采用平模，如图7-3(b) 所示。棒材模分单孔和多孔两种。

A 多孔模数目的确定

确定多孔模数目的原则：

（1）确定挤压系数。根据挤压机挤压筒的比压、挤压机工作台的受料长度、挤压制品的组织性能要求、合金的变形抗力等确定合适的挤压系数 λ。

（2）计算模孔数目：

$$n=\frac{F_0}{\lambda F_k} \tag{7-7}$$

式中 F_0——挤压筒的面积；

F_k——单根制品的断面积。

（3）模孔位置的排列要考虑模孔相互之间的距离，以保持模具具有足够的强度，其模孔间的最小距离与挤压筒的关系见表7-3。

表7-3 不同挤压筒模孔之间的最小距离 (mm)

挤压筒直径	80~95	115~130	150~200	220~280	300~500
最小距离	15	20	25	30	50

要考虑模孔与挤压筒壁之间的最小距离，以保证制品具有良好的表面质量，一般其最小距离为挤压筒直径的10%~30%。要保证金属尽可能均匀流动，同时还要防止制品之间互相擦伤和扭伤。单孔模模孔重心放置于模子中心。多孔模模孔的理论重心应均匀地分布于距模子中心和挤压筒内壁合适距离的同心圆圆周上，如图7-4所示。其同心圆直径 $D_{心}$ 与挤压筒直径 D_1 之间的关系按下式计算：

$$D_{心}=\frac{D_1}{m-0.1(n-2)} \quad (7\text{-}8)$$

式中 D_1——挤压筒直径；

n——模孔数（$n\geqslant 2$）；

m——经验系数，一般为2.5~2.8，n 值大时取下限，n 值小时取上限，一般取2.6。

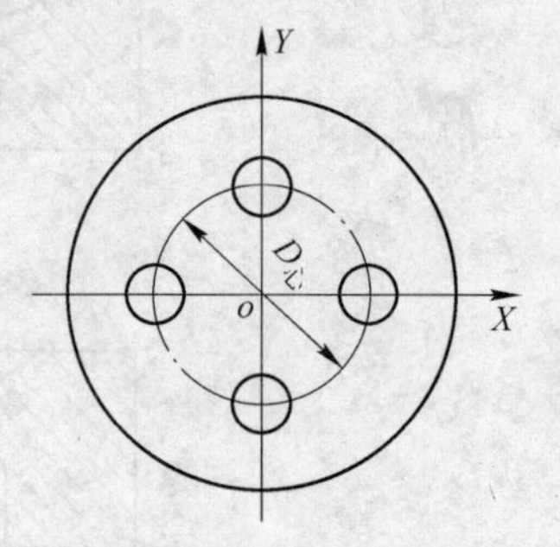

图7-4 多孔模模孔同心圆直径

计算后，根据需要进行适当调整。

B 模孔尺寸的确定

棒材模模孔尺寸 A 按下式计算：

$$A=A_0(1+K) \quad (7\text{-}9)$$

式中 A_0——棒材的名义尺寸，圆棒为直径，方棒为边长，六角棒为内切圆直径；

K——模孔裕量系数，1×××、5A02、5A03、3A21、6A02、6063合金取0.01~0.012，5A05、2A11、2A12、2A50、2A80、7A04合金取0.007~0.01。

C 模孔工作带长度的确定

挤压铝合金棒材模孔的工作带长度依制品直径的不同而异，一般取值如下：

棒材直径/mm	模孔工作带长度/mm
<40	2~3
40~70	4
70~120	5
130~280	6~8

7.2.2.4 无缝管挤压模的设计与制造

挤压无缝管用的模子主要有锥形模（单锥模、双锥模）和平模（图7-3（a）、图7-3（b）、图7-3（d））两大种。锥模能增大轴向压应力，可提高挤压速度；但卧式挤压一般用平模，因其易于切除挤压残料。

A 管材模孔尺寸的确定

在管材生产中，有的挤压后只进行热处理和精整，不再进行轧制或拉伸等工序即进入交货状态的制品，其模孔尺寸按下式计算：

$$D = D_0(1 + K) + 4\% t_0 \tag{7-10}$$

式中 D_0——管材外径的名义尺寸；

K——模孔裕量系数，可按式（7-9）中的取值范围取值；

t_0——管材壁厚的名义尺寸。

B 管材壁厚尺寸的确定

管材壁厚尺寸表达式如下：

$$t = t_0 + \Delta_1 \tag{7-11}$$

式中 Δ_1——管材壁厚模孔尺寸增量；

当 $t_0 \leqslant 3$ 时，取 $\Delta_1 = 0.1$mm；

当 $t_0 > 3$ 时，取 $\Delta_1 = 0.2$mm。

对用于轧制或拉伸的管毛料，按企业内部毛料分档标准生产和管理。

C 模孔工作带长度的确定

模孔工作带长度参照棒材模孔工作带取值。一般来说，管材的工作带略小于棒材的工作带长度，但也不宜过小，以免导致模子过快磨损。

7.2.2.5 型材模的设计与制造

对型材来说，由于其许多断面失去了中心对称性，且锭坯断面与型材断面没有相似性，同时大多数型材各部分的壁厚又不相同，因此挤压型材与挤压管、棒材比较，其金属流动均匀性更差。模具设计者和工程技术人员的工作就是采取各种措施，最大限度减少金属流动的不均匀性，尽可能实现各部位协调均匀流动，保证制品组织性能的基本均匀。

A 提高金属均匀流动性的技术措施

挤压复杂型材时，金属的流动是很不均匀的，壁薄部分金属流动慢，壁厚部分金属流动快。如果不采取措施，任其自由流动，就会在制品中产生附加应力，导致制品组织性能缺陷和几何尺寸的扭曲变形。

改善金属均匀流动的技术措施如下。

a 正确布置模孔位置

对单孔模设计时，若型材断面有两个或两个以上的对称轴，需将型材断面的重心布置在模子的中心，如图7-5（a）所示。若型材断面只有一个或没有对称轴以及壁厚相差很大，需将型材重心相对于模子中心做一定偏移，使金属难流动的部分（壁薄部分）更靠近模子中心，如图7-5（b）所示。壁厚相差不大，但断面形状比较复杂，对称面少的型材，需将型材外接圆的中心布置在模子的中心，如图7-5（c）所示。对挤压比很大或流动很不均匀的某些型材，有时采用平衡模方法，即增置一个用于调整金属流动的辅助模孔，如图7-5（d）所示。若模具的装配方向属固定式，不能改变时，需将型材的大面置于下边，以防止制品由于自重而产生扭搅和弯曲，如图7-5（e）所示。

b 采用多孔模对称排列

对于对称性较差且截面积较小的型材，可采用多孔模挤压；若其壁厚相差较大，则将壁厚的部位布置在模子的外缘，将壁薄的部位布置在靠近模子的中心，如图7-6所示。对于壁厚相差不大的型材，采用多孔模挤压时将型材截面重心均匀分布在以模子中心为圆心

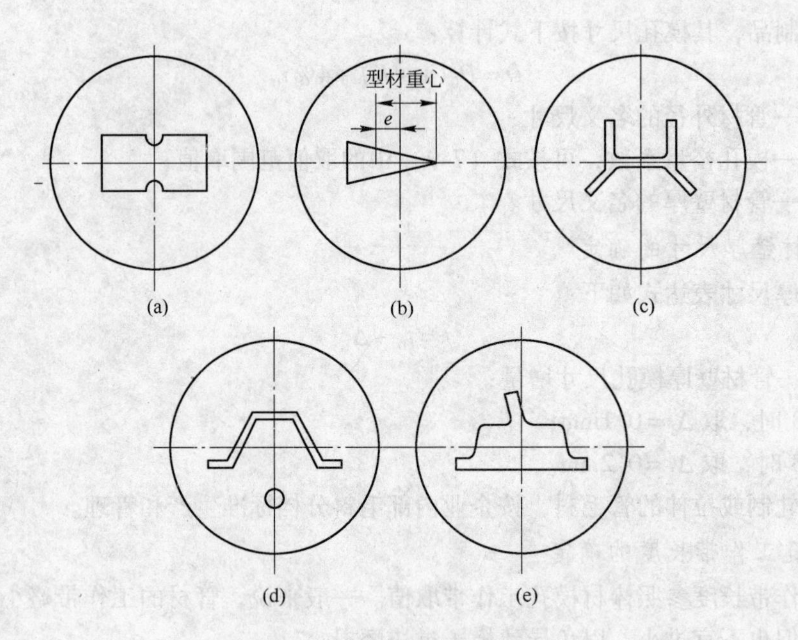

图 7-5　单孔模孔布置示意图

的某一同心圆上，如图 7-7 所示。

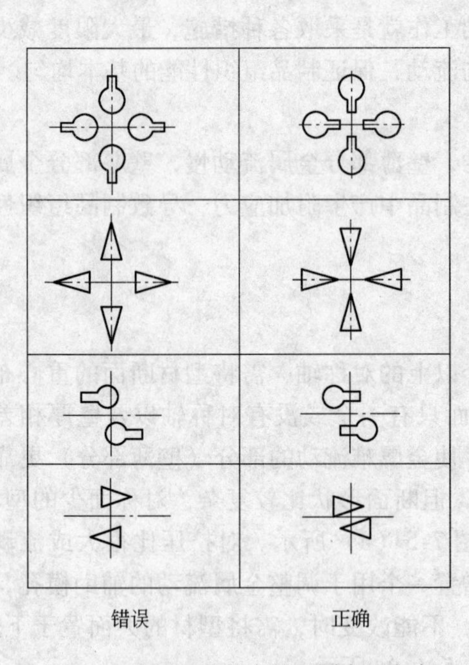

图 7-6　壁厚相差较大的不同布置方案

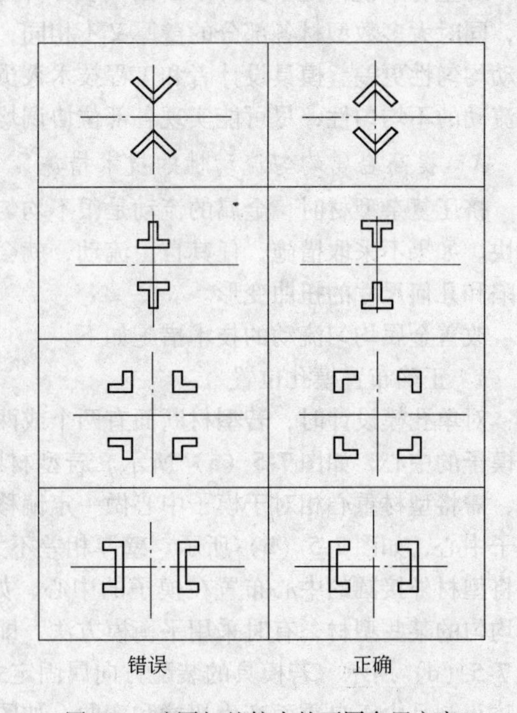

图 7-7　壁厚相差较小的不同布置方案

布置多孔模的模孔时，既要考虑使型材各部分金属流动均匀，又要考虑模子的强度。因此多孔模各模孔之间应保持合适的距离。在实际生产中，不同挤压机多孔模各模孔之间的距离（参考值）大体在 15～60mm。对 20MN 以下挤压机取 20～30mm，50MN 挤压机取

35 ~ 50mm，78MN 以上挤压机取 60mm 以上。

为了防止铸锭含缺陷较多的表面层流入挤压制品中，无论单孔模还是多孔模，模孔边缘距挤压筒内壁应保持一定距离，一般为挤压筒径的 10% ~ 15%。其型材模孔与挤压筒壁间的最小距离见表 7-4。

表 7-4 型材模孔与挤压筒壁间的最小距离（参考） (mm)

挤压筒直径	85 ~ 95	115 ~ 130	150 ~ 200	200 ~ 280	350 ~ 500	>500
模孔与筒壁间的最小距离	10 ~ 15	15 ~ 20	20 ~ 23	30 ~ 40	40 ~ 50	50 ~ 60

c 采用不等长工作带

不少型材各部分的壁厚是不均匀的，需采用不等长工作带以调整其摩擦阻力，从而实现各部分金属均匀流动的目的。调整的方法是型材断面壁厚处的定径带长度大于壁薄处的定径带长度，也即比周长（面积与周长之比）大的部分的定径带长度小于比周长小的部分的定径带长度。对宽厚比小于 30 的型材或最大宽度小于挤压筒直径 1/3 的型材，按下式确定：

$$h_2 = \frac{h_1 S_1 f_2}{S_2 f_1} \tag{7-12}$$

式中 h_1，h_2——断面 F_1、F_2 处工作带的长度，如图 7-8 所示；

S_1，S_2——断面 F_1、F_2 处的周长；

f_1，f_2——断面 F_1、F_2 处的面积。

在生产实践中常按下式计算：

$$h_{F2} = \frac{h_{F1} b_2}{b_1} \tag{7-13}$$

式中 b_1——断面 F_1 的壁厚；

b_2——断面 F_2 的壁厚。

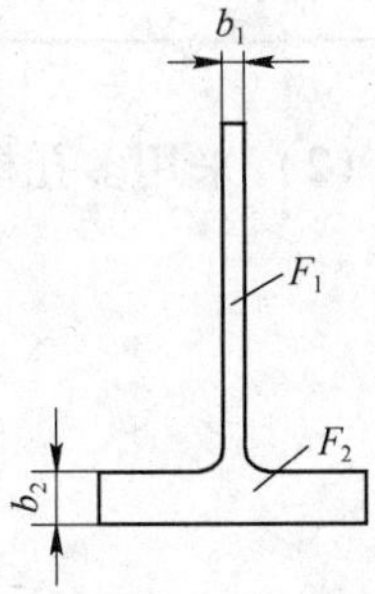

图 7-8 计算定径带长度用不等壁厚型材

使用式（7-13）时，应首先给出一个区段上工作带的长度值（一般给定型材壁厚最薄区段上的最小工作带长度）。如给定断面 F_1 的壁厚区段，考虑模子使用寿命，取 3 ~ 5mm，即可求出另一壁厚。

铝合金模孔最小工作带长度可按表 7-5 选取。

表 7-5 模孔工作带最小长度值

挤压机能力/MN	122	49	34	16 ~ 20	6 ~ 13
模孔工作带长度/mm	5 ~ 10	4 ~ 8	3 ~ 6	2.5 ~ 5	1.5 ~ 3
模孔空刀尺寸/mm	3	2.5	2	1.5 ~ 2	0.5 ~ 1.5

对于宽厚比大于 30 的型材，或型材壁厚相同及相差不大但断面形状比较复杂的型材，模孔工作带长度除应考虑上述因素外，还需考虑型材距挤压筒中心的距离，即挤压筒中心区或模孔中心区的工作带应加长，而边缘区工作带应减短。其增减量按下述原则确定：

（1）采用单孔模挤压时，按单一同心圆规则确定模孔工作带长度，如图 7-9 所示。

确定模孔工作带长度时，先以整个型材断面上金属最难流出处为基准点，该处的工作带长度一般为该处型材壁厚的 1.5 ~2 倍；与基准点相邻区段的工作带长度可为基准点的工作带长度加 1mm；当型材壁厚相同时，与模子中心（与挤压筒中心重合）距离相等处其工作带长度相同，由模子中心起，每相距 10mm（同心圆半径）工作带长度的增减数值按表 7-6 所列数值进行确定；当型材壁厚不同时，模孔工作带长度的确定除应遵循上述原则外，还应按式（7-12）或式（7-13）进行计算，并根据经验进行确定。

表 7-6　模孔工作带长度增减值　　(mm)

型材断面壁厚	每相距 10mm（同心圆半径）工作带长度增减值
1.2	0.20
1.5	0.25
2.0	0.30
2.5	0.35
3.0	0.40

（2）采用多孔模挤压时，可按复合同心圆规则确定各模孔工作带的长度，如图 7-10 所示。

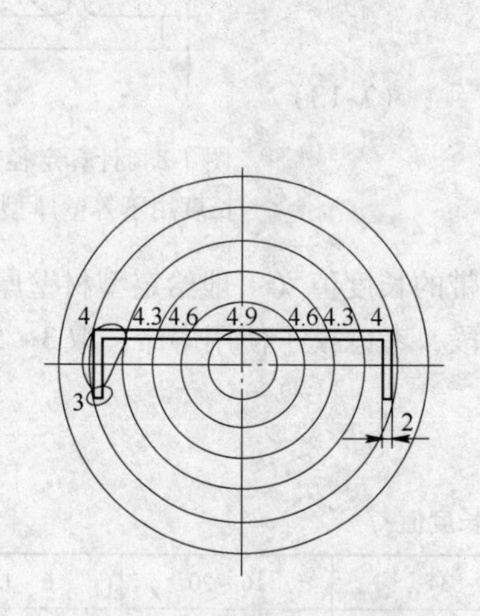

图 7-9　单孔模的同心圆规则

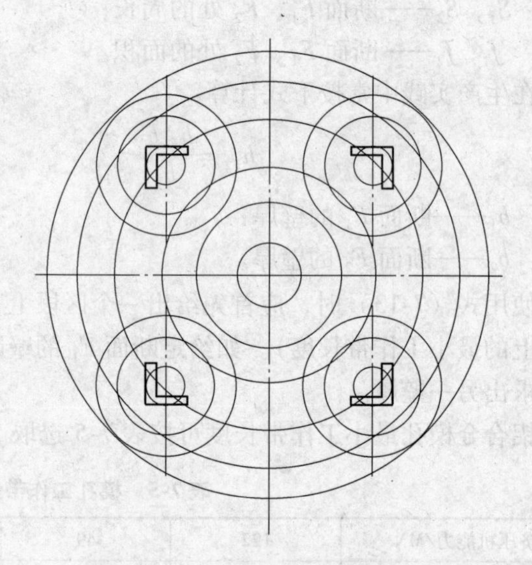

图 7-10　多孔模的复合同心圆规则

多孔模的各个模孔的中心应均匀地布置在相距模子中心的某一个合适直径 $D_心$ 的同心圆上。该同心圆的直径 $D_心$ 按式（7-8）计算，并根据需要进行必要的调整。

当型材壁厚相同时，对于整个模孔来说。由模子中心（型材重心不与模子中心重合）起，每相距 10mm（整个模子的同心圆半径）工作带长度的增减值按表 7-6 所列数值拟定；对于任一模孔来说，由模孔中心（型材重心坐标可由设计者确定，原则上可与模孔中心重合）起，每相距10 mm（任一模孔的同心圆半径），工作带的增减值也按表7-6所列数值拟定；最后综合考虑上述情况，再根据经验确定。

当型材壁厚不相同时，既要遵循上述复合同心圆规则，又要按式（7-12）、式（7-13）进行计算。对于以下几种情况，模孔工作带的长度需酌情进行增减，如图7-11所示。

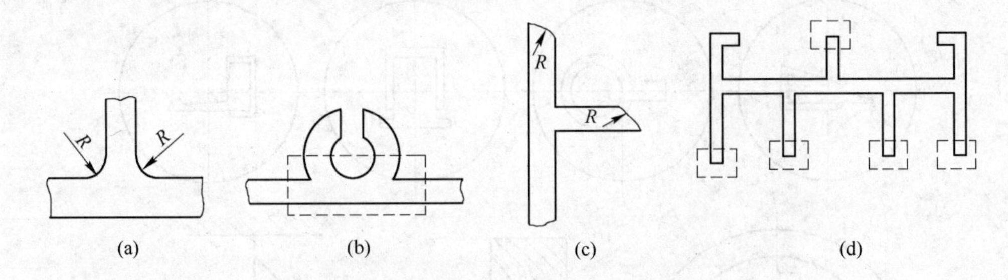

图7-11　需酌情增减工作带长度的几种情况

交接圆边有凹弧 R（$R \geqslant 1.5$mm）者，工作带可加1mm，如图7-11（a）所示；螺孔处工作带可加1mm；如图7-11（b）所示；交接圆边有凸弧 R（$R \geqslant 1.5$mm）者，工作带可减短1mm，如图7-11（c）所示；壁厚相同的各个端部的工作带可减短1mm，如图7-11（d）所示。

d　采用阻碍角或促流角

采用上述增减工作带的长度以调整金属的流动速度是有限的。模孔工作带的长度不可能太长，太长了会影响表面质量；也不可能太短，太短了会影响尺寸的稳定性。当型材壁厚差别很大，计算值超过极限值时，则需采用阻碍角和促流角来调整金属的流动速度。

在型材壁厚大，比周长小的部位的模孔工作带入口处做一斜面即碍流角以增加金属在此处的流动阻力，减缓金属流动速度。斜面与模子轴线之间的夹角 $\gamma_{阻}$ 称为阻碍角，斜面的高度 $h_{阻}$ 称为阻碍高度，如图7-12所示。

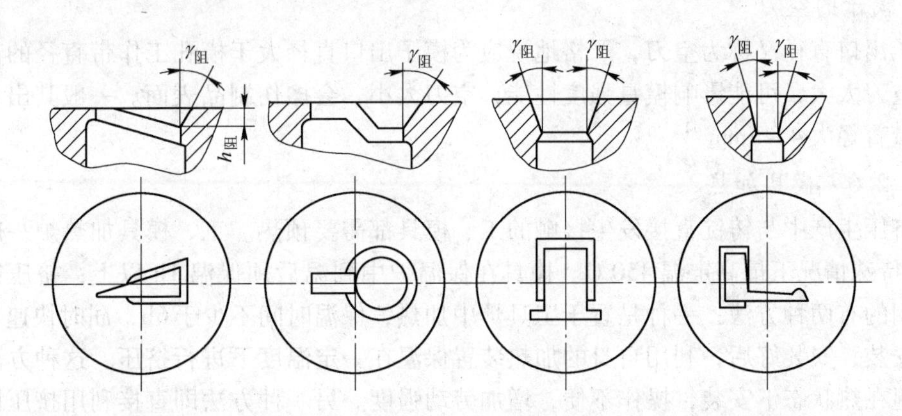

图7-12　带有阻碍角的模子

同样对型材壁厚薄的部位可以做促流角，以减小金属的流动阻力，提高金属的流动速度，增加金属的供应量，如图7-13所示。

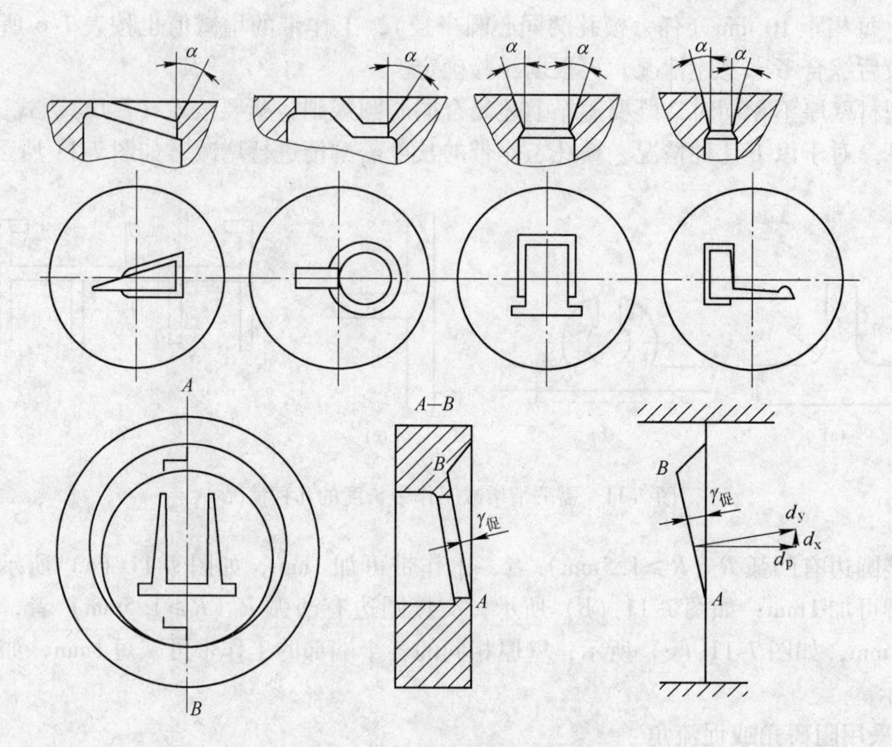

图 7-13　促流角示意图

促流角 $\gamma_{促}$ 系指倾斜于模子端面与模子轴线垂直面之间的夹角。一般取 $\gamma_{促}=3°\sim10°$。由于模子端面是由型材壁厚的部位向壁薄的部位倾斜，因此模子端面对金属的反作用力 d_p 可以分解为一个垂直分力 d_y 和一个水平分力 d_x。在 d_x 力的作用下，将促使金属沿模子端面向型材壁薄部位流动，从而增加壁薄部位的金属供给量，使流速加快而致整个断面金属均匀流动。

B　模子的空刀

模子出口直径又称为空刀，严格地说应为模子出口直径大于模孔工作带直径的部分为空刀。空刀太大，可能影响模具强度性能；空刀太小，会擦伤制品表面。一般其出口直径比定径带直径大 4 ~ 5mm[11]。

7.2.2.6　模具加热

热挤压生产中与铸锭直接发生接触的工、模具都需要预热。工、模具加热炉一般定温 400℃，特殊情况下最高定温 450℃。模具在保温炉中到温后须保温 1h 以上；挤压筒加热目前采用的有两种方法：一种是置于工具炉中加热，保温时间不少于6h，届时快速与挤压机对接安装，安装好后，利用自身的加热装置保温在一定温度下进行挤压。这种方法费时较少，但在热状态下安装，操作不便，增加劳动强度。另一种方法即直接利用挤压筒自身装置加热，但耗时长，影响生产进度。

7.2.3　铸块、挤压筒加热示例

挤压型、棒材部分铝合金铸块加热温度和挤压筒保持温度见表 7-7（参考）。

表 7-7 挤压型、棒材时部分铝合金铸块加热温度和挤压筒保持温度

合　金	制品类型	成品交货状态	加热温度/℃	挤压筒温度/℃
1×××、5A02、3A21、3003	型、棒	O、H112	420~480	400~500
1×××系	扁棒	H112	250~320	250~400
1×××系	扁棒①	H112	300~450	300~450
1×××系、3A21	空心型材	H112	460~530	400~450
6A02		T4、T6		
2A11、2A12、7A04、7A09	型、棒	T4、T6、H112	360~460	360~450
2A50、2B50、2A70、2A80、2A90	型、棒	所有状态	380~450	400~450
2A14	型、棒	O、T4	380~450	400~450
2A02、2A16	型、棒	所有状态	440~460	400~450
	型、棒②		400~440	
2A12	大梁型材	T4	420~450	420~450
2A11、2A12	空心型材	T4、H112	420~480	400~450
5A03、5A05、5A06、5B05、5A12	型、棒	O、H112	330~450	400~450
6A02	型、棒	所有状态	320~370	400~450
6061、6063	型、棒	T5	460~530	400~450

①扁棒——不要求力学性能指标，但要求附力学性能试验结果报告；
②型、棒——不要求高温性能。

挤压管材，部分铝合金铸块加热温度和挤压筒温度见表 7-8（参考）。

表 7-8 挤压管材部分铝合金铸块加热温度与挤压筒温度

合　金	铸块加热温度/℃	挤压筒温度/℃	备　注
1×××系、3A21、6A02	400~480	400~450	穿孔挤压
1×××系、5A02、3A21	400~450	400~450	厚壁管
1×××系、3A21、6A02	300~450	320~450	
2A11、2A12、2A14、5A02、5A03	320~450	320~450	
5A05、5A06、5A12	360~440	340~450	
6A02	460~520	400~450	厚壁管，H112，T4、T6 状态
7A04、7A09	360~440	340~450	

7.3 挤压

7.3.1 正挤压与反挤压

当前，正挤压与反挤压是最基本的两种挤压方法。在实际生产中，正向挤压机仍然占绝大多数，处于主导地位；反向挤压应用较少，但是近年来，反向挤压明显增加。国内、外科技人员的研究结果表明，反向挤压优点明显，改善了金属的流动性，改善了制品的组织和力学性能，提高了尺寸精度和成品率，具有良好的发展前景。

7.3.1.1 正、反挤压的挤压力

如前所述，正挤压与反挤压的差别在于正挤压时铸锭与挤压筒之间存在摩擦，而反挤

压不存在。图 7-14 所示为正、反挤压原理示意图。下面讨论正、反挤压的摩擦力有多大，它对生产过程和产品质量产生什么影响等问题。

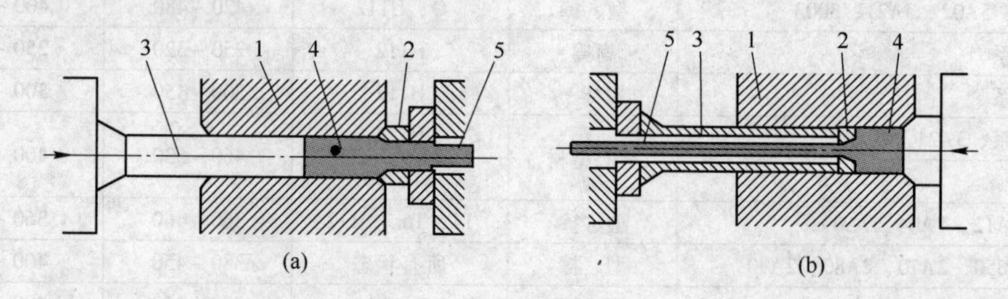

图 7-14　正、反挤压方法原理示意图

（a）正挤压；（b）反挤压

1—挤压筒；2—模子；3—挤压轴；4—锭坯；5—制品

西北铝加工厂在 49MN 挤压机上进行了正、反单孔棒材挤压的实践，其实验参数见表 7-9。单位压力与大车的行程关系（p_b-L 曲线）如图 7-15 所示。由图看出，在正向挤压过程中，挤压力按变形阶段的不同发生变化，开始加压于铸锭，使其在挤压筒内被镦粗和充满模孔，挤压力直线上升至最大值；到了基本挤压阶段，挤压力逐渐下降；至最后阶段，挤压力又略有回升。而反向挤压则在镦粗的变形过程中，挤压力基本保持不变，至终了时才略有上升。

表 7-9　正、反挤压参数记录表

挤压方法	合金牌号	铸锭规格 /mm	制品直径 /mm	挤压筒径 /mm	残料长度 /mm	挤压温度 /℃	挤压筒温 /℃	制品流出速度 /m·min⁻¹	实测仪表压强/MPa
正向挤压	2A12	$\phi350\times1000$	$\phi110$	$\phi360$	100	390	400	0.3	29.4
反向挤压	2A12	$\phi405\times800$	$\phi105$	$\phi420$	30	400	400	1.8	20.6

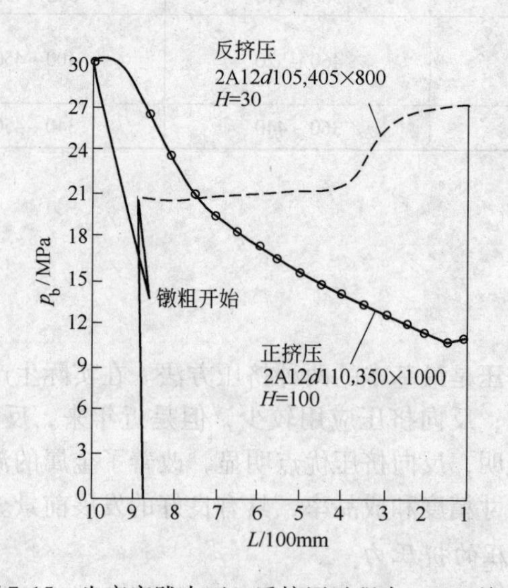

图 7-15　生产实践中正、反挤压过程中 p_b-L 关系

根据第6.3.2节和第6.3.3节挤压力计算公式和参数确定的有关原则和方法，按表7-9中的生产实验条件，将其相关参数的计算结果和取用值列于表7-10。

表7-10 正、反挤压理论计算相关参数选取表

项目	正挤压	反挤压
挤压系数 λ	10.71	16.0
镦粗系数	1.058	1.075
铸锭镦粗后的直径 D_0/mm	360	420
铸锭镦粗后的长度 L_0/mm	945.18	743.9
铸锭镦粗后的横截面积 F_0/mm²	101736	138474
制品直径 D_1/mm	110	105
平模挤压 α 角/(°)	60	80
死区计算高度 h_s/mm	0	
摩擦系数 $f_t=f_z$	1	1
摩擦系数 f_d	0.5	0.5
在变形区的持续时间 t_s/s	109.87	63.5
硬化系数 C_y	1	1
变形抗力 K_{zr}/MPa	41.2	38.2
塑性剪切应力 S_{zr}/MPa	20.6	19.1
塑性平均剪切应力 $\overline{S}_z$/MPa	20.6	19.1
塑性剪切应力 S_d/MPa	20.6	19.1
塑性剪切应力 $S_t=1.25S_{zr}$/MPa	25.7	0
定径带长度/mm	5	5
定径带侧表面积 F_d/mm²	1727	1648.5
定径带处金属塑性剪切应力 $S_d=C_yS_{zr}$/MPa	20.6	19.1
$i=\ln(D_0{}^2/D_1{}^2)$	2.37	2.77
$i_j=\frac{1}{4}\ln m$（m—挤压等断面圆棒个数）	0	0

A 正挤压的挤压力

正向挤压棒材突破阶段的挤压力，即正挤压的最大挤压力。根据皮尔林公式，由4部分组成：

（1）为实现塑性变形作用在垫片上的力：

$$R_s=\frac{0.785(i+i_j)}{\cos^2\frac{\alpha}{2}}D_0^2\times2\overline{S}_z=\frac{0.785\times2.37}{\cos^2\frac{60^\circ}{2}}\times360^2\times2\times20.6=13.24\text{MN}$$

（2）为克服挤压筒壁摩擦力作用于垫片上的力：

$$T_t=\pi D_0(L_0-h_s)f_t\overline{S}_t=\pi\times360\times945.18\times1\times25.7=27.46\text{MN}$$

（3）为克服塑性变形区压缩锥面上的摩擦力作用在垫片上的力：

$$T_z = \frac{0.785i}{\sin\alpha} D_0^2 f_z \overline{S}_z = \frac{0.785 \times 2.37}{\sin 60°} \times 360^2 \times 1 \times 20.6 = 5.74\text{MN}$$

（4）为克服定径带摩擦力作用于垫片上的力：

$$T_d = \lambda F_d f_d \overline{S}_d = 10.71 \times 1727 \times 0.5 \times 20.6 = 0.19\text{MN}$$

总的最大挤压力为：

$$p = R_s + T_t + T_z + T_d = 13.24 + 27.46 + 5.74 + 0.19 = 46.63\text{MN}$$

实际测量：压力表指示的最大单位压强，$p_{max} = 29.42\text{MPa}$，挤压机的额定压力 $N =$ 49.04MN，工作液体的额定单位压力 $p_e = 31.38\text{MPa}$，故实测总压力为：

$$p^* = \frac{N}{p_e} p_{max} = \frac{49.04}{31.38} \times 29.42 = 45.98\text{MN}$$

理论计算值与实际测量值的相对误差为：

$$\eta = \frac{p - p^*}{p^*} = \frac{46.63 - 45.98}{45.98} \times 100\% = 1.4\%$$

B　反挤压的挤压力

诚如上述，反向挤压时铸锭在挤压筒内与筒壁不发生相对运动，不存在摩擦，同时其突破挤压力与基本挤压阶段的挤压力是平衡的，基本上没有变化，所以总挤压力没有 T_t，只由 R_s、T_z、T_d 三部分组成。根据表 2-6 的实验结果计算：

$$R_s = \frac{0.785(i + i_j)}{\cos^2 \frac{\alpha}{2}} D_0^2 \times 2 \overline{S}_z = \frac{0.785 \times 2.77}{\cos^2 \frac{80°}{2}} \times 420^2 \times 2 \times 19.1 = 24.97\text{MN}$$

$$T_z = \frac{0.785i}{\sin\alpha} D_0^2 f_z \overline{S}_z = \frac{0.785 \times 2.77}{\sin 80°} \times 420^2 \times 1 \times 19.1 = 7.44\text{MN}$$

$$T_d = \lambda F_d f_d \overline{S}_d = 16.0 \times 1648.5 \times 0.5 \times 19.1 = 0.25\text{MN}$$

反挤压计算总挤压力：

$$p = R_s + T_z + T_d = 24.97 + 7.44 + 0.25 = 32.66\text{MN}$$

反挤压实测总挤压力：

$$p^* = \frac{49.04}{31.38} \times 20.6 = 32.19\text{MN}$$

理论计算值与实际测量值的相对误差为：

$$\eta = \frac{32.66 - 32.19}{32.19} \times 100\% = 1.5\%$$

正、反挤压计算总压力与实测总压力基本上是吻合的。

根据上述条件计算的结果，反挤压比正挤压节省挤压力：

$$\eta = \frac{32.66 - 46.63}{46.63} \times 100\% = -30\%$$

根据实测结果，反挤压比正挤压节省挤压力：

$$\eta^* = \frac{32.19 - 45.98}{45.98} \times 100\% = -29.9\%$$

当然这种比较是没有意义的，因为挤压条件不一致：挤压筒直径大小不同，铸锭的大小、长度存在差异；挤压产品和挤压温度也有区别，所以不具有完全的可比性。现在将反向挤压和正向挤压换成同一条件计算，然后进行比较。如在上述反挤条件下进行正向挤压，计算其挤压力为：

$$p=\frac{0.785\times 2.77}{\cos^2\frac{60°}{2}}\times 420^2\times 2\times 19.1+\pi\times 420(743.9-h_s)\times 1\times 23.9+\frac{0.785\times 2.77}{\sin 60°}\times$$

$$420^2\times 1\times 19.1+16.0\times 1648.5\times 0.5\times 19.1=51.7\text{MN}$$

在同等条件下计算的反挤压比正挤压节省挤压力：

$$\eta=\frac{32.66-51.7}{51.7}\times 100\%=-36.8\%$$

理论与实践都证明，反挤压比正挤压能节省挤压力。其节省挤压力的程度则视铸锭的长短而定。因为反挤压不存在铸锭与挤压筒壁间的摩擦力，而正挤压其摩擦力很大，且与铸锭的长度成正比。因此铸锭长度越长，反挤压节省的挤压力越大[4]。

这里有一点必须说明，反挤压比正挤压节省挤压力是就反挤压的正常挤压力对正挤压的最大挤压力（也称突破挤压力）而言的。正向挤压随着挤压过程的进行，铸锭越来越短，摩擦力越来越小，其所需的挤压力也就越来越小。但是任何正向挤压机的挤压能力须视其为突破挤压的能力，不能通过突破挤压，则整个挤压过程就不能进行。反向挤压其突破挤压力与正常挤压力是一致的，没有增加，故正常挤压力即是其挤压能力。当然反向挤压终了时，其挤压力增加而大于正常挤压力，这有两个原因：一是挤压到最后，金属与挤压垫产生摩擦，使挤压力有所上升；二是因为实验时，堵头温度较低，使铸锭后部冷却，变形抗力增加。转入正常生产后，因后者产生的挤压力上升现象即可消失。因此正常生产出现挤压力增加时，挤压过程已经完成，对生产不产生影响。

由于反挤压比正挤压降低了挤压力，在同等生产条件下，反向挤压能生产产品的挤压系数明显提高。如在49MN挤压机的某一档比压下，正向挤压能顺利生产2A12合金的挤压系数 $\lambda=11$，而反向挤压能顺利生产的挤压系数 $\lambda=17$，其挤压系数比相对提高 $\eta=\frac{17-11}{11}\times 100\%=54.5\%$。

7.3.1.2　正、反挤压的变形热

在挤压生产过程中，挤压温度对加工制品的组织、性能影响很大。而影响挤压温度的因素除了铸锭在挤压前的加热温度外，金属在变形过程中，由于外界施加的力，使得金属发生塑性变形时的变形能中的极小部分消耗在金属原子点阵发生畸变，使内能增加外，绝大部分将转变为热能。挤压时，金属与工具的摩擦，包括模孔部分和挤压筒部分的摩擦，产生摩擦热。也就是说，挤压做功时大部分都转变成了热能，这些热能使变形金属的温度升高，也可能使相关工、模具的温度有所上升。

将挤压时做功所产生的热量分为3部分：

Q_1——包括外力 R_s、T_z 做功时除发生点阵畸变外所产生的热量；

Q_2——金属与挤压筒壁摩擦即 T_t 做功所产生的热量；

Q_3——金属与挤压模壁摩擦即 T_d 做功所产生的热量。

$$Q_1=(R_s+T_z)(L_0-L^*)\tag{7-14}$$

$$Q_2=\overline{T_t}(L_0-L^*)\tag{7-15}$$

$$\overline{T}_{t} = \frac{T_{max} - T_{min}}{2} \tag{7-16}$$

$$Q_{3} = T_{d}\ (L_{0} - L^{*}) \tag{7-17}$$

挤压做功产生的总热量为：

$$Q = Q_{1} + Q_{2} + Q_{3} = \left(R_{s} + T_{z} + \frac{T_{max} - T_{min}}{2} + T_{d}\right)(L_{0} - L^{*}) \tag{7-18}$$

其热量引起的温升为：

$$\Delta t = \frac{kQ}{cV\rho} \tag{7-19}$$

式中 k——提高物体晶体点阵能所消耗的功的系数，$k = 0.9 \sim 1.0$；

$\overline{T}_{t}$——金属与挤压筒壁之间的平均摩擦力，N；

T_{max}——金属与挤压筒壁之间的最大摩擦力，N；

T_{min}——金属与挤压筒壁之间的最小摩擦力，N，$T_{min} = 0$；

c——金属的比热容，kJ/(kg · ℃)；

V——变形物体的体积，cm^{3}；

ρ——密度，g/cm^{3}；

L_{0}——镦粗后的铸锭长度，cm；

L^{*}——残料长度，cm。

计算在上述同等挤压条件下产生的温升，取 $k = 0.9$，则

正挤压，$L_{0} - L^{*} = 65.89$：

$$\Delta t = \frac{0.9 \times 347958.04 \times 65.89}{1.063 \times 103010.8 \times 2.7} = 69.8℃$$

反挤压：

$$\Delta t = \frac{0.9 \times 326602.85 \times 71.39}{1.063 \times 103010.8 \times 2.7} = 71.0℃$$

上述计算结果表明，挤压2A12合金，挤压筒直径 ϕ420mm，挤压温度400℃，镦粗后铸锭长度为743.9mm，正挤压残料长度85mm，反挤压残料长度30mm，其温升没有明显差异。

在生产实践中测得反向挤压2A11合金棒材挤出的制品前端温度比铸锭的实际温度高20 ~ 50℃，尾端温度比前端高5 ~ 10℃，即挤压2A11合金引起的温升为 $\Delta t = 20 \sim 60℃$，比2A12合金计算的结果略低，但其变形抗力也比2A12合金低。可见计算结果与实际温升基本上也是吻合的。当然随着挤压过程中条件的变化，温升也随之产生波动，实际温升波动较大是正常现象。

但是，有几个问题需要说明：

（1）计算时忽略了镦粗变形产生的形变热。

（2）取系数 $k = 0.9$，未再考虑变形金属与挤压筒壁之间的热传导。

（3）正、反挤压铸锭长度相同，但残料长度不一致，正挤压为85mm，反挤压为30mm。若反挤压所留残料与正挤压相同，则反挤压计算的温升为65.5℃，比正挤压低4.3℃。

（4）无论是正挤压还是反挤压，提高挤压速度会使温升迅速增高。当速度提高到一定程度时，可能形成一绝热过程，引起某些低熔点物质熔化，产生严重裂纹，甚至引起部分金属熔化。

7.3.1.3 正、反挤压的挤压速度

从温升看,正、反挤压差异不大,据此其挤压速度应该大体上相同或相近,但实际生产中,挤压速度的快与慢,不仅决定于温升的高低,还决定于表面的应力与大小。在挤压中,施加于挤压垫片上的外力 T_t 克服了铸锭与挤压筒壁之间的摩擦力,使金属进入变形状态,但在金属表面产生了附加拉应力。同理,T_z、T_d 均克服了其相应的表面摩擦力而产生附加拉应力。这些应力最终叠加而在表面形成总拉应力。施加的外力越大,形成的拉应力越大。

在上述相同条件下的正向挤压中，其施加的将产生拉应力的外力 T_t、T_z、T_d 之和为：

$$T = T_t + T_z + T_d = 23.45 + 8.46 + 0.25 = 32.16\text{MN}$$

在反向挤压中，因 $T_t = 0$，故其施加将产生拉应力的外力之和为：

$$T^* = T_z + T_d = 7.44 + 0.25 = 7.69\text{MN}$$

由上述计算结果看出，挤压过程中将会引起表面拉应力所施加的外力，正挤压比反挤压大得多，其比值为：

$$\frac{T}{T^*} = \frac{32.16}{7.69} = 4.18$$

因此，反向挤压在表面产生的拉应力比正向挤压小得多，而表面拉应力小于该温度下的抗拉强度 σ_b 时，即不会产生表面裂纹，所以反挤压的速度应比正挤压大。在实践中生产 2A11 合金 ϕ110mm 棒材，挤压系数 $\lambda = 14.6$，铸锭加热温度 365～390℃，挤压筒温度 400℃，反挤压测得制品流出速度 $v_1 = 1.49 \sim 3.50$m/min 不出现裂纹；而正向挤压制品流出速度 $v_2 = 0.3 \sim 1.2$m/min 时才不出现裂纹。其速度比为：

$$\frac{v_{1\min}}{v_{2\min}} = \frac{1.49}{0.3} = 4.9$$

$$\frac{v_{1\max}}{v_{2\max}} = \frac{3.5}{1.2} = 2.9$$

生产 2A12 合金棒材，反挤压与正挤压的挤压速度之比为 4.24 倍和 1.48 倍。

7.3.1.4 正、反挤压制品的尺寸精度

正向挤压时，在基本挤压阶段随着挤压过程的进行，变形金属与挤压筒之间的摩擦力随之减小（图 7-16），若不能随时调整挤压力，则挤压速度将越来越快，会使塑性变形时

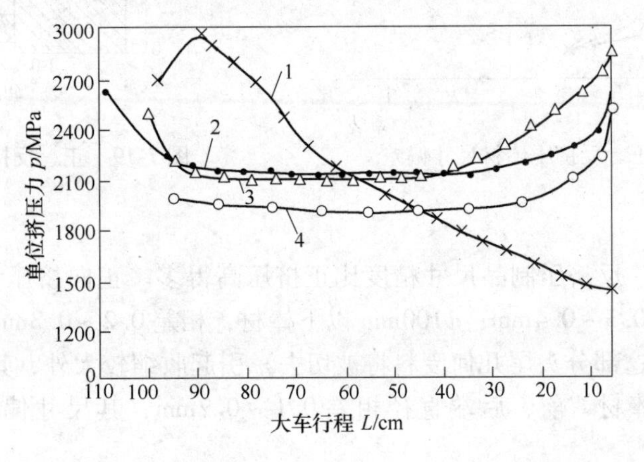

图 7-16 正、反挤压挤压力—大车行程曲线

金属的充盈度和温度产生差异，从而导致制品尺寸偏差增大；反挤压在基本挤压阶段维持压力基本平衡（图 7-16），不产生大的波动，所以制品尺寸偏差较小。

据资料介绍，正、反挤压制品尺寸精度如图 7-17 ~ 图 7-19 所示。

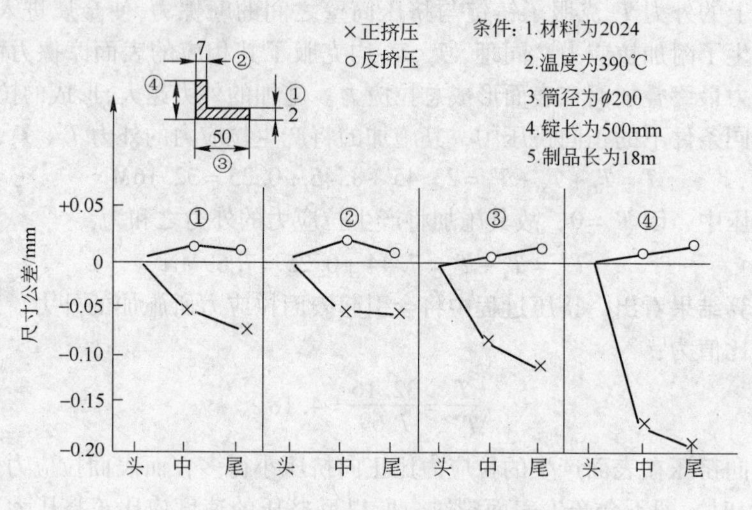

图 7-17　正、反挤压型材尺寸偏差

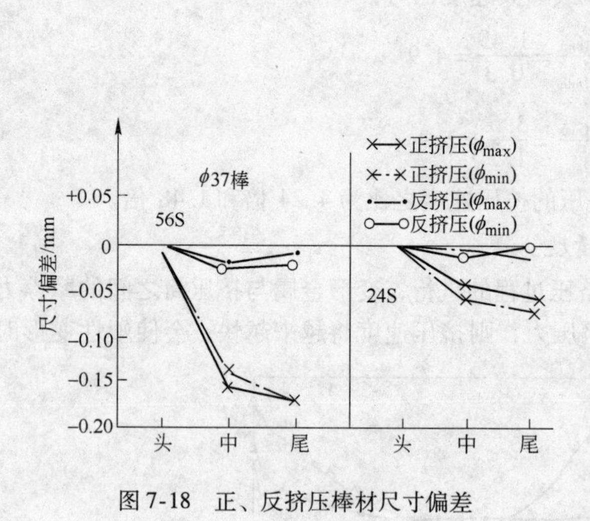

图 7-18　正、反挤压棒材尺寸偏差

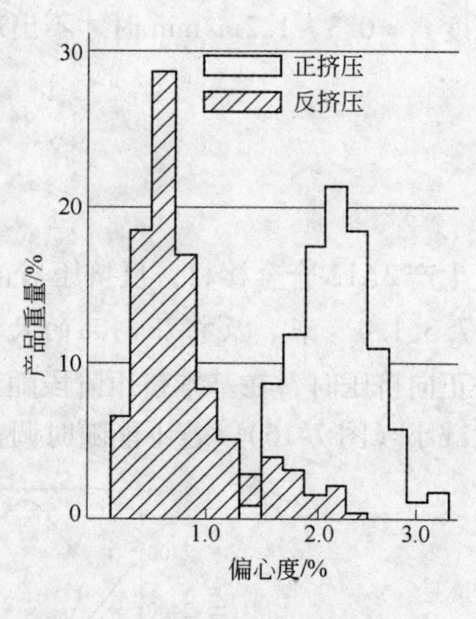

图 7-19　正、反挤压管材偏心度

生产实践表明，反挤压制品尺寸精度比正挤压高得多。正向挤压 ϕ100mm 以上棒材，前、后端直径相差 0.3 ~ 0.4mm；ϕ100mm 以下棒材，相差 0.2 ~ 0.3mm。反挤压棒材，除尾端因中空缩尾（这部分头尾几何废料将被切去）引起收缩较大外，其余部分直径偏差较小。ϕ100mm 以上棒材，前、后端直径相差 0.1 ~ 0.2mm，其尺寸偏差为正挤压偏差的 33% ~ 50%。

西北铝加工厂 25MN 反向挤压机挤压管材，在长度方向上的外径尺寸列于表 7-11。

表 7-11 反向挤压管材在长度方向的外径尺寸（管材外径名义尺寸为71mm） （mm）

长 度	300	13000	23200	前后差
外 径	71.60	71.32	71.34	0.26
	71.50	71.44	71.38	0.12
	71.56	71.38	71.40	0.16

管材内径在长度方向的尺寸列于表 7-12。

表 7-12 反向挤压管材在长度方向的内径尺寸（内径名义尺寸为60mm） （mm）

长 度	500	6500	15100	前后差
内 径	59.45	59.45	59.40	0.05

实际生产中，反向挤压管、棒材的直径精度比正向挤压有明显提高，与有关的资料介绍完全是吻合的。但在管材的偏心度方面情况却与文献资料存在一定的差异。关于这个问题，这里只作简单介绍。

偏心度的计算方法为：

$$Y = \frac{\delta_{max} - \delta_{min}}{\delta_{max} + \delta_{min}} \times 100\% \tag{7-20}$$

式中 δ_{max}——管材的最大壁厚；

δ_{min}——管材的最小壁厚。

就管材壁厚偏心而言，反向挤压本身并不能使其减小，相反，反向挤压管材时，模支承要在挤压筒内反复通过，因而要求模支承和挤压筒之间须保持合适的间隙，这就使得模子的固定反而不如正向挤压。决定偏差取决于设备中心（包括挤压筒、挤压轴、挤压针、模孔中心等）的对中精度。现代反向挤压机本身具有自动对中装置，因此使偏差减小。其次铸锭的偏心度、切斜度、铸锭和挤压筒之间的间隙大小等都会对管材的壁厚偏差产生影响，详细情况将在产品缺陷中进行讨论。

7.3.1.5 正、反挤压制品的组织性能

由于反向挤压铸锭和挤压筒之间没有相对运动，金属流动减小了不均匀性，使得在组织上显著地减小了粗晶环，减小了不同部位间的性能差异。

图 7-20 所示为正、反挤压 2A50 合金 ϕ120mm 棒材距尾端 300mm 淬火后的组织。图 7-21

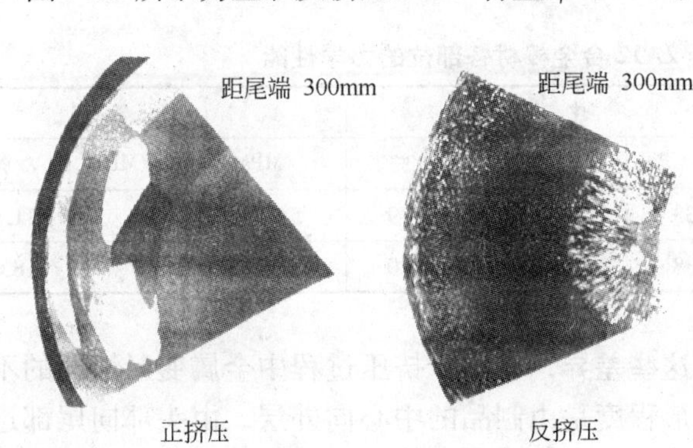

图 7-20 正、反挤压 2A50 合金棒材尾端低倍组织

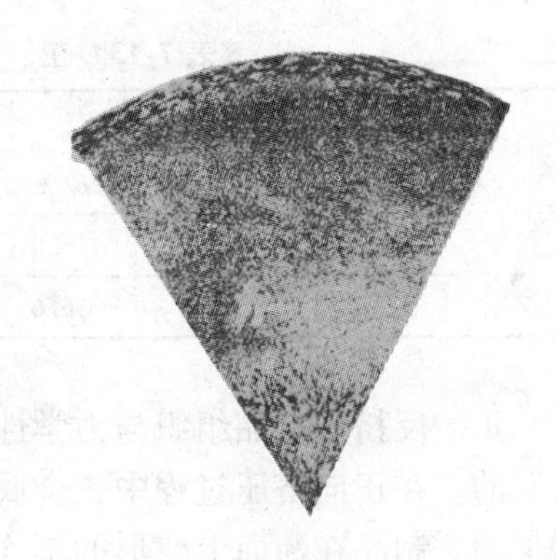

图 7-21 反挤压 2A11 棒材尾端组织

所示为反挤压 2A11 ϕ110mm 棒材距尾端 300mm 淬火后的组织。由图 7-20 看出，反向挤压制品的粗晶环较正向挤压的浅，晶粒尺寸小。正挤压的粗晶环深度达 26mm，粗晶晶粒达 7.5 级，沿长度方向分布最长可达 3m 以上；反挤压的深度不大于 15mm，粗晶晶粒为 3 级，沿长度方向分布为 600mm 左右。反挤压制品晶粒组织明显改善，力学性能的均匀性随之明显提高。图 7-22 所示为正、反挤压型材不同部位的力学性能。表 7-13、图 7-23 所示为 2A12 合金棒材正、反挤压的力学性能。

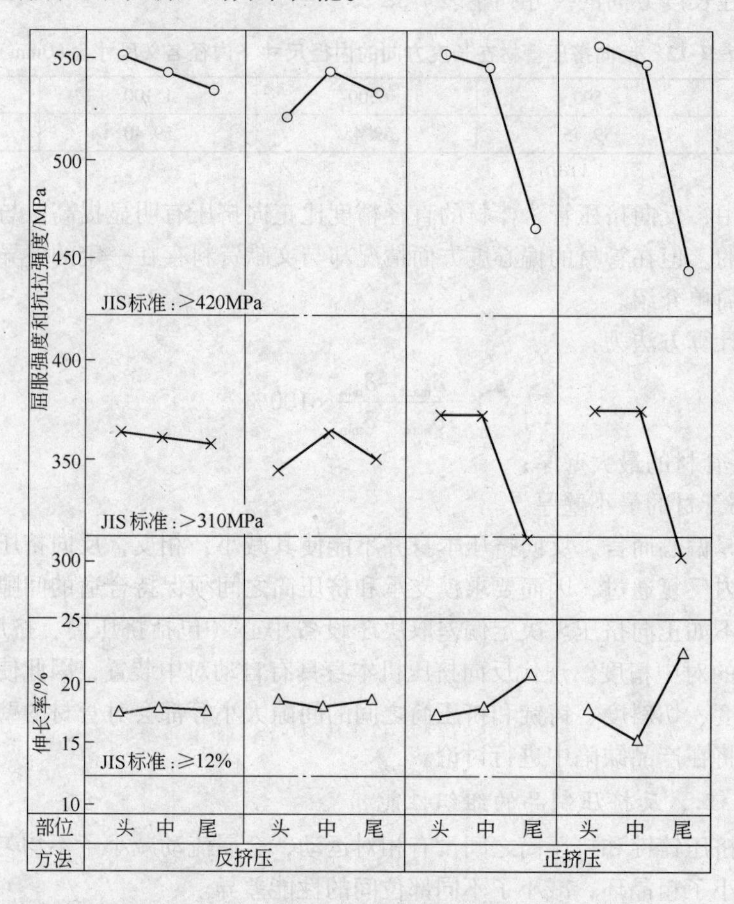

图 7-22　正、反挤压型材不同部位的力学性能

表 7-13　正、反挤压 2A12 合金棒材各部位的力学性能

项目	头　部			中　部			尾　部		
	σ_b/MPa	$\sigma_{0.2}$/MPa	δ/%	σ_b/MPa	$\sigma_{0.2}$/MPa	δ/%	σ_b/MPa	$\sigma_{0.2}$/MPa	δ/%
正挤压	484	321	15.0	533	378	11.9	547	385	11.0
反挤压	523	383	16.6	538	390	19.0	534	387	18.2

正、反挤压制品组织与力学性能的这些差异，是由于挤压过程中金属变形情况的不同引起的。在正向挤压过程中，金属的变形程度是由制品的中心向外层，由头部向尾部逐渐增加的。制品在断面上变形的不均匀性，继而发生组织上的不均匀性，是由于外层金属在挤压筒内受到摩擦阻力的作用而产生附加剪切变形，使外层金属遭到较大破碎的结果。图

7-22、图 7-23 所示沿制品长度方向力学性能的不均匀性是由于金属按图 7-24 中第Ⅱ、Ⅲ种流动类型变形的结果。这两种流动变形，外摩擦作用非常强烈，外层金属在挤压过程中受到连续不断的剪切变形，随着挤压过程的推进，铸锭长度减小，断面上的剪切变形区不断向锭坯中心扩大，从而使铸锭晶粒遭到破碎的程度，由制品前端向后端逐渐增大。有些合金在后续的淬火过程中，由于前端变形小，形成再结晶核心少，晶粒较粗大；后端变形大，内能高，形成的再结晶核心多，晶粒较细小，致使前端强度性能低，伸长率高；后端强度性能高，伸长率低。但是当挤压的棒材直径或型材壁厚较大时，特别是 2A50、2A12、7A04 等合金，后端组织发生再结晶，产生粗晶环；破碎程度越厉害，产生的粗晶环越严重，对力学性能的影响也越明显。关于粗晶环的形成机制，将在后面章节中进行详细讨论。

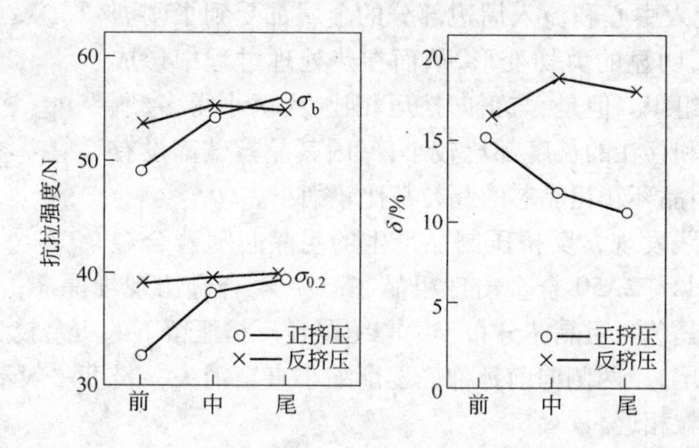

图 7-23 正、反挤压 2A12 合金棒材不同部位的力学性能

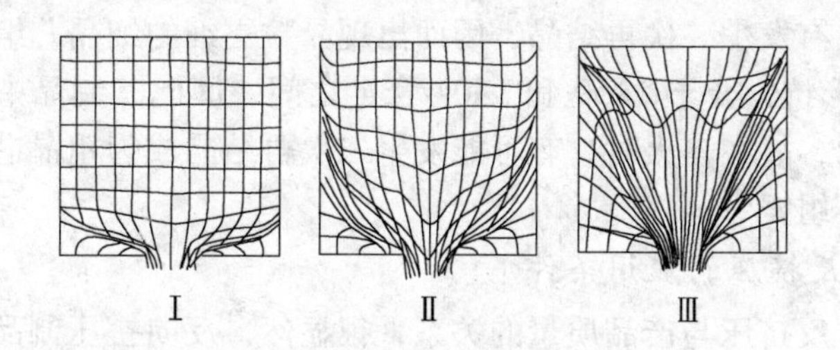

图 7-24 挤压时金属流动的三种基本类型

但是在反向挤压中，情况与正向挤压有很大的不同。如前面所述，反向挤压的基本特点是锭坯金属与挤压筒壁之间无相对运动，塑性变形区集中在模孔附近，如图 7-24 中Ⅰ所示。其变形区高度不大于 $0.3D_0$。由于塑性变形区之外的金属（图 6-12 中的 4 区）与筒壁间无摩擦，受力条件为三向等压应力状态。挤压时，塑性变形区中金属与筒壁间的摩擦力的作用方向与金属流出模孔的方向相同，故其死区很小，因而出现了两个问题：（1）死区不能阻留锭坯表面层的金属流向制品的表面层。24.5MN 反向挤压机生产 2A11 ϕ50mm 棒材时，可以看到棒材表面上残存的铸块车削时的螺旋刀痕。（2）塑性变形只集中在模孔附近，使制品的变形均匀性增加，特别是沿长度方向更为明显，使得制品组织得到改善，粗晶环显著减小（图 7-20、图 7-21），力学性能的差异明显减轻（图 7-22、图 7-23）。

反向挤压制品的组织、性能得到明显改善是毫无疑义的，但是如图 7-20、图 7-21 所示，制品尾端仍然存在一定的粗晶环组织,并在一定的条件下制品中心还出现了粗晶芯组织。当然反挤压制品的粗晶环与正挤压的比较,深度浅,晶粒细,长度短,尾端切去600mm左右即可满足要求;而正挤压制品需切去1500mm,有时甚至需切去3000mm以上才能满足需要。

反挤压制品产生粗晶环、粗晶芯组织的原因，是因为平模挤压的棒材较大，挤压系数较小，存在一定的死区。在死区的交界面处产生了剪切变形。随着挤压过程的进行，锭坯越来越短，能补充的金属量越来越少。当金属消耗至一定程度时，发生剪切变形的死区交界层逐渐补充流向模孔的外层;中心层金属也严重不足,致使一部分金属克服堵头或挤压垫的摩擦流入模孔中心(图7-25)。流入中心和流入周边部分的金属都受到了剧烈的剪切应力,发生了明显的剪切变形,从而在热处理过程中形成了粗晶环和粗晶芯组织。但是,与正向挤压相比,死区小得多,所以其粗晶环的深度和存在的长度都比较小;又因其晶粒破碎没有正向挤压严重,故粗晶环和粗晶芯的晶粒都比较细小。

图7-25　终了挤压阶段金属流动示意图

同时，生产实践发现，反挤压制品产生的粗晶芯随着合金的不同而不同。2A11、2A50合金出现粗晶芯；7A04合金出现细晶芯；2A12合金或出现粗晶芯，或出现细晶芯。粗晶芯分布于中心缩尾（反挤压留下的压余较少，中心金属补充不足，形成集中缩尾），两侧向前延伸，逐渐缩小直至消失，长度一般不超过600mm，其晶粒与粗晶环的晶粒相近。

细晶芯的出现可能是7A04合金变形抗力大，发生的剪切变形相对较小，克服堵头或挤压垫片摩擦向中部流动的量也比较少，其晶粒破碎的程度不如2A50、2A11合金严重，在进行热处理时，没有发生二次再结晶，因而出现晶粒更细的细晶芯组织。

2A12合金的变形抗力介于2A50和7A04合金之间，因此其制品中心部分晶粒破碎的程度也介于二者之间，故在淬火时，有可能发生二次再结晶成为粗晶芯，也可能不发生二次再结晶而呈细晶芯组织[12]。

7.3.1.6　正、反挤压的应用条件

综上所述，正、反挤压与产品质量的关系，很显然，反向挤压制品的质量优势是比较明显的。但在实际生产中，是采用正挤压，还是反挤压，主要决定因素如下：

（1）材料标准要求。如某些受力的关键部件是不允许有粗晶环存在的，有的用户甚至直接要求必须采用反向挤压生产。

（2）制品的外形尺寸。因为目前从事生产的反向挤压机，除套轴反挤压管材之外，反向挤压能生产的制品的外形尺寸受到限制。管、棒材的最大外径，型材的最大外接圆直径必须小于空心挤压轴的内径。所以反挤压能够生产的制品尺寸比较小，大尺寸的产品必须采用正向挤压生产。

（3）必须拥有反向挤压机，或通过革新改造，将正向挤压机改造成为正、反两用挤压机，才能进行反挤压生产。

7.3.2　固定针挤压与随动针挤压

上节重点讨论了棒、型材的正、反挤压问题，本节讨论管材的生产方法与技术问题。

前面已经说过，生产管材的方法除按正挤压、反挤压划分外；又可按固定针挤压、随动针挤压和分流模挤压来划分。

7.3.2.1 固定针挤压

顾名思义，固定针挤压就是在挤压过程中，挤压针固定不动。它可以是正挤压，也可以是反挤压。生产管材时，一般挤压系数都比较大，特别是生产薄壁管，挤压系数会很大。对挤压机的某一个挤压筒、某一种合金来说，能生产某一厚度的薄壁管，则生产比其壁厚大的管材就不会有存在挤压力不够的问题。

生产管材的挤压力随挤压针和模具的形式不同而异。挤压针的形式如图7-26所示。常用的有圆柱式针、瓶式针和随动针。

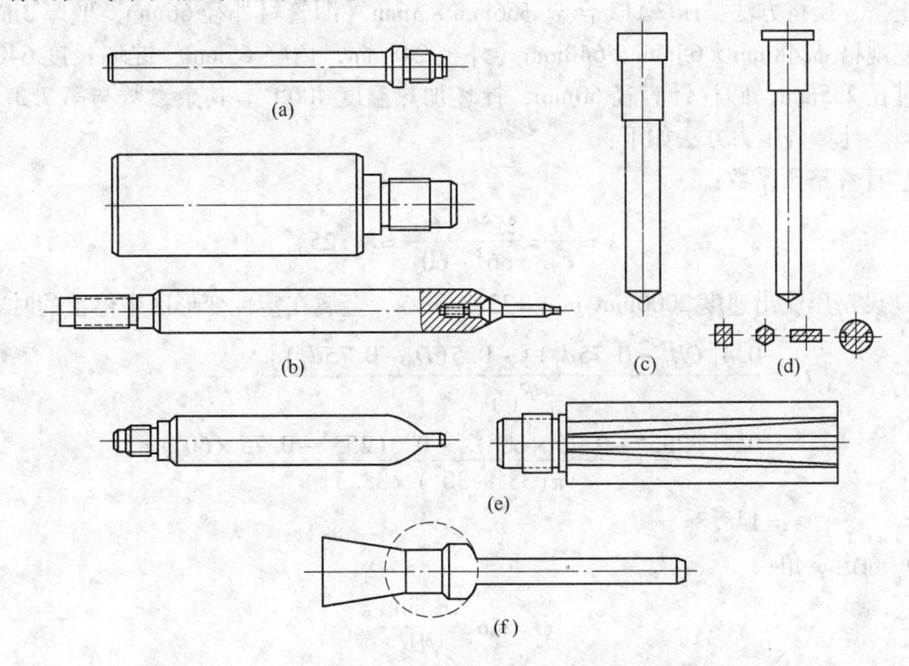

图7-26 各种结构的挤压针

(a)圆柱式针；(b)瓶式针；(c)立式挤压机用固定针；(d)异型针；(e)变断面型材针；(f)立式挤压机用随动针

对圆柱式针、随动针，总挤压力为：

$$p = 0.86i\left(\frac{D_0^2}{\cos^2\dfrac{\alpha}{2}} - \frac{d_1^2}{\cos^2\dfrac{\varphi}{2}}\right)\times 2\overline{S}_z + \frac{1.57}{\sin\alpha}(D_0^2 - d_1^2)\ln\frac{D_0 - d_1}{D_1 - d_1}f_z\overline{S}_z + \pi(D_1 + d_1)\lambda h_d f_d S_d + \pi(D_0 + d_1)(L_0 - h_S)f_t S_t \tag{7-21}$$

对瓶式针，总挤压力为：

$$p = 0.86i\left(\frac{D_0^2}{\cos^2\dfrac{\alpha}{2}} - \frac{d_1^2}{\cos^2\dfrac{\varphi}{2}}\right)\times 2\overline{S}_z + \ln\frac{t_0}{t_1}\cdot\frac{\pi\sin\left(\dfrac{\alpha+\alpha_0}{2}\right)}{\tan^2\left(\dfrac{\alpha-\alpha_0}{2}\right)}t_0^2 f_z\overline{S}_z + \pi(D_1 + d_1)\lambda h_d f_d S_d + \pi(D_0 + d_0)(L_0 - h_s)f_t S_t \tag{7-22}$$

式中 D_0——锭坯镦粗后的外径；

d_1——圆柱针的直径或瓶式针的针头直径；

d_0——瓶式针的针杆直径；

D_1——制品的外径；

t_0——穿孔后锭坯的壁厚或空心锭镦粗后的壁厚；

t_1——管材的壁厚；

h_s——死区高度，当 $\alpha \leqslant 60°$，$h_s = 0$，当 $\alpha > 60°$，$h_s = \frac{D_0 - D_1}{2}(0.58 - \cot\alpha)$。

$$\varphi = \sin^{-1}\left(\frac{d_1}{D_0}\sin\alpha\right)$$

用正挤、反挤方法挤压 2A12 合金 ϕ66mm × 3mm（即管材外径 66mm，壁厚 3mm）管材；锭坯规格 ϕ248mm × 65mm × 640mm（外径 248mm，内径 65mm，锭坯长度 640mm）；挤压筒直径 255mm，圆柱针直径 60mm，锭坯加热温度 400℃。其余参数与第 7.3.1.1 节中的相同。计算挤压力方法如下：

（1）计算挤压系数：

$$\lambda = \frac{F_0}{F_1} = \frac{255^2 - 60^2}{66^2 - 60^2} = 81.25$$

（2）设挤压流出速度 2000mm/min = 33.3mm/s，金属在塑性变形区中停留的时间为：

$$t_s = \frac{0.4[(D_0^2 - 0.75d_1^2)^{\frac{3}{2}} - 0.5(D_0^3 - 0.75d_1^3)]}{F_1 v_1}$$

$$= \frac{0.4[(255^2 - 0.75 \times 60^2)^{\frac{3}{2}} - 0.5(255^3 - 0.75 \times 60^3)]}{\pi(33^2 - 30^2) \times 33.3}$$

$$= 148.8\text{s}$$

（3）确定 φ 角：

$$\varphi = \sin^{-1}\frac{d_1\sin\alpha}{D_0}$$

平模圆柱针正挤压时：$\varphi = \sin^{-1}\frac{60 \times \sin 60°}{255} = 11.76°$；

平模圆柱针反挤压时：$\varphi = \sin^{-1}\frac{60 \times \sin 80°}{255} = 13.4°$。

（4）确定填充挤压后的铸锭长度：

$$L_0 = L_{dp}\frac{D_{dp}^2 - d_{dp}^2}{D_0^2 - d_1^2} = 640 \times \frac{248^2 - 65^2}{255^2 - 60^2} = 596.80\text{mm}$$

（5）确定死区高度：

$$h_s = \frac{D_0 - D_1}{2} \times (0.58 - \cot\alpha)$$

平模正挤压时：$h_s = \frac{255 - 66}{2} \times (0.58 - \cot 60°) \approx 0$；

平模反挤压时：$h_s = \frac{255 - 66}{2} \times (0.58 - \cot 80°) = 37.8\text{mm}$。

正向挤压力为：

$$p = 0.86 \times 1.35 \times (86700 - 3636.36) \times 2 \times 19.1 + 1.81 \times 61425 \times 3.48 \times 19.1 + 3.14 \times 126 \times 81.25 \times 5 \times 0.5 \times 19.1 + 3.14 \times 315 \times 596.8 \times 23.875 = 27.32\text{MN}$$

反向挤压管材虽然铸锭外表面与挤压筒壁没有相对运动，不产生摩擦，但挤压针与空心铸锭内表面仍然存在相对运动，产生摩擦力，当然因挤压针的表面积远远小于挤压筒的表面积，其摩擦力很小，且与铸锭的长度成正比，随着挤压过程的进行。摩擦力也呈线性降低（图7-27）。

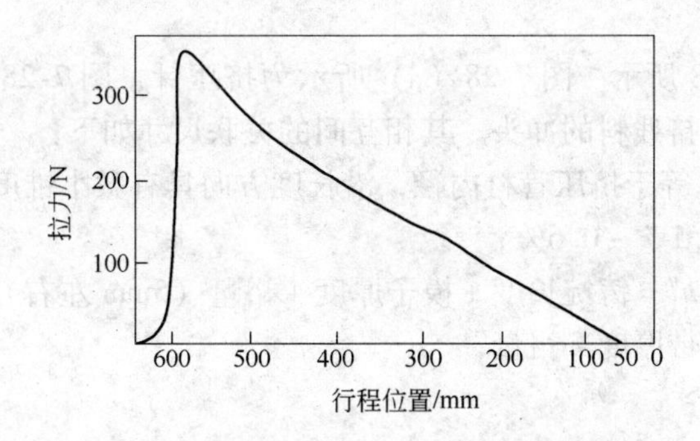

图7-27 挤压针所受拉力与行程位置的关系

则反向挤压力为：

$$p = 0.86 \times 1.35 \times (110808.33 - 3649.68) \times 2 \times 19.1 + 1.59 \times 61425 \times 3.48 \times 19.1 + 3.14 \times 126 \times 81.25 \times 5 \times 19.1 + 3.14 \times 60 \times 596.8 \times 23.875 = 17.03\text{MN}$$

可见挤压管材与挤压棒材一样，反挤压的挤压力远小于正挤压力，在上述的同等条件下，反挤压约为正挤压的62.3%。

7.3.2.2 随动针挤压

在挤压过程中，随动针挤压的挤压针位置不是固定的，而是随着挤压轴一起向前运动，故挤压针与铸锭之间不发生摩擦。挤压针呈锥度，但锥度很小，直径差与长度之比一般在0.1%~0.5%。

A 随动针生产的挤压力

在上述实例中，若采用随动针挤压，其挤压力为：

$$p = 0.86 \times 1.35 \times (86700 - 3636.36) \times 2 \times 19.1 + 1.81 \times 61425 \times 3.48 \times 19.1 + 3.14 \times 126 \times 81.25 \times 5 \times 0.5 \times 19.1 + 3.14 \times 255 \times 596.8 \times 23.875 = 24.64\text{MN}$$

在同等条件下，随动针挤压与正向固定针挤压能减少挤压针与铸锭内孔的摩擦力。总挤压力约为正挤压的90.2%。

B 随动针的应用范围

上面说过，随动针针杆具有锥度，沿针杆长度方向存在直径差，只能生产管材内径偏差要求不严的产品或待后续加工的管毛料。现在有些小型企业大都用普通卧式型棒挤压机生产这样的无缝管材。这在技术上可以说是没有问题的，但在效益上对生产厚壁管材却很不经济。有的挤压厚管长度不到1.5m，切去头尾几何废料，成品交货仅800mm左右。显然这在生产中是没有意义的。但采用随动针挤压3A21、3003、6063等软合金薄壁管毛料，不仅可行，而且具有一定的优势，其挤压长度可达到20m以上，壁厚偏差完全能满足标准要求。一台6～8MN的卧式型棒挤压机，年可挤压1.0～1.5mm厚度的毛料2000t左右，其生产量和生产效益十分可观。

C　随动针挤压实施方法

对设备稍加改造，可实行机械化作业；不实行任何技术改造，则需对挤压工具作些改进，即可实施管材挤压。

挤压工具如图7-28所示。图7-28（a）所示为挤压针，图7-28（b）所示为挤压垫，图7-28（c）所示为冲挤残料的冲头。其相互间的关联尺寸如下：

ϕ_1''——针杆直径，等于挤压管材内径，沿长度方向具有微小锥度，一般其直径差与长度之比在0.1%～0.6%；

h_1''——针杆长度，h_1'' = 铸锭长度 + 模子厚度 + 裕量（5mm左右）；

$h_1' = h_2'$ + 模子定径带厚度 + 裕量；

$h_1 < h_2$；

ϕ_1 略小于 ϕ_2'；

ϕ_1'大于管材内径，略小于模子定径带圆环的内径，或者说略小于管材的外径；

$\phi_3 = \phi_2$；

$\phi_3' < \phi_2''$；

$h_3'' \leqslant h_2$。

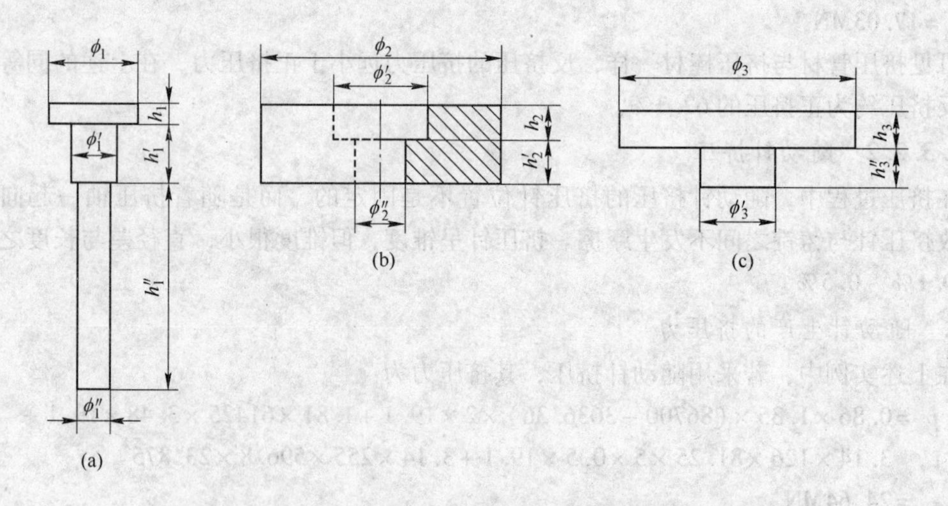

图7-28　卧式型、棒挤压机挤压管材用随动针工具示意图

（a）随动针；（b）挤压垫；（c）冲头

生产薄壁管毛料的挤压系数很大，一般都在200左右，锭坯小，重量轻。装送铸锭、挤压垫和冲头，设备改造后，操作可实现机械化。但当前，一般中、小型企业都采用人工作业，速度快，效率高，产品质量好。挤压完成后，挤压轴退出挤压筒，将冲头装入后，再开动大车，挤压轴推动冲头向前，将管材与残料分离并推出。某厂采用这样的毛料生产

ϕ10mm×0.43mm汽车冷却用水箱管，其质量优良，深得好评。

7.3.3 挤压过程工艺控制

挤压工艺因素包括挤压温度、挤压速度和变形程度等工艺参数以及挤压过程中的润滑状态。讨论这些工艺因素对制品组织和性能的影响，根据合金特性制定合理的工艺方案是铝加工工作者的重要职责。

7.3.3.1 挤压温度的影响

挤压温度对铝合金的变形过程、变形后的组织性能，特别是对后续热处理后的组织和性能有着极其重要的影响。

A 对挤压过程的影响

前已述及，加热温度低，变形抗力大，容易引起闷车，变形难以进行。挤压高镁合金、硬铝和超硬铝时，当设备的比压较小而挤压系数较大时，出现闷车的几率很高。加热温度过高，变形抗力减小，不会闷车，但必须控制在低速下挤压。这个问题看似简单，但在实际生产中，由于加热温度和挤压工、模具温度的控制往往不到位，或高或低，由此发生的闷车现象和挤压裂纹总是不断发生。因此挤压硬合金，特别是挤压高镁合金，设备能力若嫌欠缺，最好在生产前先挤压一两块软合金，以提升工、模具的温度后，再进入正常挤压过程，可明显减少闷车现象的发生，有的企业将此称为“牵引挤压”，挤压温度高，速度稍快，立刻就可能产生裂纹。当前在硬合金的挤压生产中，裂纹废品所占比重基本上总是处于首要位置。对软合金来说，温度对挤压过程没有太大的影响。

B 对产品组织性能的影响

挤压温度高，对某些合金，如6061、6063等软合金（这些合金熔点较高，其正常挤压温度远低于熔点温度），会出现晶粒粗大，抗拉强度、屈服强度、硬度降低，伸长率提高。特别是有些合金在高温挤压时就已经发生再结晶或部分再结晶，在随后热处理时，已结晶晶粒会迅速长成粗大晶粒组织而降低力学性能。对另一些合金，如2×××、7×××系列合金，挤压、加工后，大都要进行淬火以提高力学性能。高温挤压反而会使粗晶组织减少，提高力学性能；而低温挤压反而会加重粗晶环的形成，使力学性能恶化。某厂挤压2A12合金，36mm×41mm矩形棒材，挤压系数λ=15.37，挤压温度控制在390～400℃时，淬火后切尾600mm，粗晶环深度最大2mm；挤压温度提高至450～460℃，淬火后切尾600mm，粗晶环深度最大0.1mm。由上述得出，对6061、6063等合金，控制在中限温度挤压较好；对2×××、7×××系列合金，尽可能控制在上限温度挤压，以减少或消除粗晶环的影响。其原因和机理将在后面进行详细讨论。

C 对表面质量的影响

冷态下挤压的产品尺寸精确，表面光洁度好。随着挤压温度的上升，就整体而言，表面光洁度随之恶化；就同一根制品而言，前端温度低于后端，前端表面质量即明显优于后端。温度太高时，很容易产生麻点、麻面。

7.3.3.2 挤压速度的确定与控制

生产实践表明，挤压速度对不同合金的影响是不一样的。对2×××、7×××系列合金和含镁量较高的5×××系合金的影响，表现最为直观、明显。挤压过程中略加提速，就可能产生裂纹；略为减速，裂纹就可能立即消失。但有例外，对含铅、铋的2011等合金，如采用硬合金的正常挤压速度，则制品表面可能产生疤痕状缺陷，完全破坏了表面的平滑性与光洁度；提速挤压，表面则即刻改观，不仅不产生裂纹，反而平整光滑，具有极好的光洁度。对3A21、3003、6063等软合金，则只要在挤压温度范围之内，无论快速挤压还是慢速挤压，只会对表面光洁度产生轻微影响，不会出现裂纹等恶性缺陷。造成这些现象的原因是合金本质和挤压温升综合作用的结果。

我们在第7.3.1.2节中讨论了正、反挤压的变形热，了解了在挤压过程中所施外力促使金属变形时所做的功，除极小部分使金属的晶体点阵发生畸变，作为内能被金属保留下来外，其余均成为变形热和摩擦热，使得变形金属及与其相接触的工、模具产生温升。挤压时做功越大，产生的热量越高，温升越高。做功的大小决定于金属的变形抗力或者说金属的硬化系数；而金属的变形抗力或硬化系数又与挤压速度密切相关。挤压速度提高，产生的变形热和摩擦热增加，引起金属温度上升。在正常情况下，做功产生的热量一小部分会通过工、模具和制品带走，余下部分才使金属产生温升。但当挤压速度达到某一定值时，可能会成为一绝热过程，即挤压过程产生的所有热量来不及散逸，全部由变形金属吸收，使得变形金属的温度急剧升高。随着金属温度的升高，其屈服强度与抗拉强度随之降低。我们知道，金属发生变形时，铸锭表面与制品表面因其与工、模具表面产生摩擦，使得表面金属流速慢，中心金属流速快，因此，除了实现塑性变形所施压力产生的基本压应力$-\sigma$外，在中心产生附加压应力$-\sigma_1$，表面产生附加拉应力$+\sigma_2$。其工作应力由基本应力和附加应力叠加而成（图7-29）。

在制品中心，工作应力为：

$$\sigma = -\sigma^* + (-\sigma_1) = -\sigma^* - \sigma_1$$

制品中心总是处于压应力状态，因此如果铸锭中心本身没有缺陷，不存在裂纹源，挤压过程就不会有裂纹发生。

在制品表面，情况则不一样，其工作应力为：

$$\sigma = -\sigma^* + (+\sigma_2) = -\sigma^* + \sigma_2$$

式中 $-\sigma^*$——基本应力，“-”号表示压应力；

$-\sigma_1$——附加应力，“-”号表示压应力；

$+\sigma_2$——附加应力，“+”号表示拉应力。

挤压速度增快，温度升高，金属的抗拉强度σ_b降低。表面金属叠加后产生的工作拉应力$\sigma = -\sigma^* + (+\sigma_2) = -\sigma^* + \sigma_2 > \sigma_b$时，就会出现裂纹。裂纹的形状取决于裂纹向深部扩展的速度v_w和金属的流出速度v_1的相互关系。第一条裂纹出现后，叠加后形成的工作拉应力得到释放，应力减小，从而使裂纹向深部扩展的速度减慢。若v_w为等减速扩展，则每一瞬间裂纹加深值为Δr，而制品以固定速度v_1移动ΔZ值，其结果得到裂纹如图7-29中O_1K_1所示的形状。当此裂纹扩展到一定深度后，该局部的附加应力消失，裂纹停止发展。随后金属又呈周期性地出现裂纹（图7-30），直到调整挤压速度为止[5]。

金属在变形时抵抗拉应力的能力急剧下降，出现裂纹的温度称为临界温度。2A12合金的临界温度为485~495℃，7A04为470~480℃，6A02为520~530℃。

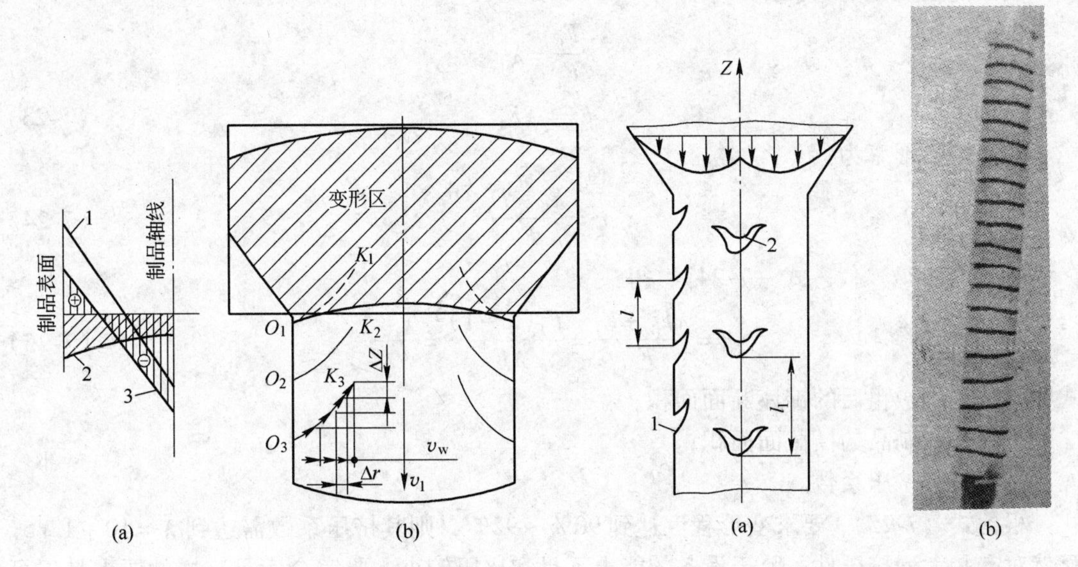

图 7-29　挤压时周期裂纹的形成过程
（a）金属受力情况；（b）裂纹的扩展过程
1—附加应力；2—基本应力；3—工作应力

图 7-30　挤压制品的周期裂纹
（a）内、外部周期裂纹示意图；
（b）外部周期裂纹实物图
1—外部裂纹；2—内部裂纹

但是2011 合金采用远高于2A11、2A12 合金的挤压速度并不出现上述周期性裂纹，相反还极大地改善了表面质量，这是因为 2011 合金含有均匀、弥散分布的铅和铋。铅的熔点为327.4℃，铋的熔点约为269℃，在400℃左右时，铅和铋均呈液态。挤压时，铅、铋熔体在变形交界面上起相当于润滑剂的作用，减轻了界面摩擦，降低了界面上附加的摩擦拉应力，同时减少了摩擦热，降低了温升，致使制品表面的工作应力小于该温度下金属的抗拉强度，不会产生周期性裂纹。但是，挤压速度很慢时，分布在合金固溶体中的铅、铋液珠，在挤压过程中发生延伸，但速度慢，不能形成连续液膜，也就不能起到连续的润滑作用，润滑较好的部位表面质量平滑、光洁；没有润滑的部位，金属与交界面产生摩擦甚至粘连，破坏了金属表面的连续性，从而出现疤痕状缺陷。提高挤压速度，交界面上的铅、铋液珠被拉长拉薄，可能形成连续的润滑液膜，改善了润滑状态，从而使制品表面光洁，具有清亮的金属光泽。

3A21、3003、6063 等软合金，变形抗力小，产生的变形热和摩擦热比较小，导热性又较好，热量散逸较多，温升低；合金出现裂纹的临界温度又比较高，所以尽管在生产中采用快速挤压，也不容易引发裂纹。

7.3.3.3　变形程度的影响和确定

变形程度的大小决定材料变形的均匀性，也即决定材料组织力学性能的均匀性。一般要求挤压材变形率不小于90%～92%。变形量太小，制品中可能仍然保留部分铸造组织，从而降低材料的性能。

变形程度随着挤压系数的增加而增加。如果不考虑开始挤压阶段锭坯镦粗所产生的变形程度，即可由挤压系数计算其变形率，即变形程度 n。

制品的挤压系数为：

$$\frac{F_0}{F_1}=\lambda$$

$$F_0=\lambda F_1 \tag{7-23}$$

制品的变形率为：

$$n=\frac{F_0-F_1}{F_0} \tag{7-24}$$

将式（7-23）代入式（7-24），得：

$$n=\frac{\lambda F_1-F_1}{F_0}=\frac{F_1(\lambda-1)}{\lambda F_1}=\frac{\lambda-1}{\lambda} \tag{7-25}$$

式中　F_0——镦粗后的锭坯断面面积；

F_1——制品的横截面面积；

λ——挤压系数。

根据式（7-25），要求变形程度达到90%～92%，则其挤压系数需达到 $\lambda=10\sim12.5$。显然对有些大型挤压件，鉴于设备的能力不足和比压较小，要完全满足这样的要求是不可能的，因此有时将挤压系数控制在8以上，即将变形率控制在87.5%以上；在某些特殊情况下，挤压系数只能达到5（变形率80%），这样的挤压制品很难满足使用要求。为了尽可能使性能有所改善，于是适当地减小铸锭直径，增大开始挤压阶段的镦粗系数，在挤压延伸变形前使铸块受到压缩变形，当然这种方法改善的程度是有限的。

但也有另外一种情况，即在挤压硬合金小规格空心型材时，为了保证焊缝质量，要求具有大的挤压系数，有时 λ 需在200左右，其变形程度达99.5%，当然这只能在具有很高比压的条件下才能进行。

7.3.3.4　变形温度、挤压速度、变形程度的关系与控制

在挤压过程中，如何处理好变形温度、变形速度、变形程度三者之间的关系是十分重要的，是制订工艺制度的必要基础。

如前所述，挤压过程中会产生变形热，从而产生温升。由变形热产生的温升可用下式表示：

$$\Delta t=\frac{k\overline{K}_z\ln\lambda}{101.7cV\rho} \tag{7-26}$$

式中　k——提高金属晶体点阵能所消耗的功的系数，$k=0.9\sim1.0$；

c——金属比热容，kJ/(kg·℃)；

V——变形物体的体积，cm^3；

ρ——密度，g/cm^3；

λ——挤压系数；

$\overline{K}_z$——金属在塑性变形区压缩锥中的平均变形抗力。

由式(7-26)看出，挤压过程中由变形热引起的温升与金属在塑性变形区压缩锥中的平均变形抗力$\overline{K}_z$、挤压系数 λ 的自然对数成正比，而$\overline{K}_z$ 决定于金属的温度和挤压速度。原始加热温度高，$\overline{K}_z$ 值低，但挤压速度加快又使$\overline{K}_z$ 增高，因此加热温度与挤压速度之间是互相联系，互为制约的。变形前金属温度高，变形抗力减小，使变形热引起的温升降低，但因原始温度已更接

近于上面所说的容易产生裂纹的临界温度，如果保持低温时的正常挤压速度，或以更高的速度挤压，可能使温度升至临界温度以上，产生裂纹导致产品报废。如果降低原始温度，虽然变形抗力$\overline{K}_z$提高，增大了变形热引起的温升，但锭坯变形前的温度较高温挤压的温度更远离于临界温度，则可提高挤压速度，只要保持温升后低于临界温度，就不会产生周期裂纹而报废。挤压铝合金棒材时，其制品的流出速度与锭温的关系见表7-14。

表7-14 正向挤压铝合金棒材制品流出速度与锭温的关系

合金	高温挤压		低温挤压	
	温度/℃	流出速度/m·min⁻¹	温度/℃	流出速度/m·min⁻¹
2A11	380~450	1.5~2.5	280~320	7~9
2A12	380~450	1.0~1.7	330~350	4.5~5
2A50	380~450	3.0~3.5	280~320	8~12
7A04	370~420	1.0~1.5	300~320	3.5~4
6A02	480~500	2.0~2.5	260~300	12~15

挤压系数增加，变形热增加。当然挤压系数增加不太大时，变形热的增加不明显。但挤压系数的变化范围很大，有时最小值为3。在这种情况下，基本上依然保留着铸造组织，性能很低。最大则可能达到200~300，甚至在300以上。在这种情况下，产生的变形热的影响就相当明显，是绝不能忽视的。

综上所述，一个好的挤压工艺必须兼顾挤压温度、挤压速度、变形程度对挤压制品质量的影响，防止因变形热、摩擦热引起温升过高而产生裂纹，甚至使铸锭因过热而局部熔化乃至全部熔化的现象发生。因此铸锭原始加热温度过高是不合适的，特别是挤压薄壁管材、型材，挤压系数很大，铸锭温度就必须严格控制在上限以内。如果超过上限温度，就得冷却至上限温度或以下才进行挤压。

综合温度、速度、变形程度的影响，可能的挤压变形制度如图7-31所示。1区表示合适的挤压变形制度区域，2区表示超过设备能力允许压力的区域，3区表示部分晶界已熔化或出现裂纹的区域。由图看出，当锭坯加热温度不变，随着挤压系数的增加，使金属流动的压力增加，当超出等压线以上进入2区即不可能实行挤压。随着加热温度的提高，允许的变形程度增大。区域1、3之间的极限曲线表示绝热条件下由于热效应引起锭坯温升的影响。如果保持加热温度不变，增加变形程度将会因变形热超出开始熔化线而进入3区，使制品出现裂纹、破碎、或晶粒粗大缺陷，降低产品的力学性能。

7.3.3.5 变形温度、挤压速度、变形程度对淬火组织性能的影响

上面讨论了变形温度、挤压速度、变形程度三者之间的关系与作用对工艺制度的影响与控制，但对热处理可强化的铝合金而言，除了考虑上述影响外，还要考虑变形速度、变形温度、变形程度对淬火组织性能的影响与控制。

Ю·М·Вайнблат 对热加工变形铝合金的变形温度、变形速度、变形程度与其后续淬火热处理后的组织状态进行了大量的研究工作。这里为讨论问题方便起见，先简化变形程度的影响，得出变形温度、变形速度与淬火后的组织状态关系图（图7-32）。图中的Ⅰ区表示变形后淬火不发生再结晶的区域，*AA*线称为临界状态线，它表示两个临界热变形参

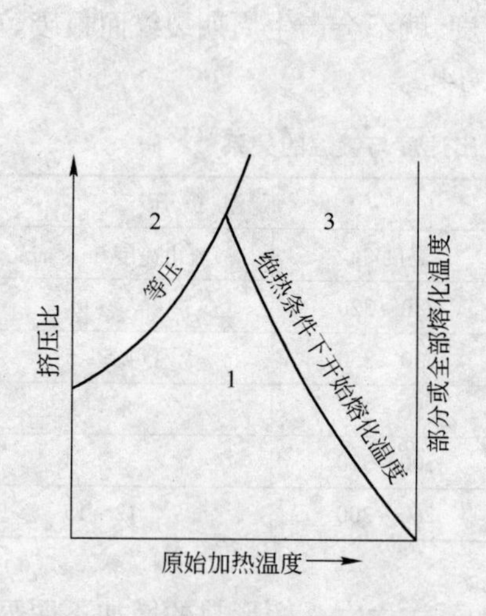

图 7-31　可能的挤压变形制度区

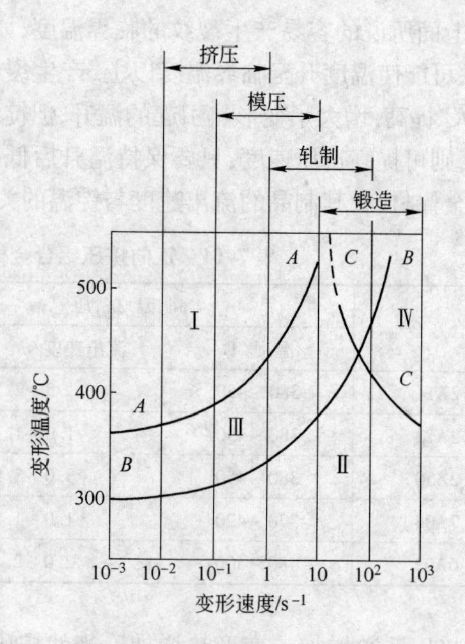

图 7-32　变形 50% 后在 520℃淬火加热的 AB 合金组织状态图

数，即变形速度与变形温度间的关系。低于临界速度和高于临界温度变形时，随后进行的常规热处理不会发生再结晶。如 AB 合金以约 $10s^{-1}$的速度变形，欲得到未结晶的淬火制品需使变形温度高于 400℃。若在 400℃以上变形，则变形速度可稍高于 $10s^{-1}$即可得到未再结晶组织。*BB* 线以下的Ⅱ区为完全再结晶区域。*AA* 及 *BB* 线间的区域Ⅲ为部分再结晶区域。*CC* 线以上的Ⅳ区则为热变形后无需淬火就已发生再结晶的区域。这个热变形组织状态图虽然是在特定的合金和特定的变形程度下得到的，可能不同合金、不同的变形条件（对挤压而言如正挤压、反挤压），所得到的具体数据和曲线不会完全相同，但它所反映的一般规律与铝合金加工挤压生产实践所发生的情况是吻合的[10]。

由图可知，在挤压生产中要得到未再结晶的稳定的多边化亚晶组织，在相同的变形程度下有两种方法可供选择，一是采用低温挤压；二是采用高温挤压。低温时必须在较低的变形速度下挤压才能得到未再结晶组织，这在国内的生产实践中很少使用。其原因是：对 2×××、7×××系合金，温度低变形抗力大，增加设备负载；速度低，降低生产效率。有时生产人员也采用低温挤压，但这是为了提高挤压速度。因为如前所述，低温下可以不产生或少产生周期性表面裂纹。这种挤压方法在后阶段的变形是在可能发生再结晶，也可能不发生再结晶的Ⅲ区中进行的，会出现比较严重的粗晶环组织[6]。

高温挤压：从图看出，即使在相对较高的变形速度下，适当地提高温度也能使热变形尽可能在不发生再结晶的Ⅰ区中进行。如果变形速度降低，则更不会出现再结晶组织。实际上，高温条件下欲提高挤压速度是有限的，因为速度加快可能使温度升到临界温度以上，产生周期性裂纹。实践表明，2A12 合金在 450℃左右挤压时，尾端粗晶环大为减轻；在 400℃左右挤压时，切尾 600mm 后，粗晶环深度为 2mm 左右，同样 450℃挤压，粗晶环深度仅为 0.1mm。

生产6×××合金时的组织控制：6061、6063、6A02等合金熔点温度较高，变形抗力低，进行高温挤压时，变形速度可比2×××、7×××系合金快得多，也不会产生周期性裂纹，但温度太高的工艺制度可能在Ⅳ区中进行，不用淬火已全部发生再结晶。实际生产中很可能出现这种情况。

以上讨论了挤压温度与速度对淬火组织的影响，下面讨论变形程度与淬火组织的关系。

众所周知，不同的挤压方法使得铝合金的淬火组织与性能有着比较明显的差异，如反挤压制品与正挤压制品比较，组织性能得到明显改善，即使在同一正挤压条件下，头尾组织性能的差异也很明显。原因就在于变形程度的差异或者说变形均匀性的差异所致。

这里所说的变形程度不是总平均变形率。对挤压而言，总平均变形率很大，如上所说，一般要求达到90%～92%，最小也要达到80%，否则其力学性能就很难满足要求。这里所说的变形程度是指在制品的不同部位的变形率，即在长度方向的不同部位和横截面上的不同部位的变形率。我们知道，制品前段和制品中心变形程度小，尽管存在变形的不均匀性，但变形仍然维持在Ⅰ区进行，挤压后储存的内能少，在淬火过程中不能有效地形成再结晶核心，即不会发生再结晶，保持为稳定的多边化亚晶组织；但后阶段由于变形的不均匀性越来越严重，周边与中心发生严重的剪切变形，周边已进入Ⅲ变形区，储存的内能较高，在淬火时能有效地形成再结晶核心，发生再结晶；而中心部分变形程度依然较小，保持在Ⅰ变形区或Ⅱ变形区变形，储存的内能比周边少，故可能发生再结晶，也可能不发生再结晶。发生再结晶的部分与不发生再结晶的部分有了明显的分界。单孔挤压棒材时，产生以中心为对称的粗晶环，圆环上粗晶的厚度对称相等（图7-33）；多孔挤压时产生月牙形粗晶环（图7-34），粗晶环靠近挤压筒壁一侧；型材的粗晶环视型材的不同而异（图7-35，图7-36）。

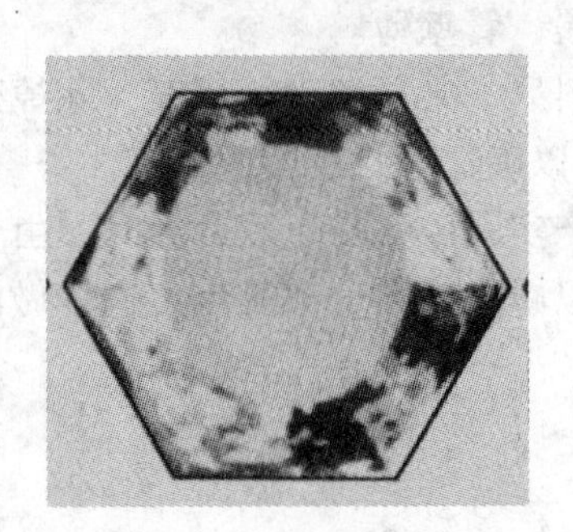

图7-33　单孔模挤压六角棒形成的粗晶环

图7-34　多孔模挤压圆棒形成的粗晶环

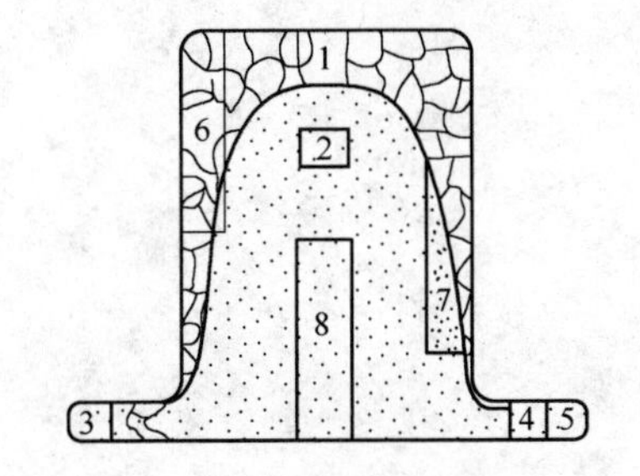

图7-35　单孔模挤压丁字型材形成粗晶环示意图（矩形为取试样部位）

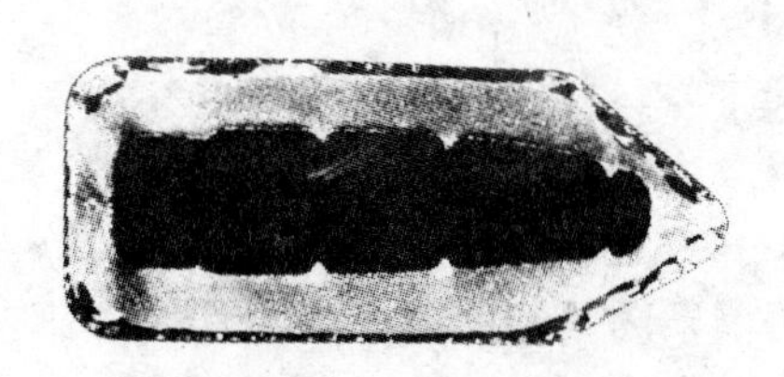

图7-36　分流模挤压空心型材的粗晶环

在总变形程度相同的情况下，正挤压产生粗晶环而反挤压则基本上不产生粗晶环或在尾部产生很少量的粗晶环，是因为反挤压锭坯与挤压筒壁之间没有相对运动，在铸锭外周不会产生强烈的剪切变形，外周与中心变形程度比较均匀；沿长度方向依次变形，也不存在变形程度的差异，不存在高能区，整个基本挤压阶段都在Ⅰ区进行，因而淬火过程中不发生再结晶。只是在挤压结束阶段时，铸锭中心的金属补充不足，外周金属克服挤压垫的摩擦，向中心流动，产生剪切变形，内能升高，淬火时发生再结晶，出现粗晶环，而这种情况也是在减少压余时才发生的。如保持正挤压的压余量，则整根制品都可能不发生再结晶，自然也就不会出现粗晶环。

根据上述情况，挤压工艺对制品的组织有重要影响。欲使组织得到改善，对2×××、7×××系合金宜采用上限温度挤压；对不进行在线淬火的6×××系合金宜用中限温度挤压，防止在后续淬火作业中发生二次再结晶。挤压宜低速运行，以减小金属流动性的差异，尽可能使变形趋于均匀。

7.3.3.6 其他工艺控制

铝合金型、棒材生产大多采用无润滑挤压，防止挤压时起皮和污染产品的表面质量。但是国内大多数采用固定针生产管材的企业，为了减少铸锭与挤压针的摩擦力，防止拉断挤压针，非穿孔挤压时多采用60%～80%的汽缸油和20%～40%的石墨调和均匀后涂抹挤压针，实行润滑针挤压。这种润滑方法要求比较严格：黏稠度要适当，太稀了涂抹不上，降低润滑效果，引起管材内表面擦伤，同时稀释的润滑剂容易滴落，污染挤压筒，使管材产生起皮；太稠了涂抹的润滑层太厚，可能在管材内壁上残留严重油迹或碳化物，产生鳞片状擦伤。涂抹厚度必须均匀，否则润滑剂厚的地方，摩擦系数小，金属流动快，管壁厚；润滑剂薄的地方，摩擦系数大，金属流动慢，管壁薄。

在无润滑的管材反挤压生产中，每挤压一块料后，必须清理挤压筒，除掉残留在筒内的多余金属；每挤压2～3块料，修磨一次针尖，以确保管材表面质量。

所有挤压生产，不得对挤压垫片涂油。在生产实践中，挤压软合金时，由于残料分离比较困难，有工作人员会在垫片上涂抹润滑油，以减小残料分离难度，这样做的结果，会使缩尾增加，成品率降低。

8 挤压质量检验与缺陷分析

上章讨论了挤压阶段对制品形状、尺寸精度、表面质量以及组织性能的影响，如果控制不好，产品便会产生某些缺陷。有的缺陷如产品尺寸大，超正偏差，可能在后续精整阶段得以纠正或消除；但大多数缺陷如尺寸严重超差、裂纹等，一旦产生，即可能铸成废品；有的缺陷在挤压过程中则只能进行工艺控制，如粗晶环，控制结果如何尚不得而知，需热处理后进行验正。因此必须加强挤压的工艺监控和制品的质量检查。

8.1 质量检验

对粗晶环和力学性能要求较高的产品，挤压前必须对铸锭和挤压的工、模具的加热温度进行测控，若加热温度不在控制范围之内不得投入挤压。同时进行挤压时需控制好制品的流出速度，使其保持在变形——组织状态图的Ⅰ区内完成变形过程。

加强对制品的尺寸检测。每种规格在挤压的第一块料时，切去头尾几何废料之后，切取试样，冷却至室温，进行尺寸测量。型材必须根据图纸，对能检测的每一个尺寸进行测量和核对，棒材测量直径和圆度，管材除测量直径、圆度外，还需测得最大最小壁厚，计算壁厚偏差。其中任何一项不合格，即需进行设备调整或修模。调整或修模后，挤压的第一根制品，重复上述检测，直至全部合格为止。凡有不合格项者，一律不得投入生产。

生产过程中随时检查制品表面质量，发现裂纹、擦、划伤、气泡、麻面等缺陷，即进行处理。

8.2 挤压制品主要缺陷分析

挤压制品缺陷繁多，大体分为表面质量低劣、尺寸超差、组织缺陷三大类。

8.2.1 表面质量问题

8.2.1.1 挤压裂纹

挤压裂纹的形成机制在前面进行了比较详细的讨论，这里不再赘述。挤压中引起裂纹的原因除加热温度高，挤压速度快之外，尚有设备故障造成的加热温度不均，锭坯局部存在急剧变化的温度梯度；多孔模设计不合理，距离中心太近，中心部位金属补充不良等。

图 7-30 所示的裂纹很容易观察到，不致发生漏检，但是微细的挤压裂纹粗略观察却很难发现。找准角度，借助于光滑表面与微细裂纹表面对入射光反射的差异，可比较容易地观察和判断其裂纹的存在。诚然，这需要有一定的经验和技术，把握不好，很容易发生漏检，这也是挤压产品中裂纹仍然高居挤压废品首位的重要原因之一。型材断面比较复杂，其表面积比棒材大得多，发生裂纹的几率比棒材高，但型材的挤压裂纹总是率先在壁板的尖角处出现，因为尖角处受到的摩擦拉应力最大，最容易产生裂纹。尖角处无裂纹，板面处即一般不会有裂纹出现，这是检查型材裂纹的有效方法。

8.2.1.2　气泡

这里所说的气泡是指在挤压过程中产生的表面气泡，而不是铸造疏松引起的。当然铸造疏松或许能成为一个诱因，但绝不是决定性因素。铸造疏松有可能在挤压后的淬火热处理中在制品表面形成大量气泡。而挤压发生的气泡在淬火时仍维持原状，不会再行发展。

挤压气泡的产生：铸锭和挤压筒之间存在间隙较大时，开始挤压阶段，即铸锭镦粗时，若不能使铸锭由前往后依次进行变形，将间隙中的空气排出挤压筒外，则有可能在筒壁和锭坯表面之间形成压缩型气泡，气泡内的压力随着挤压力的增加而增加。同时，铸锭与挤压筒壁之间，或在压缩锥塑性变形区与死区之间发生摩擦，产生剪切变形，在铸锭表面或压缩变形锥外周产生拉应力，有可能形成瞬间微小裂纹。当承受着巨大压力的压缩气泡与这样的微小裂纹相遇时，被压缩了的气泡可能突破外壳而侵入微裂纹中。挤出后，被拉长变形而在制品表面形成气泡。压缩气泡破裂时有时能听到“爆破”的响声。铸锭与挤压筒之间间隙越大，挤压筒和挤压垫磨损越严重，镦粗速度越快，或润滑油被携入挤压筒内产生的挥发性气氛越多，挤压时形成表面气泡的几率越大。这种气泡有时沿挤压方向，由大转小，成串地呈直线分布。减小铸锭、挤压垫与筒壁间的间隙，减少残存于挤压筒内的空气量；防止润滑剂对挤压筒的污染；特别是对铸锭实行沿长度方向的梯度加热，并适当地减缓开始挤压阶段的镦粗速度，实现铸锭由前至后依次镦粗变形，将空气排出挤压筒外，可有效避免或减少挤压气泡的产生。

此外，当分流模挤压时，会在两制品衔接处的下一根制品上产生挤压气泡。这种气泡一般发生在制品的上表面。因残料分离剪自上落下，将裸露于模外的残料剔除下落，而分流模内与制品相连的多余金属则不能被剔除，并在模孔上部留下空间。挤压下一根制品时，镦粗的铸锭将模孔内上部空间中气体封闭加压，从而在制品头部的上表面留下气泡。当然如果分离剪是由侧面进入，则在分离剪进入一面留下气泡，这种气泡缓慢镦粗速度可略微减轻，但完全消除比较困难。不过这类气泡一般并不严重，且只在头部出现，切去后即无碍使用，对成品率有所影响，但影响不大。

8.2.1.3　起皮

上述气泡若在挤压过程中破裂，表层金属与里层金属分离即成为起皮。将起皮剥离后，皮下光滑，具有金属光泽。

除气泡引起起皮外，挤压筒内被污染，挤压筒壁磨损严重，筒内残留金属太多，清理不干净，挤压时残留金属覆盖在新金属表层上被带出，使制品产生起皮现象。但皮下被油渍污染，失去金属光泽；或未遭油污，但新旧金属不能紧密结合，破坏了金属的连续性，也损伤了皮下表面的光洁度。

8.2.1.4　金属毛刺或麻点、麻面

制品表面存在有一定深度的点坑，坑内粗糙，没有光泽，点坑边缘有毛刺，较锋利。这种缺陷多出现于制品后半部，有时零星地分散在制品表面，称为麻点；有时则密布于制品表面称为麻面。麻面不仅影响制品表面光洁度，还减小制品有效尺寸。对没有经机械加工使用的材料，或虽经机械加工，但其有效尺寸已超出标准负偏差时，均不得使用。生产中的麻面制品厂家多作报废处理。

产生麻面的原因，一是模具因素，二是工艺因素。我们知道，模具是决定制品表面质量的一个很重要的因素，而模具总是处于高温高压下工作，其条件极为严酷而苛刻。模具工作带和制品表面在高温高压的严酷条件下发生摩擦，难免产生磨损，使工作带表面发毛。模具材质硬度稍许偏软，磨损的发展会非常迅速，一旦工作带出现磨损，其表面即黏附铝化物颗粒和其他硬性颗粒物。这时制品通过工作带时不能完全与原来光滑的工作带表面接触，有的区域要与硬性颗粒物接触，硬性颗粒随制品前进，又加重对模具工作带表面的磨损，被挤出模孔后脱落或部分残存于制品表面，于是造成了制品表面的麻点或麻面，麻点后部留下金属毛刺。模子的工作带越长，黏附的硬性颗粒物越多，产生的麻点、麻面越严重。有时，待制品挤出后，对模具工作带打磨光洁后再行挤压，可以看到，制品的头部表面光洁，具有金属光泽，但随后麻点出现，并可能迅即发展成为麻面。这时，在模具的空刀处可以看到大量的堆集的颗粒物。合理设计工作带的长度，对模具进行硬化处理，提高工作带的表面硬度，从而提高其抵抗磨损的能力，是防止或减少麻点、麻面产生的有效方法。

挤压工艺对麻点麻面的影响：挤压筒温度高，铸锭温度高，挤压速度快，都将使制品的温度升高，从而使得模子温度也随之升高。温度越高。工作带越容易黏铝，也就越容易产生麻点或麻面。挤压的制品越长，其与模子接触的时间也越长，对模子的磨损越重，也越容易产生麻点和麻面。不言而喻，修磨模具工作带，降低温度，减缓挤压速度，缩短制品长度，均有利于消除或减少麻点麻面的产生。

8.2.1.5　纵向擦、划伤

沿制品长度方向出现通条划沟或周期性呈直线分布的线状、点状、片状伤痕称纵向擦、划伤。模具、传送辊套、工作台面黏结有硬性尖峰状、线段状、片状突出物均可能产生。加强对模具的清理，传送辊套、工作台面检查与维修，可防止或减少此类缺陷发生。

8.2.1.6　螺旋纹擦伤

螺旋纹擦伤又称鱼鳞状擦伤，出现在管材的内表面。

前面说过，在挤压管材时，为了减小空心铸锭内表面对挤压针的摩擦，防止挤压针被拉断，因此对挤压针涂抹石墨 + 汽缸油组成的润滑剂进行润滑。但空心锭的内孔一般经镗削加工，去掉内表面的氧化物和偏析物。普通镗削加工会在表面留下 0.5 ~ 1.0mm 深度的刀痕，使表面形成了峰谷相间的螺旋。挤压时，涂抹在挤压针上的润滑剂充填入螺旋的低谷，螺旋高峰处润滑剂很少。镦粗变形时螺旋高峰处首先与挤压针接触，而低谷处与挤压针表面相接触的为充填的润滑剂。进入正常挤压阶段后，金属纤维变形拉长，但空心铸锭的内表面仍为管材的内表面，只是螺旋的峰谷间隔相应地被变形拉长了。峰部金属与挤压针表面发生接触摩擦变形后，呈白亮色，具金属光泽；谷底部金属被润滑剂所覆盖，不与挤压针表面接触，其表面保留着润滑剂薄膜，呈暗黑色，且其正对谷底处与谷底两旁的颜色深浅也有所差异。正对谷底处，润滑剂最厚，颜色最深，于是就形成明暗相间的螺旋状斑纹，即螺旋纹擦伤，或称鱼鳞状擦伤。

消除螺旋纹擦伤的办法有：

(1) 改善镗削加工方法，采用专用镗刀加工，减小内孔表面粗糙度，使刀痕深度不大于 0.1mm，基本上成为一平滑表面，这样当内孔与涂抹有润滑剂的挤压针接触时，内孔表面就能保持大体一致的、平均的润滑膜厚度，峰谷之间的润滑膜差异大大减小，其螺旋纹擦伤也就基本消失了。不过制作专用镗刀加工难度较大，成本较高，且使用寿命短。同时在镗削软合金内孔时，不易断屑，镗屑排出困难，因此于加工和经济均存在不利影响，较难推广和普及。

（2）采用无润滑挤压。铸锭内孔机械加工后，只要保持其表面清洁，没有尘埃和油污进入，即可完全防止螺旋纹擦伤缺陷的产生。当然欲进行无润滑挤压，必须对挤压针及其与之相匹配的针支承等系统进行技术改造。原有挤压机穿孔针一般按图 8-1 所示设计，其与针支承连接的螺纹部分处的直径小于其针杆的直径。当进入突破挤压阶段时，挤压针与铸锭内表面发生摩擦所产生的拉力达到最大值，而挤压针与针支承相连接的螺纹部分的有效直径又最小，故其截面上单位面积所受的拉应力最大，若加工的螺纹部分存在缺陷，很容易产生应力集中；若铸锭存在壁厚偏差，镦粗后挤压针相似于一简支梁，承受一弯矩力，其弯矩力在螺纹处达到最大值，因此很容易从螺纹处拉断或折断。在实际生产中，挤压针多从螺纹连接处发生断裂，即使在润滑挤压时也是如此。在针杆部分，由于挤压温度等工艺原因，摩擦产生的拉力过大，偶尔有将针杆拉细等现象发生，但几率很小。因此实现无润滑挤压的前提条件是将挤压针与针支承相连接的螺纹部分的有效直径加大至大于针杆的直径，减小其截面上的单位拉应力。

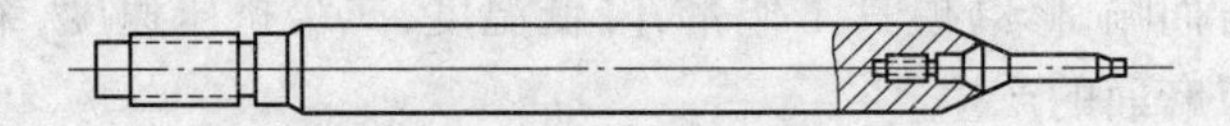

图 8-1 挤压针的一般设计结构图

进行无润滑挤压还有一点必须说明，挤压过程中需加强对针尖的修磨与维护，最好设计安装一修针装置，每生产一两根料修磨针尖一次，这样即可获得优质的内表面质量。否则，虽然避免了螺纹状擦伤，但可能引发其他的内表面擦伤。

8.2.2 尺寸不合格

尺寸超差含线性尺寸、角度、壁厚偏差等。如前所述，铝合金挤压属热加工，变形不均匀，其产品尺寸也不会均匀。影响产品尺寸不均匀性的因素很多，且对不同产品，其影响因素也不尽相同。

8.2.2.1 圆棒材尺寸偏差

简单形状的圆棒材制品的尺寸，主要是模孔大小、挤压温度和挤压速度的影响。从热加工温度冷却到室温，产品产生收缩，这就存在一个线收缩问题。不同的合金有着不同的线收缩系数，同一个模子，对线收缩系数较小的材料是合适的，制品尺寸满足要求，但对线收缩系数较大的材料就可能超差。同时，不同的挤压温度其线收缩的程度不同，在同一批产品中，挤压温度可能在某一温度范围内变化，在较高温度下挤压的产品，其收缩量较大，制品尺寸较小；相反，在较低温度下挤压的产品，尺寸较大。同时不同的挤压速度，其金属的充盈度不同，速度快，充盈度小，制品尺寸相对减小；速度慢，充盈度高，制品尺寸相对增大。正挤压生产中，正常挤压初始阶段，摩擦阻力大，变形抗力大，变形热、摩擦热引起的温升尚比较低，故制品尺寸较大；随着挤压过程的进行，变形抗力减小，挤压速度加快，温升提高，制品尺寸减小。因此同一模具挤压的制品尺寸，低温挤压大于高温挤压，慢速挤压大于快速挤压；线收缩系数小的合金大于线收缩系数大的合金。

8.2.2.2 角棒、方棒尺寸超差

六角棒、三角棒、方棒、矩形棒制品尺寸，除了挤压温度和挤压速度的影响外，模具工作带上不同部位的摩擦阻力不同，影响制品的尺寸（制品角度的大小）和形状。模具尖角部位的摩擦阻力大；角度越小，阻力越大；对应于相邻两角的中心部位摩擦阻力小。如采用与圆棒同等长度工作带的模具挤压，制品的尺寸和形状都可能发生改变，尖角处角度变小，平面中部凸起而成鼓形，引起尺寸超差。因此设计模具时相应地减小尖角处的工作带长度，以减小摩擦阻力；相应增加平面中心部位的工作带长度，以增大阻力，使其阻力达到平衡，以保持金属流动速度的平衡，从而保证制品尺寸合格。

8.2.2.3 复杂型材的制品尺寸超差

要完全精确地控制复杂型材制品的尺寸，是比较复杂且有一定难度的。在生产实践中，挤压制品尺寸超标比较常见，主要表现形式有以下几种。

A 波浪

沿制品纵向产生折叠或折皱称为波浪，多发生在型材和宽厚比较大、或厚度较薄的排材中。

存在壁厚差的型材原本是型材壁厚的部分流动速度快，壁薄的部分流动速度慢，厚壁部分对薄壁部分产生拉力，将其拉薄或拉裂。于是模具设计人员在设计时增加了厚壁部分工作带的长度，或设置碍流角，以增加该部分金属流动的阻力，减小金属流动的速度；或减少薄壁部分工作带的长度，或设置促流角，增大金属流动的速度，使之厚薄部分的金属流速相等。但若设计或制作发生偏离，则有可能使薄壁部分金属的流速快于厚壁部分，薄壁部分对厚壁部分产生拉应力，但拉应力小于厚壁部分的抗拉强度；相反厚壁部分对薄壁部分产生压应力，且压应力有可能大于薄壁部分的屈服强度，于是薄壁部分因流速快而多出厚壁部分的长度即出现折皱（波浪），而使其直线长度与厚壁部分长度相等。

同理，宽厚比较大的薄型铝排材，因两端摩擦阻力较大，模具两端工作带较短，中部摩擦阻力较小，模具工作带较长，以使其金属流动保持平衡，但若设计或加工发生偏离，也可能产生波浪。

消除波浪的办法，对模具进行合理设计和精心加工，防止发生偏离；同时在生产中，适当降低挤压速度，以减小不同部位金属的流速差，防止或减少波浪的形成。

B 扭拧

制品沿纵向发生扭转称扭拧，是因金属流动速度不均匀，出模后既无导路，又无牵引，任制品自由移动引起，多发生于小规格型材、排材生产时。改进模具设计和制造，增加牵引设备即可减少或消除扭拧。

C 弯曲

未安装导路或导路不合适，制品流动前进受阻产生硬性弯曲；或断面上流速不均匀，壁厚部分快，壁薄部分慢，壁厚部分对壁薄部分产生拉应力，但其拉应力小于壁薄部分的屈服强度；相反壁薄部分对分界面上的壁厚部位产生压应力，使临界面的壁厚部位流动受阻，但远离临界面的部位其压应力减小，其流动基本不受影响，于是远离临界面部位的流出长度大于临界面部位的流出长度，从而产生弧形弯曲。通过修模或增加壁薄部位的润滑性能，可消除或减少弧形弯曲。

8.2.2.4　管材制品尺寸超差

管材尺寸超差的问题比较复杂，除了内径、外径超差，还有壁厚不均引起超差以及圆度超差。外径超差与棒材产生超差的原因相似，内径超差则除挤压温度、挤压速度引起外，还可能与挤压针尖有关。针尖直径大，管材内径大；针尖直径小，内径小。管材的圆度，很自然和模孔与针尖的圆度有关。这些偏差都可能发生，但管材生产中，最常见的，也是最难处理的是壁厚偏差。在讨论壁厚偏差之前先介绍一个偏心度的概念，即由于管材壁厚不均匀，引起外圆（外径所决定的圆）和内圆（内径所决定的圆）的圆心不重合产生一定的偏离称偏心。其偏心的程度偏心度 Y，按下式计算：

$$Y = \frac{S_{max} - S_{min}}{S_{max} + S_{min}} \times 100\% \tag{8-1}$$

式中　S_{max}——最大壁厚；

S_{min}——最小壁厚。

引起壁厚不均的因素很多，归纳起来，大体有如下几种情况。

A　设备因素引起偏心

生产管材，欲使壁厚偏差合格，挤压时，挤压筒的中心、挤压轴与安装挤压针的中心和挤压模孔中心必须对中，处在一条直线上。如果设备本身具有自动对中装置，在挤压过程中能自动找中位置，即为减少壁厚偏差，减小偏心度提供了必要的基础条件。若三个中心不在一条直线上，偏离越大，则生产的管材壁厚偏差越大，偏心度越大。

B　铸锭因素引起偏心

铸锭壁厚偏差和铸锭端面切斜度对管材壁厚偏差有着极其重要的影响。如果设备三中心处于一条直线上，或者说基本上在一条直线上，对 ϕ250mm 左右的铸锭，当其壁厚差小于 0.5mm 时，挤压的管材基本都能满足偏心度不大于 ±5% 的要求，见表 8-1。

表 8-1　铸锭偏差实测值与制品偏心度

铸锭直径 /mm	铸锭偏差 $(S_{max} - S_{min})$/mm		制品偏心度 $\left(\frac{S_{max} - S_{min}}{S_{max} + S_{min}} \times 100\%\right)$/%	
	头　端	尾　端	头　端	尾　端
254	0.30	0.75	0.5	3.7
254	0.45	0.30	1.2	3.3
254	0.50	0.35	4.2	1.6
254	0.10	1.25	6.8	3.6
254	0.50	0.75	4.9	0.4
254	0.30	0.70	1.0	1.8
254	2.20	1.40	9.9	1.6
254	1.40	4.60	6.2	1.9

由表看出，制品偏心度与铸锭偏心不是一种简单的线性关系，其原因是铸锭切斜度对制品偏心有着重要影响。一般地说，铸锭切斜大于 3mm 时，制品偏心度大于 8%，但也不是绝对的，也不呈线性关系。

影响制品壁厚偏差是由多种因素综合作用的结果。铸锭偏心影响到锭坯镦粗后的偏心，从而使挤压针偏离中心位置，增大制品的偏心度；一般随着挤压过程的进行，挤压针在铸锭中的长度越来越短，因此因铸锭偏心使挤压针受到的力偶越来越小，由于弹性作用，挤压针逐渐恢复其自然状态，越来越对中中心位置，所以在铸锭偏心前后一致的情况下，制品偏心越来越小。

铸锭切斜对制品偏心同样产生重要影响。切斜度越大，越影响铸锭变形的不均匀性。先接触挤压垫和模子的部分先被镦粗并充满挤压筒与挤压针之间的空间，可能使挤压针受挤而偏离中心位置，使制品产生偏心。

可以看出，铸锭偏心与铸锭切斜发生镦粗后产生的偏心同向，则两者叠加，使制品偏心度增加；若两者异向，则互相抵消或减弱，使制品偏心消除或减小。所以制品偏心并不与铸锭偏心或铸锭切斜呈线性关系，而应与两者合成的结果呈一定的线性关系。

在一般情况下，制品偏心前端应大于后端，但有时情况往往相反，后端偏心反比前端要大，产生这种现象的原因除了铸锭温度径向不均，致使变形抗力不等之外，主要还是镦粗变形后的锭坯偏心所致。当镦粗变形后的锭坯偏心前后端相同或后端小于前端，无疑制品偏心前端大于后端；但是当镦粗后的锭坯偏心后端大于前端时，就会使受到弯曲的弹性变形，其挤压针靠近后端偏离中心的位移大于针头偏离中心的位移，虽然随着挤压过程的进行，大针总是趋向于恢复对中位置，但终因锭坯后部偏心大，虽然锭坯移至挤压针前端，挤压针还是由于受到铸锭偏心所产生的力而比挤压前期更偏离于中心位置，因而使得制品后端偏心大于前端偏心。

从以上分析得出，欲减小管材偏心度，必须减小铸锭偏心，同时减小铸锭切斜，使其限制在一定的范围内，才能取得满意的效果。

C 润滑不当引起偏心

国内采用固定针生产管材，多数都要对挤压针进行涂油润滑。我们知道，热挤压下的大针总是处于高温状态，一般约在300℃上下。润滑剂涂抹到挤压针上，即由“半凝固态”变成“稀湿状态”，往下滴落，使得大针上表面润滑剂稀薄，而下表面润滑剂明显增厚。润滑剂厚的部位摩擦阻力小，金属流动速度快；润滑剂薄的部位摩擦阻力大，金属流动速度慢，从而管断面壁厚不均，产生偏心。这样产生的偏心头部非常明显，随着挤压过程的进行，上下润滑剂膜厚渐渐趋于一致，其壁厚也趋于均匀。当然若某些部位一旦油膜耗尽，即会出现内表面擦伤。因此操作时必须认真仔细，调配润滑剂黏柔度要适中，涂抹润滑剂要保持厚度的均匀性。

8.2.3 组织缺陷

8.2.3.1 组织力学性能不均

如前所述，挤压过程中沿制品的长度方向和断面上，变形是很不均匀的。前端和断面中心变形程度小，晶粒破碎程度低，热处理后，再结晶组织比较粗大，材料强度较低，伸长率较高；后端和断面外层变形程度大，晶粒破碎程度高，热处理后，再结晶晶粒较细小，强度较高，伸长率较低。但对某些合金，如2×××、7×××系列等合金，可能在前端和尾端不发生再结晶，而周边部分发生再结晶，形成粗晶环（关于粗晶环的形成过程将在后面进行讨论），对组织和力学性能产生不利影响。虽然我们采取一些技术措施，如采用新的挤压方法，改进模具设计，合理安排挤压工艺，以改变挤压时金属的流动情况，尽可能增加金属流动速度的均匀性，从而改善制品组织力学性能的均匀性，这些措施可以使其得到一定程度的改善，有些措施其改善的情况还相当明显，满足了用户的需求，但是直至目前，还远没有达到组织性能完全均匀一致的目的，还有许多问题有待研究和解决。

8.2.3.2 成层与分层

在低倍试片上位于试片边缘处呈圆弧状或环状的裂纹称为成层；位于试片中心附近的裂纹称为分层（图8-2）。成层与分层均破坏了金属的连续性。

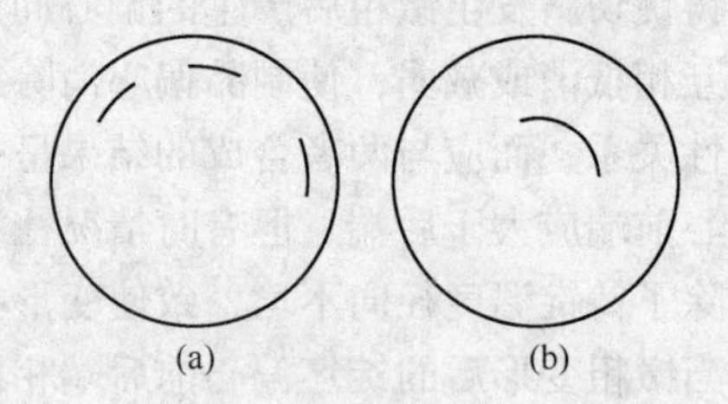

图8-2 挤压圆形棒材的分层与成层示意图
（a）成层；（b）分层

采用正向挤压时，小于一定规格的铸锭不需车皮。当这些铸锭表面存在有较大的偏析聚集物、偏析瘤，或表面存在毛刺、油污、锯屑、尘埃，或挤压筒衬套、挤压垫等磨损严重，筒内存留残余金属较多，或模具设计不合理，多孔模模孔靠近挤压筒壁。挤压时，由于表层金属补充不足，含有缺陷或沾染污物的铸锭表层，存留于挤压筒壁上的残余金属，有可能通过压缩锥，被卷入制品表层之内或被卷入制品中心附近。这些存在于表面的各种缺陷，或挤压筒壁上多余的金属，不能与锭坯金属很好地焊合，存在着明显的界面或裂隙，引起成层或分层。

保持良好的锭坯表面，防止表面污染；定时清理挤压筒内的残余金属；合理设计挤压模具，是防止成层和分层缺陷的有效措施。

8.2.3.3 缩尾

缩尾是在挤压终了阶段产生的一种特有的组织缺陷。对制品尾端低倍组织检查时，可能观察到试样中心出现褶皱状缩孔，严重时尚可看到呈收缩状的裂缝（图8-3），金属发生撕裂并被氧化和油污等现象；在显微组织中可看到大量的、大小不等的非金属夹杂物和小裂口，称为一次缩尾。在棒材尾端作低倍试片检查，受检面中部出现金属组织紊乱、封闭的或沿截面周向分布的层状开裂现象，严重时在裂缝处可看到有脏物存在，称为二次缩尾。二次缩尾形状与制品外形模孔孔数有关，有圆环（单孔模挤压）（图8-4），半圆环（月牙形），或圆环的一小部分（图8-5）。

留压余少，切尾不干净；垫片涂油挤压等会引起缩尾缺陷。

8.2.3.4 焊缝不良

分流模挤压制品，其横断面上组织、性能存在明显差异；焊缝处晶粒组织与非焊缝处存在相位差，抗拉强度较弱，当对分流模生产的管材打压时，稍加压力，即可能在焊缝处开裂，称为焊缝不良。

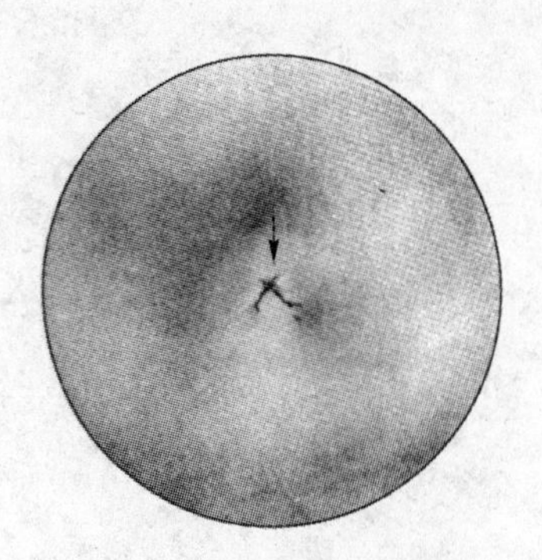

图 8-3　一次缩尾低倍组织

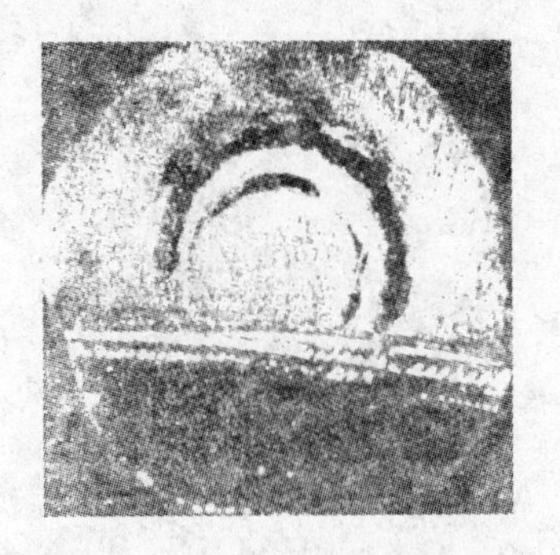

图 8-4　环形二次缩尾低倍组织

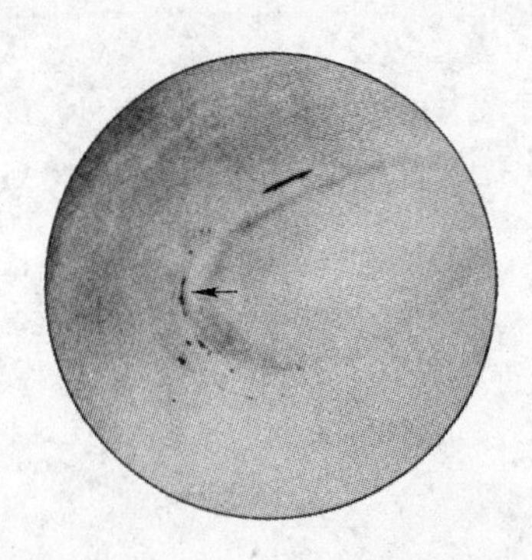

图 8-5　多孔挤压二次缩尾低倍组织

分流比太小、焊合室压力不够，分流桥设计不合理，铸锭脏，挤压温度低等，都可能引发焊缝不良缺陷。

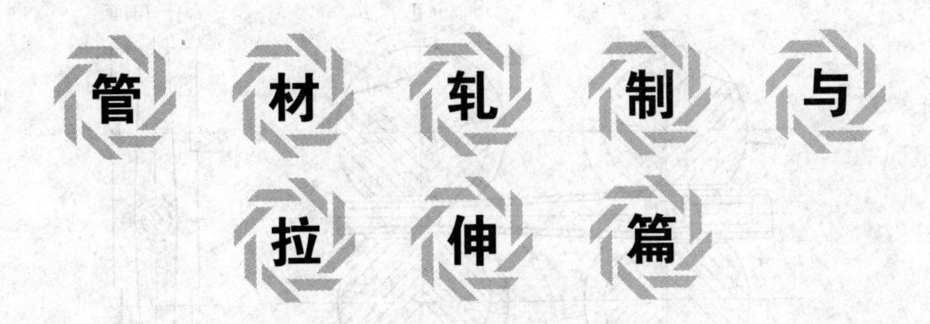

上一篇讨论了挤压生产条件对管、棒、型材产品质量的影响，以及如何减小不均匀变形以获得比较均匀的组织性能和尺寸精度的制品；本篇讨论管材的后续加工，即管材的轧制与拉伸问题。

前面说过，挤压管材分为两部分，一部分为成品管，挤压后不需进行专门的减径减壁，只进行热处理（甚至有的不用热处理）和必要的矫直、精整，即予交货；另一部分为管毛料，因成品管材要求壁厚较薄，或其尺寸精度要求较高，故须进行后续加工处理。

减径减壁的方法，对铝合金而言国内主要采用冷轧管法和冷拉伸法，当然在进行冷轧或拉伸之前，一般应对管毛料进行退火处理。

9 管材轧制

9.1 管材轧制的基本方法

管材轧制的方法有二辊周期式冷轧管法、多辊周期式冷轧管法、多辊连续式冷轧管法等，但就铝合金而言，国内应用最多最普遍的是二辊周期式冷轧管法。

9.1.1 二辊周期式冷轧管法

二辊周期式冷轧管法的基本原理如图 9-1 所示。管坯 5 中装入芯头 3 和与芯头相连接的长芯杆 4，芯杆的另一端固定在轧机后部。在轧制过程中，芯头、芯杆只能转动，不得前后窜动。轧辊 2 外缘嵌入具有变断面孔槽的孔型块 1，由两个轧槽组成的孔型最大直径与管坯外径相当，最小直径等于轧出管材 6 的外径。

轧制开始时，轧辊处于孔型开口最大的极限位置Ⅰ—Ⅰ。此时由送料机构将管坯向前送进一段距离，称其为送料量。随后轧辊向前滚动，孔型直径逐渐变小并对管坯进行轧制，直到轧辊处于孔型开口的最小极限位置Ⅱ—Ⅱ时为止，将送入孔型中的该段管坯轧成管材 6。接着回转机构带动管坯转动一个角度，一般为 60°~90°。随后机架带动轧辊往回滚动，对被轧过的管坯（变形锥段）7 进行整形和辗轧，一直回到极限位置Ⅰ—Ⅰ为止，至此完成一个轧制周期。如此重复对管材实行轧制过程，称为周期式轧管法。

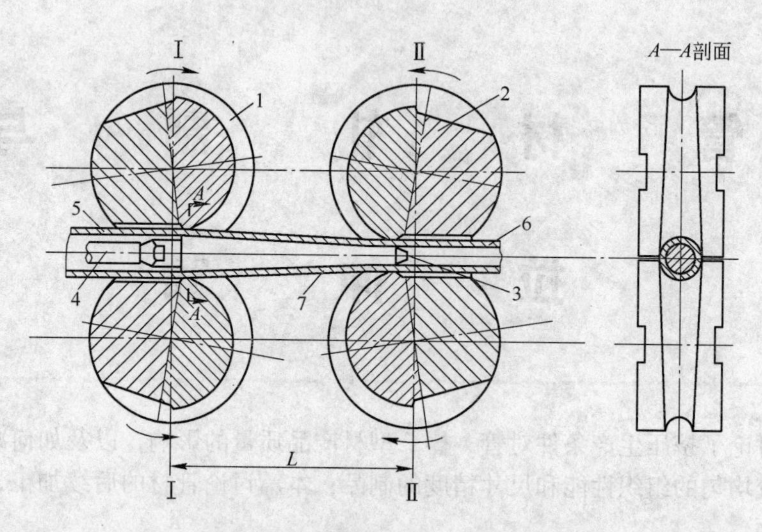

图 9-1 二辊周期式冷轧管法示意图

二辊周期式冷轧管法的主要特点是：道次变形（减径和减壁）量大，可达 90%；应力状态较好，可生产直径与壁厚比（D/S）为 60～100 的薄壁管；生产的产品力学性能高，表面质量好，几何尺寸精确。

9.1.2 多辊周期式冷轧管法

多辊周期式冷轧管法采用 3 个或 3 个以上（4 个、5 个或 6 个）工作辊 2，在圆柱形芯棒 1 上轧制管材 4（图 9-2）。多辊式辊子的孔型与二辊式的不同，它是由深度等于管材半径的轧槽组成。工作辊的工作表面（即轧槽表面）紧紧地压在滑道 3 上。滑道具有一定斜度，能保证芯棒与孔型之间的环形间隙在运动中由大到小地不断变化，轧制过程与二辊周期式基本相同。

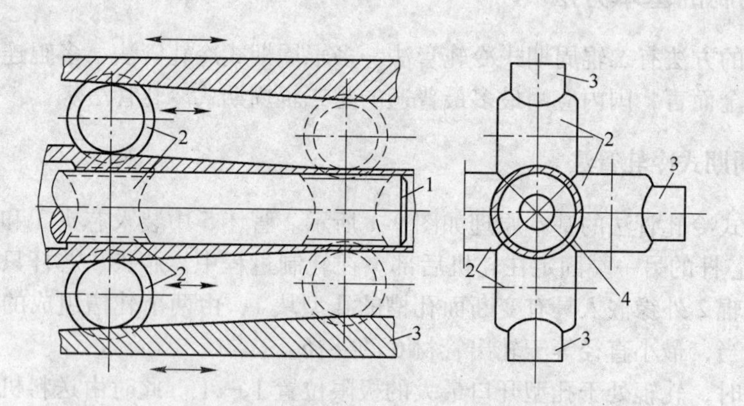

图 9-2 多辊周期式冷轧管法示意图

9.1.3 周期式冷轧管法的缺点及其改进方法

周期式冷轧管法的主要缺点之一是生产效率低。为了提高生产效率，可采取以下措施：

（1）根据周期式冷轧管机的运动特点，消除或减小轧机运动中存在的动力平衡问题，采用重锤平衡装置，或液压平衡装置，或气动平衡装置，可提高轧制速度，从而提高生产效率。

（2）采用多线轧制。在一个机架内同时轧制多根（2~4 根）管子以增加产量。图9-3所示为国产四线多辊式冷轧管机简图。

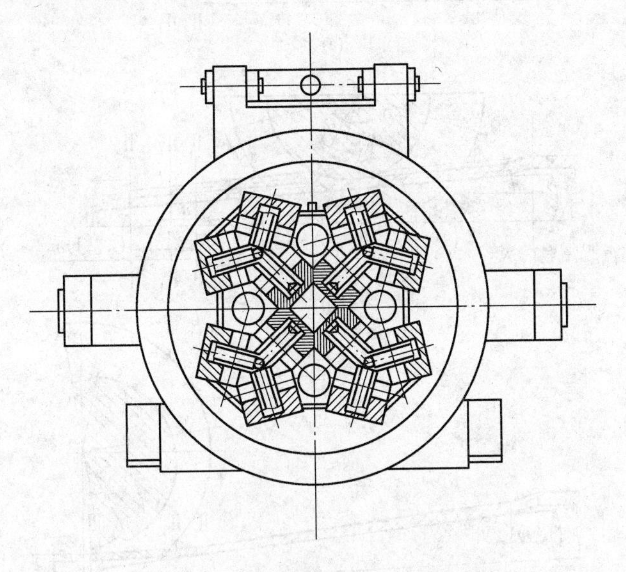

图9-3　四线多辊冷轧管机简图

（3）增大机架行程长度，如由原机架长度 275mm 增加至 450mm，可使轧机产量提高 25%~30%。

9.2　冷轧管的理论基础

9.2.1　金属的变形过程

当轧辊处于原始位置时，将管坯向孔型中送入一段距离 m，称进料量（图9-4）。此时管坯内表面与芯头脱离接触，并形成一定间隙。随之轧辊向前运动，孔型与管壁接触，首先进行减径，继而实现减壁变形。轧辊转至最末端位置时，孔型与管坯脱离接触，管坯同芯头、芯杆一起回转 60°或 90°，接着机架返回。在机架回程中，轧辊孔型对变形锥金属进行精整，其变形量在 10% 左右。

如图9-4（b）所示，轧槽中心角 θ_ρ 所对应的变形长度上只产生减径变形，称为减径变形区。中心角 θ_0 所对应的变形长度称为压下变形区，在该区内管径和管壁同时被压缩。θ_0 与 θ_ρ 所构成的角 θ_z，称为咬入角，其对应的变形锥即是轧管时金属变形区的全长。

管坯与轧槽接触后，首先使管坯在水平方向产生压扁变形（图9-5 断面1）。这种变形轧槽边缘极易压伤管坯表面，因此在轧槽设计、制造、维修、工艺操作等方面应予重视。管径被压缩，在垂直方向也产生了小量的压扁变形（图9-5 断面2）。随后管子进入减径变形阶段，在各个方向同时被压缩，其管坯壁厚略有增加（图9-5 断面3、4）。最后管子进

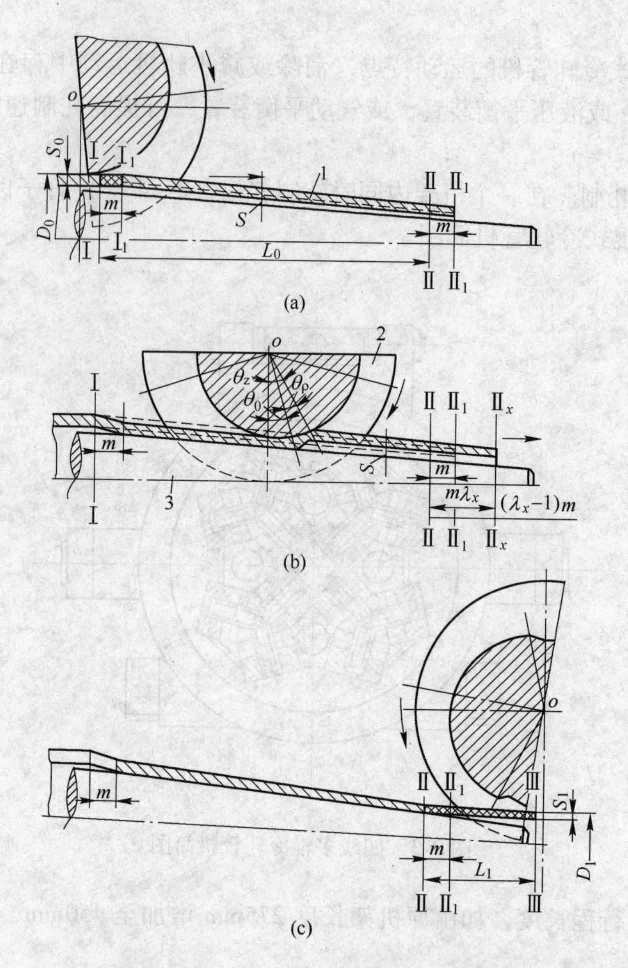

图 9-4　冷轧管时金属变形示意图

（a）轧制开始（进料）；（b）轧制中间；（c）轧制终了（转料）

1—管坯；2—孔型；3—芯头

入减壁变形区，管坯在压缩的同时产生宽展（图 9-5 断面 5、6），因此孔型设计时也需考虑宽展度问题，防止表面压折和起皮等缺陷发生。

工作机架往返一次，送进一段长度为 m 的管坯，其体积为 $F_0 m$。经轧制后得到一段长为 L_1，体积为 $F_1 L_1$ 的管材。由体积不变定律得：

$$L_1 = \frac{F_0}{F_1} m = \lambda_{\Sigma} m \tag{9-1}$$

9.2.2　压下量沿变形锥的分布

9.2.2.1　轧管变形的特点

管坯变形锥可分为如图 9-6 所示的 4 段，即减径段、压下段、预精整段和精整段。

在减径段内如上所述，减径的同时伴有壁厚的增加，增量随减径量的增加而增大，一般增加量为原壁厚的 3% ~15%，为因管坯周向受到了强大的压应力所致。但同时也受轴

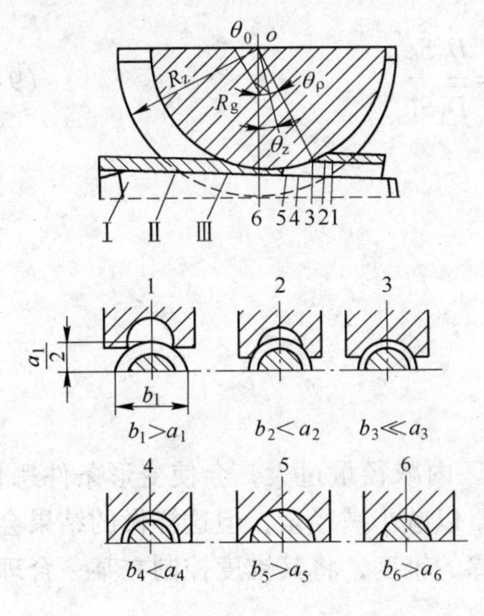

图 9-5 管坯断面在变形区内的变化

Ⅰ—芯头；Ⅱ—变形锥；Ⅲ—孔型

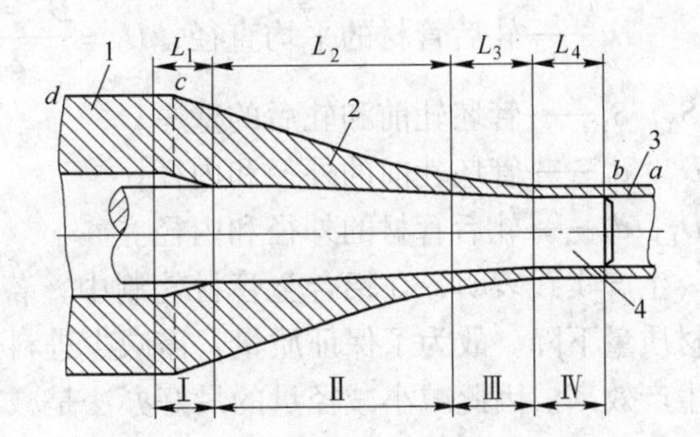

图 9-6 变形锥压下变形示意图

Ⅰ—减径段；Ⅱ—压下段；

Ⅲ—预精整段；Ⅳ—定径段

1—管坯（$d\sim c$ 段）；2—变形锥（$c\sim b$ 段）；

3—管材（$b\sim a$ 段）；4—芯头

向应力的影响，如轴向受拉应力时，则会使壁厚增量减少。

减径段减径时，其壁厚增量还与芯头锥度有关。如图 9-7 所示，芯头锥度 $2\tan\alpha$ 值越大，则壁厚增量越小。而轧管时管坯性能的变化，其硬度曲线近似于抛物线，在减径段内硬度急剧增加，增量约占整个轧制周期中总量的 70%~85%（图 9-7）。由此可知，减径段内的变形量是相当大的。其变形量过大，会使随后的压下段内塑性变形显得困难，因此孔芯设计时，必须减小管坯与芯头圆柱部分的间隙和减径段的锥度。

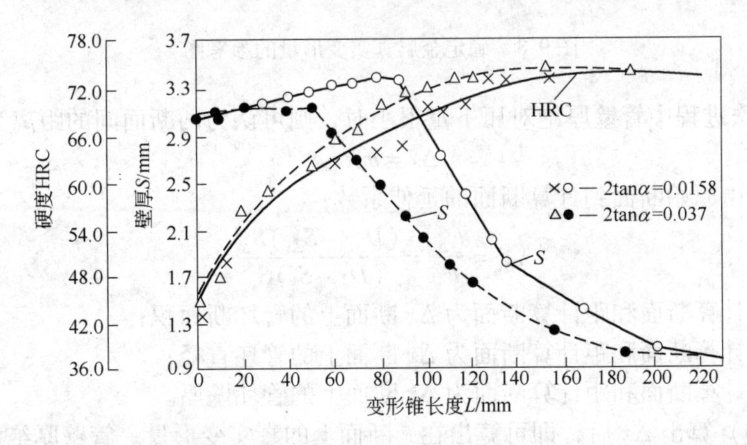

图 9-7 壁厚和硬度沿变形锥长度的变化（孔型尺寸为 38×3~23×1，材料为铝镁合金）

9.2.2.2 冷轧管的延伸变形

冷轧管过程中存在着两种变形，即直径压缩（减径）和壁厚压下（减壁），其总延伸系数表达式为：

$$\lambda_{\Sigma}=\frac{F_0}{F_1}=\frac{\pi\overline{D}_0S_0}{\pi\overline{D}_1S_1}=\frac{\overline{D}_0S_0}{\overline{D}_1S_1} \tag{9-2}$$

式中　$\overline{D}_0$——管材轧前的平均直径，$\overline{D}_0=\frac{D_0+d_0}{2}$；

$\overline{D}_1$——轧后管材的平均直径，$\overline{D}_1=\frac{D_1+d_1}{2}$；

S_0，S_1——管坯轧前和轧后的壁厚；

D_0，d_0——管坯轧前的外径和内径；

D_1，d_1——轧后管材的外径和内径。

生产实践表明，在铝合金管材轧制中，若变形区内减径量过大，会使变形条件恶化，管材质量下降。故为了保证质量，需减少进料速度，以减小减径量，但这样做的结果会影响生产效率。因此减小减径量的最好办法是减小芯棒的锥度，将其锥度控制在某一合理的范围内，既能获得优良的产品品质，又能提高生产效率。

9.2.2.3　冷轧管时的真实变形量

设任意断面的壁厚绝对压下量为 ΔS_x，该计算断面与其变形前断面位置间的距离为 Δx，如图 9-8 所示，即变形前后两断面间的距离为 Δx，则根据该两断面间所包含的金属体积等于一次进料量体积的关系即可确定。

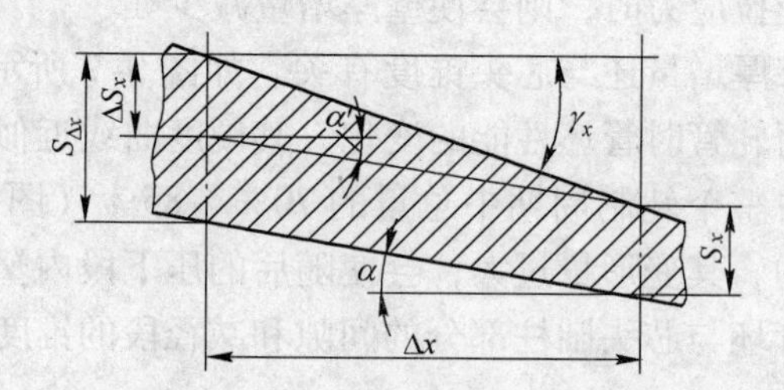

图 9-8　确定金属真实变形量的参考图

当机架一次进程中管壁厚绝对压下量很小时，则可认为两断面间的距离为：

$$\Delta x=m\lambda_{\Delta x} \tag{9-3}$$

式中　$\lambda_{\Delta x}$——由原始断面到计算断面的延伸系数：

$$\lambda_{\Delta x}=\frac{F_{\Delta x}}{F_x}=\frac{(D_{\Delta x}-S_{\Delta x})S_{\Delta x}}{(D_x-S_x)S_x} \tag{9-4}$$

F_x，$F_{\Delta x}$——计算断面和距计算断面为 Δx 断面上的管坯断面积；

D_x，$D_{\Delta x}$——计算断面和距计算断面为 Δx 断面上的管坯直径；

S_x，$S_{\Delta x}$——计算断面和距计算断面为 Δx 断面上的管坯壁厚。

由式（9-3）算出 Δx 后，即可算出在 x 断面上的真实变形量。管壁厚绝对变形量为：

$$\Delta S_x=S_{\Delta x}-S_x=\Delta x(\tan\gamma_x-\tan\alpha) \tag{9-5}$$

管壁厚相对变形量为：

$$\frac{\Delta S_x}{S_x}=\frac{S_{\Delta x}-S_x}{S_x}\times100\%=\Delta x\frac{\tan\gamma_x-\tan\alpha}{S_x}\times100\% \tag{9-6}$$

管坯断面缩减率为：

$$\frac{\Delta F_x}{F_x}=\frac{F_{\Delta x}-F_x}{F_x}\times 100\%=(\lambda_x-1)\times 100\% \tag{9-7}$$

9.2.3 变形区内的应力状态

在变形区每个断面的高向和横向都作用着压力 p_1 和 p_2（图 9-9）。由于压力沿轧槽分布不均，故其轴向力 T 在变形锥各断面不同部位上的大小也不同，其方向由轧槽的圆周速度和机架的运动速度的相互关系确定，因此金属所受的轴向力是拉力还是压力须进行具体分析。

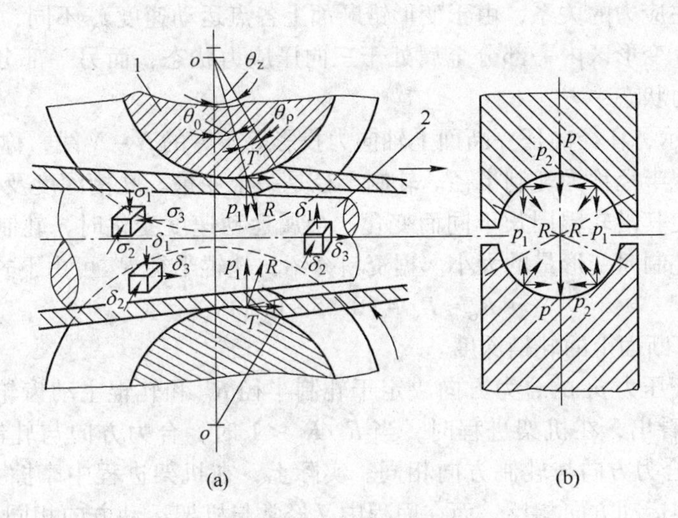

图 9-9 冷轧管材的变形与应力图

（a）孔型纵断面图；（b）孔型横断面图

1—轧辊；2—芯棒

机架的运动速度由下式决定：

$$v_j=R_c\omega \tag{9-8}$$

轧槽外缘上各点的圆周速度为：

$$v_w=R_w\omega \tag{9-9}$$

轧槽底部各点的圆周速度为：

$$v_z=R_z\omega \tag{9-10}$$

式中 R_c——主动齿轮节圆半径；

ω——随机架行程变化的轧辊角速度；

R_w——轧辊轧槽外缘处相应半径；

R_z——所求断面上轧槽底部半径。

在多数情况下，$v_w>v_j>v_z$，机架前进时，轧槽边缘附近的金属质点运动受到机架的阻碍作用，而轧槽底部的金属质点则受到机架的加速作用，于是在轧制过程中存在管坯相对于轧槽的滑动。

为了确定变形锥任一断面上各点的摩擦力方向，必须计算出轧制时相应断面上各点金属的运动速度。在机架进程中，金属运动的方向和相对运动速度的方向一致；但随着金属运动速度 v_g 的增加，相对运动速度 v_s 降低。当 $v_z > v_s$ 时，则相对运动方向与原来的方向相反。

如图9-10所示，若轧槽某断面上任一点的回转半径为 R_x，运动速度为 v_x，则该点的摩擦力在机架进程时将决定于 $v_x + v_g > v_j$ 还是 $v_x + v_g < v_j$。当 $v_x + v_g > v_j$ 时，则摩擦力方向与金属运动方向相同；当 $v_x + v_g < v_j$ 时，则摩擦力方向与金属运动方向相反。在回程时，决定于 $v_x - v_g > v_j$ 还是 $v_x - v_g < v_j$。若 $v_x - v_g > v_j$，则摩擦力方向与金属运动方向相同，否则相反。

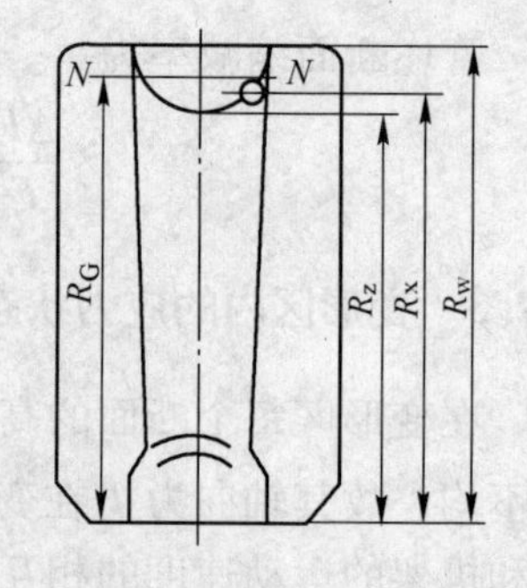

图9-10 轧槽各点的回转半径

速度变化与主应力的关系，由于变形锥断面上各点运动速度 v_x 不同，故在机架行程中的某一段时间内，变形区内一部分金属处于三向压应力状态，而另一部分则处于两向压、一向拉的异号应力状态中。

如图9-10所示，在径向任一断面上轴向力投影等于零的 $N-N$ 线，称为中性线，与此线位置相应的轧辊半径称为轧制半径。轧制半径是一个变量。轧槽深度及其扩展角对轧制半径产生影响，使其沿轧辊周长不同而变化。金属运动速度变化时，轧制半径随之变化，其变化量取决于轧制时变形量的大小。据资料介绍，轧辊半径 R_G 可由下式确定：

$$R_G \approx R_w - (0.45 \sim 0.5)\gamma_x \tag{9-11}$$

式中 γ_x——计算断面上的轧槽深度。

摩擦力 T 与正压力 p_1 的合力方向决定于轧制半径 R_G 和轧辊主动齿轮节圆半径 R_c 的比值。由图9-11看出，在机架进程时，当 $R_c/R_G < 1$ 时，合力方向与轧制方向相反；当 $R_c/R_G > 1$ 时，则合力方向与轧制方向相同。实际上，在机架进程中摩擦力和正压力的合力方向经常与机架运动方向相反，而在回程中又经常与机架运动方向相同。因此可知，在冷轧管变形区内应力状态主要是三向压应力，在非接触变形区（轧槽出口处）金属则处于单向拉应力状态。

由上述可知，冷轧管变形过程系由轧槽正压力 p_1 和横向（或周向）压力 p_2 以及轴向压力 p_3 作用在金属上而实现的。

在冷轧管过程中，主应力（除个别处的拉应力外）的作用可阻碍金属晶间的滑移，保持金属的完整性，所以这样的变形条件能够充分发挥金属的塑性，其变形率可达90%以上。

9.2.4 冷轧管时金属对轧辊压力的影响因素

冷轧管时金属对轧辊压力的大小及其沿金属变形锥上的分布对管材质量和轧管机生产率有着重要影响。因此，研究冷轧管过程中金属对轧辊压力的影响因素对生产具有重要的指导意义。

9.2.4.1 冷轧进料量与金属对轧辊压力的关系

在孔型29×2—1.8×0.7中轧制2A11合金管材时其进料量与金属对轧辊压力的关系如图9-12所示。在机架进程阶段金属对轧辊的压力随进料量 m 的增加而增加，同样机架回程中金属对轧辊的压力也随进料量 m 的增加而增加。其原因是，进料量越大，在进程中轧槽边缘的管坯壁厚也增大，变形锥各断面上的椭圆度更大，所以回程时金属对轧辊的压力也增大。

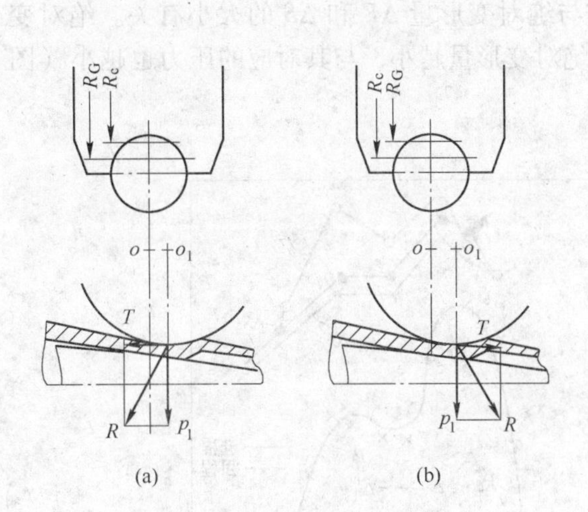

图 9-11 R_c/R_G 比值不同时摩擦力和合力的方向变化

(a) $R_c/R_G<1$；(b) $R_c/R_G>1$

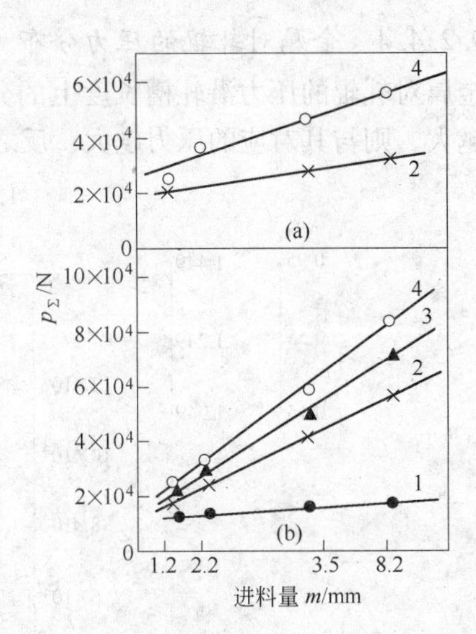

图 9-12 金属对轧辊压力与进料量的关系

(a) 进程时；(b) 回程时

1—85mm 处断面；2—120mm 处断面；

3—185mm 处断面；4—175mm 处断面

9.2.4.2 延伸系数与金属对轧辊压力的关系

实验条件完全与上述相同，实验结果如图 9-13 所示。金属对轧辊的压力与延伸系数成正比，即延伸系数越大，金属对轧辊的压力越大。

9.2.4.3 金属移动量与金属对轧辊压力的关系

由上述已知，金属对轧辊的压力与进料量成正比，同时与延伸系数成正比。设金属移动量为 $m\lambda_\Sigma$，则金属对轧辊的压力与金属移动量 $m\lambda_\Sigma$ 成正比（图 9-14）。因此若保持轧辊压力不变，当延伸系数增加一定数值时，则其进料量 m 必须相应地减少一定值。

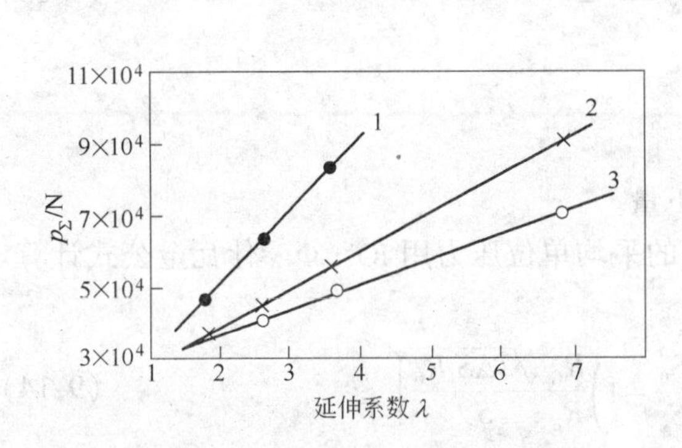

图 9-13 金属对轧辊压力与延伸系数的关系

1—168mm 处断面；2—146mm 处断面；

3—120mm 处断面

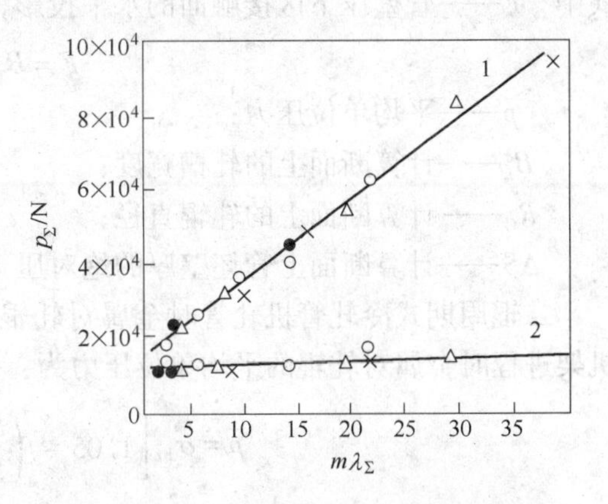

图 9-14 金属对轧辊压力与移料量的关系

1—85mm 处断面；2—127mm 处断面

9.2.4.4　金属对轧辊的压力分布

金属对轧辊的压力沿轧槽长度上的分布与绝对变形量 ΔF 和 ΔS 的大小有关。绝对变形量越大，则与其对应的压力越大；反之，绝对变形量越小，与其对应的压力也越小（图9-15）。

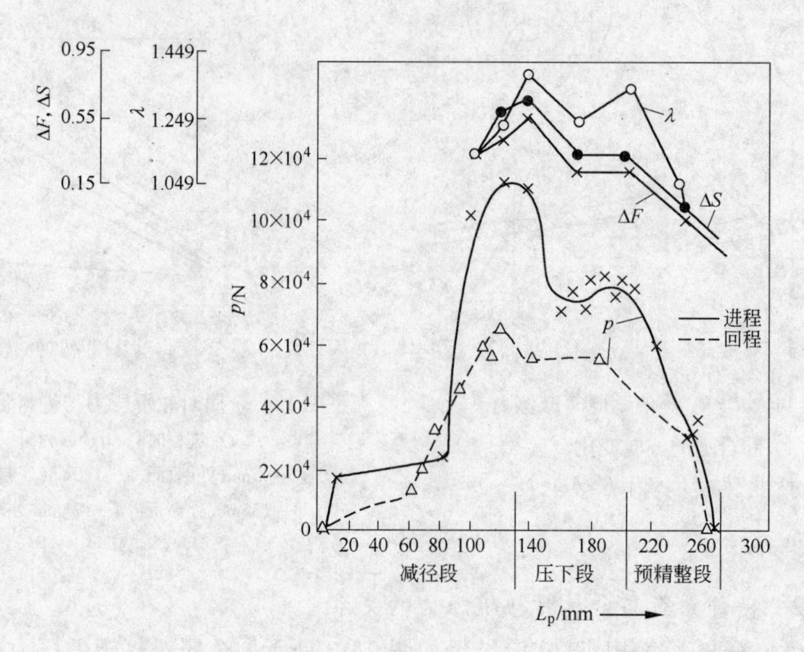

图9-15　变形力沿轧槽长度上的分布（孔型尺寸为35×3—18×1.27，合金牌号为5A02）

9.2.5　金属对轧辊压力的计算

金属对轧辊的压力按下式计算：

$$p=\bar{p}F \tag{9-12}$$

式中　F——管壁压下区接触面的水平投影，由下式计算：

$$F=B_x\sqrt{2R_G\Delta S} \tag{9-13}$$

$\bar{p}$——平均单位压力；

B_x——计算断面上的轧槽宽度；

R_G——计算断面上的轧辊直径；

ΔS——计算断面上管坯壁厚的绝对压下量。

二辊周期式冷轧管机轧管时金属对轧辊的平均单位压力用Ю·Ф·什瓦金公式计算。机架进程时金属对轧辊的平均单位压力为：

$$\bar{p}=\sigma_{bx}\left[1.05+f\left(\frac{S_0}{S_x}-1\right)\frac{R_G}{R_c}\frac{\sqrt{2\Delta S_j R_G}}{S_x}\right] \tag{9-14}$$

机架回程时金属对轧辊的平均单位压力为：

$$\bar{p}=\sigma_{bx}\left[1.05+(2\sim2.5)\ f\left(\frac{S_0}{S_x}-1\right)\left(\frac{R_c}{R_G}\ \frac{\sqrt{2\Delta S_h R_G}}{S_x}\right)\right] \tag{9-15}$$

式中 σ_{bx}——计算断面上的金属在该变形程度下的抗拉强度；

S_0——管坯壁厚；

S_x——变形锥上所取计算断面的管材壁厚；

R_c——轧辊主动齿轮的节圆半径；

f——摩擦系数，对于铝合金，$f = 0.08 \sim 0.10$；

ΔS_j，ΔS_h——分别为进程与回程时管壁厚的绝对压下量：

$$\Delta S_j = (0.7 \sim 0.8)\Delta S$$

$$\Delta S_h = (0.2 \sim 0.3)\Delta S$$

ΔS——管壁一道次的总压下量。

多辊冷轧管机冷轧时金属对轧辊的平均全压力用下式计算：

$$\bar{p} = K\,\bar{\sigma}_b(D_0 + D_1)\sqrt{m\lambda_\Sigma(S_0 - S_1)\frac{R_G}{L_p}} \tag{9-16}$$

式中 K——考虑多辊轧管时金属塑性变形特点的系数，$K = 1.6 \sim 2.2$，在一般轧制制度和正常调整时取下限，否则取上限；

$\bar{\sigma}_b$——管坯轧前和轧后的抗拉强度的平均值；

R_G——轧辊半径：

$$R_G = R_w - 0.8r_1 \text{（三辊式）}$$

$$R_G = R_w - 0.9r_1 \text{（四辊式）}$$

$$R_G = R_w - 0.94r_1 \text{（五辊式）}$$

r_1——管材半径；

L_p——变形锥压下段长度。

9.3 二辊冷轧管的孔型结构

冷轧管的孔型结构是否合理关系轧制管材的质量和轧管工、模具的使用寿命以及轧机的生产效率。

9.3.1 孔型轧槽结构

前已述及，工作机架在其单行程中，要依次完成送料、轧制和转料三个过程，因此孔型轧槽长度上也相应地分为送进段 L'_s、工作段（轧制段）L'_G和回转段 L'_h(图 9-16)。工作段最长，约占整个轧槽长度的94%～95%，这有利于减少变形中的瞬时压下量，充分利用金属的塑性；可使用小锥度芯棒，减少不均匀变形；可加长定径段，提高管材表面质量和尺寸精度。送进段和回转段（也称空转段）约占5%～6%。空转段过短，会在送进、回转机构中引起过大冲击，导致部件过快磨损。

由图 9-16 可知，轧槽块最大回转角 $\gamma = \theta_s + \theta_G + \theta_h$ 与工作机架行程和主动齿轮节圆直径大小有关，即：

$$\gamma = \frac{2L \times 180 \times 3600}{\pi D_C} \text{（s）} \tag{9-17}$$

轧槽块上的轧槽由三个基本部分组成：圆心角 θ_s 对应的送进段 L'_s，当这一段转至轧辊垂直中心线位置时进行送料；圆心角 θ_G 对应的工作段 L'_G，金属在该段内受到轧制而产

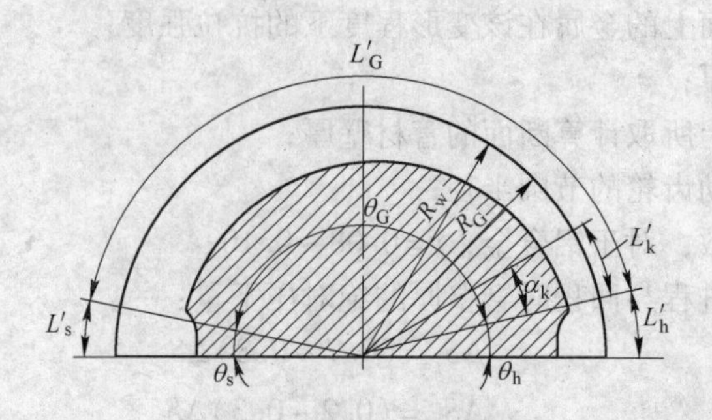

图 9-16　轧槽纵向断面图

生变形；圆心角 θ'_h 对应的回转段 L'_h，当该段转至轧辊垂直中心线位置时，进行转料。上述三段在轧槽块圆周长度上的分配用下式计算：

$$L'_s = L_s \frac{D_w}{D_c} \tag{9-18}$$

$$L'_G = L_G \frac{D_w}{D_c} \tag{9-19}$$

$$L'_h = L_h \frac{D_w}{D_c} \tag{9-20}$$

当轧槽块做成半圆时，其总长度 L'_z 等于轧槽块的周长之半，即

$$L'_z = L'_s + L'_G + L'_h = \frac{\pi D_w}{2} \tag{9-21}$$

式中　D_w——轧槽块直径；

D_c——轧辊主动齿轮节圆直径；

L_s，L_h，L_G——分别为与管坯送进、回转和轧制段相应的机架行程长度。

当轧槽块的圆心角 $\gamma = 180°$，孔型送进和回转段刻在轧槽块的两端（图 9-16），此时按轧辊主动齿轮节圆直径计算的送进段、回转段、工作段对应的角度和长度为：

送进角　$\theta_s = \gamma_s = \dfrac{2L_s \times 180 \times 3600}{\pi D_c}$（s）

送进段长度　$L_s = \dfrac{\pi D_c \theta_s}{2 \times 180 \times 3600}$（mm）

回转角　$\theta_h = \gamma_h = \dfrac{2L_h \times 180 \times 3600}{\pi D_c}$（s）

回转段长度　$L_h = \dfrac{\pi D_c \theta_h}{2 \times 180 \times 3600}$（mm）

工作角　$\theta_G = \gamma_G = \dfrac{2L_G \times 180 \times 3600}{\pi D_c}$（s）

工作段长度　$L_G = \dfrac{\pi D_c \theta_G}{2 \times 180 \times 3600}$（mm）

9.3.2　轧槽底部和芯头结构

一般轧槽底部的工作部分可分为 4 段（图 9-17），即减径段、压下段、预精整段（精

整管材壁厚）和定径段（控制管径和精整表面）。在轧槽底部的展开线上，减径段和预精整段均为直线，与轧制线成一定倾角；定径段也为直线，但与轧制线平行；压下段则为一平滑曲线。

减径段的结构和尺寸如图9-18所示，芯头在减径段内的直径由下式确定：

$$d_x = d - 2L_1 \tan\alpha \tag{9-22}$$

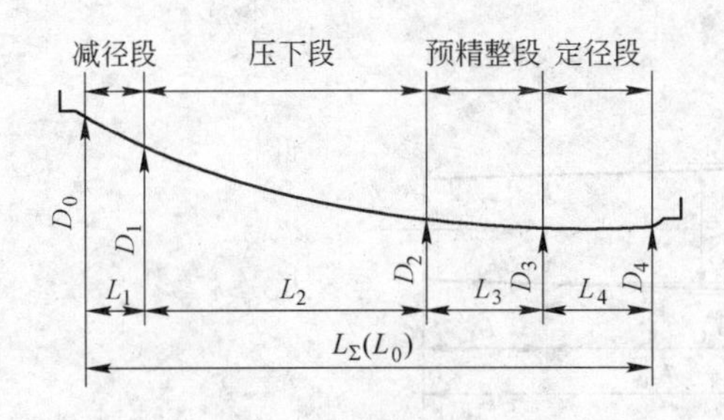

图9-17 孔型轧槽展开图

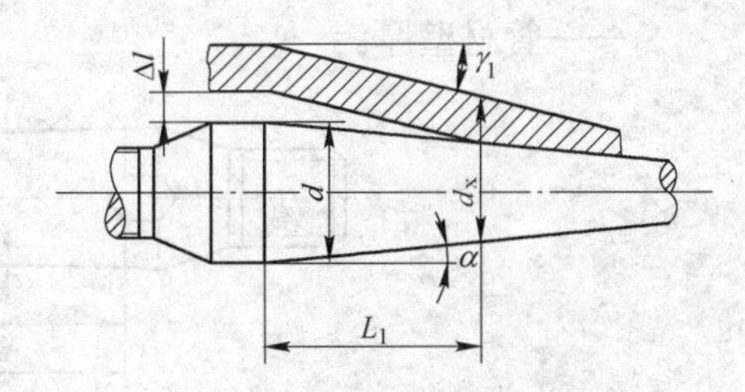

图9-18 确定减径段长度用图

若管坯在减径段内壁厚不变，则变形锥内外表面互相平行，芯头与管坯相接触处断面的直径为：

$$d_x = d + 2\Delta l - 2L_1 \tan\gamma_1 \tag{9-23}$$

式中 d——芯头圆柱部分直径；

L_1——减径段长度；

Δl——管坯与芯棒圆柱部分间的间隙；

α——芯头圆锥母线与轴线间的夹角；

γ_1——变形锥外表面母线与芯头轴线间的夹角。

联解式（9-21）、式（9-22），求出芯头减径段长度：

$$L_1 = \frac{\Delta l}{\tan\gamma_1 - \tan\alpha} \tag{9-24}$$

在生产实践中，轧槽底部减径段常采用的锥度为 $\tan\gamma_1 = 0.12 \sim 0.20$。在轧制薄壁管时 Δl 值不超过1.0～1.5mm。

对于芯头锥度，轧制普通管材，即管材直径与壁厚之比 $\frac{D}{S} \leqslant 30 \sim 40$ 时，一般取芯头锥度 $\tan\alpha = 0.0035 \sim 0.007$；轧制薄壁管，即 $\frac{D}{S} > 40$ 时，芯头锥度适度减小，一般取 $\tan\alpha = 0.00125 \sim 0.00175$。

定径段轧槽直径等于成品管材的直径，在一定条件下，一般地定径段长度为：

$$L_4 = (1.0 \sim 2.0) m\lambda_\Sigma \tag{9-25}$$

预精整段长度为：

$$L_3 = (1.0 \sim 1.5) m\lambda_{\Sigma 3} \tag{9-26}$$

式中 $\lambda_{\Sigma 3}$——预精整段开始后管坯的总延伸系数：

$$\lambda_{\Sigma 3} = \frac{F_0}{(D_3 - S_3) S_3} \tag{9-27}$$

D_3——预精整段开始处的管坯直径；

S_3——预精整段开始处的管坯壁厚。

在孔型设计中，通常取 $\lambda_{\Sigma 3}=(0.95\sim0.98)\lambda_{\Sigma}$，故一般 $L_3=(0.95\sim0.98)L_4$。为保证管材纵向的壁厚均匀度，预精整段轧槽锥度 $\tan\gamma_3$ 等于芯头锥度 $\tan\alpha$。芯头结构与尺寸如图 9-19 所示，定径段开始处断面上的芯头直径为：

$$d_k = D_1 - 2S_1 \tag{9-28}$$

式中　D_1——管材外径；

　　S_1——管材壁厚。

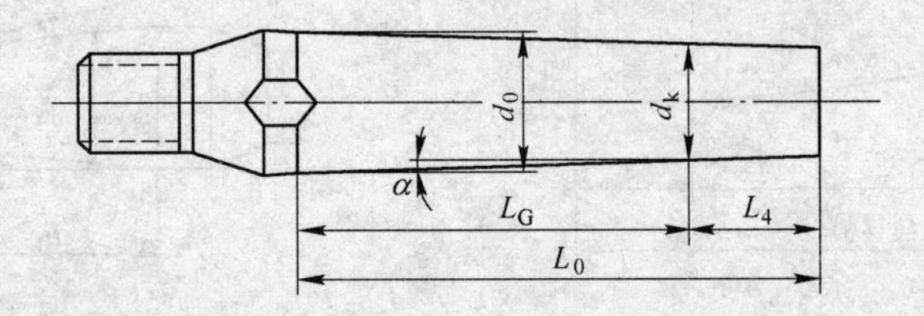

图 9-19　计算芯头尺寸用图

芯头锥体长度为：

$$L_G = L_0 - L_4 \tag{9-29}$$

式中　L_0——芯头工作部分全长；

　　L_4——芯头定径段长度。

芯头圆柱部分直径为：

$$d_0 = d_k + 2L_G\tan\alpha \tag{9-30}$$

孔型轧槽压下段是管坯压延过程中实现减径、减壁最主要之部位，槽底为一平滑的轮廓曲面，其平面展开图则为如图 9-17 所示的 L_2 平滑曲线。管材轧制时，压下段内管径和壁厚减小，其槽底轮廓线上任意点 x 切线与芯头母线之间夹角的正切可用 $\mathrm{d}S/\mathrm{d}x$ 表示。且当 x 增大其倾角变小，故 $\mathrm{d}S/\mathrm{d}x$ 为负数（参考图 9-18、图 9-20），即

$$\tan\gamma_x - \tan\alpha = -\frac{\mathrm{d}S}{\mathrm{d}x} \tag{9-31}$$

因此其管壁真实变形量可表示为：

$$\Delta S_x = \varphi(x) = -\frac{\mathrm{d}S}{\mathrm{d}x} \tag{9-32}$$

将式（9-31）代入式（9-6），即得出真实变形量沿轧槽长度上的变化函数：

$$\frac{\Delta S_x}{S_x} = f(x) = -\frac{\Delta x}{S_x}\frac{\mathrm{d}S}{\mathrm{d}x} \tag{9-33}$$

据式（9-33），$\Delta x = m\lambda_{\Delta x}$，这里 $\lambda_{\Delta x}$ 由管坯直径和管坯壁厚的变化确定。

$$\lambda_{\Delta x} = \frac{F_0}{F_x} = \frac{(D_0 - S_0)S_0}{(D_x - S_x)S_x} \tag{9-34}$$

$$\Delta x = m\frac{(D_0 - S_0)S_0}{(D_x - S_x)S_x} \tag{9-35}$$

当管坯直径不变或变化很小时，则

$$\Delta x = m\frac{S_0}{S_x} \tag{9-36}$$

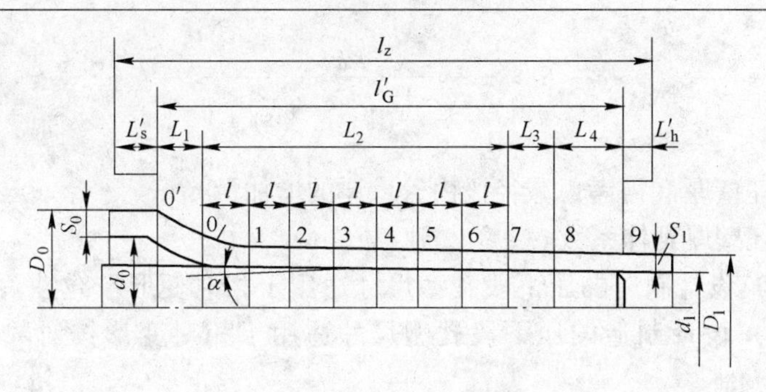

图 9-20 冷轧管变形区简图

生产实践表明，采用小锥度芯头轧制管材，忽略直径变化计算的 Δx 值，误差很小。因此在计算 Δx 值时可利用式（9-36），将其代入式（9-32）得：

$$\Delta S_x = \varphi(x) = -m\frac{S_0\,\mathrm{d}S}{S_x\,\mathrm{d}x} \tag{9-37}$$

据式（9-37），求出：

$$S_x = \mathrm{e}^{-\frac{\int \varphi(x)\mathrm{d}x}{mS_0}+C} \tag{9-38}$$

将式（9-36）代入式（9-33），得

$$\frac{\Delta S_x}{S_x} = f(x) = -m\frac{S_0\,\mathrm{d}S}{S_x^2\,\mathrm{d}x} \tag{9-39}$$

据式（9-39），求出：

$$S_x = \frac{mS_0}{\int f(x)\,\mathrm{d}x + C} \tag{9-40}$$

什瓦金根据生产经验，对其 $f(x)$ 提出了下述两个函数式：

$$f(x) = \frac{\Delta S_x}{S_x} = A\left(1 - 2n_1\frac{x}{L_1}\right) \tag{9-41}$$

$$f(x) = \frac{\Delta S_x}{S_x} = A\mathrm{e}^{-n_2\frac{x}{L_2}} \tag{9-42}$$

式中 A——系数；

n_1，n_2——系数，$n_1 = 0.1$，$n_2 = 0.64$；

L_2——轧槽压下段长度。

将函数式（9-41）、式（9-42）代入式（9-40）中，利用边界条件（$x = 0$，$S = S_0$；$x = L_2$，$S_x = S_1$）积分，得：

$$C = m\frac{A}{n_2}$$

$$A = \frac{m(\lambda_{\Sigma S} - 1)n_2}{1 - \mathrm{e}^{-n_2}}$$

这样可分别得到

$$S_x = \frac{S_0}{\frac{\lambda_{\Sigma S} - 1}{1 + n_1}\left(1 - n_1\frac{x}{L_2}\right)\frac{x}{L_2} + 1} \tag{9-43}$$

$$S_x = \frac{S_0}{\frac{\lambda_{\Sigma S} - 1}{1 - e^{-n_2}}(1 - e^{-n_2 \frac{x}{L_2}}) + 1} \tag{9-44}$$

式中　S_0——管坯壁厚（需考虑减径段内管壁厚的增加量）；

$\lambda_{\Sigma S}$——管坯壁厚延伸系数。

按式（9-43）设计制造的压下段孔型尺寸适用于相对变形按线性关系逐渐减小的规律；按式（9-44）设计制造的压下段孔型尺寸适用于相对变形按对数关系逐渐减小的规律。

П. К. 捷捷林也提出管壁变化按绝对变形量一定的规律设计孔型，即

$$f(x) = \Delta S_x = A\left(1 - n\frac{x}{L_2}\right) \tag{9-45}$$

式中　n——根据金属对轧辊压力不变的条件而定的系数。

将式（9-45）代入式（9-40），积分后得：

$$S_x = \frac{S_0}{\lambda_{\Sigma S}^{\frac{2 - n\frac{x}{L_2}}{2 - n}\frac{x}{L_2}}} \tag{9-46}$$

若把压下段内相对压下量定为常数时，即：

$$f(x) = \frac{\Delta S_x}{S_x} = K \tag{9-47}$$

则压下段内确定的管壁厚度公式为：

$$S_x = \frac{S_0}{(\lambda_{\Sigma S} - 1)\frac{x}{L_2} + 1} \tag{9-48}$$

不同轧槽孔型尺寸的比较和适用范围：生产实践发现，由式（9-48）设计制造的孔型使用较好，式（9-43）、式（9-44）设计制造的孔型在小型轧机（如 LG-30 型）上使用时，因由压下段始端到末端变形量急剧下降，在始端位置轧制力出现峰值，致使轧槽剧烈磨损，其中以式（9-44）计算的孔型尤为突出。但在大型冷轧管机（如 LG-80、LG-120 型）上轧制时，因轧槽压下段很长，没有发现上述的磨损现象。特别是轧制直径较大的 2A12、5A06 等低塑性合金管材，既能充分利用金属塑性，又能保证管材质量，更为合适。由式（9-16）设计制造的孔型，可保证金属对轧辊压力沿压下段长度上为一定值。实践表明，这种孔型轧制的特点是在压下段末端的金属尚需要有足够的塑性，故轧制 1××× 系、3A21、6A02 等高塑性合金管材较为合适。同时这种孔型的变形特点介于式（9-43）、式（9-44）和式（9-48）计算的孔型之间，变形量分布均匀，所以它也适用于轧制 5A02、2A11、2A12 等具有中等塑性的合金管材。

9.3.3　轧槽断面的结构尺寸

确定合适的轧槽宽度是生产优质管材的必要条件。宽度过窄，轧管时金属易流入辊缝，管材表面产生飞边；轧槽过宽，金属沿横向不均匀变形增大，产生裂纹，也可能在横向上出现壁厚不均，因此设计孔型时必须确定轧槽两侧的适度的宽展量。

轧槽断面尺寸的确定：如图 9-21 所示，其扩展度为：

$$\beta = \cos^{-1}\frac{R_x}{R_x + \frac{\Delta B_x}{2}} \tag{9-49}$$

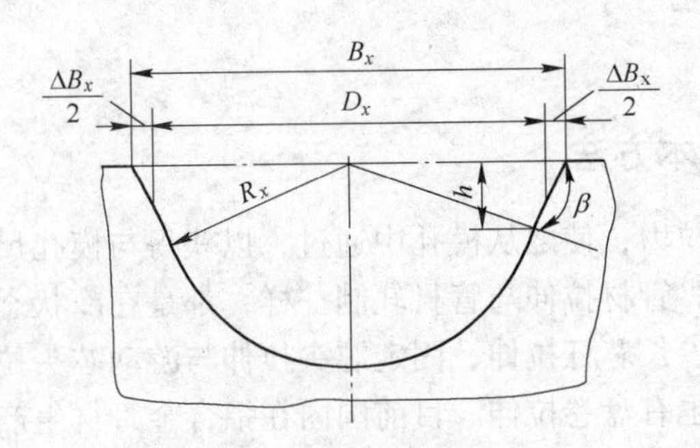

图 9-21 计算轧槽宽度用图

轧槽扩展度的取值也可参照表 9-1 执行。

表 9-1 轧槽扩展度 β 值

轧辊直径/mm	宽展度 β/(°)			
	减径段开始	压下段内	预精整段	定径段
300	35 ~ 32	32 ~ 29	29 ~ 27	27 ~ 25
364	24 ~ 31	31 ~ 27	27 ~ 25	25 ~ 23
434	20 ~ 25	25 ~ 22	22 ~ 20	20 ~ 18
550	16 ~ 18	22 ~ 20	22 ~ 20	17 ~ 15

轧槽扩展深度为：

$$h = \left(\frac{1}{4} \sim \frac{1}{3}\right)R_x \tag{9-50}$$

考虑扩展度时的轧槽宽展由下式确定：

$$B_x = D_x + 2\left[K_t m\lambda_{xs}(\tan\alpha_x - \tan\gamma_1) + K_d m\lambda_{xF}\tan\gamma_1\right] \tag{9-51}$$

式中 K_t——考虑强迫宽展和工具磨损系数，依计算断面积的位置而定，其值见表 9-2；

K_d——压扁系数，通常取 0.7。

表 9-2 宽展和工具磨损系数 K_t 值

计算断面号	1	2	3	4	5	6	7
系数 K_t 值	1.76	1.70	1.70	1.60	1.40	1.20	1.05

任意断面上的扩展量为

$$\Delta B_x = B_x - D_x \tag{9-52}$$

轧槽扩展量也可用下述简化公式计算：

$$\Delta B_x = 2Km\lambda_{xF}\tan\alpha \tag{9-53}$$

式中 K——考虑金属强迫宽展和工具磨损系数，通常取 1.1 ~ 1.5[9]。

10　管材拉伸

10.1　管材拉伸的基本方法

对金属坯料施加一拉力，使之从模孔中通过，以获得与模孔尺寸、形状相同的制品称为拉伸。就铝合金而言，管材拉伸与管材轧制一样，都是在冷状态下进行的，即为冷拉伸加工。冷拉又分为空拉、长芯杆拉伸、固定芯头拉伸与游动芯头拉伸，前三者均为直条拉伸，后者有直条拉伸，也有盘卷拉伸。目前国内在铝合金管材生产中，最普遍采用的管材拉伸方法主要是空拉、固定芯头拉伸和游动芯头拉伸。

管材拉伸时其变形是不均匀的，存在着较大的附加剪切变形和应力，铝加工工作者面临的任务是，认识其产生的原因，尽可能提高变形的均匀性，降低拉伸过程中产生的附加应力。

10.2　空拉

空拉是拉伸时管坯内部不放置芯头，通过模孔减缩外径的加工方法。

10.2.1　管材空拉时的变形与应力

空拉时，管材内部虽然没有安放芯头，其主要变形也是管坯外径缩小到与模孔直径相同的尺寸，似乎其壁厚是不会产生变形的。但其实不然，管材壁厚在变形区内实际上常常是变化的，最终壁厚或者变薄，或者变厚，或者未发生变化。其管壁发生增减或维持不变的原因，取决于拉伸变形时其变形力学中的径向应力 σ_r、周向应力 σ_θ、轴向应力 σ_1 之间的相互关系。如图 10-1 所示，径向应力 σ_r 在管子断面上的分布是由外表面向中心逐渐减小，至管材内表面时为零。周向应力 σ_θ 则是由外表面向中心逐渐增大。变形区内的变形状态是轴向 δ_1 为延伸变形，周向 δ_θ 为压缩变形，径向变形 δ_r 的大小与符号取决于 σ_1 与 σ_θ 间的相互关系。无论在任何条件下空拉，其径向上有 $|\sigma_\theta| > |\sigma_r|$。根据最小阻力定律，金属在压应力 σ_θ 的作用下向管子中心流动，使其壁厚增加。σ_1 则引起金属产生轴向变形 δ_1，使管壁变薄。若 δ_1 引起的管壁减薄量大于 δ_θ 引起的管壁增厚量，则 δ_r 为（-），即发生压缩变形，壁厚变薄；反之，δ_r 为（+），即发生延伸变形，壁厚增加。经研究认为，当 $\sigma_r < \frac{\sigma_\theta + \sigma_1}{2}$ 时，壁厚减小；$\sigma_r > \frac{\sigma_\theta + \sigma_1}{2}$ 时，壁厚增加；$\sigma_r = \frac{\sigma_\theta + \sigma_1}{2}$ 时，壁厚不变。

空拉时，管子壁厚沿变形区长度上的变化也不相同。因为轴向应力 σ_1 由模子入口向出口时逐渐增大，而周向应力 σ_θ 逐渐减小，故 $\frac{\sigma_\theta}{\sigma_1}$ 比值也由入口向出口不断减小，所以管子壁厚在变形区内的变化是在模子入口处增厚，达最大值后开始减薄，至出口处减薄最大。图 10-2 所示为用不同模角 α 的模子空拉 6A02 管材时变形区内的壁厚变化情况。

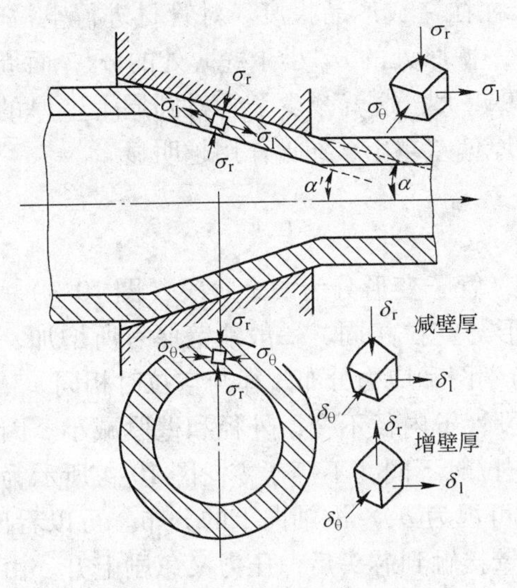

图 10-1 空拉时的变形力学图

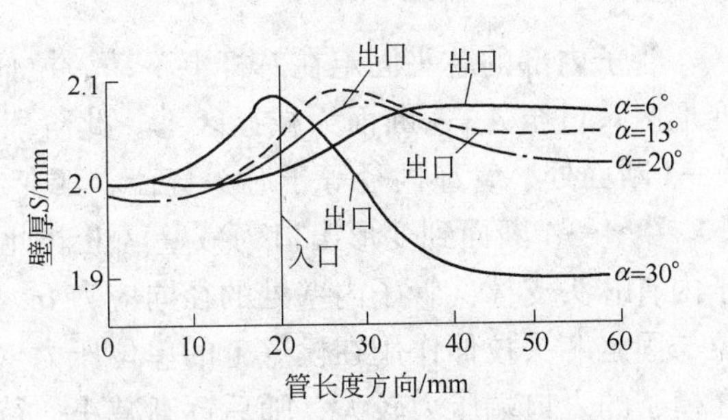

图 10-2 用不同模角的模子空拉 6A02 管材时变形区内的壁厚变化情况

10.2.2 影响空拉时壁厚变化的因素

管材空拉时影响壁厚变化的因素有：

（1）管坯相对壁厚，即拉伸前管坯壁厚与平均直径$\frac{S_0}{D}$比值之大小的影响。直径相同时，管坯壁厚增加将使金属向中心流动阻力增加，从而使管壁增厚量减小。壁厚不变，直径增加，使金属向中心流动的阻力减小，管子壁厚增加的趋势加强。当$\frac{S_0}{D}$比值大到一定时，其变形区入口处壁厚也不增加，但其使入口处壁厚不增加的$\frac{S_0}{D}$的实际比值尚不能准确确定，只知道该值与变形条件、金属强度特性有关。

（2）道次加工率、模角 α 和反拉力等工艺参数的影响。随着工艺参数的增大，壁厚增加率下降，至达到一定数值时，拉伸后的壁厚可小于拉伸前的壁厚。空拉时的反拉力是采用“倍模”拉伸即管子同时通过两个模子来实现的。模角 α 增大，管壁厚逐渐减小（图 9-18），且随着模角 α 进一步增大，管子的外径减缩量也随之增大，甚至空拉后的管材外径小于模孔直径，可能造成产品超负差而报废。道次加工率小，轴向变形应力 σ_1 小，管壁厚随之增加。因此在总加工率相同时，若采用多道次拉伸，其壁厚增加量越大。

（3）金属的性质、状态对壁厚增加的影响。纯铝比硬铝的壁厚增加率小，退火状态比冷作硬化状态壁厚增加率大。

10.2.3 空拉时管材偏心的纠正

无论是挤压毛料、还是减壁拉伸毛料，其管壁厚度总不是完全均匀一致的，也就是说管材的内、外壁圆心是不重合的，即存在偏心，往往造成产品报废。对管材进行空拉时，由于管材壁厚的差异，其周向应力的分布不均匀，壁厚处的 σ_θ 小于壁薄处的 σ_θ，而周向应力是引起壁厚增加的，σ_θ 越大之处壁厚增加量越大，这就减少了管材圆周上壁厚的差异程度，使之趋于均匀一致。空拉道次越多，壁厚偏差越小，纠偏作用越明显。

10.3　固定芯头拉伸

管子内部的芯头固定在芯杆上不动，拉伸时，管子变形分为两个阶段（图 10-3）。由变形区入口至 *A*—*A* 断面为减径区Ⅰ。此阶段变形与空拉相同，一般地壁厚有所增加，至 *A*—*A* 断面处，管坯内径等于芯头直径。其变形力学图和应力分布规律与空拉时相同。

由 *A*—*A* 断面到变形出口为减壁区Ⅱ。此阶段管子内径不变，外径和壁厚减小。因管子内有芯头支撑，管子内壁处的径向应力 σ_r 与空拉时不同，不等于零。图 10-4 所示为空拉与固定芯头拉伸作用在模壁上的单位压力（也可视为 σ_r）沿轴向上的分布。可以看出，在模子的入口端压力较大，随后逐渐减小，待管壁接触到芯头后，压力又急剧上升。由于存在减径区，在减壁区Ⅱ存在着反拉力。在管材前端施加的拉力 *P* 通过模孔变形时，即受到模壁给予的压力 d*N*，其方向垂直于模壁。金属在模孔中运动，在接触面上产生摩擦力 $dT = f dN$（*f* 为摩擦系数），其方向与金属运动方向相反。在上述力的作用下变形区中的金属处于两向压，一向拉应力状态和两向压缩，一向延伸的变形状态，且径向应力 σ_r 与周向应力 σ_θ 相等。

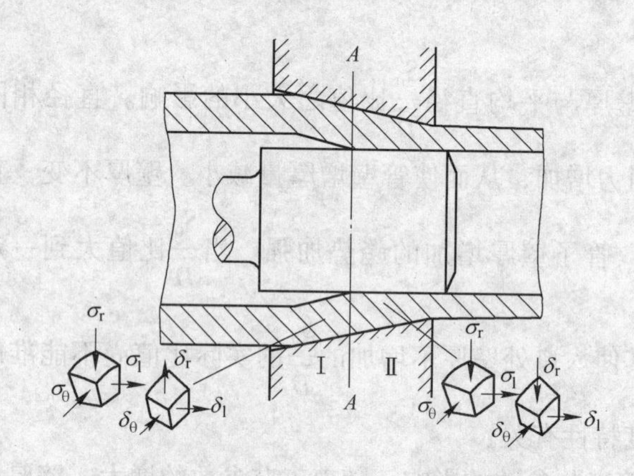

图 10-3　固定芯头拉伸时的变形力学图

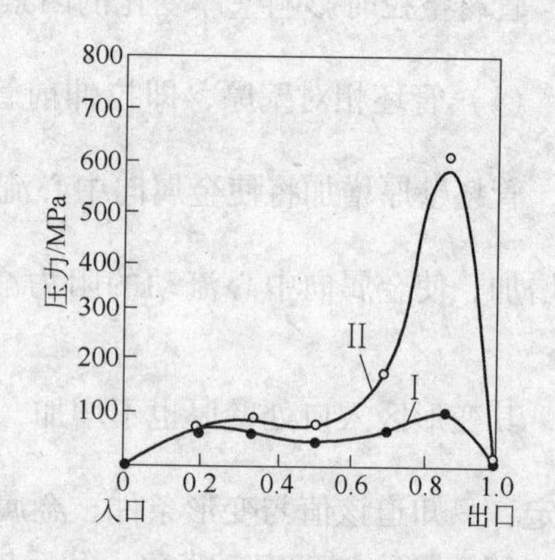

图 10-4　空拉Ⅰ、衬拉Ⅱ时作用于模壁上的应力分布（35 号碳钢，管坯规格为 4.85mm × 3.4mm，减径量为 18.5%，减壁量为 0.22mm）

固定芯头拉伸其芯头与管壁接触摩擦面积较大，故加工率较小，且芯杆因自重易发生弯曲，其与之连接的芯头难于准确地固定在正确位置上；芯杆较长时，拉伸产生的弹性伸长量较大，易发生“跳车”而引发“竹节”缺陷[9]。

10.4　游动芯头拉伸

由于固定芯头拉伸存在上述缺陷，于是发明了游动芯头拉伸。游动芯头即其芯头后端是非固定的。拉伸过程中，芯头在变形区内可自由游动，以调整管材变形量的大小。

10.4.1 游动芯头的受力状态

游动芯头分为三部分：小圆柱段Ⅰ，为定径区，其直径等于管材拉伸后的内径；圆锥段Ⅱ，管坯拉伸时发生减径减壁的变形区；大圆柱段Ⅲ，管坯导入区，其直径略小于管坯内径。在拉伸过程中，受力状态如图10-5所示，管坯受到模子压缩而变形，管坯内表面与芯头圆锥段（部分）和定径圆柱段相接触，产生摩擦力 T_1、T_2，把芯头拉入模孔；而管材作用于圆锥段上的正压力 N_2 随管的变形程度的增加而增加，N_2 的水平分力 $\sum N_2\sin\beta$ 则把芯头往后推。每当 T_1、T_2 使芯头向模孔方向运动时，管壁的压缩变形增大，$\sum N_2\sin\beta$ 也增大，即将芯头向后的力增大，芯头趋于离开模孔后移。一旦芯头退离模孔，管壁压缩变形量减小，$\sum N_2\sin\beta$ 减小，T_1、T_2 又把芯头拉向前进。如此重复，使拉伸时发生芯头游动。按一定规律设计芯头，令芯头始终处于管壁变形区内，从而实现管子减壁减径的目的。

10.4.2 游动芯头拉伸时的力学平衡条件

由图10-5可知：

$$\sum N_2\sin\beta - \sum T_2\cos\beta = \sum T_1 \tag{10-1}$$

由于 $T_2 = fN_2$（f 为摩擦系数），故

$$\sum N_2\sin\beta - \sum fN_2\cos\beta = \sum T_1$$

因为 $\sum N > 0$，$\sum T_1 > 0$，所以 $\sin\beta - f\cos\beta > 0$，$\tan\beta > f$。

即

$$\beta > \rho \tag{10-2}$$

式中 ρ——管子与芯头间的摩擦角。

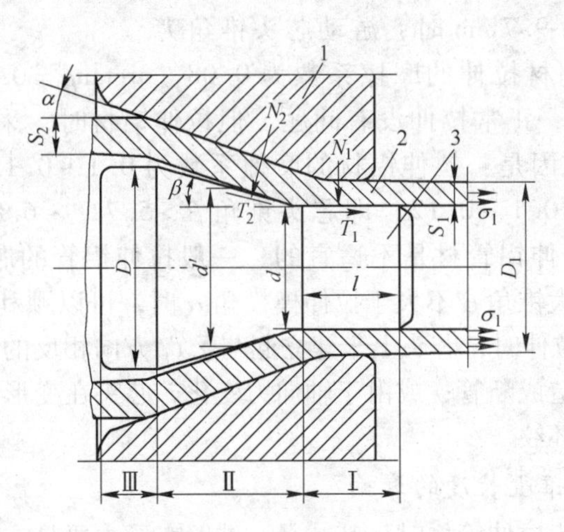

图10-5 游动芯头拉伸时的受力状态

Ⅰ—小圆柱段；Ⅱ—圆锥段；Ⅲ—大圆柱段

1—模子；2—管子；3—芯头

芯头锥角 β 大于摩擦角 ρ 为芯头稳定在变形区内的条件之一。

实现游动芯头拉伸需具备良好的拉伸稳定性。一般采用安全系数 K 作为衡量稳定性的

尺度，而 K 与抗拉强度 σ_b 和拉伸应力 σ_1 有关。因此可用下式估算：

$$K=\frac{\sigma_b}{\sigma_1} \tag{10-3}$$

式中　σ_b——管材拉出模口时的抗拉强度；

σ_1——管材拉出模口断面上的拉伸应力。

一般地说，在拉伸变形过程中，σ_b、σ_1 均随着变形程度的增加而增加，但 σ_b 比 σ_1 随金属硬化的增长率要小，即 K 值随 σ_1 的增加而降低，即拉伸稳定性降低。由此可知，要实现稳定拉伸，必须使：

$$K=\frac{\sigma_b}{\sigma_1}>1 \tag{10-4}$$

K 值越大，拉伸越稳定，一般 $K=1.1\sim1.3$；在某些特殊情况下，$K=1.4\sim1.7$。合理选取 K 值也是实现稳定拉伸和提高生产效率的重要条件。

10.4.3　芯头在拉伸中的作用和影响

芯头是游动拉伸的核心部件，其结构形状和尺寸对拉伸起着至关重要的作用。

10.4.3.1　芯头锥角的影响与确定

游动芯头的结构和形状一般如图 10-6 所示。

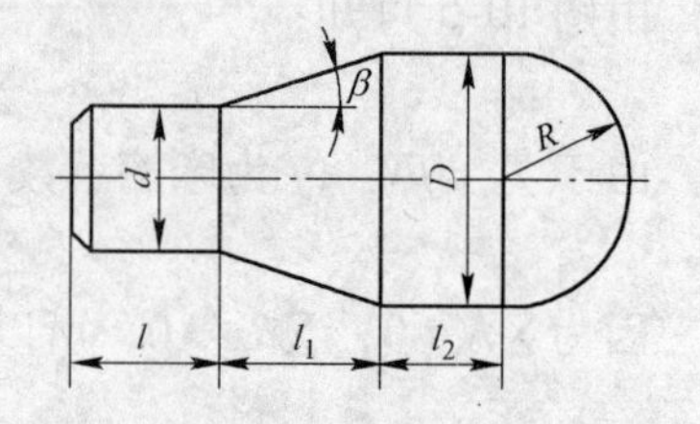

图 10-6　游动芯头结构图

根据游动芯头拉伸的基本原理和必要条件，$\tan\beta>f$，这就决定了芯头锥角与拉伸材料及其润滑条件下的摩擦状况有关，即其芯头最小锥角随其摩擦系数的增加而增大，随摩擦系数的降低而减小。

拉伸铜管时，其延伸系数 $\mu=1.22$，模子锥角为 7°，芯头圆柱段长度为 9.7mm 时，游动芯头锥角为 5°可以正常拉伸。因铜材拉伸的摩擦系数为 0.08，$\arctan\rho=0.08$，得 $\rho=4.57°$。故芯头锥角 $\beta=5°>4.5°$，正常拉伸没有问题。但拉伸铝材时，采用 5°的芯头锥角，管子很容易被拉断。其原因是：拉伸铝材的摩擦系数为 0.1～0.12，根据上述稳定拉伸的必要条件，需 $\tan\beta>0.1\sim0.12$，即芯头锥角 $\beta>5.71°\sim6.84°$。显然，采用拉伸铜管的最小芯头锥角拉伸铝管材是不适宜的，一般拉伸铝管的芯头锥角需不小于 7°。

实践表明，芯头最大锥角 β 不大于拉伸模模角 α 时，可以顺利实现拉伸；若是锥角 β 大于模角 α，可能开始拉伸时，芯头上未建立起与 $\sum T_1$ 方向相反的推力前即已使芯头向模子出口移动，挤压管子造成断管；或由于轴向力变化，芯头在变形区内往复移动引起管子内表面产生明暗交替的环纹。

10.4.3.2　芯头圆锥段长度的影响

前已述及，游动芯头拉伸管材时，其减径、减壁变形主要是在圆锥段进行的，而管材在圆锥段的变形一般可分为 6 个部分（图 10-7）。

Ⅰ——非接触变形区。在生产实践和计算中常略去此区而假定管子变形从 A—A 断面开始。

Ⅱ——空拉区。在此区内管子内表面不与芯头接触。在管子与芯头的间隙 c 以及其他条件相同的情况下，游动芯头拉伸的空拉区长度比固定芯头拉伸的要大，故管壁在空拉时的增量较大，空拉区的长度可近似地用下式确定：

$$L_{空} = \frac{c}{\tan\alpha - \tan\beta} \tag{10-5}$$

Ⅲ——减径区。管坯在该区进行较大的减径，同时也使壁厚减小。减壁量大致等于空拉区的壁厚增量，因此可近似地认为该区终了断面处管子的壁厚与原始管坯壁厚相同。

Ⅳ——第二段空拉区。管子由于拉应力方向的改变而稍微离开芯头表面。

Ⅴ——减壁区。主要使壁厚变形。

Ⅵ——定径区。管子产生弹性变形。

当然上述区段的划分，随着条件的变化会有所不同，即芯头位置、变形区各部分的长度和位置相应地有所改变，甚至可能使其中个别区段消失。

10.4.3.3 芯头圆锥段长度设计

芯头圆锥段是游动芯头的关键部分，须具有一合理长度。根据几何关系（图 10-8），其 L_1 最小尺寸为：

$$L_{1\min} = \frac{R - r}{\tan\beta} \tag{10-6}$$

式中 R——后圆柱段半径；

r——定径圆柱段半径。

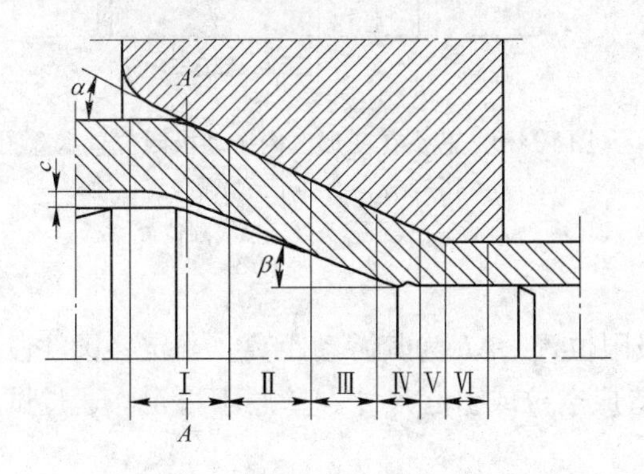

图 10-7 游动芯头拉伸变形区的划分与特点

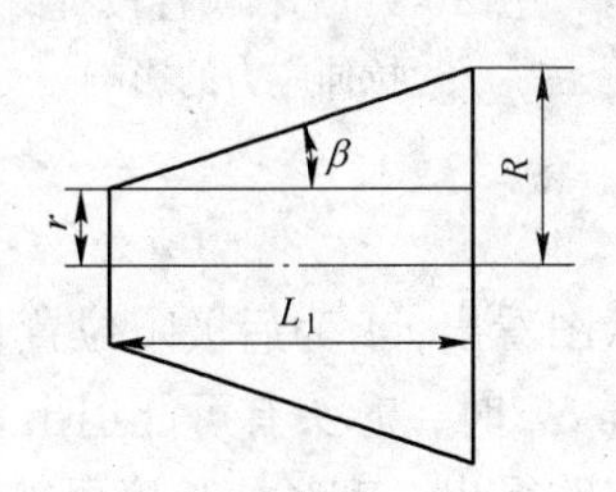

图 10-8 圆锥段 L_1 与 R、r、β 之间的关系

按几何关系算出的长度是其最小长度，但在生产实践中，考虑可能存在的各种问题，往往将其增加一附加长度，使圆锥段总长度为：

$$L_1 = \frac{R - r}{\tan\beta} + L_{附} \tag{10-7}$$

附加段最小值应比芯头圆锥段与管材相接触的长度大 2 ~ 3mm，否则拉伸时金属变形将从芯头后圆柱段开始；附加段最大值可大于模子变形区长度 1 ~ 2mm。

10.4.3.4 定径圆柱段长度对拉伸的影响

定径圆柱段的直径与管材内径一致，是不能改变的，但其长度则可在一定范围内调节。定径段长度对拉伸应力有重要影响。拉伸铜管时其应力与芯棒$\frac{L}{d}$（L 为芯棒长度，d 为定径段直径）的关系如图 10-9 所示。由图看出，芯棒定径段越长，拉伸应力越大；延伸系数越大，拉伸应力越大。其原因是，芯棒定径段增长，定径段与管材的接触面积 $S=\pi dL$ 呈线性关系增长，从而使摩擦面积增加，增加拉伸应力。因此对芯棒定径圆柱段必须进行合理设计与确定。

从减小拉应力来说，定径圆柱段越短越好，但这会带来不良后果，特别是拉伸小直径薄壁管材时问题更趋突出。因来料厚度不可能是绝对均匀的，尤其是挤压毛料其壁厚差异较大，游动芯头拉伸时，由壁厚会引起延伸系数发生变化，使得其正压力 N_2 发生变化，于是芯头便在变形区的一定范围内发生游动（图 10-10）。

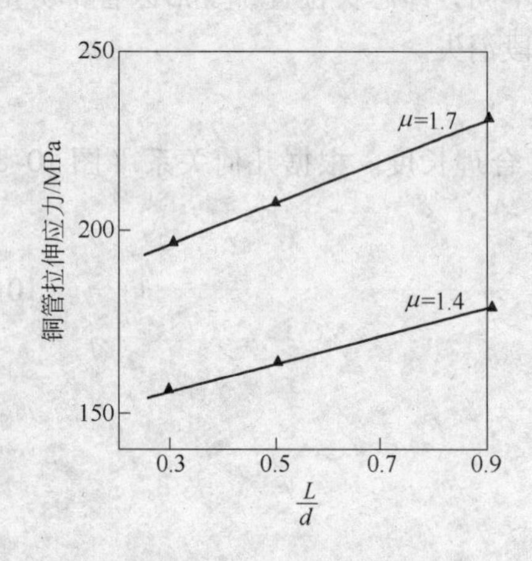

图 10-9　芯棒圆柱段对铜管拉伸应力的影响

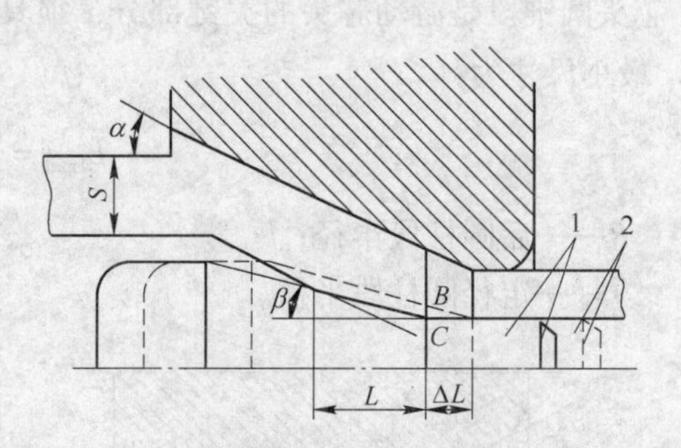

图 10-10　芯头在变形区内游动极限位置示意图
1—表示芯头处于后极限位置；
2—表示芯头处于前极限位置

从图看出，1 为后极限位置，2 为前极限位置，ΔL 为其游动距离。当定径圆柱段小于或等于 ΔL 时，芯头有可能退出变形区，造成空拉或引起尺寸、壁厚不稳定。通过试验与生产实践得出，定径段长度可按下式计算。

$$L=\frac{D-d}{2d}\left(\frac{D-d}{2f}-L_1\right)+(4\sim6)(\text{mm}) \tag{10-8}$$

式中　D——芯头后圆柱段直径；

d——芯头定径圆柱段直径；

f——管材与芯头间的摩擦系数；

L_1——芯头圆锥段长度。

10.4.3.5　芯头后圆柱段的影响与选择

芯头后圆柱段的尺寸与形状将影响拉伸的辅助时间、生产效率和产品质量。对其进行选择与设计，必须遵循如下原则：

（1）需保证游动芯头可顺利装入管坯，并能在管坯内自由游动。芯头后圆柱直径应比管坯内径小 0.3～2.0mm；管坯较大时取上限，管坯小时取下限。对挤压管坯料因存在较大椭圆和壁厚偏心等缺陷，其后圆柱直径与管坯内径之差应不小于1mm；而对冷轧或冷拉后的管坯，椭圆已减小，尺寸精度较高，其直径差应不大于1mm。

(2) 后圆柱段尺寸的选择和设计必须与模具尺寸相适配，其直径应大于模孔直径0.1~0.3mm。若小于0.1mm时，芯头易留在模孔内，会增加生产的辅助时间。

(3) 后圆柱段长度对拉伸起着重要的导向作用，其长度不能小于圆锥段的长度，特别是后圆柱段直径与管坯内径差值较大时，若长度太小，不利于芯头拉入变形区。

(4) 后圆柱段尾部最好设计成球形，以利于管坯在出现凹部缺陷或存在椭圆时，不致影响芯头游动。对于直径较大的芯头，尾部可制成带圆角的平面，圆角半径一般应大于$R7$。

10.4.4 游动芯头与拉伸模具的匹配关系

采用游动芯头拉伸时，在其他拉伸条件相同的情况下，因模角不同，其拉伸应力也不相同（表10-1），因此确定合适的模角与芯头锥角的搭配关系也是非常重要的。

表10-1 同一锥角与不同模角搭配时的拉伸应力

模角α/(°)	锥角β/(°)	管材规格/mm				延伸系数	拉伸力/N	拉伸应力/MPa
		拉伸前		拉伸后				
		外径	内径	外径	内径			
12	9	12.16	1.27	9.08	1.04	1.65	4486	170.7
11	9	12.16	1.27	9.09	1.04	1.64	4928	185.8

试验与生产实践表明，芯头锥角β为7°~10°时，模角α为11°、12°，进行不同的搭配组合，其$(\alpha-\beta)_{max}=5°$，$(\alpha-\beta)_{min}=1°$。采用最大、最小值搭配组合，均使拉伸力增加。采用$(\alpha-\beta)=3°$的搭配组合，拉伸力最小，拉伸稳定性最好。

发生这种情况的原因是，由于α和β存在角度差，在芯头与管坯内表面、模具与管坯外表面之间存在一定的锥形缝隙（图10-11）。拉伸时在管坯内部加入适当的润滑剂，管坯外表面则边拉伸边涂抹润滑油。

当在管内、外表面加入润滑剂，由于摩擦表面的几何形状以及相对运动，会产生润滑楔，根据雷诺方程，形成油膜压力：

$$\frac{\partial}{\partial x}\left(\frac{h^3}{\eta}\frac{\partial p}{\partial x}\right)+\frac{\partial}{\partial z}\left(\frac{h^3}{\eta}\frac{\partial p}{\partial z}\right)=6(U_1-U_2)\frac{\partial h}{\partial x}+6h\frac{\partial(U_1+U_2)}{\partial x}+12v \tag{10-9}$$

式中 x，z——坐标变量；

U_1，U_2——边界面1、2沿x方向的速度；

h——润滑膜厚度；

p——流体动压力；

v——边界沿y方向的速度。

上述参数如图10-12所示。

由式（10-9）可知，产生流体润滑膜压力的原因有油楔效应、表面伸缩效应、挤压效应（表10-2）。

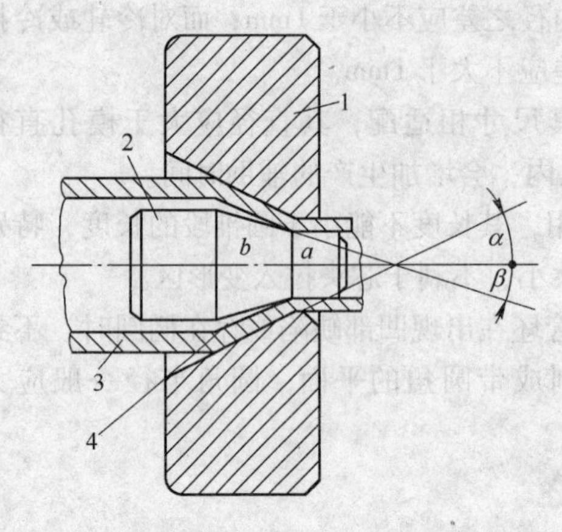

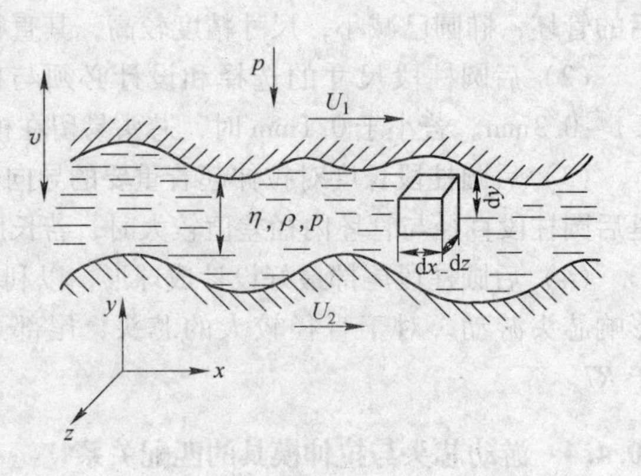

图 10-11　拉伸时模具、芯头、管坯组合示意图

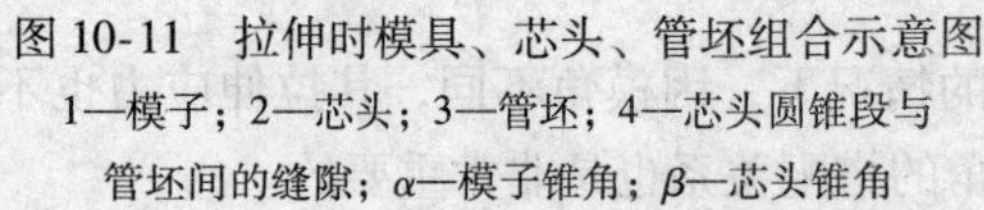
1—模子；2—芯头；3—管坯；4—芯头圆锥段与管坯间的缝隙；α—模子锥角；β—芯头锥角

图 10-12　流体的层流流动示意图

表 10-2　流体润滑膜压力产生原因

1	油楔效应	U_1；h=常数；U_2	$6(U_1-U_2)\dfrac{\partial h}{\partial x}$
2	表面伸缩效应	U_1；$h(n)$；U_2	$6h\dfrac{\partial(U_1+U_2)}{\partial x}$
3	挤压效应	u；$h(t)$	$12v$

在通常情况下，表面伸缩效应产生的压力很小，可略去不计。当油膜厚度不随时间变化时，挤压效应也可略去不计。因此在大多数情况下，流体动压润滑时产生的油膜压力主要为油楔效应。

当两摩擦表面发生相对运动时，管坯内壁的润滑剂被吸入锥形缝隙内而产生流体动压力，从而使拉伸时管材与芯头的接触表面完全被润滑层隔离，实现良好的液体润滑条件，降低摩擦系数。而润滑楔作用的大小与锥形缝隙的角度有关。角度太大，润滑楔作用小，对润滑剂的吸力降低，润滑剂易被挤出，接触表面不能完全被润滑层分离，摩擦力增加，致使拉伸力增大。角度小，虽然增加了对润滑剂的吸力，提高了润滑楔的作用，但同时也增加了芯头、模子与管材内、外壁的接触面积从而增大摩擦力，反使拉伸力增加。实践表明，采用游动芯头拉伸铝管时，$\alpha-\beta=3°$时，润滑楔作用不致明显降低，同时摩擦面又不显著增加，综合两者的作用，润滑效果最好，拉伸力最低。

11 管材生产工艺与质量控制

上章讨论和介绍了管材轧制与拉伸生产的基础知识，了解了目前铝合金管材加工常用的最基本的方法，本章讨论管材生产过程中的工艺与质量控制问题。

11.1 管材毛料的质量要求

管材毛料分压延用毛料（轧制毛料）和拉伸用毛料。压延毛料多为挤压制得，对某些硬合金材料冷加工率较大时，进行第一次压延后，即行退火处理，再进行第二次压延。拉伸毛料可直接用挤压料拉制成品，也可将挤压料，经过压延，再进行拉伸加工而制成成品。

11.1.1 表面质量

管毛料内、外表面不得有裂纹、起皮、飞边、啃伤、划伤、擦伤、压坑、金属及非金属压入、压延棱子等缺陷以及黏附铝屑、油泥等脏物；对其中某些缺陷非严重而不影响成品质量的，可采用刮刀、砂布等进行清除或修复后投入使用；对某些恶性缺陷如裂纹、飞边以及其他不能清除或修复者，应一律做报废处理。

ϕ38mm 及以下的用于压延的坯料，二次压延坯料以及内、外表面污染较为严重的压延坯料需进行蚀洗后才能投产。

11.1.2 尺寸偏差

为了保证成品的尺寸精度，必须对毛料尺寸进行控制，将尺寸偏差控制在一定的范围之内。

对压延坯料，其管坯内径 d 应等于芯头直径 $D_{芯}$ 加芯头与管坯内径之间的间隙 2Δ，即 $d = D_{芯} + 2\Delta$；弯曲度不大于2mm/m；对于外径偏差，直径不大于40mm 者，其偏差值应小于名义直径的1.5%；直径大于40mm 者，其偏差值应小于名义直径的1.2%；壁厚偏差一般应小于名义尺寸的10%。管坯切口断面应与轴线垂直。

对拉伸毛料，一般地说，供给拉伸用的挤压坯料其尺寸偏差应严于压延用坯料的偏差，特别是壁厚偏差要予以严格控制。而供给拉伸用的压延坯料其尺寸经过加工后，偏差已大大改善，远好于挤压坯料，一般是没有问题的。

11.1.3 材料性能及加工前的准备

压延和拉伸均属冷加工，对其所要加工的坯料需具有低的变形抗力和良好的伸长率，因此在压延或拉伸之前，一般须进行退火处理，以获得最大的冷加工率。

对于二次压延毛料，在第一次压延之后，还需进行退火；退火前需将内表面的铝屑和油污吹洗干净。

对于拉伸用管坯，必须进行锻头（直径较大时）或碾头（直径较小时）。为保证锻头质量，1×××系列、3A21、6A02、6063 等合金一律在冷状态下锻头。对 2A11、2A12、2A14、5A02、5052、5A03、5083、5A05、5206、7A04 等合金已经退火的毛料，可在冷状态下锻头；上述合金未经退火时，一般需要将锻头部位加热到一定温度后进行锻头。其加热制度列于表 11-1。

表 11-1　管材锻头加热制度（参考）

合　金	仪表温度/℃	锻头温度/℃	加热时间/min
2A11、2A12、2A14、5A02、5A03、5A05、5A06、5052、5083、7A04	400～450	220～420	20～40

管材锻头长度列于表 11-2。

表 11-2　管材锻头长度（参考）

管 材 种 类	管材外径/mm	碾头长度/mm
拉伸（减壁减径）管材	$D<100$	200～250
	$D\geqslant100$	250～350
减径管材	$D<60$	150～200
	$D\geqslant60$	200～250

淬火后需锻头的管材，须在淬火后 2h 内于冷状态下锻头。

成品直径为 8mm 以下的管材，减径过程中应进行中间碾头；成品直径为 6mm 及以下的管材，应在减径过程中切除旧夹头再重新碾头 1～2 次。碾头后的管材夹头必须拭擦干净，方可继续进行加工。

11.2　管材加工过程中的工艺控制

管材加工工艺包括摩擦与润滑、管坯尺寸偏差、延伸系数、道次分配及加工率、变形速度、芯头、模孔形状及其配合关系等。所有这些因素都可能影响管材的成品质量，因此加强工艺研究，合理安排和优化工艺配置，是提高管材成品质量的重要环节。

11.2.1　管材生产中的工艺润滑

管材压延和拉伸，同时存在内、外两个表面，加工中的润滑必须注意到这一点，特别是拉伸管材，应特别重视内表面的润滑问题。

管材润滑剂要求耐高压，能形成稳定的润滑膜；在压延和拉伸的过程中能很好地附着在金属的表面上，而在随后的处理过程中又不致产生残留物；温度的变化对其影响要小，且有良好的热效应，能有效地冷却模具和金属；与模具和金属不发生化学反应。

压延管材一般用纱锭油进行润滑。

采用固定芯头的管材拉伸使用 38 号或 74 号汽缸油加入少量机油进行润滑。

采用游动芯头的管材拉伸一般使用 65 号汽缸油，加上含有氧元素的极性有机化合物 1 号或 2 号添加剂润滑。

润滑前应对管材内、外表面进行检查和清理，清除在表面上的一切附着物。油品要保持干净。润滑系统要有完好、可靠的过滤装置。润滑油内不得含有颗粒物、铝屑、纱布、水分等。

管材内表面要一次润滑充分，保证能形成完整稳定的油膜；外表面随时添加（压延）或抹油（拉伸），以保持获得平滑、光洁的内外表面。

11.2.2 压延管材工艺质量控制

一般地说，管材压延由于其变形区内主要处于三向压应力状态，可充分发挥材料的变形塑性，变形率可达90%以上；产品质量高，可适用于所有铝合金挤压毛料进一步加工薄壁管材的生产。但在冷轧或热处理后尚需进行减径或整径等拉伸工艺处理，才能满足成品质量的标准要求。因此在实际生产中，冷轧管多用于成分比较复杂的较难变形的合金和加工量较大的软合金薄壁管材的生产，而对某些软合金薄壁管材，如汽车工业的水箱冷却器用管材等，国内一些厂家多不采用冷轧工艺，而挤压后直接采用拉伸方法进行生产。

无论是管材压延还是管材拉伸过程，如前所述是一个减径减壁或减径、整径的过程，如何确定减壁与减径之间的关系，或确定衬拉与空拉的道次分配，对保证产品质量，提高生产效率是非常重要的。

11.2.2.1 压延管材减径减壁关系的确定

我们知道，冷轧管材时，在变形区内管坯在孔型与芯棒的作用下，管径受到压缩变形，管径减小；在管径减小的同时，还出现管坯的压扁现象。压扁时管坯内表面一部分脱离芯头，管坯与芯头的接触面积减小，不均匀变形增大，使得孔型内金属的宽展量和变形锥的椭圆度增大，从而导致轧制条件恶化，引起“飞边”、“棱子”等质量缺陷。生产试验与实践表明，加大孔型扩展度，改善压扁条件，增大减径和减壁量，借以达到提高质量和产量的目的，然而这样做效果很不明显。芯头锥度增大不到两倍，而变形锥的椭圆度却增大了两倍多。如在同一孔型（38×22.5）条件下，使用不同芯头锥角的芯棒压延时则产生了不同的效果。当采用芯棒锥角 $\alpha=1.05985°$ 轧管时，允许增大减径量，但变形锥椭圆度变大，结果管材表面出现“飞边”或“棱子”，在这种情况下，只有减少进料量。将金属移动量（与轧管时的管坯送进量成正比）$m\lambda_{\Sigma}$ 减少至15mm，才可避免缺陷发生。但采用芯棒锥角 $\alpha=0.4526°$ 时，金属移动量提高到 $m\lambda_{\Sigma}=24$mm，可生产出没有上述缺陷的优质管材，同时轧机生产效率也有很大提高。实验表明，生产特薄壁管材（壁厚为0.2～0.3）时，只有使用很小锥度的芯棒（$\alpha=0.07162°\sim0.10027°$）才能保证管材质量。

由以上情况看出，管材的压延生产，芯棒锥角增大，即在一定的金属移动量下，增大了减径量，当达到某一定值时，则不可避免地产生“棱子”、“飞边”等缺陷；当芯棒锥角减小，金属的移动量增加至一定范围时，不会产生上述缺陷，可以获得优质表面的管材，虽然单位进料量的减径量小了，但进料速度增快，单位时间的产量在同等质量条件时却明显增加了。因此轧制管材时，确定合适的减径减壁量，既可保证产品表面质量，又可提高生产效率。

11.2.2.2 压延管材工、模具的选择与配置

压延管材的工、模具主要是轧机型号、孔型和芯棒的结构尺寸。前面已经说过，目前国内最普遍采用的是二辊式周期冷轧管机。轧机常用型号有LG-30、LG-55、LG-80、LG-

120等。孔型形式，即变形锥压下段内变形量的分布特点有相对变形量按线性关系逐渐减小，相对变形量按对数关系逐渐减小，这两种辊型一般适用于大型轧管机压延大规格管材；管壁变化按绝对变形量为一定量，或相对变形量为一常数，这两种辊型适用于轧制具有中等塑性以上合金的管材。轧管前，工艺技术人员需根据材料特性、成品规格确定压延延伸系数，以此决定挤压管坯的规格尺寸；然后根据管坯的材料和规格选定轧机型号，确定孔型形式，配置具有合适圆锥角的芯棒；并根据管坯材料特性和延伸系数，确定轧制道次。做到轧制过程实现优化组合，既保证产品质量，又提高生产效率。

11.2.2.3　送料量控制

送料量的大小直接影响到产品质量和生产效率。送料量过大会产生飞边、压折、棱子、啃伤、裂纹等缺陷;送料量过小会降低产品产量。因此控制合适的送料量是压延工艺控制和质量控制的重要环节。实际生产中,不同合金、机型、规格允许的最大送料量见表11-3、表11-4。

表11-3　LG-30轧管机允许最大送料量（参考）

轧出管材壁厚/mm	允许最大送料量/mm	
	2A11、2A12、2A14、5083、5A03、5A05、5A06、5056	1070A~1200、6A02、5A02、5052、3A21
0.35~0.70	3.0	3.0
0.71~0.80	3.5	4.5
0.81~0.90	4.5	5.0
0.91~1.00	5.0	5.5
1.01~1.35	6.5	7.0
1.36~1.50	7.0	8.0
1.51~2.00	8.0	9.0
2.01~2.50	10.0	11.0
2.50以上	12.0	13.0

表11-4　LG-55、LG-80轧管机允许最大送料量（参考）

轧出管材壁厚/mm	允许最大送料量/mm			
	2A11、2A12、2A14、5083、5A03、5A05、5A06、5056		1070A~1200、6A02、5A02、5052、3A21	
	LG-55	LG-80	LG-55	LG-80
0.71~0.80	4.0		5.0	
0.81~0.90	4.5	4.0	6.0	6.0
0.91~1.00	5.5	5.0	7.0	7.5
1.01~1.35	7.0	6.5	8.0	8.5
1.36~1.50	8.5	8.5	11.0	11.5
1.51~2.0	9.5	10.0	13.0	13.5
2.01~2.50	12.5	13.0	15.0	16.0
2.50以上	14.0	15.0	16.0	17.0

压延时，当将送进的管坯轧成管材后，接着回转机构带动管坯转动一角度，其回转角大小一般为60°~90°，最大不应超过120°。

11.2.2.4　压延尺寸控制

管坯压延后会在制品表面留下斑纹，同时其圆度、壁厚精度也存在某些偏差，后续需通过拉伸减径减壁，或整径，或空拉处理以满足使用要求。因此压延时必须对管材的壁厚尺寸进行检查。其壁厚控制精度见表11-5。

表11-5　压延管材的壁厚允许偏差（参考）　(mm)

成品壁厚		0.5	0.75~1.0	1.5	2.0~2.5	3.0~3.5
允许偏差	高精级	±0.03	±0.05	±0.10	±0.13	±0.15
	普通级	±0.05	±0.07	±0.13	±0.16	±0.20

11.2.2.5　压延时的质量检查与控制

工作前应仔细检查辊型和芯棒表面，保持表面清洁，不粘有尘埃、砂砾、碎屑等脏物。压延开始和换工具后，操作人员必须对压延的第一根管材检查壁厚和表面质量，发现壁厚超差和裂纹、飞边、孔型啃伤、划伤、擦伤、压孔、压入物和和棱子等表面缺陷，应立即采取措施，消除缺陷后方能继续生产。生产过程中，随时检查，根据表面质量调整送料量。遇到更换孔型或芯头，或增大送料量，或调整孔型间隙，或管材上出现某些周期性缺陷，必须检查工作锥，发现问题即时进行修磨或更换。

11.3　拉伸管材的工艺控制

11.3.1　铝合金管材拉伸现状

如前所述，目前国内铝合金管材的拉伸主要有两种方法，即固定芯头拉伸和游动芯头拉伸，两者多为链式拉伸机（图11-1）。采用固定芯头拉伸，芯头与芯杆多用螺纹连接，模架后安装有固定芯杆的尾架。芯头与芯杆、芯杆与尾架均系刚性连接。采用游动芯头拉伸时，对尾架略做改进。尾架上装有带小孔或小槽的钢板，呈刚性，不作前后左右运动。芯头同样设计有螺孔，芯杆与游动芯头用螺纹连接。芯杆另一端也设计螺纹，将其穿过尾架钢板上小孔或小槽后，安上弹簧，然后装上螺母。芯杆直径很小，拉伸过程不受力的影响，其作用是为了方便地安装芯头。芯头连同芯杆可根据拉伸时的力学平衡条件自由活动，其活动距离通过螺母进行调节。改进后做直条拉伸非常方便，可一次拉伸多条，拉管长度可达数十米，国内目前多为20~30m。管壁厚可拉至0.2mm；最小成品可生产ϕ1mm（外径）×0.25mm（壁厚）的管材。游动芯头拉伸，其拉伸力、产品质量、生产效率均远优于固定芯头拉伸。故近年来，新建的铝管材生产线基本上均采用这种方式。下面讨论拉伸的工艺、质量与控制。

11.3.2　拉伸工艺与质量控制

11.3.2.1　控制拉伸应力，保持合理的安全系数

前已述及，拉伸是对被加工的金属施以拉力实现的，在拉伸过程中，径向和周向受压

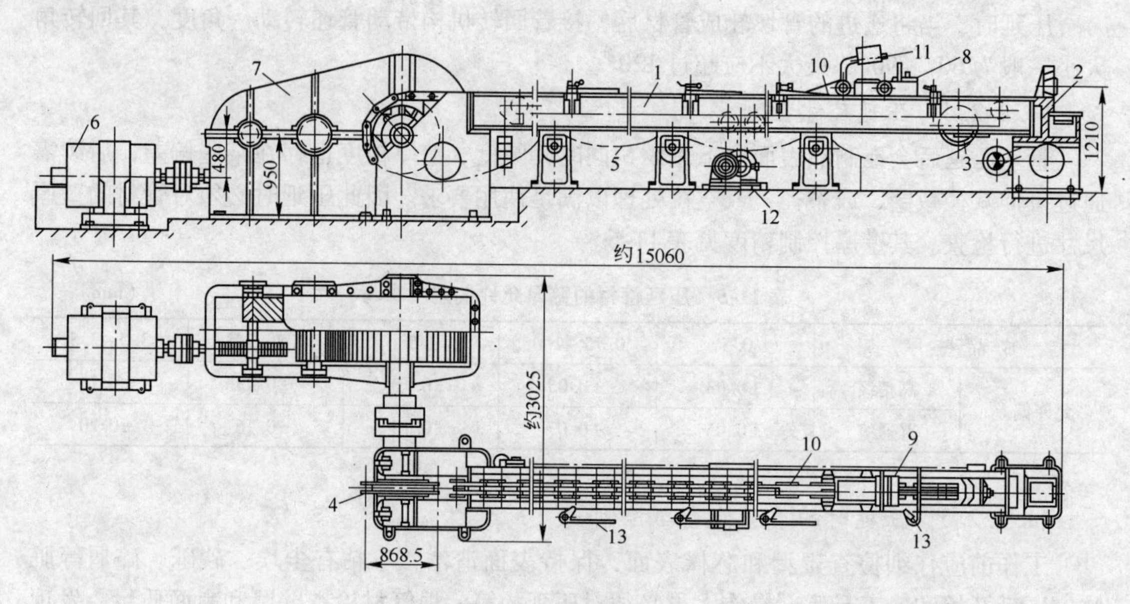

图 11-1　单链式拉伸机

1—机架；2—模架；3—从动轮；4—主动链轮；5—链条；6—电动机；7—减速机；8—拉伸小车；9—钳口；10—挂钩；11—平衡锤；12—拉伸小车快速返回机构；13—拨料杆

应力，轴向受拉应力，若出模口处的拉伸应力大于该部位的屈服强度时则可能出现细颈，甚至裂断，破坏拉伸稳定性。因此必须控制：

$$\sigma_z = \frac{P}{F_1} < \sigma_s \tag{11-1}$$

式中　σ_z——作用在被拉金属出模口断面上的拉伸应力；

P——拉伸力；

F_1——被拉金属出模口断面积；

σ_s——金属出模口处的屈服强度。

在铝合金中，没有明显的屈服强度，一般将变形 0.2% 时的抗拉强度视其为屈服强度，因此抗拉强度 σ_b 与屈服强度实际上非常接近，故可表示为：

$$\sigma_z < \sigma_b$$

在第 10.4.2 节中提到，被拉金属出模口的抗拉强度 σ_b 与拉伸应力 σ_z 之比称为安全系数，见式（10-3）。$K>1$ 是实现拉伸过程的必要条件。安全系数 K 与被拉金属的直径、状态（退火、硬化）以及变形条件即温度、速度、反拉力等有关。一般对厚壁管材取 $K=1.35 \sim 1.4$，对薄壁管材取 $K=1.6$。

11.3.2.2　合理配置芯头与模孔，优化拉伸工艺

A　采用固定芯头拉伸的工艺控制

用固定芯头拉伸，因金属与芯头接触，摩擦面积较空拉时大，故其道次延伸系数应较小些，对软铝合金而言，最大可达 1.7 左右；拉伸 2～5 道次后退火一次。对于拉伸时冷硬较快的硬铝合金等管材，一般在拉伸 1～3 道次后退一次火。表 11-6 为国内固定芯头拉伸所常采用的延伸系数。

表 11-6 部分铝合金固定芯头拉伸通常采用的延伸系数

合 金	两次退火之间的加工		
	总延伸系数 λ_{Σ}	道次 n	道次延伸系数 λ
1A80、1070~1035	1.2~2.8	2~3	1.2~1.6
6A02、3A21、6063	1.2~2.6	2~3	1.2~1.5
5A04、5A05、5A06	1.1~1.2	1~2	1.1~1.15
2A11、5A02、5052	1.1~2.0	2~3	1.1~1.30
2A12、5A03、2A14	1.1~1.8	2~3	1.1~1.28

固定芯头拉伸时管子外径减缩（减径）量一般为2~8mm，大管取上限，小管取下限。道次减径量不宜过大，配模时宜采取“少缩多薄”原则，即少减径，多减壁厚。道次减径量太大，可能使管子前端未与芯头接触的厚壁部分增加而产生所谓过长的“空拉头”。“少缩多薄”能使金属塑性有效用于减少壁厚；利于减少不均匀变形，减小管材偏心；提高管材的内表面质量。

部分铝合金拉伸时的减壁量见表11-7。

表 11-7 部分铝合金管材固定芯头拉伸时的减壁量 (mm)

管坯壁厚	1×××系、3A21	2A11、2A12		5A05、5A06、5A12	
		退火后第一道	退火后第二道	退火后第一道	退火后第二道
<1.0	0.2	0.2	0.1	0.15	
1.0~1.5	0.4~0.6	0.3	0.15	0.2	
1.5~2.0	0.5~0.7	0.4	0.20	0.2	
2.0~3.0	0.6~0.8	0.5	0.25	0.25	
3.0~5.0	0.8~1.0	0.6~0.8	0.2~0.3	0.3	

配模时，拉伸前的管坯内径 d_0 需大于芯头直径 d_{xt}，一般为：

$$d_0 \geqslant d_{xt} + (2\sim3)\ (\mathrm{mm}) \tag{11-2}$$

根据式（11-2），管坯内径 d_0 与成品管内径 d_k 之间应满足条件：

$$d_0 \geqslant d_k + n(2\sim3)\ (\mathrm{mm}) \tag{11-3}$$

式中 n——拉伸道次。

在满足材料力学性能的前提下，为获得光洁的表面质量，管坯壁厚 S_0 与成品管壁厚 S_k 需满足如下条件：

当 $S_k \leqslant 4.0$mm 时，

$$S_0 \geqslant S_k + (1\sim2)\ (\mathrm{mm}) \tag{11-4}$$

当 $S_k > 4.0$mm 时，

$$S_0 \geqslant 1.5S_k\ (\mathrm{mm}) \tag{11-5}$$

B 采用游动芯头拉伸的工艺控制

与固定芯头比较，游动芯头拉伸优点明显，可改善产品质量，降低拉伸力，扩大产品品种，加大道次加工率，增加拉伸长度，提高拉伸速度。

游动芯头拉伸除需遵循上述配模规则外，还必须做到减壁要与一定的减径量相配合，以避免在拉伸时管坯内壁与芯头大圆柱段发生接触，破坏拉伸时的力学平衡，保证拉伸的顺利进行。

前面说过，铝合金游动芯头拉伸，一般采用的模角 $\alpha=12°$，芯头锥角 $\beta=9°$，其减径与减壁量的关系可按下式计算：

$$D-d\geqslant 6\Delta S \tag{11-6}$$

游动芯头在 0.15MN 链式拉伸床进行直条拉伸时，其道次加工率可达 1.7～1.95，总加工率可达 4.0～6.5。

11.3.2.3 改善拉伸润滑剂，降低拉伸力

拉伸润滑剂直接影响拉伸力以及拉伸的稳定性和产品质量，因此选择合适的润滑剂是重要的。某厂生产实验中曾采用 4 种润滑剂：

（1）A 型润滑剂：机油 +65 号汽缸油 +1 号添加剂（极少量）；

（2）B 型润滑剂：65 号汽缸油；

（3）C 型润滑剂：65 号汽缸油 +2 号添加剂；

（4）D 型润滑剂：65 号汽缸油 +1 号添加剂。

游动芯头拉伸对管材内外表面进行润滑，其实践结果见表 11-8 和图 11-2。

表 11-8 试验方案与结果

润滑剂型号	管材规格/mm				断面缩减率 ε	拉伸力/N	拉伸应力/MPa
	拉伸前		拉伸后				
	外径	壁厚	外径	壁厚			
A	19.20	1.22	16.14	1.04	0.284	4660.1	94.4
	19.21	1.20	16.13	0.91	0.363	5805.6	134.2
	19.97	1.20	16.12	0.92	0.382	5906.7	135.0
B	19.21	1.32	16.21	1.10	0.296	3932.9	75.3
	19.22	1.35	16.21	1.07	0.326	4554.0	89.4
	20.02	1.38	16.19	1.00	0.387	5519.0	115.0
	19.18	1.23	15.15	1.05	0.331	5112.5	110.1
	20.15	1.10	14.75	0.90	0.405	6905.8	176.3
C	19.21	1.32	16.19	1.08	0.297	3723.7	72.7
	19.20	1.28	16.19	0.96	0.360	4871.3	106.2
	19.96	1.33	16.15	0.93	0.427	5225.9	117.5
	19.19	1.24	15.03	1.04	0.346	4538.0	99.2
	20.15	1.14	14.71	0.84	0.462	6354.0	169.8
D	19.97	1.24	16.14	0.94	0.385	4429.8	99.1
	19.19	1.24	15.03	0.93	0.408	5410.3	131.3
	19.89	1.17	15.03	0.76	0.510	6254.4	184.7
	19.95	1.28	14.75	1.15	0.343	4614.9	94.0

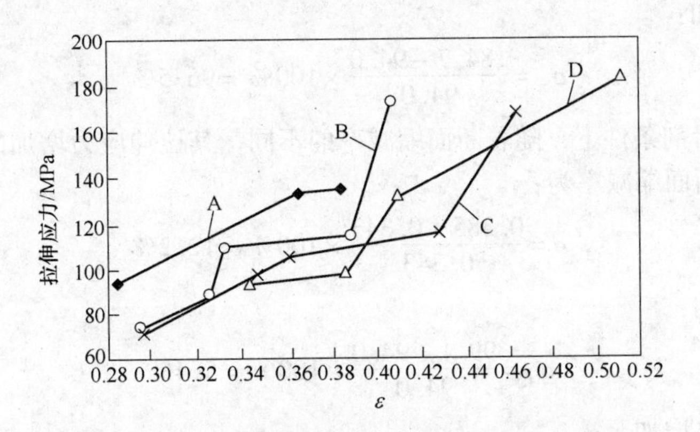

图 11-2 不同润滑剂断面缩减率与拉伸应力的关系

由表 11-8、图 11-2 可知，不同的润滑剂对拉伸应力的影响不同。A 型润滑剂效果最差，B 型润滑剂次之，C 型、D 型润滑剂较好。在同等或相近断面缩减率条件下，A 型拉伸应力最大，D 型、C 型较小。如用 A 型润滑剂拉伸，断面缩减率 0.382，拉伸应力为 135MPa；B 型润滑剂断面缩减率 0.387，拉伸应力 115MPa；D 型润滑剂断面缩减率 0.385，拉伸应力 99.1MPa。其原因 A 型润滑剂系机油加 65 号汽缸油构成，均为矿物油类，为非极性烃类化合物，1 号添加剂极少，不足以改变其物质的分子极性，故这类物质的分子多为非极性分子。当它们与金属表面接触时，本身没有永久偶极，只靠由在分子内部的电子与原子核发生不对称运动而产生的瞬时偶极与金属相吸引，黏附在金属表面，形成润滑油膜，基本上属于物理吸附，膜的强度较低，几乎不具有边界润滑的能力，故在同等断面缩减率的情况下，拉伸应力较高。而 C 型、D 型润滑剂，是由 65 号汽缸油分别加一定量的 1 号或 2 号添加剂构成。添加剂为含有氧元素的极性有机化合物，其分子内部一端为非极性的烃基，另一端为极性基。这种具有永久偶极的分子与金属表面接触，永久偶极带负电一端与金属原子核相吸引排斥其电子，从而使金属原子正负电荷中心不重合，形成诱导偶极。永久偶极与诱导偶极相吸引，使极性分子的极性端吸附在金属表面，而非极性端朝外，定向地排列在金属表面上。这种定向作用会形成比较牢固的多层分子厚的润滑膜，其润滑效果大大高于非极性分子的物理吸附膜，从而降低摩擦系数，减小拉伸应力。

11.3.2.4 控制道次加工率，维持拉伸稳定性

从上述实验可看出，在润滑条件相同的情况下，随着断面缩减率的增大，拉伸应力增加。

对 A 型润滑剂，见表 11-8，断面缩减率增加：

$$\varepsilon = \frac{\varepsilon_{\max} - \varepsilon_{\min}}{\varepsilon_{\min}} = \frac{0.382 - 0.284}{0.284} \times 100\% = 34.5\%$$

拉伸应力增加：

$$\sigma_z = \frac{\sigma_{z\max} - \sigma_{z\min}}{\sigma_{z\min}} = \frac{135.0 - 94.4}{94.4} \times 100\% = 43.0\%$$

同理，对 D 型润滑剂，断面缩减率增加：

$$\varepsilon = \frac{0.510 - 0.343}{0.343} \times 100\% = 48.7\%$$

拉伸应力增加：

$$\sigma_z = \frac{184.7 - 94.0}{94.0} \times 100\% = 96.5\%$$

在相同的润滑剂条件下，随着断面缩减率的不同，其拉伸应力增加的幅度也不同。如D型润滑剂，其断面缩减率为：

$$\varepsilon = \frac{0.385 - 0.343}{0.343} \times 100\% = 12.2\%$$

拉伸应力增加：

$$\sigma_z = \frac{99.1 - 94.0}{94.0} \times 100\% = 5.4\%$$

当断面缩减率增加至：

$$\varepsilon = \frac{0.408 - 0.343}{0.343} \times 100\% = 19\%$$

拉伸应力增加：

$$\sigma_z = \frac{131.3 - 94.0}{94.0} \times 100\% = 39.7\%$$

如上计算所述，当 ε 增加至48.7%时，则拉伸应力 σ_z 增加96.5%。由此看出，随着道次加工率的增加，拉伸应力增加的幅度比道次加工率增加的幅度大很多。因此，提高道次加工率虽然可以提高产量，但若不加控制，提高的幅度太大，则可能影响拉伸稳定性，降低产品质量，甚至发生断管，终止拉伸。

11.3.2.5　控制道次加工率，提高表面质量

由生产实践可知，在润滑剂能承受的压力条件下，随着道次加工率的增加，拉伸力增加，制品的表面质量提高，即增加断面缩减率，可提高制品表面光洁度；减小断面缩减率，则提高表面粗糙度。因此在制定拉伸工艺时，往往采取较大的道次加工率以达到表面光洁的要求。

为什么增加道次加工率可提高表面光洁度，而提高总加工率则不能获得同样的效果？我们知道，拉伸变形时，除了克服金属的形变抗力之外，还要克服金属与工、模具之间的摩擦力。如果金属与工、模具的接触界面上不存在润滑剂，则金属表面与工、模具表面相接触，会发生粘连现象，使金属表面产生严重的擦伤和撕裂伤。当金属与工、模具之间存在润滑剂时，摩擦条件即发生了重大变化。其摩擦力由4部分组成：

（1）黏着部分的剪切阻力 F_a：

$$F_a = A_r \tau_\zeta = A_n R_c \tau_\zeta \tag{11-7}$$

（2）被润滑薄膜（边界润滑膜）分隔部分的剪切阻力 F_b：

$$F_b = A_b \tau_b \tag{11-8}$$

（3）工、模具表面硬凸起部分对变形金属的犁削阻力 F_p：

$$F_p = A_H \sigma_{SY} \tag{11-9}$$

（4）接触界面上存在的充满润滑剂的“润滑小池”部分的剪切阻力 F_l：

$$F_l = A_l \tau_l \tag{11-10}$$

其总摩擦阻力为 F：

$$F = A_r \tau_\zeta + A_b \tau_b + A_H \sigma_{SY} + A_l \tau_l \tag{11-11}$$

式中　A_r——金属与工、模具接触的真实面积；

A_n——金属与工、模具接触的名义面积；

R_c——面积接触率；

τ_ζ——金属材料的剪切强度极限；

A_b——润滑膜面积；

τ_b——边界润滑膜的剪切强度；

A_H——工、模具凸起的表面垂直投影面积；

σ_{SY}——金属材料的屈服强度；

A_1——润滑小池的面积；

τ_1——润滑油的剪切阻力。

在拉伸生产中，当道次加工率较低时，管坯内、外表面的润滑形式属流体动压润滑，即在变形金属与工、模具表面被一层流体润滑膜隔开，膜厚比表面不平的凸起尺寸要大得多。此时，接触表面不会有粘着部分的剪切阻力、边界润滑膜的剪切阻力和工、模具表面凸起对金属的犁削阻力，即式（11-11）中的右边的前三项为0，而第四项的润滑小池即扩及整个接触面积。其摩擦阻力为 $F = F_1 = A_1\tau_1$，是由流体的压力平衡外加载荷。流体层中的分子大部分不受金属表面原子引力场的作用，可以自由地相对剪切运动。由于金属与工、模具两摩擦表面不直接接触，其发生相对运动时，外摩擦即转变为流体的内摩擦。摩擦阻力的大小取决于流体的性质，与两摩擦面的材质关系不大，所以摩擦阻力比较低，拉伸应力相对也比较低。同时被拉伸材料表面不与工、模具表面接触，不能受到工、模具表面的压熨作用，因而制品表面粗糙，甚至在拉伸之后比拉伸前的表面粗糙度更大些。当然在实际生产中，也不一定是完全的流体动力润滑型，很可能是以流体动力润滑型为主，兼有其他润滑形式，如边界润滑等，摩擦阻力则变得复杂了。

当道次加工率 ε 增加时金属材料所受的压力增加，一部分润滑油被挤出，润滑油膜减薄，从而使金属材料表面与工、模具材料表面的摩擦由流体动力润滑转变为边界润滑，其润滑膜仅为几个分子厚度，通常在0.1μm以下，当然也会伴随出现润滑小池区（图11-3）。此时，其摩擦特点既受到润滑剂性质的影响，也受到金属表面性质的影响，金属表面与工、模具表面间的摩擦阻力可能与式（11-11）所描述的相同，即可能同时存在4种摩擦阻力。但是因 A_H 数值很小，F_p 值很小，再者 $\tau_1 \ll \tau_b < \tau_\zeta$，因此可以认为 F_a 和 F_b 是其主要部分，并远远大于 F_1，所以拉伸应力急剧增加，拉伸稳定性降低；由于边界膜很薄，工、模具表面对金属表面的压熨作用能充分发挥，故拉伸后的管材表面光洁度提高。

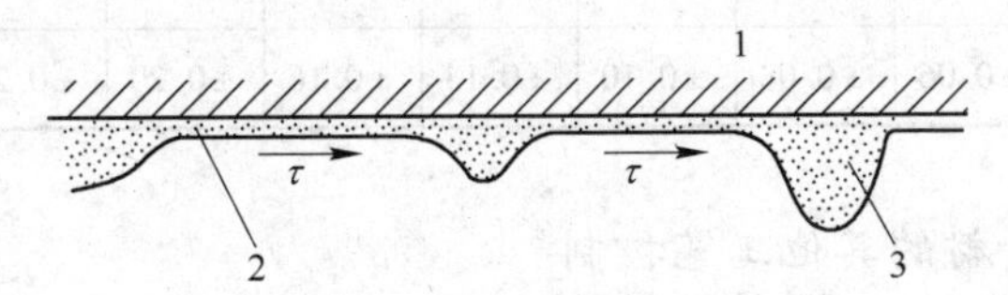

图11-3　加工中的润滑模型示意图

1—平坦工具；2—受到工具压熨作用的平坦表面（边界润滑区）；3—润滑剂显微小池区（流体润滑区）

11.3.2.6　控制拉伸加工的形式和道次，纠正管材偏心

在开始讨论管材拉伸时说过，管材空拉、固定芯头拉伸时的减径区、游动芯头拉伸时

的非接触变形区Ⅰ、空拉区Ⅱ、第二空拉区Ⅳ（图 10-7）等区段变形时均存在径向应力 σ_r，周向应力 σ_θ，轴向应力 σ_l。σ_l 产生延伸变形 δ_l 使壁厚减小；σ_θ 产生压缩变形，使壁厚增加。而当管材壁厚不均时，其圆周向的应力 σ_θ 是不同的，在壁薄处的 σ_θ 大，其产生压缩变形的结果使得壁厚增加量较大，反之，在壁厚处的 σ_θ 小，产生压缩变形的结果，使得其壁厚的增加量较小；从而使壁厚差减小而趋于均匀化，管材偏心得以纠正或减小。可以证明，空拉的区段越长，空拉的次数越多，纠正管材偏心的效果越好。固定芯头拉伸的空拉区段少（一段）且长度短，故纠偏效果较低；游动芯头拉伸的空拉区段多（三段），相当空拉区的长度长，同时其主要进行减径变形而减壁量很小的Ⅲ区，σ_r 较小，对 σ_θ 调整壁厚的阻力也不大，故纠偏效果好；不加芯头的拉伸不发生减壁变形，没有 σ_r 对 σ_θ 调整壁厚的阻力，其纠偏效果最好。因此若管材坯料壁厚偏差较大，宜采用游动芯头进行减径、减壁拉伸，随后再采用减径或整径的空拉，可有效地减小或消除偏心。生产实践表明，对壁厚偏差较大的管坯拉伸特细薄壁管，在采用游动芯头进行减径、减壁拉伸之后，再经过一次或几次空拉，偏心基本消除了，壁厚不均度几乎可达到零的水平。

11.3.2.7　拉伸管材的尺寸控制

拉伸过程中，要加强对管材的尺寸检查与控制；发现管材直径偏差和壁厚偏差超过规范要求，要采取措施纠正。拉伸、减径、整径后的成品管材其直径偏差按表 11-9、表 11-10 控制，壁厚偏差按表 11-11 控制（参考）。

表 11-9　高精级成品管材的直径偏差控制（参考）　（mm）

成品外径	6 ~ 20	>20 ~ 30	>30 ~ 50	>50 ~ 80	>80 ~ 120
偏差控制	−0.12	−0.15	−0.2	−0.25	−0.35

表 11-10　普通级成品管材的直径偏差控制（参考）　（mm）

成品外径	6 ~ 16	>16 ~ 30	>30 ~ 55	>55 ~ 80	>80 ~ 120
偏差控制	0.15	0.20	0.25	0.35	0.45

表 11-11　成品管材的壁厚偏差控制（参考）　（mm）

成品壁厚		0.5	0.75	1.0	1.5	2.0	2.5	3.0	3.5	4.0	5.0
偏差控制	高精级	±0.04	±0.06	±0.08	±0.10	±0.13	±0.16	±0.18	±0.20	±0.23	±0.30
	普通级	±0.06	±0.08	±0.10	±0.13	±0.16	±0.20	±0.24	±0.28	±0.32	±0.40

11.3.2.8　拉伸管材的其他工艺控制

为保证成品性能，必须严格控制整径量。对在淬火后进行整径处理的，整径量一般为 0.5 ~ 1.0mm。

管材淬火后需整径处理的应抓紧进行，其淬火至整径或成型时的间隔时间见表 11-12。

对 1035、1200、5A02、3A21 等合金的 H 状态成品在中间毛料退火时应留有与 H 状态要求相适应的后续冷加工量。

表 11-12　管材淬火后至整径或成型的间隔时间

合　金	管材形状	淬火出炉至整径或成型的间隔时间/h
2A11、2A12、2A14	圆形	≤10
	异形	≤4
6063、6A02	圆形、异形	不限

在最后一次拉伸或整径时，应仔细检查管材壁厚、外径或内径及表面质量。属最后一次拉伸的，拉伸后其平均壁厚允许偏差为 ±0.05mm；属整径的，整径后应有合格的直线度，直径应留有适当余量，保证矫直后产品合格。

11.3.3　拉伸工艺示例

拉伸工艺示例（参考）如下：

合金：3003；

挤压坯料规格：ϕ28mm ×2mm（外径 28mm，壁厚 2mm，下同），预退火；

制品规格：ϕ6.04mm ×0.4mm；

拉伸方式：采用游动芯头拉伸；

拉伸工艺：ϕ28mm ×2mm→21mm ×1mm→17mm ×0.8mm→14mm ×0.6mm→退火→12mm ×0.5mm $\xrightarrow{\text{空拉}}$9.5mm ×0.5mm→6.8mm ×0.43mm→退火$\xrightarrow{\text{空拉}}$6.04mm ×0.4mm。

11.4　管材生产主要质量缺陷分析

11.4.1　飞边

飞边又称压折，即在外表面上出现明显的条状物，轻微的略显凸起；严重的则在表面出现压折，压折线与表面没有压合成一体，存在明显分界。这种缺陷破坏了金属的连续性，严重影响材料的组织和性能，必须作报废处理。

飞边的形成：管坯压延时，管径被压缩，同时管坯也被压扁。管坯压扁后，其内表面的一部分与芯头脱离，接触面积减小。于是管坯与芯头接触的部分，变形量大；不接触的部分变形量小，产生不均匀变形。由此伴随发生孔型内金属的宽展量和变形椭圆度增大，其宽展部分容易流出轧槽而充填在辊缝之间，在管坯表面长出“耳子”，随后轧制变形中被碾轧到管材外表面上，形成压折，或称“飞边”。生产实践表明，轧管孔型调整不正确，孔型之间间隙小，或孔型的宽展量过窄；芯棒锥角大，孔型与芯棒锥体配合不好，或转料时转动角度过大；坯料送进量大，减径量增大；工、模具表面局部缺损；轧管机前卡盘夹持松动，管子不回转；轧槽在水平面内互相错动，所有这些都可能使不均匀变形增加，产生飞边（压折）。

合理设计芯棒锥角和孔型轧槽宽展量；加强设备维护和孔型修复，保证设备正常运转；合理制定工艺，执行正常操作，适当选择送进量，可防止飞边缺陷的产生。

11.4.2　压延棱子

管材表面出现明显的阴暗螺旋斑纹，看似呈一条条的棱子。该缺陷不影响金属的连续性，即不影响材料性能，但影响表面观感。因此对其可进一步实验，视实验结果进行处理。即将该产品进行拉伸减径后，棱子消除的，可继续生产；否则应调整工艺，直至压延棱子消失为止。

该缺陷同样为变形不均匀引起。在变形区内，有的部位变形量大，其所受压力大；有的部位变形量小，所受压力小。表面所受压力不均，而其表面上润滑剂的性能是相同的，这就使得压力较大之处，润滑油膜较薄，反之润滑油膜较厚，从而导致管材表面上的润滑与摩擦状态发生差异，致使表面粗糙度不一致。引起变形不均的原因有：如上面所述，孔型开口度过大，芯头锥角大，送进量大；坯料壁厚不均都可使不均匀变形增加，提高发生压延棱子缺陷的几率。如果棱子表现轻微，说明壁厚不均不很严重，待后续拉伸处理，壁厚不均得以纠正或能明显改善，棱子即被消除，不影响产品质量。相反说明壁厚不均，偏差较大，应判为不合格品。

11.4.3 孔型啃伤

孔型发生磨损、碰伤、腐蚀和管坯弯曲，容易使管材表面产生啃伤。保持轧槽孔型完好，防止磕碰；轧管前，仔细检查，发现孔型缺损或槽面麻点、粗糙，需认真修磨，确认修复后再投入使用；保证管坯的直线度，没有硬弯，避免轧制时管坯局部率先接触辊型，产生不均匀变形而使管材表面严重受损。

11.4.4 波浪

压延管材时在外表面可能出现波浪。

送料量太大，孔型间隙太大或孔槽太浅，孔型精整段长度短，芯头端部磨损严重，孔型精整段磨损成锥形，孔型固定松弛，在这些情况下，由于工、模具存在缺陷，管坯在轧制过程中必然会产生较大程度的不均匀变形，且不能在精整段得到很好的修复。随着轧制周期的循环，其不均匀变形循环往复发生，反映在管材外表面上即相应地一次一次地不断重复出现，从而形成较有规律的波纹缺陷。

减小送料量，修复或更换工模具，加强设备维修保养，可防止表面波浪产生。

11.4.5 裂纹

无论是管材压延，还是管材拉伸，都有可能产生裂纹。

上面说过，在冷轧管材时，机架行程中某一段时间变形区内一部分金属处于三向压应力状态，另一部分金属处于两向压一向拉的应力状态，这有利于塑性变形。因为除个别部位的拉应力外，整体上主应力作用能阻碍金属晶间的滑移，保持金属的完整性，不容易产生裂纹，所以冷轧管的冷加工率可达90%以上。但是轧槽设计不合理，或在生产中对槽型维修不当，轧槽宽度过宽；或芯头锥角设计不合理，使管坯变形中减径量增大，这两种情况都会使金属沿横向不均匀变形增加，管材在横向上出现壁厚不均，可能产生裂纹。

在冷拉伸过程中，由于外层金属在轴向上比中心受到较大的剪切变形和延伸变形，拉伸后因弹性的后效作用，外层比中心要缩短的量大。但拉伸件的整体性妨碍了其自由变形的可能，结果即在材料中产生了残余应力。对于冷拉圆棒，在轴向外层产生拉应力，中心产生与其平衡的压应力。在径向由于同样的作用，所有同心的环形薄层要增大直径，但受到阻碍不能自由涨大，产生压应力；中心处压应力最大，外层环最小，等于零。在周向上，其中心部分因轴向和径向受到残余压应力，外层金属又阻碍其自由涨大，从而产生残余压应力，而外层则产生与之相平衡的残余拉应力（图 11-4）。

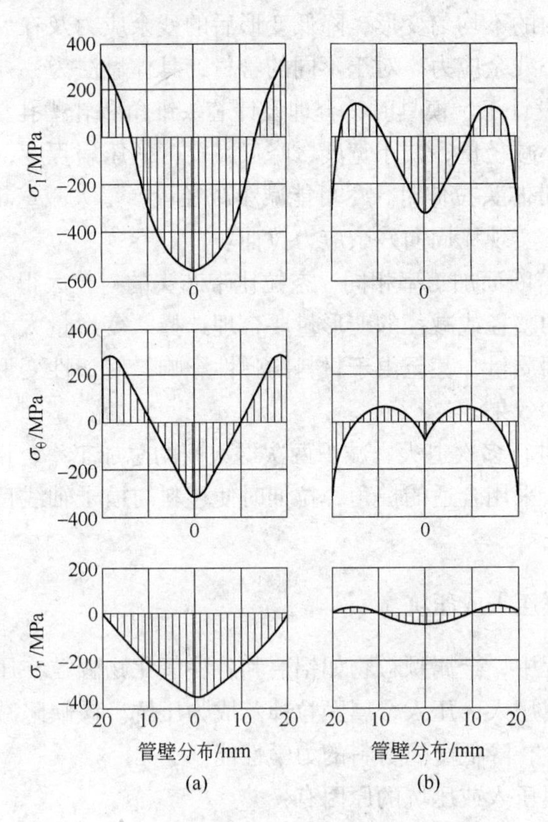

图 11-4 冷拉伸制品中的残余应力分布

（a）辊式矫直前；（b）辊式矫直后

冷拉管中的残余应力在管壁中的分布规律与圆棒材半径上的残余应力分布相同，但在周向上因拉伸方法和配模设计的差异，残余应力的分布在数值上存在着较大的变化。拉伸时管子的内、外表层变形量不同，其变形差值用内径缩减率和外径缩减率的差表示，即：

$$\Delta = \left(\frac{d_0 - d_1}{d_0} - \frac{D_0 - D_1}{D_0}\right) \times 100\% \tag{11-12}$$

式中 d_0，d_1——分别为管材拉伸前、后的内径；

D_0，D_1——分别为管材拉伸前、后的外径。

由生产实践得知，变形差值越大，即不均匀变形越大，周向残余应力越大。带芯头拉伸时，管坯直径受压缩减小，管壁也受到压缩变形，故内、外层变形差值减小，因此管材外表面产生的周向残余拉应力较小。空拉时，只有减缩直径，没有减小壁厚，差值增大，周向残余应力明显增加。当管材表面出现的残余拉应力超过材料的抗拉强度时，即会产生裂纹。

由于管材中残余应力的存在，即便没有出现裂纹，也会明显降低材料的稳定性和抗腐蚀性，使得材料的表面、尺寸和形状随着停放时间的延长而发生变化。采用这样的材料加工零件时，有可能使应力陡然释放，本来是圆形零件但发生突变而成为椭圆状。

防止或减少管材生产中裂纹的发生，提高金属材料的稳定性，在变形加工过程中须尽可能减小塑性变形锥内的不均匀变形，降低变形后的残余应力及在后续加工中，采用矫形或热处理以消除或减小残余应力。对于不同的管材，具体做法为：

（1）对冷轧管，设计工、模具时，合理设计芯头锥角和轧槽孔型；生产工艺上，合理选择送料量，从而减小减径量，减小宽展，降低减径区的压扁程度，减少不均匀变形。

（2）对冷拉管，带芯头拉伸时，尽可能减小减径量，增大减壁量，使管材内、外表面的变形差值趋近于零，实现无周向残余应力拉伸。

（3）对空拉管，若断面加工率相同，空拉比带芯头的衬拉大得多，且随着减径量的增加而增大，因此管材的整径或减径的变形量要合理选择。变形量太大，残余应力增大；变形量太小，会影响表面质量，甚至由于材料的弹性影响，使塑性变形不能充分体现，达不到整径或减径的目的和效果。

（4）对拉伸坯料进行多次退火，减少两次退火间的总加工率，以减小分散变形度，减少接触表面上的摩擦；采用合适的模角，拉伸时使坯料与模子轴线良好地吻合，减小不均匀变形。

11.4.6 金属及非金属压入或压坑

在压延和拉伸过程中，金属颗粒物如铝屑和各种氧化物颗粒在压力作用下被嵌入管壁内，称为金属及非金属压入，压入金属颗粒掉落成为压坑。该缺陷减小了管材的有效断面积，破坏金属的连续性，降低金属材料的力学性能。

引起金属及非金属压入或压坑的原因有：

（1）管坯在锯切加工过程中，切口存在毛刺，未打磨；内、外表面黏附铝屑，未吹扫干净，压延或拉伸时被压入。

（2）润滑剂使用时间太长，未进行充分、有效过滤，含铝屑和其他氧化物颗粒，裹入润滑膜中被压入。

（3）毛料切斜度太大，压延时尖锐处易呈碎片而被压入。

（4）芯头局部损坏或粘铝，随后进入管壁内。

为避免金属及非金属压入或压坑，应加强工艺过程控制与质量管理，彻底吹扫干净管坯内、外表面的铝屑和尘埃；对润滑油充分过滤，并及时更换，避免金属和夹杂颗粒流入压延或拉伸过程而压入管材表面。

11.4.7 擦、划伤

工、模具表面粗糙、粘铝；润滑油膜抗压能力低，在压延或拉伸时，油膜遭到破坏，金属与工、模具表面直接接触，发生摩擦；输送管道或辊套表面不平，存在尖锐型凸起物，都可能产生管材表面擦伤或划伤。

生产前须对工、模具输送管道与辊套、润滑油进行认真检查，确认合格后方能投入生产。生产过程中应对管材内外表面进行检查，发现擦、划伤应及时进行处理。

11.4.8 椭圆

管材内圆与外圆圆心不重合为壁厚不均引起，管材圆形直径不等，存在长短轴现象为椭圆。椭圆长短轴相差太大，即圆度超差，对要求高精尺寸的用户如气动元件用管是不允许的。

产生椭圆的原因很多，就压延和拉伸而言，主要有：

(1) 压延管材。孔型设计和制造存在偏差，孔型轧槽呈椭圆形；轧槽磨损过大，由圆形演变成椭圆；操作时间隙调整不正确，使轧制管材呈椭圆状。

(2) 拉伸管材。模子定径区失圆，呈椭圆形。模角过大，定径区太短；道次加工率太小，拉伸后易发生变形，产生椭圆。

合理设计，提高工、模具制造精度；加强对工、模具的维修管理；执行正确的操作规程，可提高管材圆度。

11.4.9 跳车痕

固定芯头拉伸，芯头与芯杆采用螺纹连接，刚性固定。芯头与管材内表面、模子与管材外表面均发生接触，摩擦面积大，摩擦力大。由于芯头与芯杆属于刚性连接，拉伸时同样受力的作用。拉伸管材长度增加时，芯杆随之增长，在自重作用下产生弯曲随之加重，使芯头在模孔中难以固定于正确位置；同时由于芯杆受拉伸力影响，产生的弹性伸长量也增大，从而易引起跳车，形成跳车痕，或称为跳车环、竹节。

减少拉伸管材长度，或增加芯杆的刚性，或采用游动芯头拉伸，可消除或减少跳车痕的发生。

11.4.10 表面粗糙

如前所述，冷加工中产生表面粗糙缺陷主要是流体动压润滑引起的。道次加工率小，加工中产生的正压力小，可能在金属与工、模具接触的界面上润滑油膜较厚，接触界面的剪切变形在油膜中进行，工、模具的光滑表面对被加工金属的表面起不到压熨作用，从而保留了上道工序的加工表面，或更为恶劣的表面状态，明显出现表面粗糙化的倾向。

提高道次加工率，变流体动压润滑为边界润滑，充分发挥工、模具光滑表面对被加工金属表面的压熨作用，提高表面光洁度，可减轻或避免表面粗糙的产生。

热处理与精整篇

为了满足铝合金加工过程中所要求的塑性变形能力，提高变形速度和变形程度；满足用户对合金组织、性能的不同要求，充分发挥材料的潜质和效能，需进行各种不同形式的热处理。

12 退　火

热处理是将材料加热到某一温度，并在该温度下保持一定的时间，然后在一定的冷却介质中进行冷却，使其组织和性能发生我们所需要的变化。

12.1　均匀化退火

在熔炼铸造篇里说过，铝熔体在结晶器内急剧冷却，凝固成铸锭。使铸锭内产生了成分偏析，出现了铸造应力，特别是对成分比较复杂、存在组分过冷，在固、液界面溶质浓度出现明显分凝边界层的合金，铸锭会产生严重的晶内偏析，使其随后的变形抗力增加，能耗增加，变形速度降低；对尺寸规格较大的铸锭还可能产生较大的铸造应力。当铸造应力达到一定程度时，对铸锭施加一极小外力，即可诱发铸锭爆裂甚至爆炸，危及人员和设备安全。为此必须对这些合金铸锭进行均匀化退火。将铸锭加热到接近固相线的温度，保持较长的时间，使晶内偏析和铸造应力得以基本消除，以利后续加工的顺利进行。且对铸造应力很大的铸锭，须先均匀化退火后才能进行锯切等机械加工，防止事故发生。

均匀化退火的机制、具体加热温度和保温时间，已在挤压篇中作了详细阐述，这里不再重复。

12.2　再结晶退火

再结晶退火工艺应用非常普遍，分类较多。国内外科技工作者对再结晶退火时发生的形核机理、长大过程、影响因素，作用效果，在热力学、动力学等方面做了大量的研究工作，取得了非常重要的成果，推动了再结晶退火工艺理论、装备和技术的不断发展。有关这些方面的理论问题在《电解铝液铸轧生产板带箔材》（冶金工业出版社，2011）一书中做了比较详尽的介绍。下面从生产管、棒、型材的合金、工艺特点，对再结晶退火实践的问题进行分析和讨论。

12.2.1　再结晶退火工艺在管、棒、型材中的分类与应用

12.2.1.1　预备退火

预备退火是某些铝合金在热加工之后、冷加工之前进行的退火。

一般来说，铝合金的挤压加工是在热状态下进行的，或者说是在再结晶温度以上进行的，因此挤压加工后应该获得再结晶组织，不需要进行预备退火，即可进行冷加工变形。但是在实际生产中，纯铝在不影响表面质量的前提下可直接进行冷加工变形，3A21、3003、6A02等合金也可进行一定的冷轧或冷拉等变形之外，其余合金都需进行预备退火处理后，才能进入冷加工工序。这是因为在热挤压变形过程中，合金不能发生完全再结晶，多少都保留着部分的加工组织，存在一定程度的相对冷加工量；甚至有些合金在热挤压过程中，完全不发生再结晶，只发生动态回复，因而存在着相当大的变形应力。部分发生再结晶的合金其材质存在着发生了再结晶的“软相”和保留有相对冷加工量的“硬相”，在随后进行的冷加工变形时，“软相”变形量大，“硬相”变形量小，从而影响表面的平整度和光洁度，严重影响冷加工的制品质量。因此对产品质量要求严格时，一般都需在热挤压后进行预备退火处理，如生产3A21、3003合金汽车散热器用薄壁管材时，在热挤压后，必须对其进行预备退火，使其全部转变为再结晶组织后，再进行冷拉伸变形，才能保证产品的组织、性能和表面质量。

完全未发生再结晶的材料，其伸长率低，变形抗力大，进行预备退火，发生再结晶后，伸长率提高，变形抗力降低，便可顺利地进行冷加工变形。

12.2.1.2　中间退火

当冷加工达到一定程度之后，等轴再结晶组织沿滑移面滑移，严格地说，是晶体点阵中的位错在外力作用下沿一定晶面和晶向产生滑移运动，使得各向同性的等轴晶组织遭到破坏，而变成各向异性的沿加工方向排列的加工组织，材料塑性降低，硬度增加，变形抗力提高。这时必须对材料进行退火，恢复再结晶组织，提高塑性，降低变形抗力，以利于进一步进行冷加工。

12.2.1.3　成品退火

材料完成冷加工之后，根据用户对材料组织性能的不同要求，进行不同形式的退火，主要有回复退火、不完全再结晶退火、完全再结晶退火：

（1）回复退火。对铝合金而言属低温退火，其退火温度控制在再结晶开始温度以下，目的是消除或减小冷加工后的内应力，稳定材料的组织和性能，而不发生再结晶。主要用于热处理不可强化的铝合金，如5×××、3×××系合金的成品处理。

（2）不完全退火。在再结晶开始温度以上、再结晶终了温度以下进行的退火，退火后，发生部分再结晶，其余部分保留原有的冷加工组织，以保证材料的力学性能。根据用户要求和材料的冷加工程度确定退火温度及保温时间。

（3）完全退火。预备退火、中间退火、要求软状态交货的成品退火均属完全退火，一般将材料加热到再结晶温度以上100～200℃，让其完全发生再结晶，以获得最低强度和最佳伸长率。

12.2.2 再结晶退火工艺参数的制定

再结晶温度不是物理常量，不是固定不变的，而是随着冷加工程度、保温时间以及升温速度的不同而发生变化的。

12.2.2.1 冷加工变形量的影响

图 12-1 所示为再结晶晶粒大小与冷加工变形量的关系。当冷加工变形量很小（约为10%左右）和变形量很大（大于90%）时，其再结晶晶粒尺寸明显增大。变形量很小时，内能小，难于生成再结晶核心，核心少，再结晶开始温度有所升高；变形量很大时，内能升高，核心易于生成，核心多，再结晶开始温度降低，但容易发生二次再结晶，促使晶粒长大，也容易形成大晶粒组织。因此，必须控制适当的冷加工量以控制晶粒尺寸。

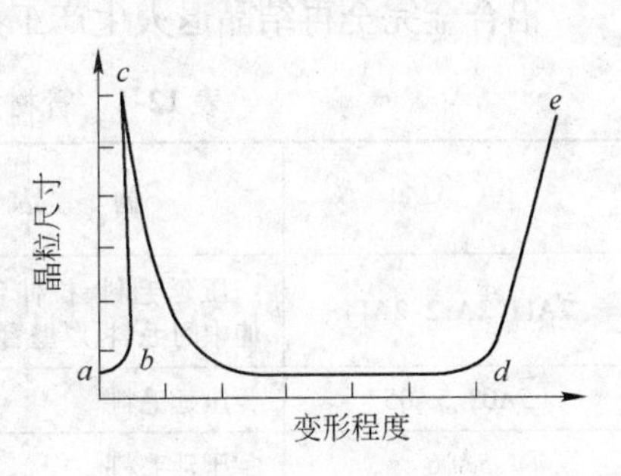

图 12-1 冷变形量与退火晶粒尺寸的关系

12.2.2.2 退火温度的选定

纯铝和单相合金可用再结晶温度作为选用退火温度的主要依据；多相合金，特别是有溶解度变化的合金，除考虑再结晶温度外，还应考虑第二相的溶解和析出过程对产品质量的影响。对成分比较复杂的2A11、2A12、7A04 等合金，其退火温度的高低对第二相质点的大小和分布有明显影响。退火温度越高，第二相溶解越多，即固溶体浓度越高，分解所需的时间越长，故要求退火后以极慢的速度冷却，这于生产是不利的，会影响生产效率和经济效益。但是在较高温度下退火，可使第二相通过溶解和沉淀变成尺寸较小、分布较均匀的质点，有利于提高材料的综合性能。

12.2.2.3 保温时间的确定

这里所说的保温时间是指加热到退火温度时在该温度下的停留时间。其时间的长短根据选用的退火温度、工件尺寸、装炉量、装炉方式以及炉子的通风状况及控制条件等决定。

具体温度和保温时间的确定是非常重要的，它关系到材料的组织和性能等质量问题，又关系到生产效率和经济效益等经济问题，需要根据实际生产工艺条件，设备状况，认真细致地实验。通过实验，绘出相应的曲线，进行比较、优化，以确定最佳方案。

12.2.2.4 加热速度

对铝合金而言，应该说加热速度越快，回复退火的效应越低，有利于再结晶核心的形成，细化晶粒组织；同时节省退火时间，提高生产效率，降低生产成本。

12.2.2.5 冷却速度

根据合金特性确定合金的冷却速度。纯铝及热处理不可强化铝合金其冷却速度不受限制，保温后即可出炉于空气中甚至水中冷却，其组织和性能基本上不受冷却速度的影响。但对热处理可强化铝合金，退火保温后必须随炉缓慢冷却至一定温度，使其过饱和固溶体充分分解，降低强度，提高塑性，方可出炉于空气中冷却至室温。实际生产中，如7A04、2A11、2A12 等合金，一般待其随炉冷却至250℃左右后出炉。有时由于随炉冷却耗时长，影响生产，对某些合金可将材料迅速转移出炉并覆盖绝热保温材料，以保持相当于随炉冷却的速度，可取得大体相同的效果。

12.2.3　部分合金退火工艺制度示例

在生产实践中，对同一合金，因制品或加工方法不同，变形时的受力状态存在差异，虽然都采用相同的完全再结晶退火工艺以降低强度，提高塑性，但制定工艺时，其具体工艺参数是不尽相同的。现将部分合金在箱式炉中的退火工艺列于表 12-1～表 12-4。

铝合金完全再结晶退火生产工艺见表 12-1。

表 12-1　管材完全再结晶退火生产工艺制度（参考）

合　　金	制　　品	退火(金属)温度/℃	保温时间/h	冷却方式
2A11、2A12、2A14	压延毛料、拉伸毛料、拉伸中间毛料、厚壁管成品	430～460	3	随炉不大于 30℃/h 冷却速度至 260℃以下出炉空冷
5A03、5A05	压延毛料	370～400	2.5	出炉空冷
5A06	压延毛料	315～335	1	
5A02、3A21	拉伸毛料	470～500	1.5	出炉空冷
5A03、5A05、5A06	拉伸中间毛料	450～470	1.5	
1×××、6A02	拉伸中间毛料	410～440	2.5	
2A11、2A12	薄壁管成品	350～370	2.5	随炉不大于 30℃/h 冷却速度至 300℃以下出炉空冷
2A14	二次压延毛料	350～370	2.5	
5A02、5A03、5A05、1×××、6A02、3A21	成品管材	370～390	1.5	出炉空冷
5A06	成品管材	315～335	1	

型、棒材完全再结晶退火生产工艺见表 12-2。

表 12-2　部分合金型、棒材完全再结晶退火工艺制度（参考）

合　　金	退火（金属）温度/℃	保温时间/h	冷却方式
1035、8A06、5A02、3A21	490～500	1.5	不限
5A03、5A05、5A06	370～390	1.5	不限
2A14、2A11、2A12	410～440	3	随炉不大于 30℃/h 冷却速度至 260℃以下出炉空冷
7A04、7A09	400～430	3	随炉不大于 30℃/h 冷却速度至 150℃以下出炉空冷

铝合金半冷作硬化管材不完全再结晶退火生产工艺见表 12-3。

表 12-3　不完全再结晶退火生产工艺制度（参考）

合　　金	退火（金属）温度/℃	保温时间/h	冷却方式
5A03	230～250	0.5～0.83	出炉空冷
5A05、5A06	270～280	1.5～2.5	

部分铝合金管材低温退火生产工艺见表12-4。

表12-4 部分铝合金管材减径前低温退火生产工艺制度（参考）

合 金	退火（金属）温度/℃	保温时间/h	冷却方式
2A11、5A03	270~290	1~1.5	出炉空冷
2A12、5B05	270~290	1.5~2.5	
5A05、5A06	315~335	1	

注：1. 壁厚不小于5mm的管材为厚壁管，小于5mm的管材为薄壁管；
2. 保温开始时间从测温热电偶均达到金属要求的最低温度起计算；
3. 冷却出炉需测温热电偶均达到规定的温度以下方可进行；
4. 一般情况下不得冷炉装料。

12.2.4 生产实践中再结晶退火存在的主要问题

当前，国内生产实践中，特别是有些大型的老牌企业，退火设备依然采用箱式电阻炉或箱式油、气炉，装炉量大，升温速度慢。在升温过程中，炉料温差大。这对再结晶退火来说，产生了一个比较严重的问题：料温高的可能已经开始再结晶，而料温较低的仍处于回复阶段，尚未产生再结晶核心。当较低温度的炉料升至再结晶温度，开始再结晶时，较高温度下的炉料，已经完成再结晶，并可能发生二次长大。因此当所有炉料完成再结晶时，处于最先结晶并发生长大的炉料，出现了巨大的再结晶晶粒组织，严重地影响了材料的组织性能，特别是对3×××系和某些易发生聚集再结晶的合金，最容易出现二次长大的大晶粒组织。

为此，设备制造人员改进炉型结构，合理布局加热气流；增大风压，提高气流速度；调整装料方式，均匀炉内温度场，借以缩小炉料温差，减小再结晶晶粒尺寸。这能收到一定效果，但不能从根本上解决问题。如航空导管用3A21合金ϕ10mm×1mm管材、汽车散热器用3A21、3003合金小型薄壁管材等采用固定式箱式炉退火，其再结晶晶粒大小和均匀性差异甚大，有的晶粒达5级以上，有的晶粒却只有1级左右，远远满足不了使用要求。

12.2.5 解决组织均匀性的方法

众所周知，要获得细小、均匀的再结晶组织，首先要能在工件内部形成均匀、弥散分布的、大量的再结晶核心，这除了工件应具有适当的冷加工程度外，必须降低加热升温过程中回复的影响，尽可能实现快速加热，提高升温速度；其次，尽可能缩短退火保温时间，当再结晶一完成工件即出炉冷却，防止晶粒聚集长大，从而获得细小均匀的再结晶组织。

为实现上述目的，不少厂家采用辊底式连续移动式高温加热炉对中、小规格的管材、型材进行再结晶退火，可获得细小均匀的一级晶粒组织，生产工艺稳定，效果良好，完全满足用户要求。

某设备为一约12~18m长的电阻加热炉，通过炉膛底部的辊套转动，带动均匀地装满工件的料盘，从炉膛穿过（图12-2）。炉膛温度远高于再结晶温度而低于材料熔化温度。

料盘进入炉膛，即快速升温至再结晶温度以上，几乎不存在回复阶段和回复效应，开始再结晶形核—长大；当再结晶过程一完成，尚未发生聚集长大时，料盘已载着工件驶出炉膛，退火工艺结束。

图 12-2　辊底式连续移动式退火炉

该退火工艺中，工件所接受的加热温度与加热时间都是均等的，因此工件之间不存在温度差和时间差，也就是说其形核—长大的结晶过程对每一工件以及工件的各部位都是均衡的，故其晶粒度是均匀一致的。

炉内温度和履带的运转速度可方便调整，因此在生产实践中，可根据材料性能、规格确定退火温度和在炉内的保温时间，以获得最佳的组织性能。

13 淬　火

对热处理可强化的变形铝合金而言，淬火与时效是极其重要的，是充分发挥材料潜质，提高材料强度性能的重要手段。

13.1　淬火工艺简述

淬火是将工件置于淬火炉（图 13-1）中，进行快速加热，升温至固溶体溶解度曲线温度以上、固相线或共晶温度以下，保温一定时间，使在冷却状态下出现的第二相，或称过剩相，与固溶体平衡的其他相充分溶解于固溶体中，使固溶体充分过饱和后，然后快速转入淬火冷却剂，通常为冷却水中，防止或尽可能减少转移过程中固溶体在高温下进行分解，以得到冷态下最大的过饱和固溶体。

图 13-1　立式淬火炉

13.2　淬火工艺参数的确定

淬火工艺参数包括加热温度、保温时间、冷却速度以及装炉量等。

13.2.1　淬火与时效合金的特性

淬火与时效后，材料能获得最大的强化效果。以二元合金为例，如图 13-2 所示。第二组元浓度增高，合金淬火时效后的硬度随之增大。其原因是第二组元浓度增大的合金，淬火后固溶体的过饱和度增高，时效后脱溶质点体积分数增大。但是如果完全按此规律类推，则 C_5 合金应有最大的强化效果。然而实际上要得到 C_5 浓度的过饱和固溶体需在共晶温度下淬火。这在工艺上会发生过烧，不可能实现，故接近极限浓度的 C_4 合金淬火时效后将获得最佳强化效果。当合金浓度超过极限溶解度后，如合金 C_6、C_7，按 C_4 合金相同工艺淬火时效，其基体 α 固溶体中脱溶产物密度与 C_4 相同，但由于不参加时效过程的 β 相随之增多，α 固溶体基体相应减少，故整个强化增量下降。此外，时效后的合金强度与合金淬火状态的原始强化有关，而基体固溶体的强度随合金组元浓度的增加而提高，接近组元极限溶解度的合金，在淬火状态下具有更高的强度，其时效后又具有更高的强化效应，所以具有最高热处理强度的合金位于状态图上接近于最大溶解度的位置。此外，固溶体的过饱和浓度越高，时效时分解越迅速，达到强化最大值的时间越短。

除主要合金元素外，某些微量元素对热处理过程的组织和性能也会产生重大影响。上述按二元合金推出来的热处理强化规律，同样适用于三元、多元合金。

13.2.2 淬火加热温度的确定

适当提高淬火温度，可增加晶体点阵的空位数量，增大第二相在固溶体中的溶解度，使第二相的溶解更充分，更彻底，从而在淬火后固溶体中的空位过饱和浓度和合金元素的过饱和浓度更高，加速时效过程，在某些情况下提高硬度峰值，获得更高的强化效果。同时提高淬火温度，可使固溶体成分更加均匀，晶粒适当粗化，晶界总面积减小，在随后时效时较易于发生普遍脱溶，有利于获得更大的强化效果和较好的耐腐蚀性能。但温度太高，会使晶粒过分粗大，甚至发生过烧而导致产品报废。对6A02、2A30容易出现粗大晶粒组织的合金则应控制上限温度，宜采用中、下限温度淬火。

淬火加热温度原则上可根据相图来确定（图13-3）。加热温度的下限为溶解度曲线*ab*，上限为固相线熔解温度或共晶温度。

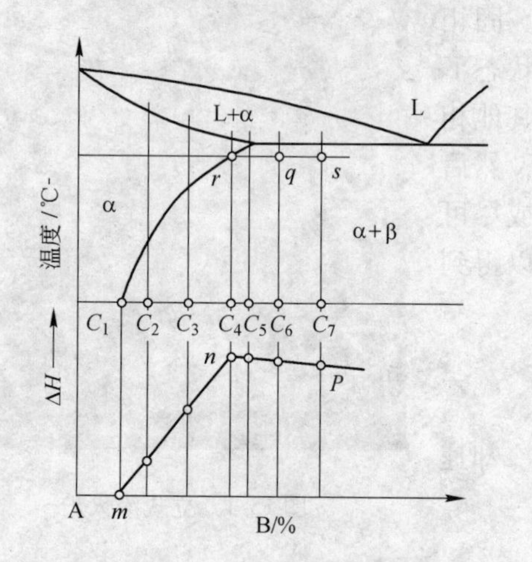

图13-2 时效后可能的硬度最大增量与二元合金成分的关系（ΔH为时效后及淬火后合金硬度值差）

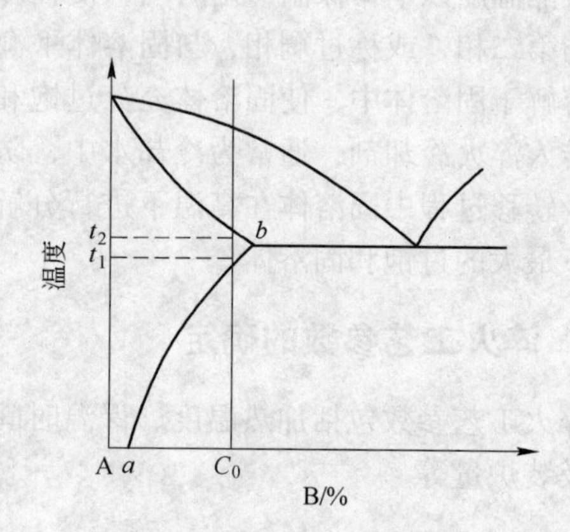

图13-3 根据状态图确定淬火温度示意图

热处理可强化合金多数所含组元浓度都比较高，因此其淬火温度一般已接近固相线之温度。但在实际生产中，结晶总是在非平衡条件下进行的，如C_0合金非平衡结晶完成时不一定都成固溶体，可能在晶界处存在少量的低熔点共晶组织，其开始熔化温度即低于固相线温度，应为该合金的共晶温度。若淬火温度上限达到或超过共晶温度，其易熔共晶相熔化使制品发生过烧。所以大多数铝合金材料淬火时高于第二相溶解度曲线之温度而低于共晶温度，其区间的上、下限范围很小。如2A12、2A11、7A04合金的淬火温度区间一般为±2℃。当然有极少数合金淬火温度区间较大，中强可焊的Al-Zn-Mg-Zr合金的淬火温度范围为350～500℃。

在生产中，合金的淬火温度一般通过实验选择，即将试样加热至不同温度保持相同的时间后进行淬火，并采用同样的规程进行时效后，测定其性能；将所测数据与相应的淬火温度绘成关系曲线，并结合合金组织进行比较，其各方面特性均比较优越的温度即为合理的温度范围，如图13-4中的T_1～T_2。

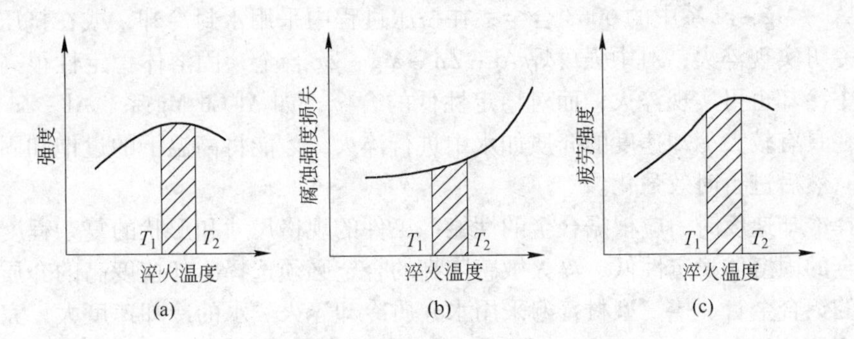

图 13-4 选择淬火加热温度示意图

13.2.3 淬火保温时间的确定

为了相变过程充分进行，使组织充分转变为淬火温度下的状态，在淬火后得到最大过饱和度的固溶体，必须在淬火温度下保持一定的时间。

影响保温时间的因素：

(1) 加热温度。温度越高，相变速率越大，保温时间越短。如2A12合金在500℃时保温10min，即可使强化相溶解，经自然时效后，获得强度可达450MPa；若加热温度为480℃，需保温15min，且自然时效后其强度为420MPa，比500℃淬火、时效后要低30MPa。

(2) 材料的预先处理及原始组织状态（包括强化相的尺寸及分布）。通常铸态合金第二相较粗大，其溶解过程非常缓慢，所需保温时间远比变形合金要长。就同一变形合金而言，变形程度大则所需时间短；退火状态的合金，强化相尺寸较淬火时效后的合金粗大，前者所需保温时间比后者重新淬火时长得多。

(3) 工件尺寸。在同等加热条件和同等装炉量条件下，工件大的尺寸比工件小的尺寸保温时间要长得多。小尺寸工件加热到淬火温度后，保温几分钟或几十分钟即可使里外温度趋于一致而达到平衡；而大尺寸工件，其表面温度达到淬火温度时，中心温度仍远低于淬火所需的温度，于是工件内产生了温度梯度，温度梯度消失后，内外温度才能趋于平衡。很显然，工件越大，向内传热使之达到平衡的时间越长，保温时间自然相应地延长。壁厚或直径小于3mm的工件只需保温30min，但壁厚或直径大于100mm的工件则需保温210min。

在生产条件下，应根据炉子状况和工件实际，在保证强化相全部溶解的前提下，尽量采取快速加热，减少保温时间，以获得均匀细小的晶粒组织。

13.2.4 淬火冷却速度的确定

冷却速度在淬火工艺中是重要的参数之一，它对产品的组织稳定性和力学性能有着非常重要的影响。

将加热到淬火温度或挤压过程中工件保持在淬火温度的制品以一定的速度进行冷却，以保留住高温状态下溶解入基体固溶体中的过饱和强化相，防止其在高温下进行分解。

冷却速度的大小决定于合金过饱和固溶体的稳定性。对于稳定性大、淬火敏感性低的合金，如 Al – Mg – Si 系中的 6063 合金，在挤压过程中采用水封冷却，或在挤压出口处进行强制风冷可实现淬火；对中强可焊 Al – Zn – Mg – Zr 合金，固溶体稳定性很高，即使在静止空气中冷却也可实现淬火；而对稳定性低的合金，如 Al-Cu-Mg 系、Al – Zn – Mg – Cu 系则必须在具有较大冷却速度的介质如水中进行淬火，才能将高温下的过饱和固溶体保留到低温下，然后进行时效强化。

在选择冷却速度时，应根据合金的性能、工件的规格尺寸和形状的复杂程度综合考虑决定。合金的固溶体稳定性低、淬火敏感度高的合金必须选择冷却速度高的介质。采用挤压法生产的铝合金管、棒、型材普遍采用水介质冷却淬火。水的冷却速度大，完全可获得过饱和固溶体。但在水中急冷，会产生很大的淬火应力，导致一些大尺寸工件和形状复杂的工件发生变形、翘曲，裂纹，这一般通过调节冷却水的温度来解决或减小其变形程度。对壁厚或直径为中、小规格的制品，水温控制在 15 ~ 35℃；对大直径、大壁厚或形状复杂的棒、型材，水温控制在 40 ~ 50℃。这里有一点必须说明，提高冷却水温，会影响淬火效能，降低淬火、时效后的材料强度，同时还可能产生晶界腐蚀。水温越高，影响越明显。

13.3　淬火过程中组织性能的变化

铝合金淬火，无论是加热，还是加热后的入水冷却，其组织、性能等都会相应地发生某些变化。

13.3.1　淬火过程中的组织变化

铝合金淬火加热保温都是在再结晶温度以上进行的。根据再结晶的形核、长大理论，变形金属加热到再结晶温度以上时，将会在变形基体上形成再结晶核心，长大，完成再结晶。

但是在铝合金淬火过程中，再结晶的情况是比较复杂的。根据合金和挤压加工条件的不同，淬火时，可能发生再结晶，也可能不发生再结晶，在同一工件上，一部分发生再结晶并长成大晶粒组织，而另一部分则完全不发生再结晶，仍然保留着原来的加工组织，形成有明显分界的粗晶环。

铝合金淬火组织的这种差异是在什么条件下产生的，如何控制或减小这种差异，下面来讨论这个问题。为了方便，先简要地介绍一下再结晶的两种形核机制：

（1）应变诱发晶界迁移机制，即晶界弓出形核机制。变形量较小（约小于 40%）时，变形不均匀，各晶粒间的位错密度互不相同，晶界两侧胞状组织的大小也不一致，加热时可能于大角度晶界的某一小段朝位错密度大的一侧弓出；弓出区域即成为再结晶晶核长大。

（2）亚晶长大形核机制。在加热升温过程中，开始温度较低，处于回复阶段，亚晶与亚晶合并，或亚晶界迁移长大。亚晶长大时，原来分属于各亚晶界的同号位错集中在长大的亚晶界上，使位向差增大，逐渐成为大角度晶界，致晶界迁移速度突增，长大的亚晶即成为再结晶核心，开始再结晶过程。

再结晶晶核是无畸变的新晶区，能量低；而晶核周围的基体则仍处于高能量的变形状态，新晶区与原变形区之间的储能差是晶界迁移的驱动力。晶核形成后，晶界就会在驱动力的作用下向周围的变形基体推进，使晶核逐渐长大。当变形基体完全为无畸变的新晶粒所取代时，再结晶过程完成。

本书所讲的挤压都是在热状态下的挤压变形。热挤压变形的特点，一是变形程度大，一般变形率在80%~95%；二是铸锭、工、模具都处于热状态下，温度较高，在塑性变形锥内，因变形热，温度更高，可能发生动态回复，产生亚晶与亚晶合并，或亚晶界迁移长成再结晶核心，并随之长大而形成再结晶晶粒。实际上在一定条件下，快速挤压6×××系合金时，可观察到挤压后的再结晶晶粒。在之后淬火加热时，除发生第二相溶解于固溶体的相变外，同时在原有再结晶核心基础上成长为再结晶晶粒；或使原有再结晶晶粒二次长大而成为大晶粒，于是工件断面呈大小不很均匀的再结晶晶粒组织。

但是挤压时未发生再结晶的合金，在淬火加热时，其组织变化与上述情况不同。从淬火冷却后取样检查可以看到，一般正挤压产品的前端部分没有发生再结晶，依然保持着热挤压后的纤维组织；随着取样不断向制品后端转移至一定程度，则可发现制品外围发生了再结晶，而制品中心仍为热加工纤维组织，其加工组织与再结晶组织之间有着明显的分界(图7-20、图7-21、图7-33、图7-34、图7-36)，形成粗晶环。沿着制品后移，外围再结晶部分随之增加，中心部分的加工组织随之减少，也即粗晶环向中心发展，其厚度增大。但是有的合金如6061在一定条件下挤压，制品前端也可能形成粗晶环组织。

不同合金淬火组织会存在差异。有的完全发生再结晶，不存在粗晶环；有的制品前端不发生再结晶，后端外周部分发生再结晶，形成粗晶环；有的从前端外周即开始发生再结晶，形成粗晶环，沿制品往后，粗晶环深度随之增加。粗晶环对产品质量会产生不良影响，必须进行控制，有的甚至根本不允许粗晶环存在。下面着重讨论粗晶环的形成原因。

如挤压篇中所述，在正挤压中，制品的变形程度在长度方向和横断面上都是不均匀的，沿长度方向，自前至后增加；在横断面上，自内向外增加。同时，在挤压过程中，变形区产生变形热，使得金属温度升高，发生动态回复，亚晶与亚晶合并，同号位错集结，形成多边化组织，但未形成无畸变的结晶核心。变形程度较低的制品前头部分和中心部分，较变形程度较大的制品后头部分和外围部分，由于挤压存在的外摩擦作用，金属晶粒变形后的破碎程度不同，晶体点阵畸变有别，致使变形后变形程度大的部分储能较高，变形小的部分储能较低。于是在淬火加热过程中，变形程度大的区域，因畸变大，位错密度大，内能高，发生亚晶合并或亚晶界迁移长大，随着亚晶的长大，分属于各亚晶界的同号位错集中到亚晶界上，使位向差增大而成为大角度晶界，大角度晶界弓出，发生晶界迁移，便形成再结晶核心；再结晶核心长大即完成再结晶。而变形程度小的区域，除发生溶解的相变外，不形成再结晶核心，仍保持原来的纤维组织。

正挤压制品一般头部和中心部分因变形程度较小，变形比较均匀，变形后储存的畸变能小，淬火不发生再结晶，因而不出现粗晶环。于是改正向挤压为反向挤压，消除挤压时挤压筒壁与铸锭的摩擦，使整根制品的变形程度和断面上的均匀性沿长度方向上，除终了挤压阶段的极小部分，由于金属补充不足，在断面外周或断面中心变形程度增加，畸变能增加，淬火后制品尾部很短长度内、出现深度很浅的粗晶环外，其余长度上都相当于正向挤压的开始挤压阶段和基本挤压阶段开始时的变形程度和变形均匀性，因而都保持着加工时的纤维状组织，不产生粗晶环。

改变挤压方法可消除粗晶环的影响，极大地改善了制品的组织性能。改进正向挤压工艺，也可以在一定程度上减少粗晶环的发生几率，改善制品的组织性能。

挤压过程中变形的不均匀性是由于摩擦力不均匀引起的。正向挤压时，铸锭与挤压筒壁发生摩擦，产生的摩擦力越大，铸锭表面的流速越慢；铸锭中心没有外摩擦，只有内摩擦的影响，内摩擦力比外摩擦力小得多，所以中心流速快。因此减小摩擦力，即可减小流速差。同样，挤压速度的快慢也对流动的不均匀性产生影响，挤压速度越慢，制品流速越慢，同一断面上不同部分的流速差减小。流速差减小，其流速的相对比值可能不会发生大的改变，但其绝对差的峰值则明显减小了。当绝对值最大峰值降低至发生再结晶形核的最小值以下时，就不会发生再结晶，也就不会产生粗晶环。因此一切使金属流动速度减小的措施，都可改善金属流动的不均匀性，减小粗晶环产生的几率。提高挤压筒温度和铸锭温度，可降低变形抗力，即降低了摩擦力，减小了金属流动的不均匀性；降低挤压速度，同样降低金属流动的不均匀性。而提高挤压温度，对硬合金和超硬合金，必然伴随挤压速度的降低。若不降低挤压速度，其变形热所产生的温升加上提高后的挤压筒温度和铸锭温度，即可能超过变形的临界温度，导致产品产生裂纹而报废。所以提高挤压温度，降低挤压速度，可以达到或接近基本挤压阶段开始时所具备的条件，避免产生粗晶环或减小粗晶环的深度。相反，对如上所述的6061等合金，若降低挤压温度，维持挤压速度不变，则可能自制品前端开始，在制品的外周即发生了再结晶，形成了明显的粗晶环。挤压实例结果见表13-1、表13-2。

表13-1　正向挤压2A12合金方棒淬火后组织

挤压机规格/MN	挤压筒规格/mm	制品规格/mm	挤压系数 λ	挤压筒温度/℃	金属温度/℃	淬火后切尾/mm	低倍组织
8	ϕ125	32.5×32.5	11.6	420	440~460	500	无粗晶环
16	ϕ170	41×46	12.0	420	450	800	无粗晶环
16	ϕ170	39×36	16.2	420	450	800	无粗晶环
16	ϕ170	61×66	5.6	420	450	600	无粗晶环

表13-2　不同工艺双孔模正向挤压6061合金20mm×20mm方棒淬火后的组织

组　别	试样编号	挤压筒温度/℃	金属温度/℃	粗晶环深度①/mm	
				切头300处	切尾470处
1	1	400	360	0.5	1.0
	2			0.5	2.0
	3			1.0	2.0
	4			1.5	2.5
	5			1.5	3.0
2	1	400	400	—	2.0
	2			—	2.0
	3			—	2.5
	4			—	2.0
	5			—	2.5
3	1	400	440	—	—
	2			—	—
	3			—	—

① 在方棒棱角处的最大深度。

13.3.2 淬火过程中的尺寸变化

铝合金在淬火过程中，加热时由于发生相变固溶，晶体点阵空位增加，出现多边化组织，随后浸入水中，迅速冷却，被固定保存下来，使得制品略显增大。正向挤压 2A12 合金 T4 状态 66mm × 61mm 矩形棒淬火前后尺寸变化见表 13-3。

表 13-3 正向挤压 2A12 合金 T4 66mm × 61mm 棒材淬火前后尺寸变化

取样位置	试样编号	淬火前尺寸/mm		淬火后尺寸/mm		淬火前后尺寸差/mm		淬火前后相对增量/%	
		66 面	61 面	66 面	61 面	66 面	61 面	66 面	61 面
头部	1	66.50	61.41	66.67	61.52	0.17	0.11	0.256	0.179
	2	66.50	61.42	66.67	61.64	0.17	0.22	0.256	0.358
	3	66.52	61.41	66.63	61.62	0.11	0.21	0.165	0.342
	4	66.44	61.40	66.63	61.60	0.19	0.20	0.286	0.326
	5	66.44	61.41	66.66	61.54	0.22	0.13	0.331	0.212
尾部	1	66.38	61.32	66.64	61.54	0.26	0.22	0.392	0.359
	2	66.32	61.28	66.68	61.63	0.36	0.35	0.543	0.522
	3	66.22	61.22	66.54	61.62	0.32	0.40	0.485	0.653
	4	66.23	61.24	66.59	61.58	0.36	0.34	0.544	0.555
	5	66.25	61.20	66.72	61.58	0.47	0.38	0.709	0.621

由表 13-3 看出，淬火前后的尺寸变化，尾部大于头部。整个变化增量虽然不大，但对要求高精尺寸的用户而言，可能使变化后的尺寸超出允许偏差范围，因此必须严格控制挤压尺寸，并在随后的精整工序中控制好拉伸量，防止发生超标。

13.3.3 淬火过程中的性能变化

对热处理可强化合金，在淬火过程中，基体中组元的固溶度增加，一般情况下，强度增加。但是就铝合金而言，仅靠固溶强化的效果是有限的，淬火后的强度增加不多。

对淬火敏感度高的合金，加热后的转移速度、冷却介质的温度、工件尺寸大小对淬火后强度都有很大影响。转移速度慢，冷却介质温度高，工件尺寸过大，都会使固溶体强度降低。而之后的时效效果又直接与原始固溶体的强度相关。因此淬火转移时，操作必须快速、准确；冷却介质在不产生淬火裂纹的条件下，尽可能降低温度；同时淬火介质要有足够大的热容，即要有足够的量，在冷却工件时，介质升温后的温度在允许范围之内。就工件尺寸来说，过大，加热时升温时间长，产生回复，易晶粒粗大；冷却时，内外温差大，中心温度很难在短时间内下降至相变温度以下，会发生固溶体分解，降低固溶体强度和随后的时效效果；降低冷却介质温度以提高冷却速度，又会产生过大的淬火应力而引发裂纹。因此大型工件淬火和时效后，其强度不会很高，很难满足标准要求。

13.4 淬火工艺制度示例

立式水介质冷却淬火炉，部分合金加热温度、保温时间、装料量见表 13-4 ~ 表 13-6。

表 13-4 部分合金管、棒、型材淬火加热温度（参考）

合 金	工作室温度/℃			备 注
	合适温度	允许温度	保温开始温度	
2A11	501~504	501~505	501	适用于型材、管材、二次挤压棒材
2A12	498~501	498~502	498	
2A13、2A14	501~504	500~505	500	适用于所有产品
7A04、7A09	473~474	473~475	473	
2A70、2A80、6063	527~530	526~531	526	
6A02、2A90	517~520	516~521	516	
2A50、2B50	510~514	510~515	510	
2A16	532~538	531~539	532	
2A06	496~503	496~504	496	
2A11	496~498	495~499	495	适用于一次挤压棒材
2A12	494~496	494~497	494	
6061	536~539	535~540	535	

表 13-5 型、棒材淬火加热保温时间和最大装炉量（参考）

最大直径或壁厚/mm	加热保温时间/min		最大装炉量/kg
	制品长度小于 13m	制品长度不小于 13m	
≤3.0	30	45	500
3.1~5.0	45	60	750
5.1~10.0	60	75	800
10.1~20.0	75	90	1000
20.1~30.0	90	120	1200
30.1~40.0	105	135	1200
40.1~45.0	150	150	1200
45.1~60.0	150	150	1500
60.1~100.0	180	180	1500
>100.0	210	210	1500

表 13-6 管材淬火加热时间和最大装炉量（参考）

壁厚/mm	保温时间/min	最大装炉量/kg	
		一次挤压	二次挤压
≤2.0	30	350	300
2.1~5.0	40	600	400
5.1~8.0	60	1000	600
8.1~12.0	75	1200	800
≥12.1	90	1500	1000

注：1. 装炉量可根据炉膛的具体尺寸确定；
2. 炉料不能捆绑太紧，要利于气体流通，加热均匀；
3. 保温时间应结合生产实际、炉子状况，通过实验确定；
4. 装料时，头部朝上，尾部朝下。

14　时　效

14.1　时效概念

如前所述，淬火产生的固溶强化非常有限，远远发挥不了材料的潜质。要想极大限度地提高材料的强度性能，必须在淬火后进行时效处理。

时效就是将淬火状态合金，在一定的温度下保持适当时间，使淬火得到的固溶体发生分解，从而大大提高材料的强度。

时效可分为两类：一是自然时效，即合金淬火后，在室温下停放一定时间，淬火时获得的过饱和固溶体发生分解，即发生脱溶，使强度增加，硬度提高；二是人工时效，有些合金在室温下，虽然能发生脱溶，提高材料的强度和硬度，但脱溶过程进展缓慢，在相当长的时间内，仍然难以达到其应有的最高强度水平，故需将其置于时效炉（图14-1）内，加热到一定温度，以加速脱溶过程，获得最高强化效果，并提高材料的稳定性。

图14-1　人工时效炉

14.2　时效强化相的脱溶

脱溶是固体相变的重要内容。脱溶发生的过程，是系统自由能降低的过程。设 ΔG 为新相与母相的自由能差，则发生脱溶时，$\Delta G<0$。

母相脱溶，产生新相，其系统总自由能的变化为：

$$\Delta G = -V\Delta G_{V} + S\sigma + V\Delta G_{e} \tag{14-1}$$

式中　V——新相体积；

S——新、旧相的界面面积；

ΔG_V——形成单位体积新相自由能的变化；

ΔG_e——形成单位体积新相应变能的变化；

σ——新、旧相界单位面积的界面能。

由式（14-1）看出，脱溶以及其他固态相变过程，发生相变的阻力除界面能外，还包括弹性应变能。界面能和应变能的大小，对新相的形核方式和新相的形状产生影响。

固态金属相界的原子排列特点大体上有三类：共格相界、非共格相界和半共格（部分共格）相界。两相晶体结构和尺寸因素比较接近时，容易在有利的晶面上保持共格相界面，晶格在界面处是连续的。但是在大多数情况下，新旧两相之间不可能有完全相同的晶面；为了保持共格关系，两相点阵将产生一定的弹性应变（图 14-2（b））。形成共格相界时，界面两侧的晶格连续过渡，界面能很低。但为保持共格关系，会在界面及其附近发生弹性应变，具有很高的共格应变能。当新旧两相的晶体结构和点阵常数相差很大时，相界两侧原子无法一一匹配，则形成非共格相界（图 14-2（d）），界面不共格，界面能很大，晶格不发生弹性应变，可视共格应变能为零。半共格相界介于上述两种界面之间，系由弹性应变共格相界和位错所组成（图 14-2（c））。其界面能和共格应变能的大小也介于共格和非共格两种相界之间。

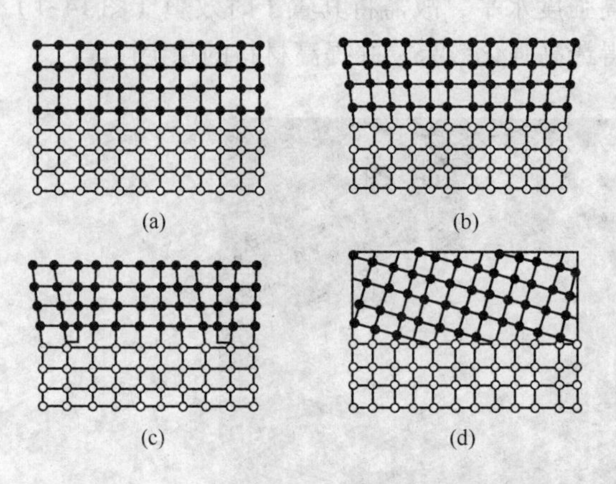

图 14-2　相界面的界面性质示意图
（a）完全共格；（b）弹性应变共格；
（c）半共格；（d）非共格

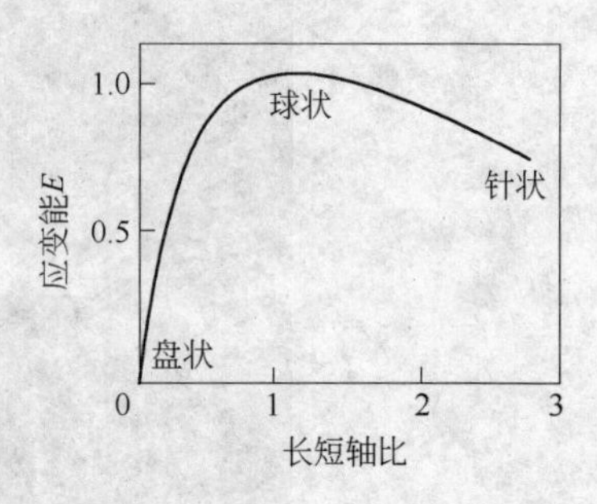

图 14-3　新相形状与应变能关系

一般情况下，相变初期新相晶核很小，界面能对相变起主要抑制作用。此时，往往形成共格关系的新相，以降低界面能。随后新相逐渐长大，伴随着应变能逐渐增加。新相长大到一定尺寸后，应变能的影响即超过界面能，这时为降低系统的总能量，共格关系将遭到破坏，新、旧两相之间转变为非共格关系。脱溶相的形状取决于界面能和应变能的影响程度。当形成弹性应变共格的新相时，为降低共格应变能，脱溶相将呈薄片状（盘状）（图 14-3）。在脱溶相与母相形成非共格相界时，无共格应变能；但因基体与脱溶相比容不同而产生比容应变能。若两相比容差很小，无论新相呈什么形状，应变能都不大，脱溶相将力图减小界面能而呈球状。相反，比容差较大时，应变能作用占优势，脱溶相将呈片状而使应变能减小。当应变能与界面能作用相当时，脱溶相可能成针状出现（图 14-3）。

14.3 脱溶的一般序列

实验研究表明，不少合金在时效过程中，并不直接析出平衡相。通常是在析出平衡相之前析出一种或数种亚稳定脱溶产物，其一般顺序如下：

$$\underset{\text{预脱溶期或脱溶前期}}{\underline{\text{偏析区（G. P. 区）}}}\rightarrow\underset{\text{脱溶期}}{\underline{\text{过渡相（亚稳相）}\rightarrow\text{平衡相}}}$$

例如，Al-Cu 合金时效时脱溶顺序为：

$$\text{G. P. 区}\rightarrow\theta''\rightarrow\theta'\rightarrow\theta(CuAl_2)$$

其中 θ″和 θ′均为亚稳过渡相，θ 为平衡相。之所以呈这样的序列脱溶，是因为平衡相与母相之间一般形成非共格面，而过渡相与母相则一般为共格或半共格面。前已述及，新相与母相形成共格相界时，界面能低，而相变初期界面能是抑制相变的主要因素。界面能低则形核功小，故时效过程中易析出过渡相，只有在一定条件下才由亚稳的过渡相转变为稳定的平衡相。此外过渡相在成分上更接近于母相，形核时所需的成分起伏小，也是过渡相易形成的原因。但是应当指出，并不是所有合金或同一合金在所有条件下都先析出过渡相，后析出平衡相。不同合金系统脱溶序列不尽相同，部分铝合金的脱溶序列见表 14-1。有的可能析出两个过渡相，有的直接由偏聚区析出平衡相。同一系统成分不同时，也可能出现不同的脱溶序列。过饱和度大的合金更较易于出现 G. P. 区与过渡相。

表 14-1 部分铝合金的脱溶序列

合 金	脱溶序列［平衡脱溶物］
Al-Ag	偏聚区（球状）→γ′（片状）→γ［Ag_2Al］
Al-Cu	偏聚区（盘状）→θ″（盘状）→θ′→θ［$CuAl_2$］
Al-Zn-Mg	偏聚区（球状）→η′（片状）→η［$MgZn_2$］
Al-Mg-Si	偏聚区（针状）→β′→β［Mg_2Si］
Al-Cu-Mg	偏聚区（针或球状）→S′→S［Al_2CuMg］

同一成分合金其时效温度不同，脱溶序列也不一样。时效温度高时，可能只析出平衡相；时效温度低时，则可能停留在析出 G. P. 区或过渡相阶段。由图 14-4 可予简单说明。当时效温度为 T_1 时，C_3、C_2、C_1 三个成分的合金分别处于 G. P. 区稳定区、过渡相稳定区及平衡相稳定区。即在 T_1 温度下，C_3 合金可能析出 G. P. 区，过渡相和平衡相；C_2 合

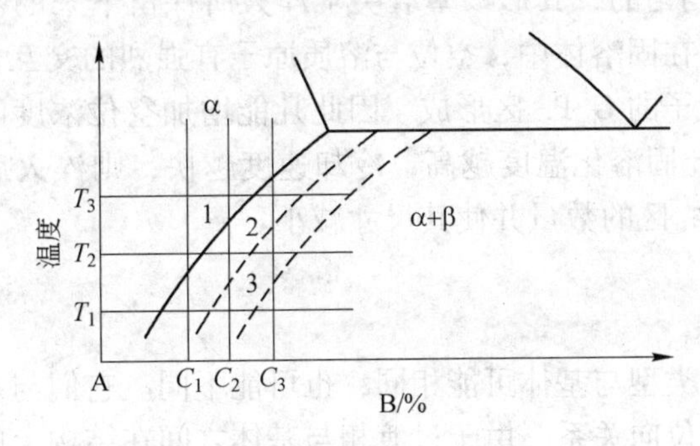

图 14-4 亚稳定相图

金可析出过渡相和平衡相；C_1 合金则只能析出平衡相。可见溶质浓度较高的 C_3、C_2 合金易于析出 G. P. 区和过渡相。将 C_3 合金分别在 T_1、T_2、T_3 温度下时效时，在低温 T_1 下，三种结构的脱溶产物均可能析出；在较高温度 T_2 时，只可析出过渡相和平衡相；在更高温度 T_3 时，则只能析出平衡相。由此可知，同一成分合金，时效温度越高越容易析出平衡相。Al-Cu 合金的 Cu 含量不同时以及在不同的时效温度下，首先形成的脱溶产物见表 14-2，说明了这一点。

表 14-2　Al-Cu 合金不同含 Cu 量及不同时效温度下首先形成的脱溶产物

时效温度/℃	2% Cu	3% Cu	4% Cu	4.5% Cu
110	G. P. 区	G. P. 区	G. P. 区	G. P. 区
130	θ′或θ′与G. P. 区同时出现	G. P. 区	G. P. 区	G. P. 区
165		θ′或少量θ″	G. P. 区或θ″	
190	θ′	θ′或很少θ″	θ″和少量θ′	θ″和G. P. 区
220	θ′		θ′	θ′
240			θ′	

此外，同一成分的合金在一定温度下时效时，由于多晶体各部位晶体完善程度和能量水平不同，在同一时期不同晶体部位可能出现不同的脱溶产物。如在晶内广泛出现 G. P. 区或过渡相的同时，晶界等处可能出现平衡相，即在同一温度下，同一合金中可能存在两种甚至三种脱溶产物。

由以上分析可知，脱溶是一个非常复杂的过程。特定合金的脱溶过程，必须根据具体情况进行具体分析。

14.4　脱溶产物特征

14.4.1　原子偏聚区——G. P. 区

G. P. 区的结构与基体相同，它与基体的点阵联系在一起，完全共格，故有人认为这不是真正意义上的脱溶相。但是在该区域富集了溶质原子，原子间距发生了变化，如 Al-Cu 合金中，因 Cu 原子的半径比 Al 原子小，Cu 原子偏聚使该区域原子间距缩小（图 14-5）。G. P. 区的存在已经为近代电子显微技术证实。

G. P. 区的形核是均匀的，其形核率取决于淬火所保留下来的空位浓度，与晶体中非均匀分布的位错无关。在固溶体中，空位与溶质原子有强烈的交互作用。空位能帮助溶质原子迁移，促进溶质原子的 G. P. 区形成。因此凡能增加空位浓度的因素都能使溶质原子 G. P. 区易于形成。因此固溶化温度越高，冷却速度越快，则淬火后固溶体保留的空位越多，均有利于增加 G. P. 区的数量并使其尺寸减小。

14.4.2　过渡相

过渡相的晶体点阵类型与基体可能相同，也可能不同。它们与基体往往共格或部分共格，具有一定的结晶学位向关系。由于过渡相与基体之间在结构上的差别比较大，因此形核功大。为了降低应变能和界面能，过渡相往往在位错、小角度界面、层错及空位团等处

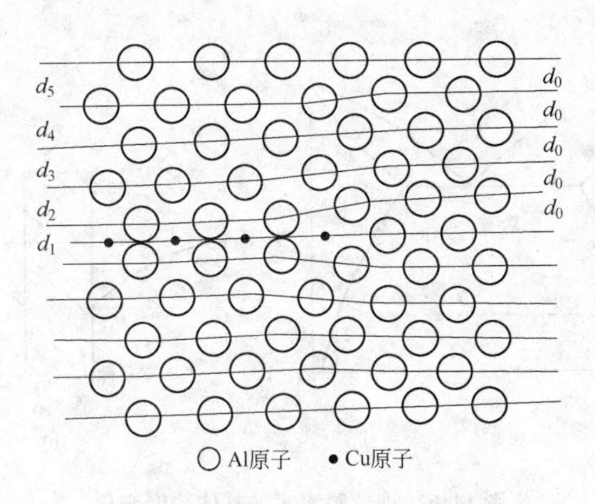

图 14-5 Al - Cu 合金 G. P. 区模型

不均匀形核，其形核速率受材料中位错密度的影响。此外过渡相也可能在 G. P. 区中形核。

Al-Cu 合金有两种过渡相：θ″和 θ′。θ″ 相为正方结构，$a=b=0.404\text{nm}$，$c=0.768\text{nm}$，呈碟状，其厚度为 2.0nm，直径约 30nm。θ″在基体中基本上是均匀形核，分布均匀，且与基体完全共格，其与基体的位向关系为{100}θ″//{100}基体。由于 θ″相的结构与基体有差别，因此与 G. P. 区比较，在 θ″相周围会产生更大的共格应变，故其强化效果比 G. P. 区大。

θ′相可在光学显微镜下进行观察，其尺寸为 100nm 数量级。θ′也同样为正方结构，$a=b=0.404\text{nm}$，$c=0.58\text{nm}$，与基体部分共格，位向关系为 {100}θ′//{100} 基体。θ′相的具体成分为 $Cu_2Al_{1.6}$，接近于平衡相 θ($CuAl_2$)。

14.4.3 平衡相

平衡相在成分与结构方面均处于平衡状态，一般与基体不共格，但也有一定的结晶学位向关系。由于平衡相往往与基体不共格，其界面能高，形核功也高，往往在晶界处形核，所以平衡相形核是不均匀的。

14.5 连续脱溶组织

不同合金时效或某些合金在不同温度下时效时，可能出现不同的脱溶方式，如 Spinodal 分解、连续脱溶和不连续脱溶等，不同的脱溶方式具有不同的组织特征。

连续脱溶是过饱和固溶体最重要的脱溶方式。其特点之一是，脱溶相晶核长大时，周围基体的浓度及晶格常数均呈连续变化（图 14-6）。图 14-6（a）表明，平均成分为 C_0 的合金在 T_1 温度下脱溶时，脱溶相 β 的浓度为 C_β，与之平衡的基体 α 的浓度为 C_α。将各相应浓度标在图 14-6（b）上，则靠近 β 相处基体的浓度为 C_α，离 β 相越远，基体浓度越高，直至平均浓度 C_0。这就是说，脱溶相周围的基体中存在浓度梯度，浓度呈连续变化。对于置换式固溶体来说，晶格常数是成分的函数，故其晶格常数也呈连续变化。此外。连续脱溶时，脱溶反应可以在晶格的各个部位进行，也就是说，晶体内各部位均可能有脱溶产物出现。当然因晶体各部位能量水平不一，不同部位的形核速率和长大速率可能不同。

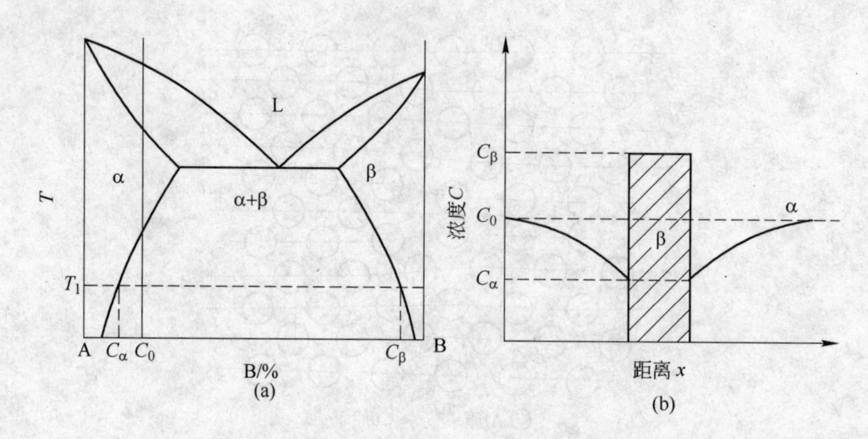

图 14-6　连续脱溶时的基体浓度变化

根据显微组织特征，连续脱溶又可分为普遍脱溶和局部脱溶。

14.5.1　普遍脱溶

在整个固溶体中发生的脱溶现象，并析出均匀分布的脱溶物称普遍脱溶。该脱溶方式使合金具有较好的力学性能和较高的疲劳强度，并降低合金的应力腐蚀敏感性。

14.5.2　局部脱溶

普遍脱溶之前，优先在基体的某些局部区域形成新相核心并长大，使该区域较早出现脱溶相质点。

脱溶过程和其他大多数固态相变一样，新相晶核一般容易在晶界、亚晶界、位错、空位、层错及夹杂等缺陷处优先形成。之所以如此是因为：一，晶界、亚晶界等处为高能量区，位错、空位等本身具有一定的能量，新相在这些缺陷处形核时，其原具有的能量将予释放，帮助新相形核；二，缺陷处的原子易于迁移；三，缺陷处晶界比较松散，利于松弛相变应变，减小相变阻力，此外位错附近的溶质原子气团也利于新相核心的形成。因上述原因，大多数固态相变均趋向于这种非均匀形核方式。

局部脱溶的结果，使晶界或相界过早出现脱溶产物，在紧靠晶界附近的一带状区域不出现脱溶产物，形成晶界无沉淀带。其带宽与热处理条件有关。提高淬火加热温度和淬火冷却速度，降低时效温度均利于减小无沉淀带的宽度。

无沉淀带成因机制有：一为贫溶质机制，即晶界处优先脱溶，吸纳了附近的溶质原子，致使周围基体中溶质贫乏，不再析出脱溶产物；二是晶界附近的空位可能逸入晶界而消失，使晶界附近空位贫乏，脱溶产物难以形成。一般认为，无沉淀带的形成与这两种机制都相关，高温时效时以贫溶质机制为主，低温时效时则贫空位机制起主要作用。

14.6　时效过程中合金性能的变化

合金在时效过程中出现脱溶，使组织上发生了重要变化，伴随而来的是其物理、化学、力学等性能也发生重大改变。研究合金性能与时效工艺及其脱溶产物变化的规律，合理制订时效工艺，充分发掘材料潜力，是铝加工工作者面临的又一重要课题。

14.6.1 力学性能的变化

热处理可强化合金淬火后，在室温下停放一定时间，即发生时效，出现脱溶产物。经过4天，其强度、硬度等力学性能指标即达到或接近最大值，称为“自然时效”，这类合金有2A11、2A12等；必须将其加热到一定温度，并在该温度下保持一定时间，产生脱溶产物，才提高强度和硬度，称为人工时效，这类合金有7A04、7A09、6061、6063等。合金通过时效脱溶出现的强化，称为“时效强化”或“沉淀强化”。

时效使合金产生强化的主要原因是位错与脱溶质点间产生交互作用，即运动着的位错遇到脱溶质点时，可能以切割质点的方式或在质点周围形成位错环的方式以克服质点的阻碍。不论是切割质点，还是形成位错环，都需附加一个切应力。

14.6.1.1 位错切割脱溶质点强化

若脱溶质点不是太硬，可和基体一起变形时，运动位错可切割质点而强行通过（图14-7）。位错切割质点后，质点被滑移成两部分，增加了表面能；位错通过脱溶质点时，使质点与基体错配而产生应力场；同时，位错的应变场与质点在基体中产生的应变场也可能发生交互作用。上述方面的作用均需消耗能量，也即提高合金的强度性能。很明显，脱溶质点越多，质点尺寸较大，其强化效果越明显。

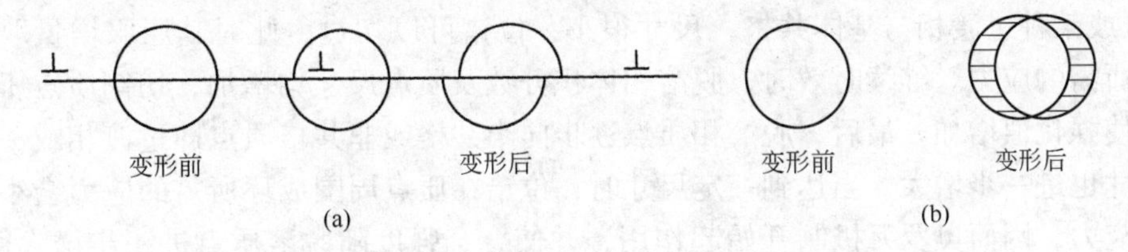

图14-7 位错切割粒子示意图，阴影表示多出的表面
（a）侧视；（b）俯视

电镜观察证明，对铝合金而言，位错可以切过Al-Zn系合金的G.P.区，Al-Cu系合金的G.P.区和Q″相，Al-Zn-Mg系合金的η′相。可以认为，铝合金在预脱溶阶段或时效前期，运动位错多以切过的方式通过脱溶产物。

14.6.1.2 位错绕过脱溶质点强化

位错绕过溶质的基本过程如图14-8所示。当脱溶质点很硬，位错无法通过时，迫使位错成弓形，切应力增大，致位错进一步弯曲。位错线弯曲到一定程度时，就会使线上的某些点如图14-8中t_2时的A、B相遇。因为A、B点位错方向相反，将导致这些位错湮灭，使得主要的位错段与环形区分离，如图14-8中t_3时的情况。最后至t_4时，位错通过质点，而在质点周围留下位错环。该过程称为“奥罗万机制”。

位错以奥罗万机制通过脱溶质点时，其强化效果随脱溶相的体积分数的增大而提高。当体积分数一定时，强化值与脱溶质点的半径成反比，即质点半径减小，强化效果增大。

由奥罗万机制所引起的屈服应力增量与脱溶质点半径的关系如图14-9曲线A所示。原则上，在达到临界切应力增量前，屈服应力增量随质点尺寸减小而增大，临界切应力增量即是强化的上限。质点被切割的机制所造成的强化值如曲线B所示。只有在位错无法切

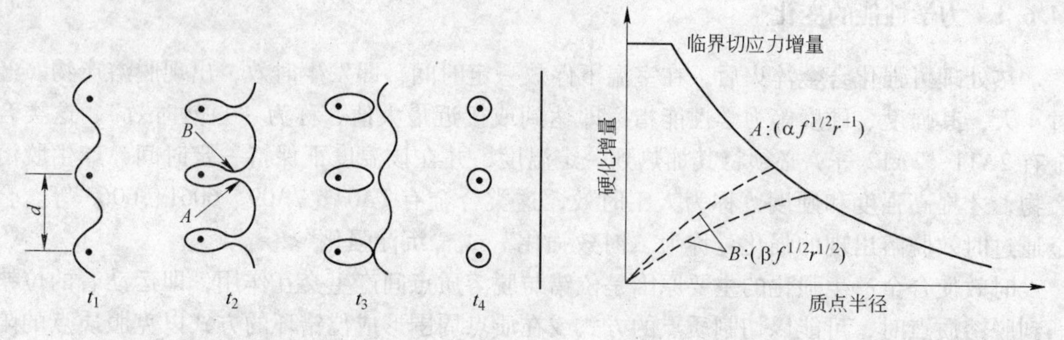

图 14-8　一位错线与一排脱溶相质点相互作用示意图

图 14-9　强化增量与脱溶质点半径的关系

割质点时才有可能绕过质点而在质点周围成环。因此，当质点半径由零开始增大时，屈服应力增量沿 B 线增大直至与 A 线相交。从交点开始，位错在质点周围成环比其切割质点更为容易。因此在质点半径继续增大时，屈服应力增量即不断减小，这说明强化作用在质点粗化时降低。

综上所述，将合金在时效过程中的强度变化特点归结如下：时效开始阶段，其脱溶相 G. P. 区或某种过渡相与基体共格，尺寸很小，位错可以切过，此时其屈服增量取决于切割质点所需的应力。继续时效时，脱溶相体积分数及质点尺寸均增加，切割质点所需应力增大，使强化值增加。最后，脱溶相质点逐步向半共格或非共格质点即过渡相或平衡相转变，尺寸也进一步增大。当达到一定尺寸时，位错在质点周围成环所需的应力会小于切割质点的应力，因而奥罗万机制开始起作用，并使合金强度随脱溶质点进一步增大而降低。在奥罗万机制起作用时，因每一位错线通过质点后将留下一个位错环，使质点周围位错密度增高，这相当于质点有效尺寸不断增加而质点间距不断减小，因而硬化系数增大。

由上述可知，欲使合金具有高的强度，首先应尽可能使脱溶相体积分数增大，同时脱溶质点应弥散分布，质点间距应小于 1μm。此外，脱溶质点本身对位错阻力的大小也对强化产生影响。界面能或反相畴界能高或错配度大，引起大的应变场，对强化有利。

14.6.2　耐蚀性能的改变

通常情况，单相固溶体状态下的合金具有较高的耐蚀能力。合金脱溶时，脱溶相和基体往往具有不同的结构和成分，因新相与基体之间，往往存在电极电位差，形成微电池作用，加快合金腐蚀速率。若脱溶相为阳极，则脱溶相在电解质中被溶解。若脱溶相为阴极，则脱溶相本身不溶解而其周围基体被溶解。大多数合金时效脱溶后的腐蚀性能基本上均遵循这一规律。

在局部脱溶情况下，某些区域如晶界、滑移面等不可避免地将发生优先腐蚀。Al－Mg、Al－Zn－Mg 系合金局部脱溶时，沿晶界析出的脱溶相为阳极相，Al－Cu 合金局部脱溶时，与晶内过饱和固溶体相比，晶界附近贫乏了溶质的基体为阳极相，故这些合金在腐蚀介质中必然发生晶间腐蚀，在严重情况下其阳极性的脱溶产物沿晶界呈连续网状分布。但如果继局部脱溶之后又发生普遍脱溶，则由于晶界和晶内电势差减小，其腐蚀速率反会降低。由此可见，人工时效时，对应于局部脱溶的中间阶段存在一个可能引起最大腐蚀速率的脱溶时限。

时效合金还存在应力腐蚀问题。应力腐蚀是在腐蚀介质和张应力共同作用下产生的低应力腐蚀断裂。在固溶状态下，合金具有较高的抗应力腐蚀能力，随着时效时强度的升高，应力腐蚀敏感性增高。在达到峰值强度时，合金抗应力腐蚀能力最差；进入过时效阶段后，抗蚀性又随之提高。

除上述情况外，时效过程还将引起各种物理性能如导电性、导热性等的变化。

14.7 时效工艺与控制

对制品进行淬火、时效处理，在多数情况下是为了充分发挥材料的潜质，获得材料的最高强度性能；此外也有用户要求材料具有相对较高的强度、较好的伸长率和较强的耐腐蚀性能等，即具有相对良好的综合特性。为满足用户的不同需求，做好时效工艺与控制是非常重要的。

时效工艺主要包括加热温度与保温时间。加热温度较高，保温时间相对缩短；相反则保温时间相应延长。加热升温速度与冷却速度其影响很小，可不予考虑。其任务就是根据材料特性和用户要求，确定并控制好加热温度和保温时间。

14.7.1 时效温度和时间与时效强化和脱溶相结构的关系

对4种不同含Cu量的Al-Cu合金淬火后在130℃和190℃进行时效处理，其时效后的硬度与保温时间的关系曲线如图14-10所示。

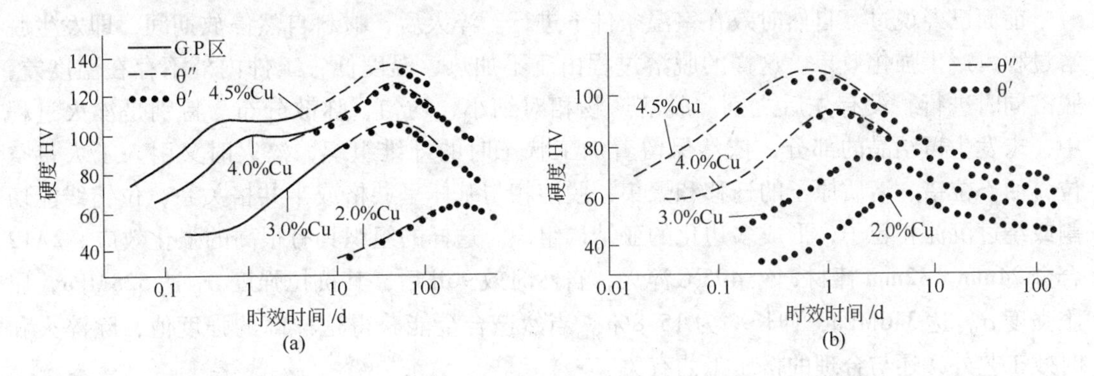

图14-10 Al-Cu合金在130℃（a）和190℃（b）时效时的硬度与时效时间和脱溶相结构的关系

由图14-10可以看出：

（1）在一定时效温度下，材料硬度随时效时间的延长而升高，达到峰值后又随时效时间的延长而下降，即进入过时效阶段。之所以发生过时效，可能是时效初期形成的脱溶质点发生粗化；也可能是数量较少的、较稳定的脱溶产物代替了数量较多而稳定性较小的脱溶产物。此外时效初期的共格脱溶产物转变为半共格或非共格脱溶产物，减弱或消失了基体中弹性应力场，以致强化效果下降。

（2）对于同一合金，时效温度越高，合金脱溶越快，达到时效峰值的时间越短，但强化效果减小，硬度峰值有所下降。

（3）不同合金或同一合金在不同时效温度下，其强化峰值对应于不同的脱溶产物。如图中 Al-4.5% Cu 合金在 130℃和 190℃时效时，其峰值对应的脱溶产物分别为 θ″相和 θ″ + θ′相；而 Al-3.0% Cu 合金在上述两温度下强化峰值所对应的脱溶物则分别为 θ″ + θ′相和 θ′相。

14.7.2 时效温度对材料强度的影响

时效过程中，当保温时间相同而温度不同时，合金性能随温度的变化如图 14-11 所示。如上所说，开始时，合金强度随着温度的上升而提高；当温度升至一定高度时，合金的时效强度达到最高值；之后则随着温度的不断上升而不断下降。当时效温度足够高时，会出现严重的过时效，有些合金的强度可能低于刚淬火后的强度。产生强烈过时效的原因是脱溶产物明显聚集以及基体中合金元素固溶度大大降低[13]。

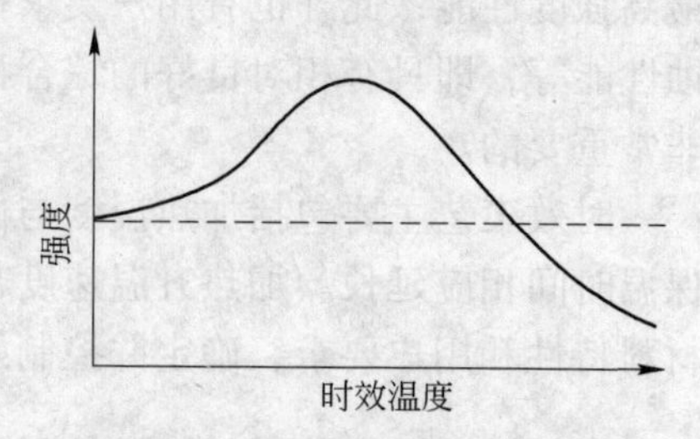

图 14-11 同等保温时间，强度与时效温度的关系

14.7.3 时效工艺分类

时效工艺分等温时效和分级时效两类。等温时效又分自然时效和人工时效。

14.7.3.1 自然时效

前面已经说过，自然时效在室温条件下进行。淬火后，材料自然停放期间，即发生脱溶过程，产生强化效果。这样的脱溶过程由于不加热，温度低，工件内外不存在温度差，脱溶同时进行，没有先后之别。脱溶产物相对细小、均匀、弥散分布。特别是淬火过程中，未发生再结晶的部分，依然保留着加工状态时的纤维组织，淬火时又引入了大量空位，便于位错、溶质原子的迁移和聚集；脱溶相与基体呈共格或半共格关系，位错线能切割或绕过沉淀相粒子，形成多边化的亚结构组织。这样的组织具有很高的强化效应。2A12 合金 24mm×32mm 棒材，经 495℃淬火，自然时效 96h 后，其抗拉强度 σ_b 达 528MPa，屈服强度 $\sigma_{0.2}$ 达 346MPa，伸长率为 15.8%。当然该合金能获得这样高的强度值，除淬火和时效工艺外，还与合理的挤压工艺有关。

自然时效合金除具有高强度、高伸长率外，由于脱溶产物在晶内、晶界均匀、弥散分布，不存在无沉淀带，晶界腐蚀倾向性低，具有良好的耐蚀性能和综合性能。但应力腐蚀敏感性较高，高温状态下稳定性差。

目前国内采用自然时效工艺强化的合金主要是 2A11、2A12 等，因该合金于室温下在较短时间（一般为四五天）内能基本上达到其最高强度值。

14.7.3.2 人工时效

理论上大多数热处理可强化变形铝合金均能采用自然时效工艺脱溶，以实现获得优良综合性能的目的。实际上，不少铝合金虽然在室温下时效能发生脱溶过程，析出强化相，实现强化效果，但是其时效过程进展缓慢，需要几个月、几年才能达到其最高强度值，这在实际生产中是不允许的。因此必须在材料淬火后，将其加热至一定温度，保温一定时间，进行人工时效。

人工时效温度可参照 M. B. Захаров 提出的经验公式确定：

$$T_{时效} \approx (0.5 \sim 0.6) T_{熔} \tag{14-2}$$

上式表明，合金达到最大强度值的人工时效温度与合金的熔化温度有关。淬火后过饱和固溶体稳定性小的合金，如变形状态特别是淬火后进行一定量变形的合金，采用下限温度；稳定性大、扩散过程缓慢的合金，如铸态合金、耐热合金，采用上限温度。

人工时效相对于自然时效而言，其亚结构组织比较粗化，脱溶相可能由 G. P. 区和过渡相向过渡相和平衡相转化，过渡相、平衡相粒子也可能发生聚集，使强化效果略有改变。如上述2A12 合金材料淬火自然时效后，继续于190℃，保温10h 进行人工时效，其抗拉强度 σ_b 则为 500MPa，屈服强度 $\sigma_{0.2}$ 为 425MPa，伸长率为 10.5%。屈服强度有较明显提高（增加 79MPa），但抗拉强度 σ_b、伸长率略有降低（σ_b 下降 28MPa，伸长率下降5.3%）。

对于主要强化相为 Mg_2Si、$MgZn_2$、T($Al_2Mg_2Zn_3$) 相者，如 7A04、7A09、6A02 等合金均采用人工时效强化。

14.7.3.3　分级时效

自然时效和在某一定温度下进行的时效称等温时效，铝合金生产中多采用等温时效方式以获得最高强度值。但有时为了满足某些特殊需要，如要求材料既有高强度，又有低的应力腐蚀敏感性和良好的稳定性，可采取分级时效工艺进行强化处理，将材料加热至较低温度，保温一定时间，使其形成大量的、细小的、弥散分布的脱溶产物核心；然后升至较高温度保温，以达到必要的脱溶程度，并获得理想尺寸的脱溶产物。实验表明，双级时效可使脱溶产物密度更高，分布更加均匀，材料稳定性提高，可降低机械加工中材料发生畸变的倾向，并提高抗应力腐蚀能力。7A04、6A02 合金生产某些厚壁管材，即采用分级时效工艺进行处理。

14.7.3.4　欠时效（不完全时效）与过时效

控制较低的时效温度或较短的时效时间，使时效后的强度低于其所能达到的最高峰值，即如图 14-10 中所示曲线的上升阶段所进行的时效，称为欠时效或不完全时效。欠时效状态强度较低，但伸长率较高。

控制较高的时效温度或较长的时效时间，使时效后的强度也低于其所能达到的最大强度值，即如图 14-10 所示超过曲线最高点后的下降阶段所进行的时效，称为过时效。过时效可能发生脱溶物长大，甚至发生聚集，强度性能降低。时效后组织较稳定，具有较好的综合力学性能及抗应力腐蚀能力。但严重过时效会使脱溶物明显聚集，基体中溶质元素浓度大大降低，导致时效强度急剧下降，这是应该避免的。

生产中，应根据合金特性、用户使用要求选择时效工艺。

14.8　热处理合金强化机制

国内常用热处理可强化变形铝合金有 Al-Cu-Mg 系、Al-Mg-Si 系、Al-Mg-Si-Cu 系、Al-Zn-Mg-Cu 系等。

14.8.1 Al-Cu-Mg 系合金

我国的2×××系列合金多为 Al-Cu-Mg 系。该系合金具有较高的强度和良好的综合性能，在航空、兵器、机械等部门得到广泛应用。图 14-12 所示为该系状态图 500℃和 20℃的等温截面。

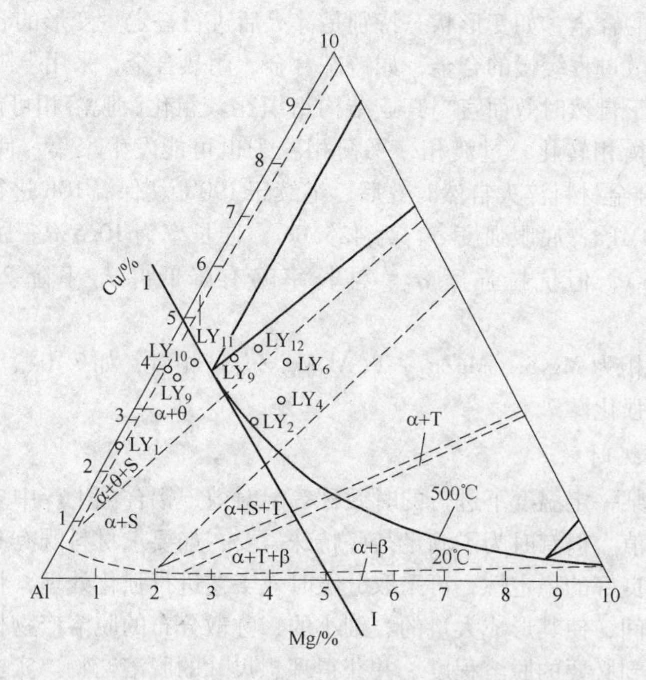

图 14-12 Al-Cu-Mg 系 500℃和 20℃的等温截面

由图可知，该系合金除了二元相 θ($CuAl_2$) 和 β(Al_2Mg_3) 外，还形成三元相 S(Al_2CuMg) 和T(Al_6Mg_4Cu)。其中 θ 相和 S 相强化效果最大，T 相效果甚微，β 相不起强化作用。合金的相组成决定于铜、镁的相对含量，铜含量越高，θ 相越多，S 相越少。相反，镁含量增高，则 S 相增多，θ 相减少。铜、镁含量比等于 2.61 时，（Cu=4%～5%，Mg=1.5%～2%），合金强化相几乎均为 S 相。镁含量继续增高，会出现 T 相和 β 相，强化效果降低。因此该系合金镁含量一般不大于 2%。

按图 14-12 中 Ⅰ—Ⅰ线（Cu+Mg=5%）选择不同成分的合金，淬火时效后，其强度如图 14-13 所示。由图可得出，具有最高强度的合金处于 α+θ+S 三相区内。

图 14-14 所示为合金淬火及人工时效后在 250℃时的瞬时强度，阴影曲线为 300℃时的长时强度，以试样受力 40MPa 时的破断时间表示。可以看出，高温下使用该系合金，其成分相组成应在 α+S 区。

2A11、2A12 是该系合金的典型，应用最广泛，特别是 2A12。两种合金在成分上的差异为，2A12 含镁量比 2A11 高，杂质铁、硅含量控制则比 2A11 低，成分的不同导致强化相的差异。由图 14-12 可知，2A11 主要强化相为 θ，此外因硅含量较高存在相当数量的 Mg_2Si 相，个别情况尚有少量 S 相；2A12 主要强化相为 S 相，此外有少量 θ 相和 Mg_2Si 相。合金中以 S 为主要强化相时强化效果最好，故 2A12 强度比 2A11 高，耐热性较好，但塑性较低。

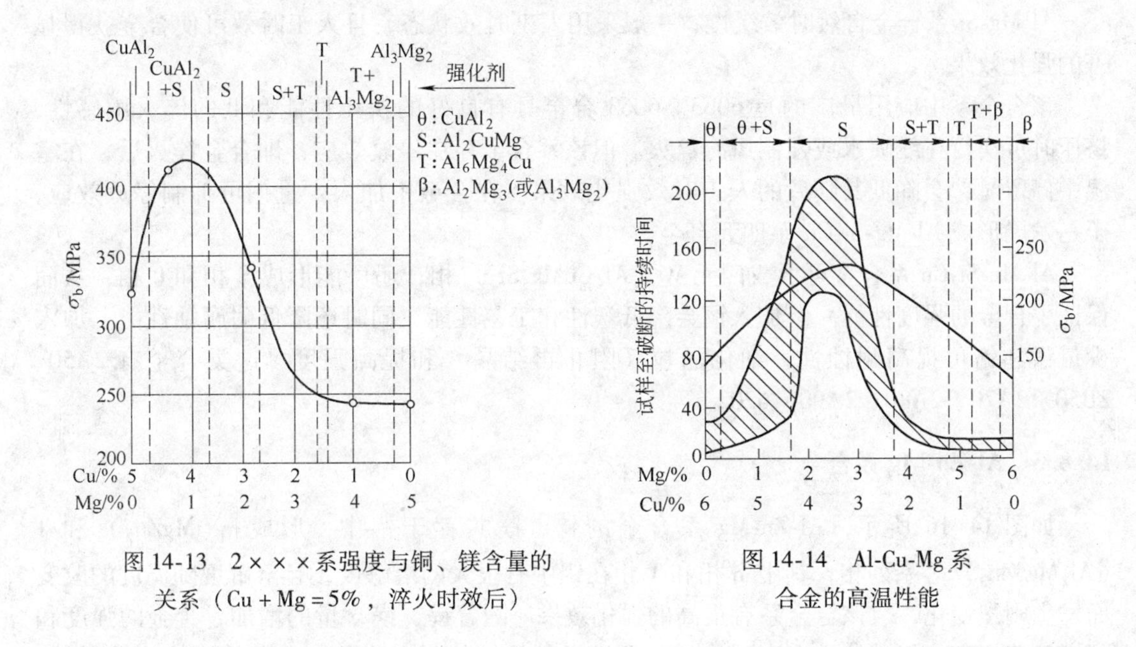

图 14-13 2××× 系强度与铜、镁含量的关系（Cu + Mg = 5%，淬火时效后）

图 14-14 Al-Cu-Mg 系合金的高温性能

14.8.2 Al-Mg-Si 系和 Al-Mg-Si-Cu 系合金

Al-Mg-Si 系合金具有中等强度、优良的耐蚀性和抗应力腐蚀能力、可焊性及良好的加工性能，因而得到广泛应用。

Al-Mg-Si 系合金形成 Mg_2Si 强化相。由 Al-Mg_2Si 系伪二元状态图（图 14-15）可知，Mg_2Si 相在铝中的溶解度随温度明显变化。共晶温度下的极限溶解度为 1.85%，至 200℃ 时仅为 0.27%，因此该合金具有明显的强化效应。

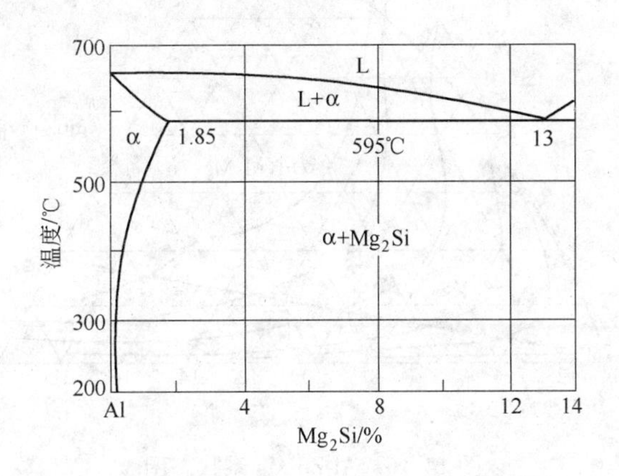

图 14-15 Al-Mg_2Si 系伪二元系状态图

Mg_2Si 在铝中的溶解度既与温度有关，又与镁的含量有关。Mg_2Si 中镁与硅之比值为 1.73。当 Mg/Si > 1.73 时，形成 Mg_2Si 后尚有剩余镁存在。剩余镁会显著降低 Mg_2Si 在固态铝中的溶解度，削弱强化效果。若硅过剩则不影响 Mg_2Si 的溶解度。故实践中所生产的该系合金其硅含量一般均高于形成 Mg_2Si 所需的量。

Al-Mg-Si 系合金自然时效缓慢，一般采用人工时效状态，且人工时效可使合金获得显著的强化效果。

该合金系中应用最广的是6063。6063 合金具有良好的挤压性能和低的淬火敏感性，挤压时可实行在线喷水或强制风冷淬火。但该系合金存在停放效应，即合金淬火后，在室温中停留时，会降低其随后的人工时效强化效果。在合金中加入少量铜可抑制停放效应，于是发展形成 Al-Mg-Si-Cu 系四元合金。

Al-Mg-Si-Cu 系合金可形成四元 W（$Al_1CuMg_5Si_4$）相，还可能形成 S 相和 θ 相，从而保证了合金的强度性能。但加入铜会降低塑性和工艺性能，同时还降低耐腐蚀性能。加入少量锰和铬可提高耐蚀性，细化晶粒（阻止再结晶）和提高强度。这类合金有 2A50、2B50、2A70、2A80、2A90、6202 等。

14.8.3 Al-Zn-Mg 系合金

如图 14-16 所示，Al-Zn-Mg 系合金的锌、镁共存于铝中，形成 η（$MgZn_2$）和 T（$Al_2Mg_3Zn_3$）等系列相，其中 η 相和 T 相在铝中有很大的溶解度，且溶解度随温度的改变而发生剧烈变化，故该合金系有很高的强化效果。随着锌、镁含量的增加，合金的强度和硬度显著提高，但其抗应力腐蚀性能、塑性及焊接性能随之降低。为此，需恰当选择锌、镁含量，并适量加入某些合金元素，消除不利影响，保持原有优良特性。

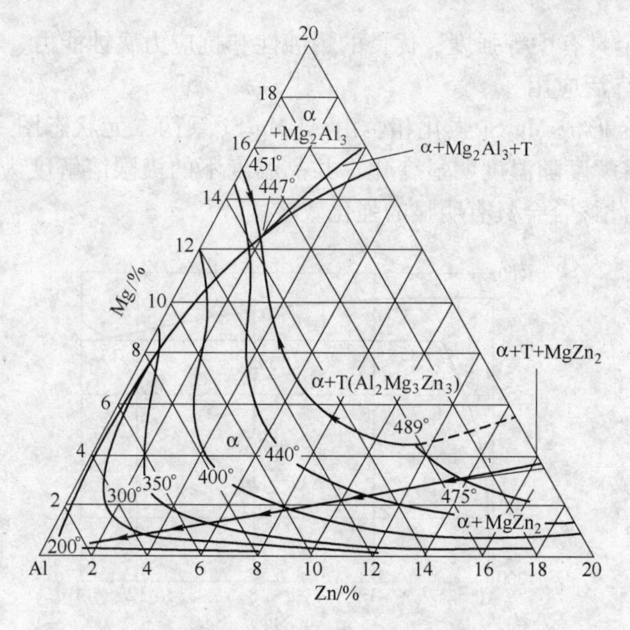

图 14-16 Al-Zn-Mg 系状态图

此系合金大体分成两大类：Al-Zn-Mg 系中强可焊合金和 Al-Zn-Mg-Cu 系超硬合金。

14.8.3.1 Al-Zn-Mg 系中强可焊合金

一般当锌+镁含量低于6%～7%时，其强度较低，σ_b 约为 400MPa 左右，但具有较高的焊接性能和合格的抗应力腐蚀能力。

为了进一步提高合金的抗应力腐蚀能力，常加入少量锰、铬、钒和铜，其中以铬的作用最明显。加铜能提高合金的强度和抗应力腐蚀能力，但降低焊接性能，故焊接用 Al-Zn-Mg 系合金的铜含量低于 0.3%。

锆能显著提高该系合金的焊接性能，因此一般在合金中加入 0.3% ~0.4% 的锆，其焊接敏感性几乎消失。钛也有类似作用，但效果比锆小。若同时加入锆、钛，焊接性能可明显改善。不过铸造篇中提到过，钛、锆单独使用，都可使晶粒细化，但锆的细化作用远不如钛。而两者同时加入铝中，则会产生交互作用（有人称之为钛中毒），降低细化晶粒的效果，铸造时将出现粗大晶粒组织，会对材料性能产生不利影响。

Al-Zn-Mg 系合金固溶处理温度范围最大为 350 ~ 500℃，淬火敏感性低，冷却速度没有明显影响，可在挤压时直接淬火。

14.8.3.2 Al-Zn-Mg-Cu 系超硬合金

Al-Zn-Mg-Cu 系合金一般锌 + 镁含量大于 7%，具有很高的强度，但因其含量过大，塑性和抗应力腐蚀能力剧烈降低；然而加入一定量的铜，能显著改善其塑性和抗应力腐蚀能力，从而使其成为超硬合金而得到广泛应用。

铜能固溶于铝，并生成强化相 S，使合金强度提高；降低晶界和晶内电位差，使腐蚀均匀进行，从而改善应力腐蚀性能。

该系合金除主要成分镁、锌、铜外，同时往往加入少量铬、锰、锆等元素以提高合金的再结晶温度，阻止晶粒长大，细化晶粒组织；并保持其热加工及热处理后的未再结晶部分的纤维组织，相应地提高强度和抗应力腐蚀能力。铬对改善抗应力腐蚀能力效果最好，锰作用较弱；铬、锰会提高合金的淬火敏感性；若淬火冷却速度减慢，会影响后续时效的强化效果。

该系 7A04、7A09 等合金，因 G.P. 区形成缓慢，自然时效需几个月才能达到稳定阶段，所以一般采用人工时效。人工时效又分为单级时效和双级时效两类。单级时效温度较低，一般在 140℃ 以下，保温时间较长，其具体时长随温度高低而定，温度低，耗时长，相反耗时短。其脱溶物以 G.P. 区为主，兼有少量 η′相，合金处于最高时效态的抗应力腐蚀能力较差。分级时效先在较低温度下保温一定时间，形成 G.P. 区，相当于形成脱溶物的核心；再升至较高温度保温，以 G.P. 区为核心长大，形成均匀分布的 η′相，该时效状态使合金保持有高的疲劳性能和抗应力腐蚀能力。

14.9 时效工艺示例

部分铝合金常用时效工艺制度（参考）列于表 14-3。

表 14-3 部分铝合金正常时效工艺制度（参考）

合 金	时效（金属）温度/℃	保温时间/h	备 注
2A02	165 +5	16	
2A12	195 +5	10	无特别要求不进行人工时效
2A16	165 +5	16	根据使用要求选择工艺制度
	210 +5	12	
2A70	185 +5	8	
2A80	170 +5	8	

续表 14-3

合　金		时效（金属）温度/℃	保温时间/h	备　注
2A50、2B50		155 + 5	3	
2A14		150 + 5	6	直径小于 20mm 棒材
		150 + 5	10	直径不小于 20mm 棒材及厚壁管
		150 + 5	15	XC 050 型材
6063		200 + 5	2	根据使用要求选择工艺制度
		175 + 5	3	
6061		175 + 5	12	
7A04、7A09		138 + 5	16	
7A04 双级时效	一级	120 + 5	3	适用于厚壁管材
	二级	160 + 5	3	

15 精 整

铝合金管、棒、型材无论是热加工，还是冷加工，无论是淬火，还是退火或时效之后，都存在各种不同形式、不同程度的缺陷，如扭拧、弯曲等，必须进行矫直整形（实际上，材料在退火和时效之前都要进行矫直整形，退火时效之后再进行复矫。淬火前工件弯曲度过大，变形过于严重者也必须预矫后才能淬火），习惯上称之为精整。精整工艺包括张力拉伸矫直，圆形管材、棒材辊式矫直，大规格棒材点式矫正，型材辊式矫正和手工矫正等。这些方法，其操作看似简单，技术含量较低，实则不然，这是一项技术复杂、要求严格、对质量非常重要的工作，特别是型材矫正之复杂，技术含量之高是人所共知的，没有相应的物质基础和熟练有素的技术水平是很难完成的。

15.1 张力拉伸矫直

在张力拉伸机（图15-1）上对制品沿轴线方向施加一拉伸外力，产生塑性变形，使制品因加工或热处理过程中产生的弯曲、波浪、扭拧变得平直，称为张力拉伸矫直。张力拉伸应用最广，圆棒材、异型管棒材、复杂断面型材一般都要用拉伸方法进行矫直。

图15-1 张力拉伸矫直机

15.1.1 拉伸矫直的基本概念

15.1.1.1 拉伸力

欲使材料发生塑性变形，最小拉伸力 P 应大于材料的屈服强度，即

$$P > \sigma_{0.2}F \tag{15-1}$$

式中 $\sigma_{0.2}$——材料的屈服强度；

F——制品的横截面积。

15.1.1.2 绝对伸长

制品在拉伸力作用下，发生塑性变形，使制品长度增加，其增加量为绝对伸长，即

$$\Delta l = l_1 - l_0 \tag{15-2}$$

式中　l_1——制品拉伸变形后的长度；

l_0——制品拉伸变形前的长度。

15.1.1.3　拉伸率

制品绝对伸长量与拉伸前原始长度之比，也称相对伸长率。

$$\delta = \frac{\Delta l}{l_0} = \frac{l_1 - l_0}{l_0} \times 100\% \tag{15-3}$$

15.1.1.4　断面收缩率

制品拉伸后，几何尺寸发生变化。根据体积不变定律，变形前与变形后，体积相等，则长度伸长，断面积减小。断面积减少量与拉伸前断面积之比，即断面收缩率 φ。

$$\varphi = \frac{F_1 - F_0}{F_0} \times 100\% \tag{15-4}$$

式中　F_1——拉伸后的断面积；

F_0——拉伸前的断面积。

15.1.2　拉伸率控制

拉伸是为了消除缺陷，达到产品平直，形状规范。但是，拉伸要发生断面收缩，因此首先应考虑制品的加工余量。根据加工余量，决定拉伸率的大小，若拉伸率偏大，会使产品尺寸超出负偏差，即使其他所有缺陷全部消除，也会因产品尺寸不合格而予以报废。

对圆棒材来说，拉伸率 δ 与直径减缩量和名义直径的关系为：

$$\Delta D = \frac{\delta}{2} D_{名} \tag{15-5}$$

式中　ΔD——直径减缩量；

$D_{名}$——棒材名义直径。

因为棒材的实际直径与棒材的名义直径相等或近似相等，故拉伸减缩后的直径 d 为：

$$d = D - \Delta D \approx D_{名} - \frac{\delta}{2} D_{名}$$

式中　D——棒材拉伸前的实际直径。

可以近似地认为，拉伸减缩后的直径等于制品名义直径减去制品拉伸率之半。如棒材直径为50mm，拉伸率为2%，则拉伸后直径为：

$$d \approx 50 - \frac{2\%}{2} \times 50 = 49.5\ (\text{mm})$$

因此在拉伸过程中，首先要了解产品的技术条件、工艺裕量，确定拉伸率，保证产品满足技术规范的要求。

确定拉伸率的一般原则：挤压、淬火后的薄壁型材产生的波浪、扭拧缺陷较厚壁型材的严重得多，需增加拉伸率方能使缺陷消除。随着壁厚的增加，缺陷逐渐减轻，拉伸率随之减小，见表15-1。

表 15-1 淬火型材按壁厚划分拉伸率（参考）

型材壁厚/mm	拉伸率/%	备 注
≤2.9	3～5	拉伸机吨位较大、带扭拧机时可适当减小
3～6	2.5～4	
>6	1.5～3	

拉伸率也因状态的不同而异，如退火状态预矫时不大于2.5%，退火成品矫直不大于1%。淬火时效状态前预矫不大于1%，防止淬火后拉伸率不足影响产品质量。硬合金挤压态交货者在不影响尺寸偏差超标时，可增大拉伸率。纯铝拉伸率不大于1.5%，且拉伸率越小越好。

还有一点需要指出,拉伸矫直会提高屈服强度,降低伸长率,因此拉伸率控制应结合实际情况,综合考虑,既要消除缺陷,达到矫直目的,又要保证伸长率和尺寸符合技术条件要求。

15.1.3 拉伸工艺质量控制

如前所述，拉伸的目的是在保证产品力学性能、尺寸偏差合格的条件下，消除弯曲、波浪，矫正扭拧等产品缺陷。我们已经知道，要消除这些缺陷，必须要有合理的拉伸率，产生一定的塑性变形；同时也要针对不同缺陷对拉伸工艺进行某些必要的调整，以控制工艺质量，提高拉伸效果。

15.1.3.1 扭拧矫正控制

一般来说，无论是挤压态，还是淬火态，型材总是存在着不同程度的扭拧，特别是薄壁、小规格型材扭拧非常严重，必须在拉伸中予以矫正（对厚壁、大规格型材）或基本矫正（对薄壁、小规格型材矫正绝大部分扭拧，残存部分在检测平台上采用手工矫正消除）。

当后夹头夹紧型材，开始拉伸，产生塑性变形时，操作人员迅速用扳手将型材反向扭转矫正，待制品达到屈服限时，立即脱离，给制品一定的自由变形时间，消除扭拧，并获得应有的拉伸精度。

15.1.3.2 波浪消除控制

薄壁制品和壁厚不等的型材制品，容易在薄壁面产生波浪。有时波浪非常严重，拉伸无法消除，只能作报废处理。有些比较轻的波浪缺陷，可在保证产品不超尺寸偏差的范围内，尽可能加大拉伸率以消除波浪，达到平直状态，但应严格控制，防止制品突然断裂（如夹头处断裂）而引起整个长度方向形成波浪。此外拉伸结束消除应力时，应先将前夹头稍稍返回，再松开夹头；否则，会因弹性突然收缩，引起变形不均而再次形成波浪。

15.1.3.3 弯头消除控制

挤压时，由于模子工作带表面或多或少存在差异，金属流动所受阻力不等：阻力大，流速慢；阻力小，流速快。快慢不等即产生弯头。欲消除弯头，需使凹陷部分伸长，至与凸出部分长度相等。拉伸时将头部置于后夹头内，凸起部分朝上，凹陷部分朝下（图15-2），然后夹紧拉伸，即可较好消除。

15.1.3.4 管材与空心型材拉伸

拉伸管材和空心型材，应在空心内加塞一相应大小的芯棒，一是防止钳口夹持不紧，

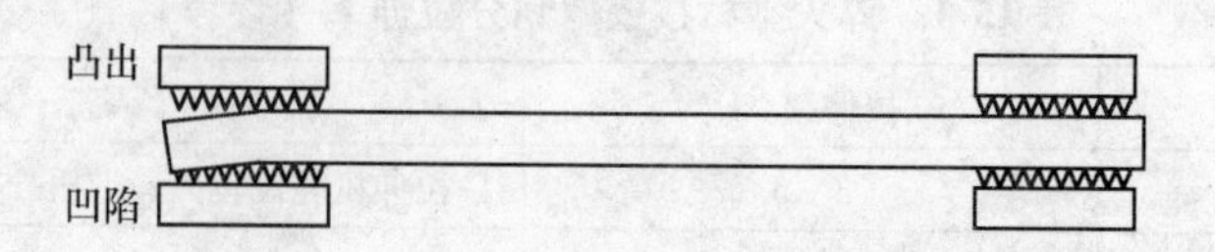

图 15-2　弯头制品钳口夹持示意图

二是防止夹持附近不均匀变形增加。

15.1.3.5　淬火制品拉伸时间的控制

铝合金制品淬火后，将进入时效状态。但时效有一个孕育期，淬火后的 3h 之内并不析出强化相，仍保持挤压状态以下的力学性能。3h 后，强化相慢慢析出，制品开始进入自然时效状态，强度升高，塑性降低，使得拉伸矫直变形抗力增加，提高了缺陷消除的难度。因此，对于能自然时效强化的制品，需在 3h 之内拉伸处理完毕。对于人工时效强化的制品，可以适当延长时间处理。

15.2　辊式矫直

圆形管、棒材经过拉伸矫直后，总体弯曲基本消除，初显平直，但局部区段上弯曲依然存在；从整体看，其直线度偏差也比较大，一般 2mm/m 左右。因此拉伸矫直后还需在辊式矫直机（图 15-3）上进行矫直，进一步提高直线度水平。

图 15-3　圆形管、棒材矫直用辊式矫直机

辊式矫直是将圆形管、棒材通过两排相互错开布置的辊型，进行反复弯曲以矫正其直线度。

矫直机由具有双轴线辊型的辊子加上传动机构组成。辊子数量视所矫直材料规格及矫直精度要求而定。大、中型规格制品一般采用 7 辊、9 辊矫直，小规格材料、矫直精度要求高，采用 21 辊、23 辊矫直。矫直辊分主动和从动。管材和棒材通过与矫直辊产生的摩擦力，呈旋转式向前行进。当辊型之间的间隙调整到工件与辊型发生接触，并对工件的径向产生一定的压力，使工件产生塑性变形，致局部弯曲和均匀弯曲消失。辊子越多，矫直精度越高，7 辊矫直机精度小于 0.5mm/m，21 辊、23 辊矫直机精度小于 0.2mm/m。

辊型对制品的压力必须调整适当。压力过大，会使制品表面产生螺旋形压延棱子；压力过小，弯曲不能消除。

辊式矫直能明显改善冷拉制品残余应力的分布状态（图 11-4），一般能使材料强度略微提高，伸长率稍有降低，制品直径稍许增加。

15.3 型材辊式矫正

型材品种众多，断面形状纷繁复杂，经拉伸矫直后，弯曲和扭拧得到了很大改善，但其他缺陷，如平面间隙（平面上的凹陷或凸起程度），平面与平面相交的角度超差，半空心型材的扩口、缩口，型材的局部弯曲和由型材断面厚度不一引起的镰刀弯等，均是张力拉伸无法解决的问题，必须通过旋臂式型材辊式矫正机矫正以消除缺陷。

15.3.1 辊式矫正的技术基础

常用的型材辊式矫正机（图 15-4）有 10 辊、12 辊、14 辊等。

辊式矫正的关键是确定合适的配辊方法。单个缺陷按缺陷类型选择相应的辊片和矫正方法；组合缺陷（同时具有多种缺陷）则应根据实际情况，安排缺陷的矫正次序，确定矫正方案，以免消除一个缺陷。又冒出新的缺陷。根据制品尺寸选择合适的辊片和垫片，组装工作轴。

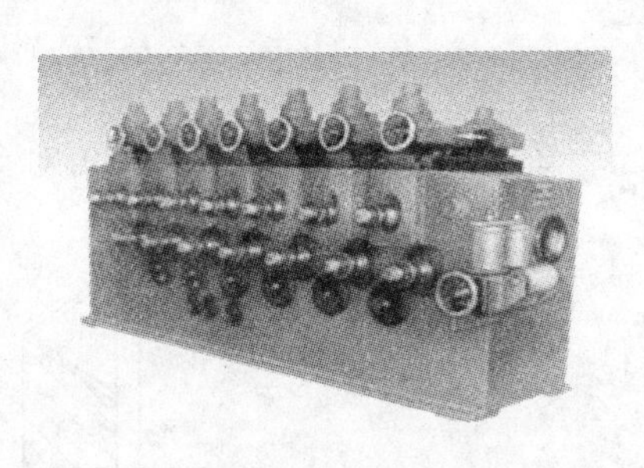

图 15-4 型材矫正机

采用多辊矫正时，所有下辊应有相同直径，上辊与下辊尽可能采用相同直径，保证辊片具有相同的线速度，以减少摩擦，避免擦伤制品。

制品的缺陷类型、缺陷组合、缺陷程度千差万别，配辊应依情况的不同而有所变化，不能一成不变，这需在实践中不断摸索，积累经验，总结提高。

配辊组装调试时，施加于制品上的压力，应由小至大，逐渐调整，待试料缺陷消除，获得满意结果后，锁紧固定，进入生产阶段。

15.3.2 型材辊式矫正方法示例

15.3.2.1 一般型材（如角材等）的均匀弯曲矫正

在两个支承辊中间加一个压力辊串联成如图 15-5 所示的形式，并于支承辊两端用挡辊组成一定的孔型（图 15-6），防止工件窜动，使工件稳定地沿组成的孔型中通过而使均

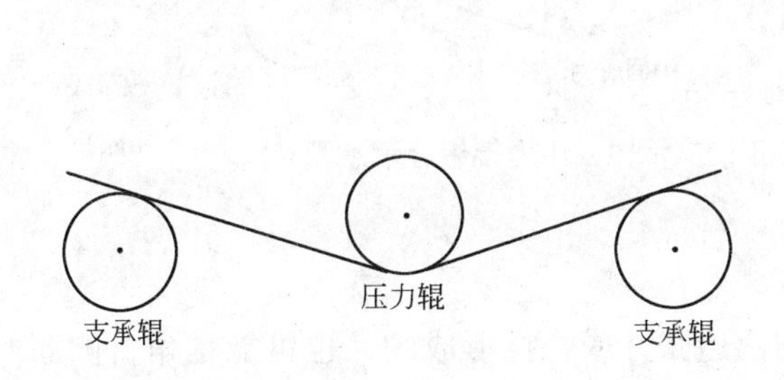

图 15-5 支承辊、压力辊组合示意图

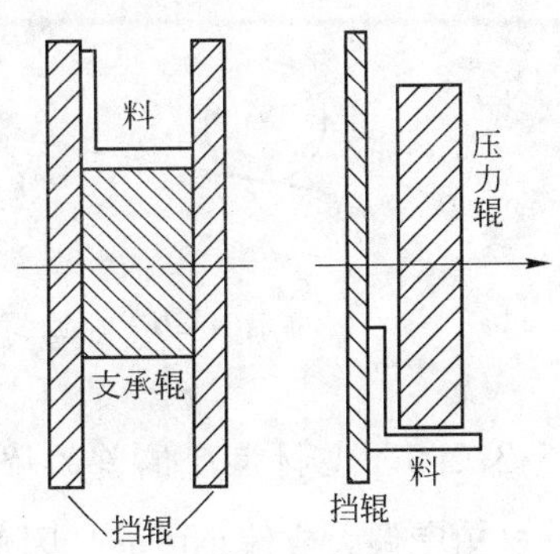

图 15-6 支承辊、挡辊组成孔型示意图

匀弯曲得以矫正。

对壁厚较薄而板面较宽的直角型材、丁字型材、楔头和圆头型材的镰刀弯矫正时，施加压力不宜过大，使用尽量大一点的挡辊，增大接触面积，以防产生波浪。

对简单断面型材，可对压力辊加配挡辊，而支承辊不加配挡辊，如图 15-7 所示。

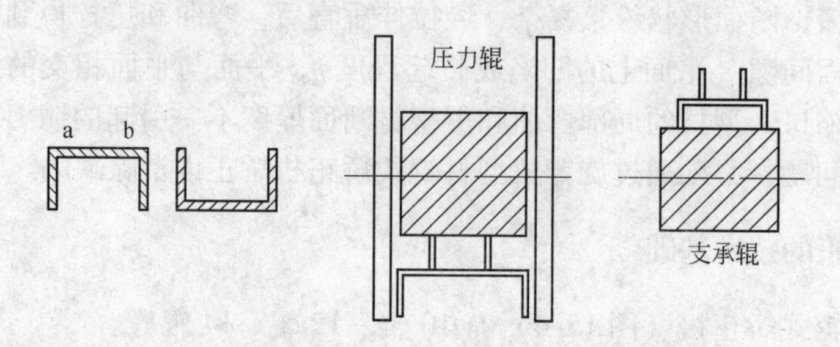

图 15-7　矫正槽形型材压力辊、挡辊组合示意图

矫正角形型材的镰刀弯时可对支承辊和压力辊均加配挡辊，其组合形式如图 15-8 所示。

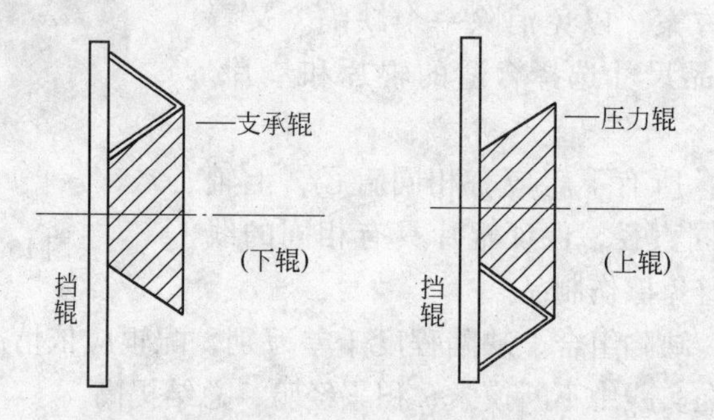

图 15-8　矫正角形型材镰刀弯支承辊、压力辊、挡辊组合示意图

上述组合可对等边角形型材和某些非等边角形型材在矫正弯曲的同时，还可矫正侧面的凸起间隙。

15.3.2.2　非均匀弯曲的矫正

在图 15-5 的基础上，加配一压力辊，如图 15-9 所示。矫正时，加大中间压力辊（第 2 辊）的压力，再经第 4 辊往下施压予以矫正。

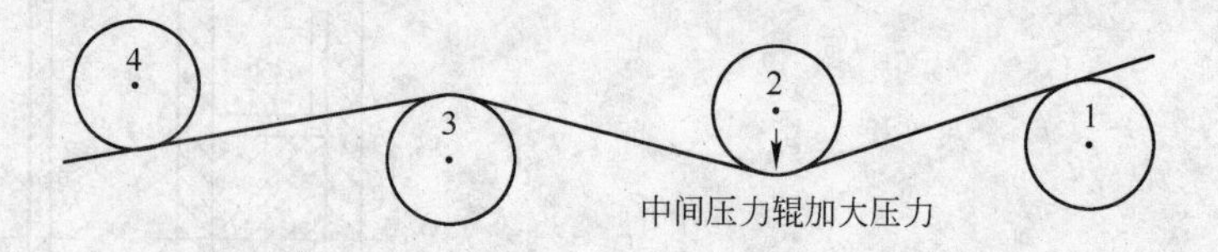

图 15-9　非均匀弯曲矫正的支承辊、压力辊组合示意图

15.3.2.3　型材角度偏差的矫正

型材角度偏大或偏小可能是因角材的两边张开或合拢形成的，也可能是角材侧面的平面间隙不合格引起。其矫正方法如图 15-10、图 15-11 所示。

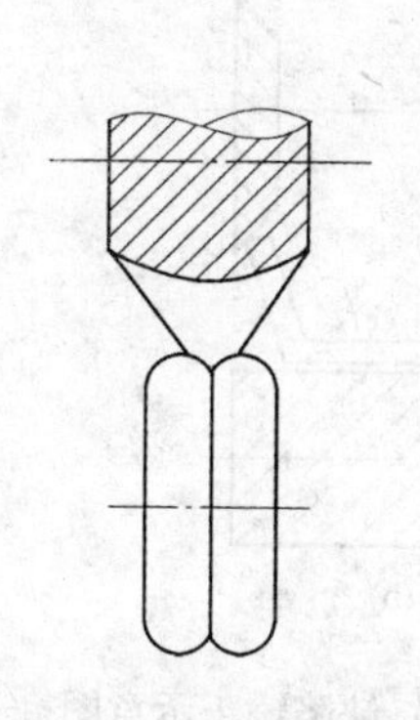

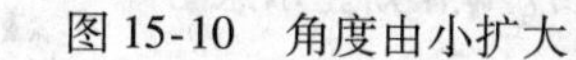

图 15-10　角度由小扩大

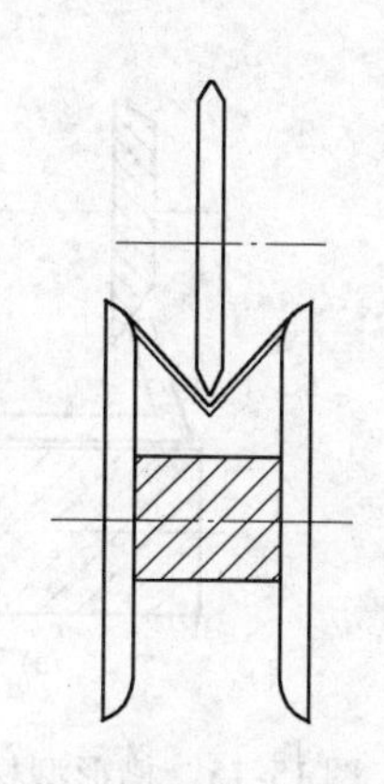

图 15-11　角度由大缩小

若在同一根制品上角度有小有大时，可将角度先扩大，再收缩到合格。

15.3.2.4　型材平面间隙的矫正

平面间隙不合格有两种情况：一为向外凸出；二为向内凹下（图 15-12）。

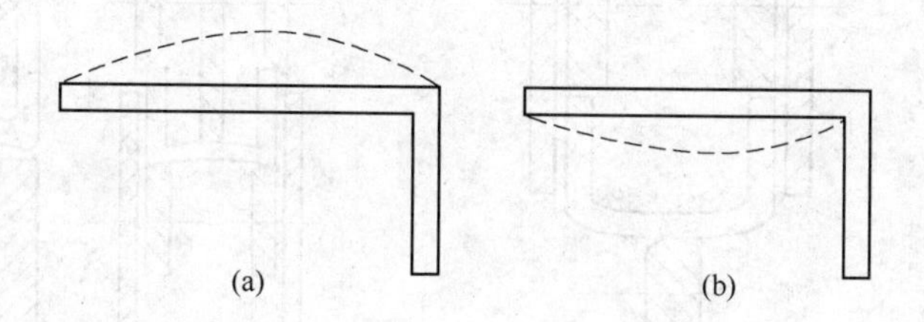

图 15-12　向外凸出（a）和向内凹下（b）

向外凸出时的矫正方法如图 15-13 所示。向内凹下的矫正方法如图 15-14 所示。

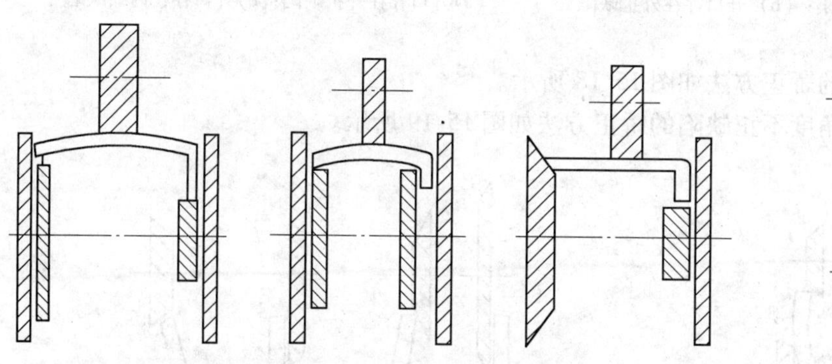

图 15-13　平面间隙向外凸出的矫正组合辊型示意图

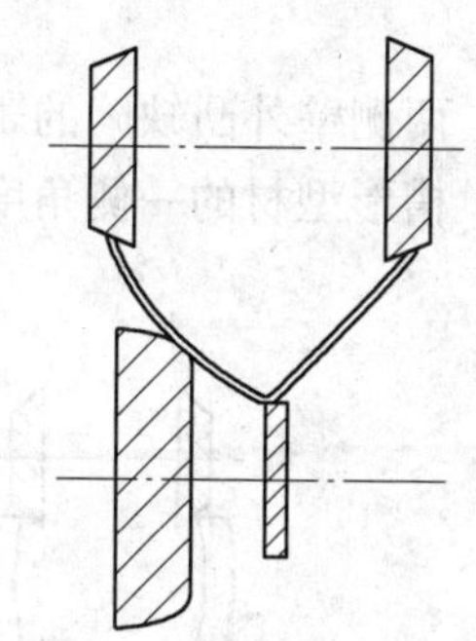

图 15-14　平面间隙向内凹下的矫正组合辊型示意图

15.3.2.5　槽形型材缺陷的矫正

槽形型材扩口、缩口的矫正如图 15-15 所示。图 15-15（a）所示为扩开缩口，图 15-15（b）所示为收缩扩口。

底部存在外凸缺陷的矫正如图 15-16 所示。底部存在内凹缺陷的矫正如图 15-17 所示。

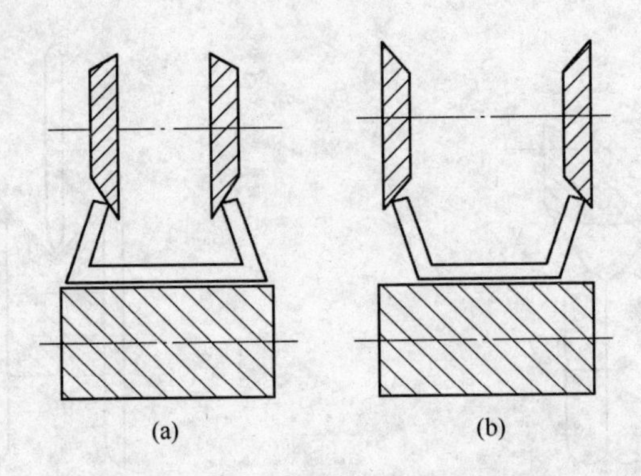

图 15-15　槽形型材扩口（a）、缩口（b）缺陷矫正示意图

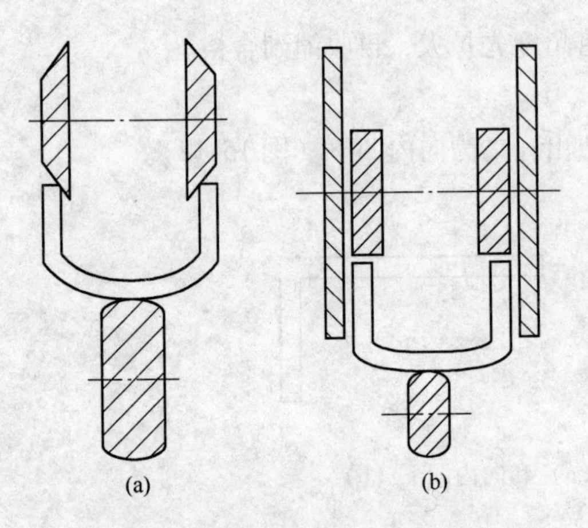

图 15-16　底部外凸缺陷矫正示意图

（a）开口存在内缩缺陷；（b）开口存在外扩缺陷

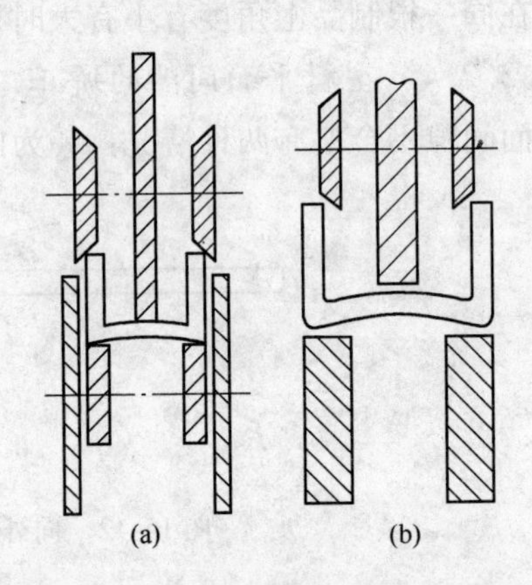

图 15-17　底部内凹缺陷矫正示意图

(a)开口存在外扩缺陷；(b)开口存在内缩缺陷

两侧壁外凸缺陷的矫正方法如图 15-18 所示。

槽形型材的一侧角度不正缺陷的矫正方法如图 15-19 所示。

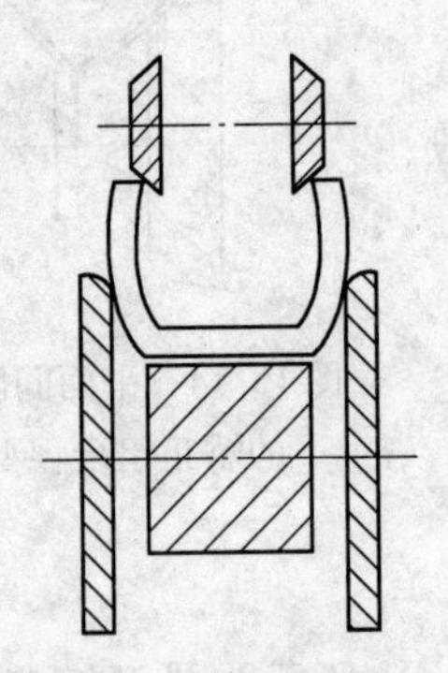

图 15-18　槽形型材两侧壁外凸矫正示意图

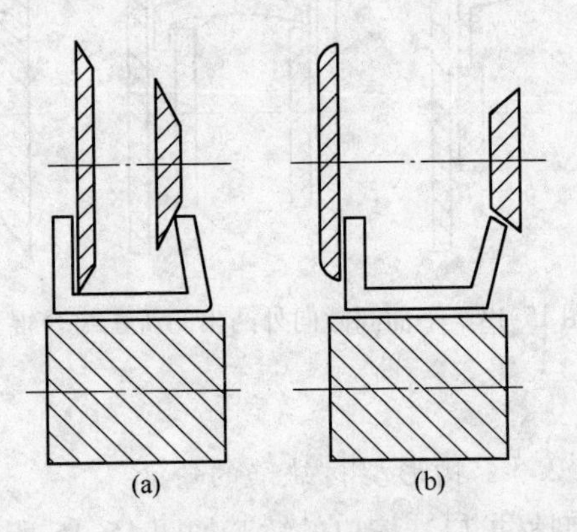

图 15-19　槽形一侧壁向内或向外倾斜矫正示意图

（a）侧壁内倾，矫正时外扩；

（b）侧壁外倾，矫正时内收

15.3.2.6 丁字型材缺陷的矫正

丁字型材的缺陷有平面间隙和角度不合格，但在多数情况下，角度不合格是由平面间隙引起的。其矫正方法如图 15-20 所示。

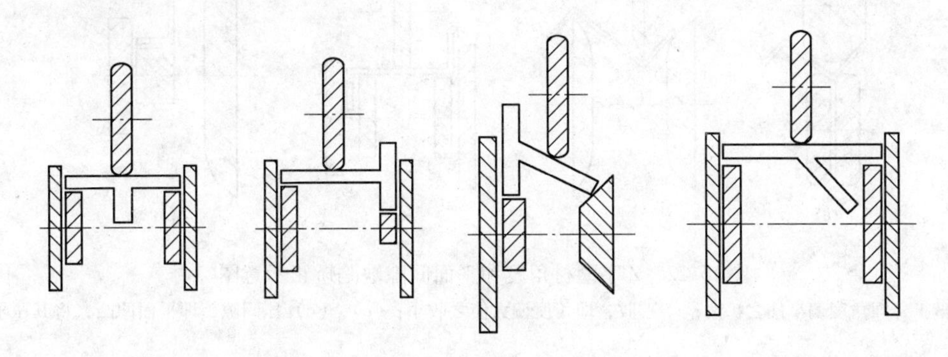

图 15-20 丁字型材平面间隙不合格矫正示意图

若型材平面间隙合格，仅角度不合格时，其矫正方法示于图 15-21。

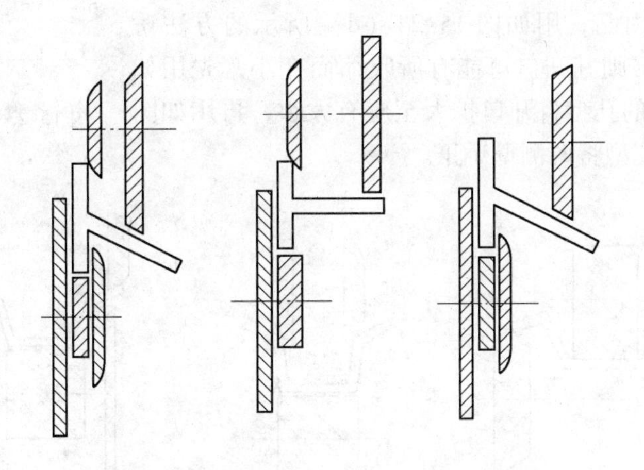

图 15-21 丁字型材角度不合格矫正示意图

15.3.2.7 Z 字型材缺陷的矫正

Z 字型材可视为由两个直角合成，其矫正方法与直角型材缺陷的矫正相似，如图 15-22 所示。

15.3.2.8 八字型材缺陷的矫正

八字型材其角度、平面间隙要求严格，对缺陷的矫正难度较大。如图 15-23 所示，型材要求尺寸 a、b 和平面间隙 AB 符合标准或图纸要求，而实际生产中，其尺寸总是存在一定程度的偏差。

型材缺陷矫正步骤如下：

（1）矫正尺寸 a。a 尺寸大时，先用如图 15-24（a）所示的孔型矫正，使尺寸收小；若 a 尺寸收拢后偏小，再用如图 15-24（b）所示的孔型矫正，将尺寸扩大至合格。在一般情况下，a 尺寸合格时，b 尺寸会合格，AB 平面间隙也可能合格。

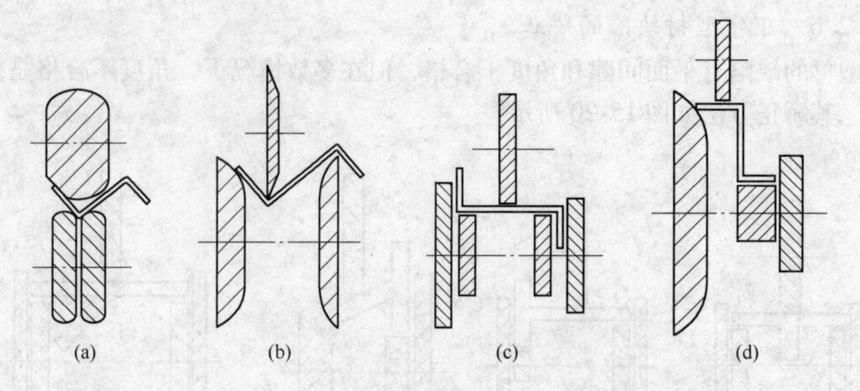

图 15-22　Z 字型材角度和平面间隙缺陷矫正示意图

（a）扩，即角度偏小使之扩大；（b）收，即角度偏大使之收小；（c），（d）压间隙，即平面凹凸，将其压平

（2）若 a、b 尺寸合格，而 AB 平面间隙不合格，即八字两边的爪板不在同一个平面内，则用如图 15-24（c）所示的孔型对爪板进行矫正，将爪板压至同一平面内。

（3）若两侧壁内凸，用如图 15-24（d）所示的方法矫正；若两侧壁外凸，则其开口可能有所收缩而变小，先用如图 15-24（e）所示的孔型将开口扩大至应有大小，再用如图 15-24（f）所示的孔型将两侧壁矫正。

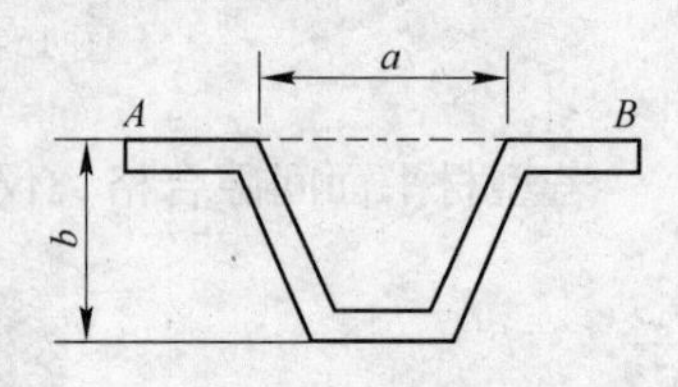

图 15-23　八字型材断面图

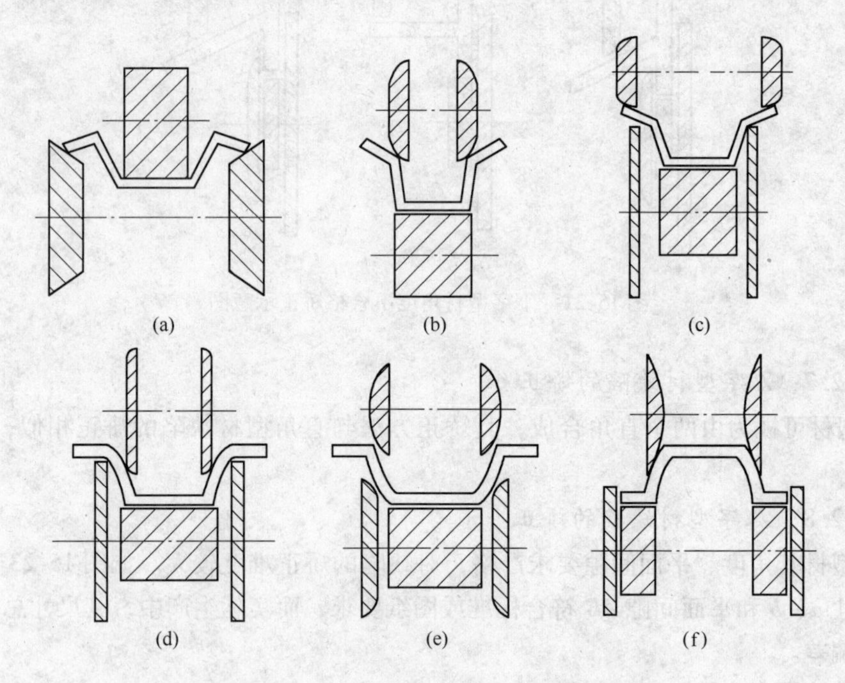

图 15-24　型材八字矫正示意图

15.3.2.9　底边与两侧壁成直角的八字型材缺陷的矫正

底边与两侧壁成直角的八字型材缺陷矫正有两种配辊方法：

（1）如图15-25所示的组配孔型。根据型材开口大小，分两次对两侧壁和底边的角度用如图15-25（a）所示的孔型进行矫正，收拢开口（也称收拢扩口）。每次矫正角度时应使开口收拢的大小相等，且开口收拢后的尺寸要略小于其偏差的下限尺寸。然后用如图15-25（b）和图15-24（c）所示的孔型先稍收拢、再稍扩大型材开口度，最后用如图15-25（d）所示的孔型矫正爪板弧度。当然在矫正好角度如图15-25（a）所示的基础上，图15-25（b）~图15-25（d）可在矫正机上按次序组装好孔型，让制品一次通过即完成矫正。

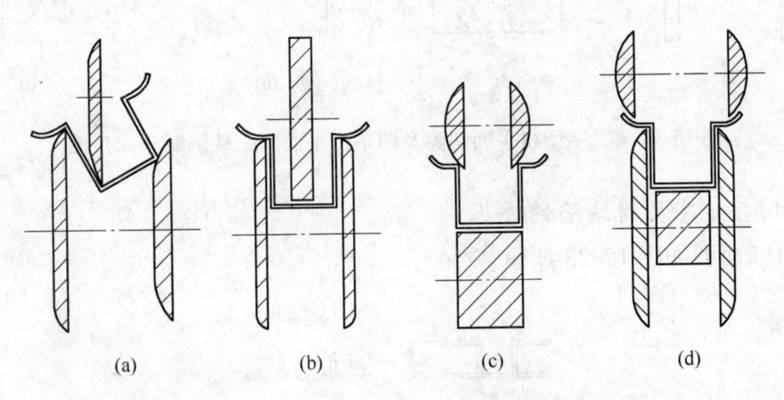

图15-25 两侧壁和底边成直角的八字型材缺陷矫正示意图一

（2）如图15-26所示的组配孔型。图15-26（a）收口时左边加一挡辊，右边为两个压力辊C。型材与挡辊接触得不能太紧，太紧了，收口时限制了爪板的自由变形，易将板压裂；但也不能太松，太松了，上下两压力辊C压不到爪板和侧壁形成的圆角处，起不了矫正作用。压完收口后（图15-26（a）），扩口孔型（图15-26（b））和压爪板弧度孔型（图15-26（c））可联合使用，一次完成矫正。

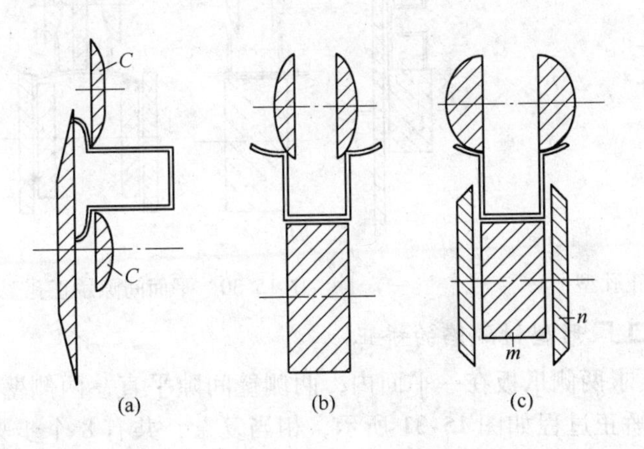

图15-26 两侧壁和底边成直角的八字型材缺陷矫正示意图二

15.3.2.10 工字型材缺陷的矫正

工字型材主要缺陷为平面间隙和两平行平面间尺寸不合格。其矫正方法如图15-27所示。

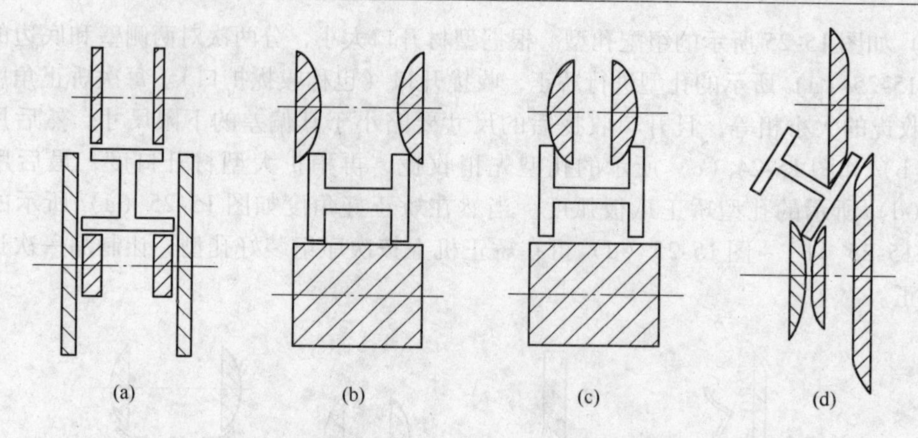

图 15-27　工字型材平面间隙及两平行平面间距缺陷矫正示意图

15.3.2.11　π 字型材缺陷的矫正

π 字型材断面图如图 15-28 所示。

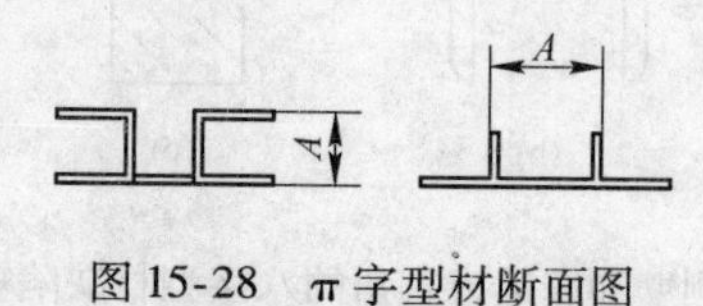

图 15-28　π 字型材断面图

π 字型材缺陷主要为 A 尺寸和平面间隙不合格。A 尺寸采用如图 15-29 所示的孔型矫正。平面间隙采用如图 15-30 所示的孔型矫正。

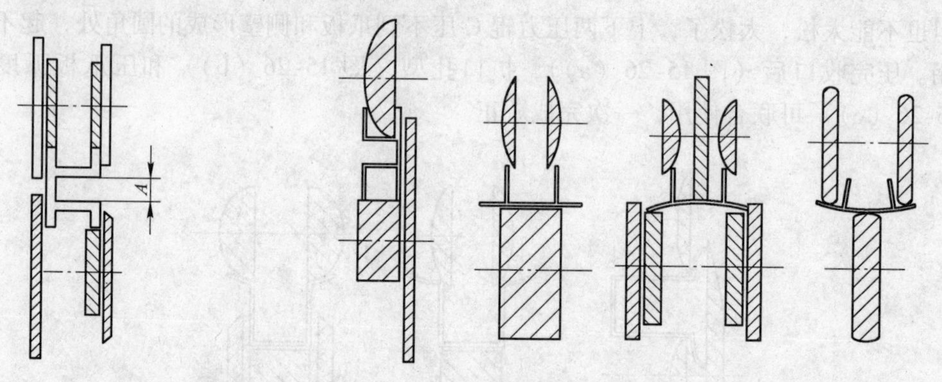

图 15-29　A 尺寸矫正孔型　　图 15-30　平面间隙矫正孔型

15.3.2.12　ユ厂形型材缺陷的矫正

ユ厂形型材要求两侧爪板在一平面内，两侧壁间隙平直，两侧壁与底板垂直。因此虽然看似简单，但矫正过程如图 15-31 所示，相当复杂，共有 8 个步骤：（1）收拢开口（图 15-31（a））；（2）扩大开口（图 15-31（b））；（3）压外凸间隙（图 15-31（c））；（4）压内凸间隙（图 15-31（d））；（5）压角度（图 15-31（e））；（6）压角（图 15-31（f））；（7）收角（图 15-31（g））；（8）扩角（图 15-31（h））。当然，这些步骤不一定都得进行，若前一步骤矫正恰到好处，后面有的步骤即可不进行了，例如收拢的开口恰好，扩口就没必要了。

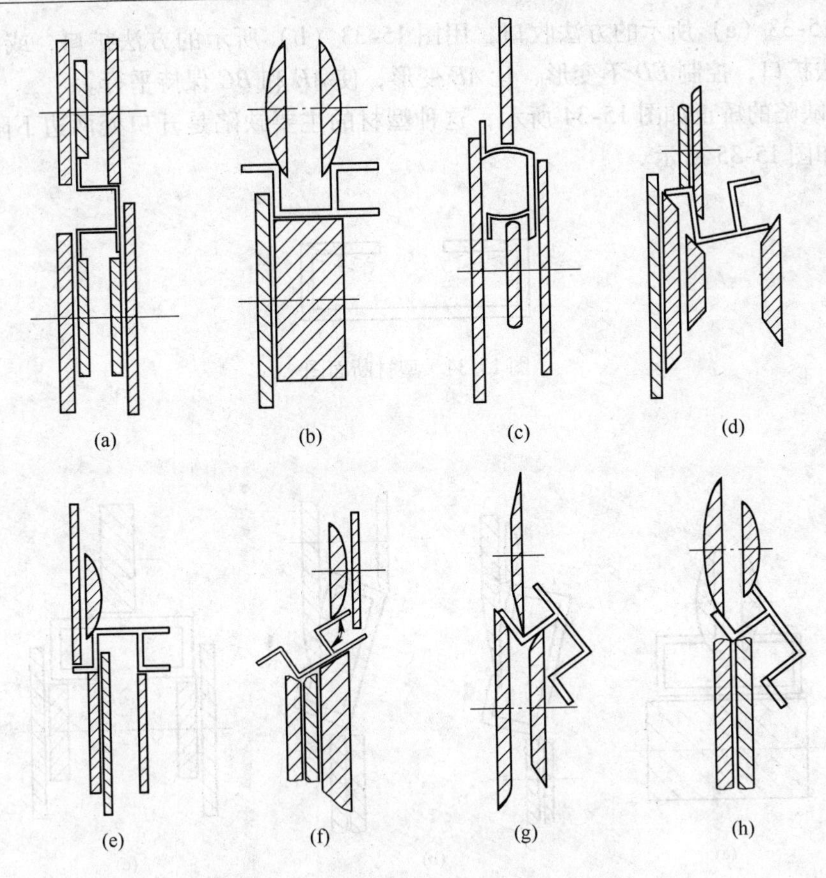

图 15-31 形型材缺陷矫正示意图

15.3.2.13 半空心型材缺陷的矫正

半空心型材的示意图如图 15-32 所示。

图 15-32 所示的型材关键是保证尺寸 a 合格。影响尺寸 a 的因素，一是 *ED* 合格，*AE* 向外张开或合拢；二是 *AED* 整个张开或合拢。其矫正方法和孔型如图 15-33 所示。

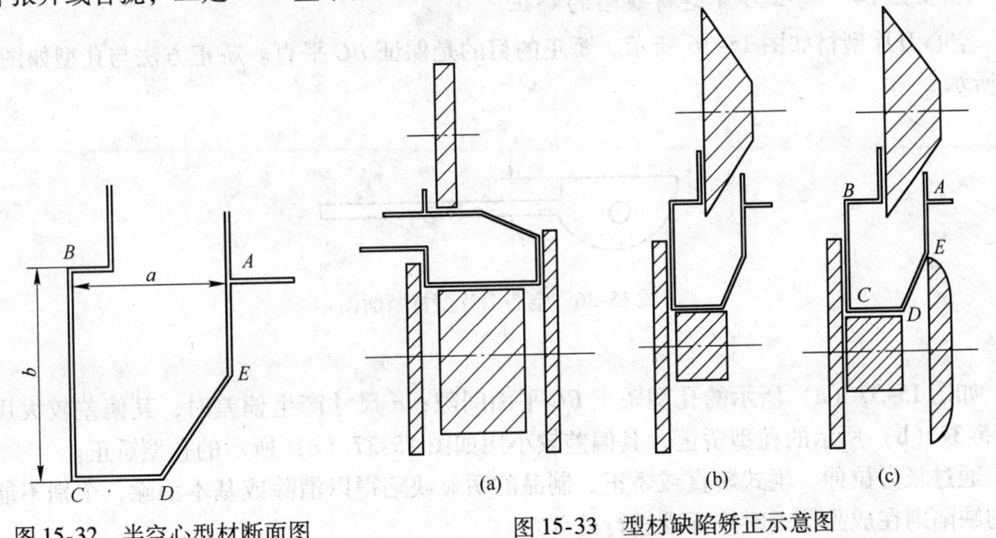

图 15-32 半空心型材断面图

图 15-33 型材缺陷矫正示意图

用图 15-33（a）所示的方法收口，用图 15-33（b）所示的方法扩口，或用图 15-33 所示的方法扩口，控制 *ED* 不变形，让 *AE* 变形，使 *AE* 和 *BC* 保持平行。

XC32 缺陷的矫正如图 15-34 所示，这种型材的主要缺陷是开口处两边下陷。矫正方法和孔型如图 15-35 所示。

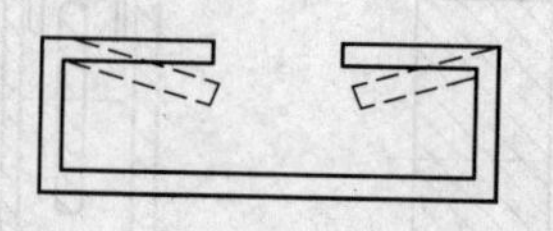

图 15-34　型材断面图

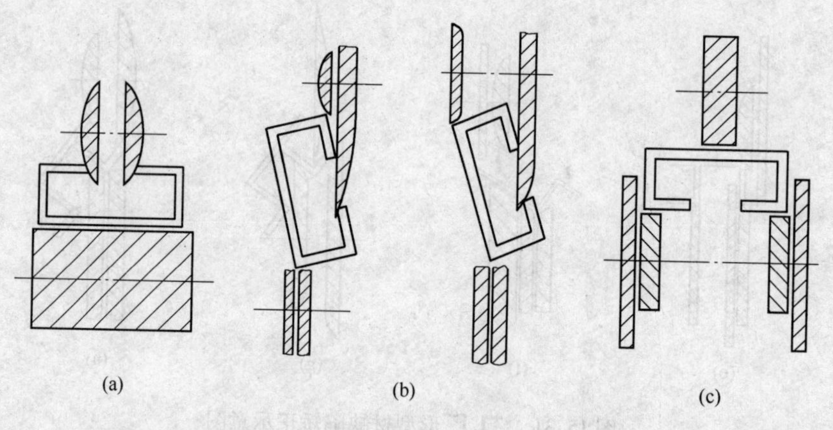

图 15-35　XC32 型材缺陷矫正示意图

先用如图 15-35（a）所示的孔型扩口，下陷不太大时用如图 15-35（b）所示的孔型矫正，下陷较大时再用如图 15-35（c）所示的孔型矫正。

15.3.2.14　空心刀片型材缺陷的矫正

空心刀片型材如图 15-36 所示。矫正的目的是保证 *BC* 平直。矫正方法与孔型如图 15-37 所示。

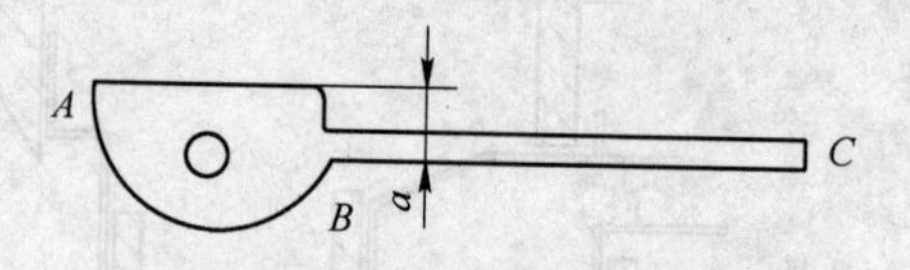

图 15-36　空心刀片型材断面图

如图 15-37（a）所示的孔型矫正 *BC* 平面间隙；*a* 尺寸产生偏差时，其偏差较大用如图 15-37（b）所示的孔型矫正，其偏差较小用如图 15-37（c）所示的孔型矫正。

通过张力拉伸、辊式矫直或矫正，制品的明显缺陷得以消除或基本消除，个别不能消除的缺陷则在成品检查时按标准进行处理。

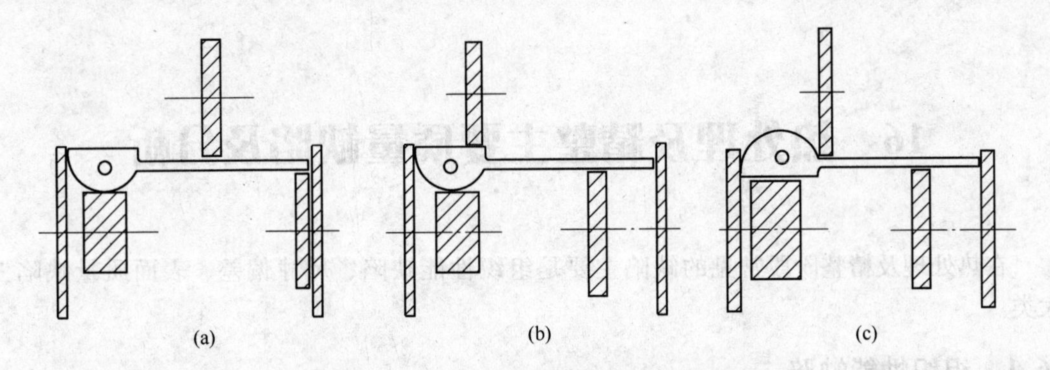

图 15-37 空心刀片型材缺陷矫正示意图

（a）孔型压平面间隙；（b）孔型当 a 尺寸大时的压法；（c）孔型当 a 尺寸小时的压法

16　热处理及精整主要质量缺陷及分析

在热处理及精整阶段常见的缺陷主要是组织性能缺陷、尺寸偏差、表面质量缺陷三大类。

16.1　组织性能缺陷

16.1.1　过烧

16.1.1.1　过烧形态特征

退火和淬火加热过程中，超过允许温度，导致低熔点易熔相复熔，称为过烧。过烧一般发生于低熔点共晶区。共晶复熔物凝固后，其形态大体可分如下几种：

（1）复熔共晶球体。虽称球体，但形态复杂，球体内各相间的颜色反差很大；球体与α(Al）基体界限明显，其形态特征呈多种形式，大体如图 16-1 所示。

图 16-1　复熔共晶球体

（2）粗晶界。晶界上共晶组织复熔，形成具有液流带状和枣核形串状特征（图 16-2）。

图 16-2　复熔后的带状晶界

（3）不光滑晶界。变形量较大的产品，晶界过烧后沿晶界呈现不光滑的点状细带，并略具棱角（图 16-3）。

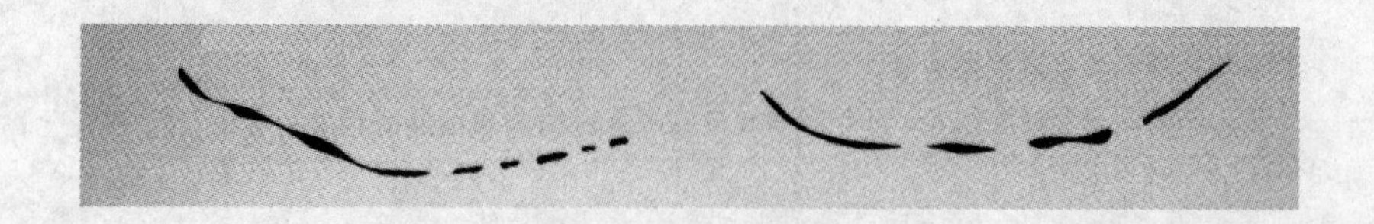

图 16-3　复熔后的串状晶界

（4）晶界三角形。该组织与处于三晶交界处的化合物不同，其边界弯曲，类似弧形，是共晶组织复熔的象征（图16-4）。

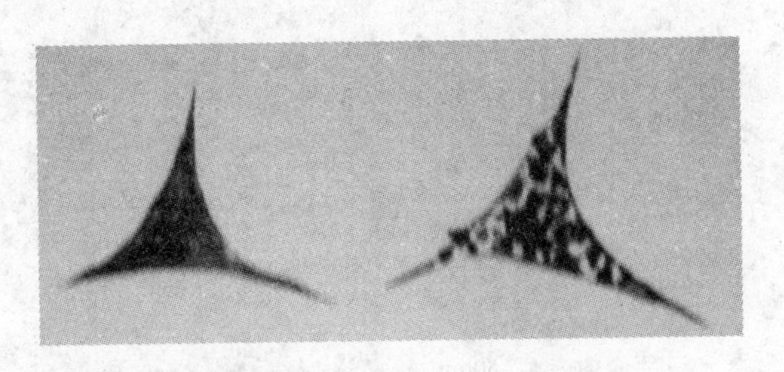

图16-4 复熔后三晶交界处的晶界三角形

（5）晶界氧化。出现在淬火裂纹的顶端或附近，边界呈似羽毛的网状特征。

16.1.1.2 淬火后正常组织与过烧组织示例

2A12合金冷加工管材淬火后的正常组织和过烧组织如图16-5、图16-6所示。

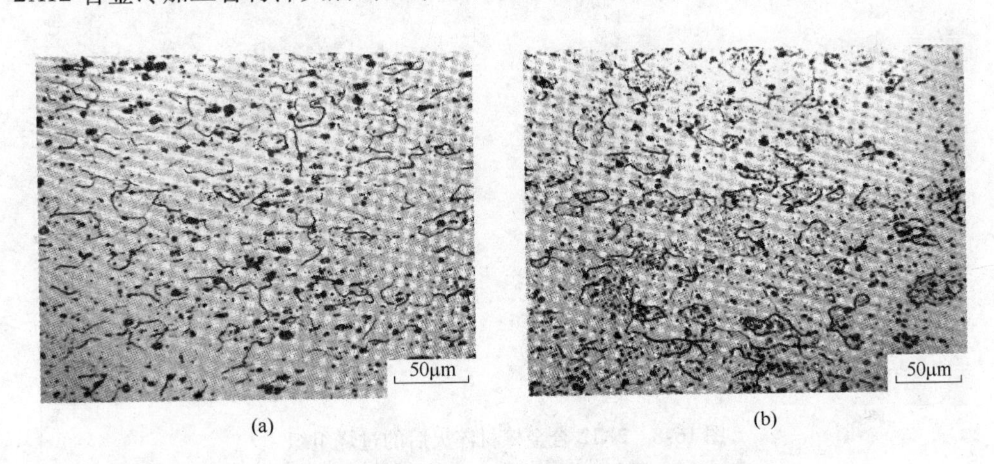

(a) (b)

图16-5 2A12合金冷加工管材淬火后的正常组织

（a）管材的纵向组织；（b）管材的横向组织

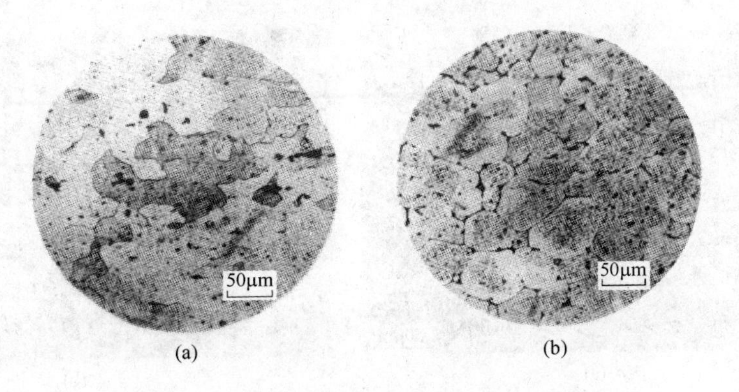

(a) (b)

图16-6 2A12合金冷加工管材淬火后的过烧组织

（a）开始过烧组织；（b）严重过烧组织

2A12 合金棒材淬火后的正常组织和淬火过烧组织如图 16-7、图 16-8 所示。

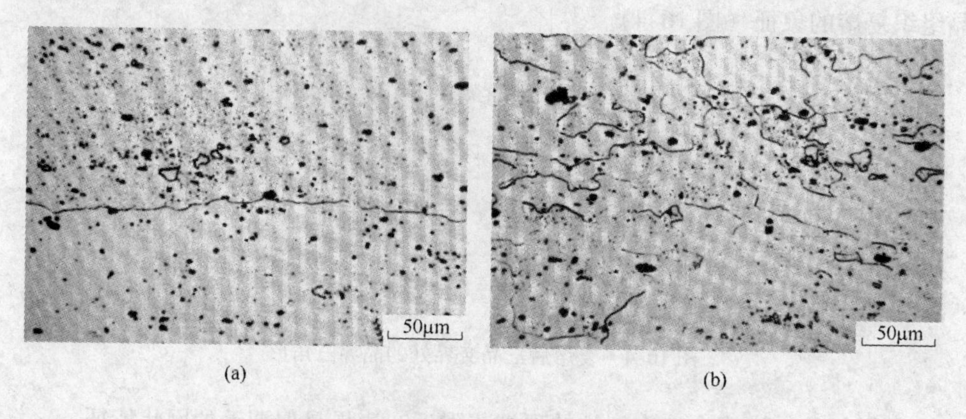

(a) (b)

图 16-7 2A12 合金棒材淬火后的正常组织

(a) 棒材后端纵向边部部位组织；(b) 棒材后端纵向中心部位组织

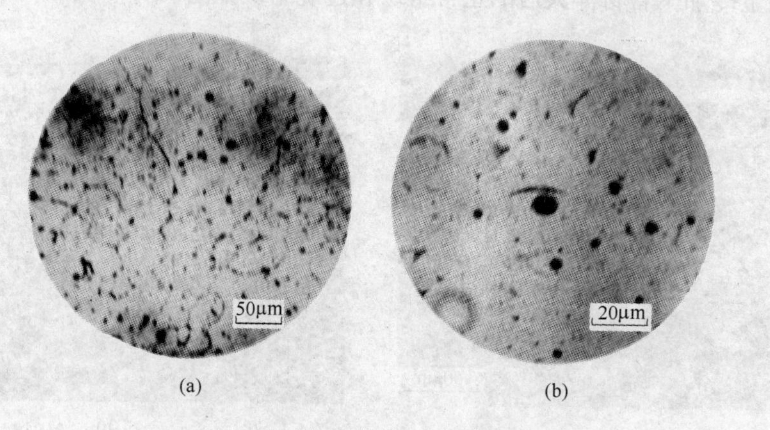

(a) (b)

图 16-8 2A12 合金棒材淬火后的过烧组织

(a) 开始过烧组织；(b) 严重过烧组织

7A04 合金挤压棒材淬火后的正常组织和过烧组织如图 16-9、图 16-10 所示。

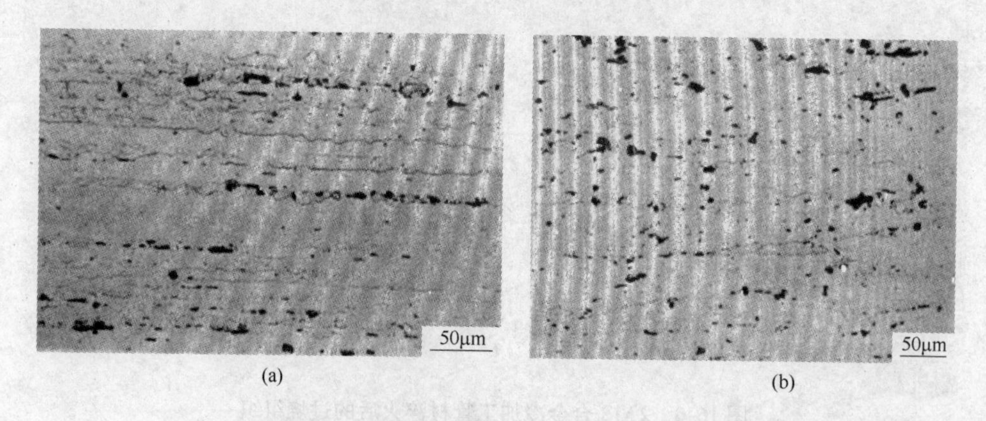

(a) (b)

图 16-9 7A04 合金挤压棒材淬火后的正常组织

(a) 棒材后端纵向边部部位组织；(b) 棒材后端纵向中心部位组织

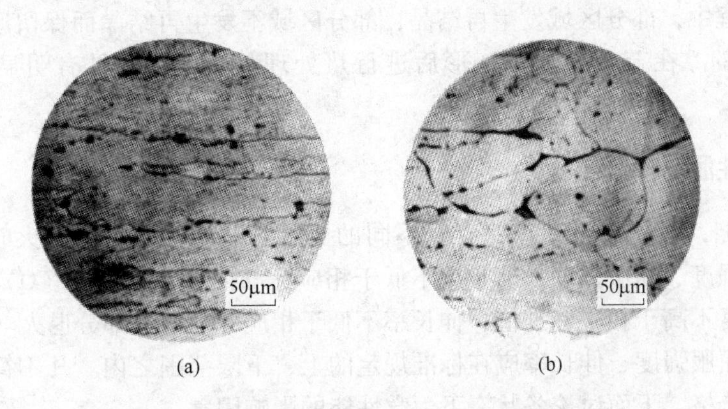

图 16-10　7A04 合金挤压棒材淬火后的过烧组织[8]
（a）开始过烧；（b）严重过烧

16.1.1.3　过烧产生的原因

加热温度高，或温度场不平衡；炉料多，捆绑太紧，料温存在差异；制品粘油，加热时残油燃烧发热等，上述原因引起整体或局部超过低熔点相的熔化温度时，即产生过烧。发现过烧，应立即停止生产，并对发现之前的一定时间段生产的产品进行全面检查，彻底查清原因并进行有效整改，确认隐患完全排除后，方能继续生产。

16.1.2　晶粒粗大

再结晶完成后，继续保温或提高加热温度就会发生晶粒相互吞并而长大的现象，即“晶粒长大过程”。晶粒长大通常有正常长大（均匀长大）和反常长大（非均匀长大或二次再结晶）。

正常晶粒长大是金属材料在退火过程中较普遍的晶粒长大方式，是相邻晶粒互相吞食的过程，是一个晶界迁动的过程。长大后的晶粒粗大，但大小相对来说比较均匀。

某些金属材料经过严重变形之后，在较高温度退火时会出现反常长大现象，即在再结晶完成之后的晶粒中，有少数晶粒优先长大，成为特别粗大的晶粒，而其周围较细的晶粒逐渐被吞食。

这种晶粒长大并不重新形核，而是以一次再结晶后的某些特殊晶粒为基础长大的。研究表明，细小均匀的一次再结晶组织再继续加热时，那些阻碍晶粒长大的因素在少数地区开始被消除，晶界就在这里迅速迁动，成为特殊晶粒而迅速长大。当这些晶粒长大到超过它周围的晶粒时，它的界面总是凹向外侧，因而晶界总是向外迁移扩大，结果越长越大，形成粗大晶粒。

控制适度的冷加工率，控制正确的热处理制度，即控制加热温度和保温时间，可防止产生不均匀粗大晶粒组织。

16.1.3　粗晶环

在挤压与淬火的内容介绍中，对粗晶环的特征、形成机制及消除或减少粗晶环的方法与途径，做了详细介绍和阐述，不再重复。只强调一点，这里所说的粗晶环是热加工制品在淬火加热过程中，部分区域发生再结晶，部分区域不发生再结晶而保留原热加工状态的纤维组织形成的。在充分冷加工变形后进行热处理，尚未发现具有明显分界的粗晶环组织。

16.1.4　力学性能不合格

对力学性能，不同合金状态，有着不同的要求。一般情况是，淬火时效（T4、T6）状态要求材料强度、屈服强度、伸长率不低于相应标准值；完全退火（O）状态要求材料强度、屈服强度不高于相应标准值，伸长率不低于相应标准值；部分退火（HXY）状态要求材料强度、屈服强度、伸长率应在标准规定的上、下限范围之内。凡不符合上述要求即为力学性能不合格。下面讨论各状态下力学性能的影响因素。

16.1.4.1　淬火时效（T4、T6）状态力学性能的影响因素

加热温度低，保温时间短，溶质组元未能充分固溶，原始固溶强化减弱；淬火转移时间长，冷却介质温度高，部分固溶体提前发生分解而不参与时效，强化相减少，因而时效后强度低。

大件制品，如直径大于150mm棒材，淬火冷却时，材料内部热量很难在短时间内传出，内外存在较大的温度差。外部迅速冷却，固溶体过饱和浓度大；由表向内，冷却速度相应降低，固溶体相应发生分解，过饱和固溶浓度随之降低；越往中心处，过饱和浓度越低；因而时效强度越低。在一般条件下，很难满足标准规定。因此对大尺寸需淬火时效的制品，一般不按标准规定要求，而执行“性能附结果”的方式，即力学性能按实验结果发出报告，不按标准进行判定。

淬火时装料方式影响：生产直径小于10mm以下棒材，无法按件分立悬挂，而将其用专制铁夹，分小捆夹紧，悬挂于料盘上，进行淬火作业。结果因捆内加热和冷却不均，如上所述，制品强度极不均匀，不合格率很高。因此装料时要保持工件与工件之间的距离；捆绑不能过紧，以利通风顺畅，水冷均匀。

挤压工艺对淬火时效强度的影响：对有些合金，如2×××、7×××合金，挤压温度低，相当冷变形量增大，不均匀变形程度增加，淬火时容易发生再结晶和粗晶环组织，不利于多边化亚晶组织的形成，组织强化效应降低。正常温度挤压完全可以满足标准要求，但低温挤压则使强度值低于标准规定值；而合理地提高挤压温度，避免发生再结晶，或减少再结晶的分量，可充分发挥组织强化效应的效果，则大大提高合金强度，2A12合金T4状态σ_b可达520MPa以上，7A04合金T6状态σ_b可达600MPa以上。

时效温度和保温时间的影响：对需进行人工时效的合金，调控时效温度和保温时间，即可改变脱溶强化相的大小、形状和分布状态，相应改变合金的力学性能。时效温度低，或保温时间短，欠时效，强度低，时效温度高，或保温时间长，过时效，强度也低。Al-Mg-Si系合金淬火后不随即进行时效，则因停效应致使力学性能降低而不合格。因此应根据用户需要，合理制订和执行时效工艺制度，保证产品性能，满足不同需求。

16.1.4.2　退火状态力学性能的影响因素

在铝合金材料生产中，完全退火一般是在冷加工后进行（当然也有例外，如2A12合

金有时要求热挤压后退火，随后进行淬火和自然时效，旧标准称为MCZ状态，这对力学性能会有所降低），使变形组织全部转变成再结晶组织，从而使材料在使用或进一步加工时具有良好的塑性变形能力。很显然，退火温度和保温时间是影响材料性能的最重要因素。温度低，时间短，退火不完全，会保留部分加工组织，使得强度高，伸长率低；相反，若温度高，时间长，可能发生晶粒二次长大，产品强度低，伸长率也低。因此退火时对加热温度和保温时间的要求是很严格的。有些合金采用一般的固定箱式空气退火炉，退火制度很难控制，或者再结晶不完全，或者出现晶粒不均匀二次长大，致使性能不合格。解决办法，如前面所说，采用辊底式移动退火炉，进行高温短时退火，严格控制温度和时间，既实现完全再结晶，又不发生晶粒二次长大，可确保组织性能合格。

冷加工程度对退火组织性能的影响。加工率小，变形不均匀，再结晶核心少，晶粒粗大，性能低。应保持合适的冷加工率，既能形成众多的再结晶核心，又不易发生二次再结晶，导致晶粒长大。

退火后的冷加工或多或少影响材料性能。如拉伸、辊矫的变形量较大时，会使强度提高，伸长率降低，可能导致不合格产生，因此需控制精整的冷变形量。

16.1.4.3　不完全退火状态的力学性能

不完全退火状态细分为若干形态。每一个细分状态都有相应的力学性能要求，超出其上、下限的规定，均视为不合格。故每一细分状态都有相应的退火工艺制度。细分态越多，对各细分态的退火温度与保温时间的控制要求越严格，也就越难以控制，稍有不当，即可能引起性能不合格。于是如果没有特别要求，在加工程度许可时，采用另一种生产方式，较易控制达到细分状态的性能，即加工到一定程度进行完全再结晶退火，获得再结晶组织；然后根据不同细分态的力学性能要求，给予相应的冷加工率，冷加工率比较容易控制。控制住冷加工率，也就控制住了力学性能。

16.1.5　裂纹

大尺寸工件淬火时，水温低，冷却强度大，表层急剧冷却，产生强烈收缩，但工件内部仍处于高温状态，阻碍表层收缩，表层金属产生周向拉应力，当其拉应力超过金属的屈服强度时，即产生放射状裂纹。若表层金属强度大于周向拉应力，则表层阻碍内层金属收缩，产生径向拉应力。当径向拉应力超过屈服强度时，即产生环形或圆弧形裂纹。工件尺寸越大，冷却水温越低，裂纹越严重。因此淬火大尺寸工件时，为防止裂纹，必须提高冷却水的温度，降低其冷却强度。但这样做，降低了固溶体中的溶质过饱和度，随之降低了材料的淬火时效强化性能。

拉伸矫直小规格制品，特别是伸长率又较小的型材，拉伸力控制不当，很容易在型材棱角处产生裂纹或裂口。控制拉伸力和变形速度；同时对淬火自然时效强化的制品，于淬火后3h内完成拉伸矫直，可防止裂纹产生。

圆形管棒材多次反复进行辊式矫直时，会使制品表面发生往复应变，产生冷作硬化而形成表面裂纹和斑纹，进行反复矫直时应留心检查表面质量。

16.1.6　应力畸变

应力畸变即将材料加工成零件后，因材料存在残余应力而使零件产生变形，如圆形变成椭圆。这种现象在管材后续加工中时有发生。

在管材挤压过程中，由于工、模具表面总是存在某些差异，其断面上金属的流速不是完全相同的。摩擦力大的区段流速慢，摩擦力小的区段流速快，于是在断面上产生了应力。随后淬火时，管材虽然多以单根或双根成一个组件悬挂于料盘上，组件与组件之间保持一定距离，不相干扰，但整炉料得打捆成为一体。当然成捆不会是紧密的，根与根或组件与组件间均可自由晃动，炉内加热时，通风流畅，温度均匀，但淬火入水冷却时，因发生强烈变形，有可能几根料或几组件料紧靠在一起，成为较大的组合体。组合体的外周释放出的热量能很快被冷水导走，水温相对较低，冷却速度快；组合体中心释放热量又较多，热量扩散较慢，水温相对较高，制品冷却速度慢。对于管子，一边冷却快，一边冷却慢，收缩不平衡，即产生应力。当应力较大，或该应力与挤压应力发生叠加效应，使应力增大。当应力达到一定程度时，之后加工零件得到释放，迫使零件产生畸变，正圆就变成了椭圆。

16.2　尺寸偏差

铝合金管、棒、型材生产，影响尺寸偏差的因素很多，因此提高制品的尺寸精度，防止超差是一个非常复杂而重要的问题。

16.2.1　直径、壁厚超差

挤压时的温度高低、速度快慢以及变形程度大小都会影响制品的直径或壁厚，同一根制品，尺寸随前端、中间与尾部的位置不同而变化。一般情况下，挤压温度高、速度快、变形程度大，尺寸稍小；制品前端比尾部稍大。

淬火加热过程中，晶体中空位浓度增加；急剧冷却时，增加了固溶体中的空位过饱和浓度，尺寸略显增大。

拉伸矫直，随着拉伸量的增加，制品尺寸明显减小。辊式矫直则略微增加。

尺寸的增减与合金成分的不同而变化，合金的线膨胀系数大，尺寸的增减量较大。

上述影响因素中，有的引发的增减量甚微，一般可不予考虑，但对某些特殊超高精度要求的产品，全面综合予以考虑，可减少尺寸超差产生。

16.2.2　角度偏差

角度不合格是型材中常见的问题，对某些特别复杂的型材尤为突出。其影响因素有：

（1）模具是产生角度偏差的重要因素之一。在挤压有关章节中介绍型材模具时指出，型材的许多断面失去了中心对称性，且锭坯断面与型材断面没有相似性，同时大多数型材各部分的壁厚又不相同，因此挤压型材与挤压管棒材比较，其金属流动均匀性更差，更容易产生扭拧和角度偏转。虽然在模具设计与制造过程中，采取了各种技术措施，尽可能实现金属的均匀流动，阻止或减小扭拧和角度偏转。然而在实际生产中，其金属流动的不均匀性总是或多或少地存在，若挤压时不实行牵引，型材会发生严重扭拧和角度偏转，甚至严重时可能扭成麻花状；即使采用牵引挤压，表观形状得到改善，但因其流速不均所引起的应力并没有完全消除，促使扭拧和角度偏转的潜能依然存在。

（2）淬火冷却时，由于其形状的复杂性和壁厚的不均匀性，冷却速度不均匀，产生淬火应力，导致型材严重变形。生产实践表明，型材淬火后，其发生扭拧的程度远比挤压态时严重得多。这说明淬火是使型材产生扭拧与角度偏差的又一个重要因素。同时表明，挤压因素与淬火因素可能产生叠加效应，从而加重了挤压缺陷的严重性。

（3）张力拉伸矫直，理论上随型材扭拧程度的增加，加大拉伸率可以完全消除扭拧。实际上，拉伸率不能无限增加。增加到超过限度时，其制品尺寸会小于负偏差。扭拧消失了，产品也报废了。同时有些角度偏差，不是拉伸矫直能解决的。它不会随着扭拧的消失而消失，即使增大拉伸量，其角度偏差依然如故。

（4）型材辊式矫正，理论上可以消除角度偏差。但如上面所说，这无论是理论上，还是技术上，要完全矫正，是有相当难度的。型材的形状纷繁复杂，壁厚尺寸千差万别；要求辊型配置、矫正方案、矫正次序、矫正程度，没有现成规律可循，只能依据实际情况，试验—矫正—比较—总结，恰到好处而止。显然，不出现一点偏差，其可能性是很小的，因此角度超差的事是比较常见的。

16.2.3　圆度

同一断面圆的直径不等，即存在椭圆。椭圆的长短轴之差大于标准规定，即为圆度超差。辊式矫直调整不当，或拉伸矫直后，夹头压扁所造成的椭圆未完全切除所致。通常情况使用的管材，操作得当，其圆度都不会有太大的问题。但若管材用于气动元件，或者用于某些对管材有特殊要求的精密仪器、仪表，则圆度要求甚高，这样方式生产的管材是难以达到的，必须采用液压拉伸机对管材内径进行精细加工。

16.2.4　镰刀弯

型材矫直后，不为直线，呈圆弧形或镰刀形，称镰刀弯。

型材断面厚度不等，一边厚，一边薄。拉伸矫直时，薄边断面积小，拉应力大，长度变形量大；相反，厚边断面积大，拉应力小，长度变形量小。然而工件是一个整体，拉伸过程中，其表征变形量是相同的。但当拉伸停止，外拉力消除后，薄边的拉应力得到释放，使长度增加，总长大于表征变形量；厚边不仅不增加，还产生一定的弹性回复，相对缩短，总长小于表征变形量，于是出现薄边长厚边短，形成了镰刀弯。型材生产中，这种镰刀弯比较常见，即使随后采用型材矫正机矫直也难以完全消除。

16.3　表面质量缺陷

16.3.1　擦、划伤

矫直辊表面粘铝，辊面润滑不充分；型材矫正时各辊子的线速度不等，发生滑动摩擦，均会产生擦划伤。制品的硬度越低，擦划伤越严重。加强润滑，正确选配辊型，可减少擦划伤。

16.3.2　磕碰伤

制品与工具、机床发生碰撞，制品与制品发生碰撞，都可能产生磕碰伤，退火制品尤为严重。制止野蛮操作是防止产生磕碰伤的主要措施。

16.3.3 表面印痕、斑纹

辊式矫直时，辊型位置调整不合适，制品受力不均引起。精心调整设备，精心操作，可防止缺陷发生。

16.3.4 油斑

管材压延或拉伸时，内表面积淀的油污，在淬火或退火后，发生燃烧，遗留下严重油斑或残留烧焦物。加强油品过滤，除净内表面油污，可消除油斑。

参考文献

[1] 肖立隆，肖菡曦．电解铝液铸轧生产板带箔材［M］．北京：冶金工业出版社，2010：5～6，18～20.

[2] F. Mon Ldolfo. Aluminum alloys structure and properties. Buttrworths London-Boston, Sydney-Wellington-Durban-Toronto, 1970：253～383.

[3] 王祝堂，田荣璋．铝及铝合金加工手册［M］．长沙：中南大学出版社，1988：10～29.

[4] 周家荣．铝合金熔铸问答［M］．北京：冶金工业出版社，1987：66～80.

[5] 闵乃本．晶体生长的物理基础［M］．上海：上海科学技术出版社，1982：46～63，189～221，366～392.

[6] 王自焘，刘景茹．铝挤压锭半连续铸造工艺研究和发展［J］．铝加工，1996（1～2）.

[7] 彭学仕，等．半连续铸锭缺陷及预防措施［J］．铝加工，1993（3～4）.

[8] 李学朝．铝合金材料组织与金相图谱［M］．北京：冶金工业出版社，2010：80～100.

[9] 杨守山．有色金属塑性加工学［M］．北京：冶金工业出版社，1980：184～210，223～311.

[10] 中南矿冶学院有色金属及合金压力加工教研室．有色金属及合金管棒型材生产［M］．中南矿冶学院，1977：1～67.

[11] 王树勋，等．实用模具设计与制造［M］．长沙：国防科技大学出版社，1990：269～301.

[12] 肖立隆，等．铝及铝合金正、反挤压力比较［J］．中国有色金属学报，1998，8（增刊）.

[13] 邓至谦，周善初，等．金属材料及热处理［M］．长沙：中南大学出版社，1988：1～23.

[14] 朱传征，许海涵．物理化学［M］．北京：科学出版社，2000：21～110，574～587.

[15] 万洪文，詹正坤．物理化学［M］．北京：高等教育出版社，2002：142～169.

[16] 伊·普里高京，等．从混沌到有序［M］．曾庆宏，沈小伟，译．上海：上海译文出版社，1987.

冶金工业出版社部分图书推荐